Introdução à Álgebra Linear

Flávio Ulhoa Coelho

Introdução à Álgebra Linear

2ª edição
(revista e ampliada)

2022

Copyright © 2022 Flávio Ulhoa Coelho
2ª Edição

Direção editorial: José Roberto Marinho

Capa: Fabrício Ribeiro

Edição revisada segundo o Novo Acordo Ortográfico da Língua Portuguesa

Dados Internacionais de Catalogação na publicação (CIP)
(Câmara Brasileira do Livro, SP, Brasil)

Coelho, Flávio Ulhoa
Introdução à álgebra linear / Flávio Ulhoa Coelho. – 2. ed. – São Paulo: Livraria da Física, 2021.

ISBN 978-65-5563-109-8

1. Álgebra linear - Estudo e ensino 2. Matemática I. Título.

21-66911   CDD-512.5

Índices para catálogo sistemático:
1. Álgebra linear: Matemática 512.5

Aline Graziele Benitez - Bibliotecária - CRB-1/3129

Todos os direitos reservados. Nenhuma parte desta obra poderá ser reproduzida sejam quais forem os meios empregados sem a permissão da Editora.
Aos infratores aplicam-se as sanções previstas nos artigos 102, 104, 106 e 107 da Lei Nº 9.610, de 19 de fevereiro de 1998

Editora Livraria da Física
www.livrariadafisica.com.br

Sumário

1 Preliminares   **11**
1.1 Conjuntos numéricos e notações 11
1.2 $\mathbb{R}^n$, operações básicas 16
1.3 O espaço $\mathbb{R}^2$ 19
1.4 Funções 24

2 Sistemas Lineares   **31**
2.1 Definições iniciais 33
2.2 Conjunto solução de um sistema 35
2.3 Escalonamento de um sistema 44

3 Matrizes   **59**
3.1 Definição e operações 59
3.2 Escalonamentos de matrizes. 71
3.3 Representações de sistemas lineares 77
3.4 Determinantes 83
3.5 Matrizes invertíveis 90

4 Polinômios   **97**
4.1 Operações nos polinômios 97
4.2 Divisibilidade 102
4.3 Raízes de polinômios. 103

5 Autovalores de matrizes   **107**
5.1 Motivação 107
5.2 Autovalores e autovetores 113
5.3 Calculando autovalores e autovetores reais 118

5.4	Matrizes semelhantes	123
5.5	Autovalores e autovetores complexos	128

6 Espaços Vetoriais — 131
6.1	Definições preliminares e exemplos	131
6.2	Subespaços vetoriais	136
6.3	Bases do $\mathbb{R}^2$	142

7 Bases de Espaços Vetoriais — 147
7.1	Conjuntos geradores	147
7.2	Independência linear	156
7.3	Bases	168

8 Espaços Finitamente Gerados — 175
8.1	Espaços vetoriais finitamente gerados	175
8.2	Existência de bases	179
8.3	Coordenadas	188
8.4	Métodos práticos	196
8.5	Matrizes de mudança de bases	206

9 Transformações lineares — 215
9.1	Definições e exemplos	215
9.2	Núcleo e Imagem	223
9.3	Isomorfismos	232

10 Matrizes de Transformações Lineares — 239
10.1	Definições iniciais	239
10.2	Matrizes de compostas	248
10.3	Mudança de bases	253
10.4	Autovalores e autovetores	258

11 Sistemas incompatíveis — 267
11.1	A geometria do $\mathbb{R}^2$	267
11.2	Projeções	272
11.3	Método dos mínimos quadrados	275

12 Produto Interno — 283

12.1 Definições e exemplos 283
12.2 Ortogonalidade 293
12.3 Bases ortogonais 296
12.4 Projeções 302

13 Apêndices   **307**
13.1 Exercícios propostos - resultados e dicas 307
13.2 Bibliografia 325
13.3 Sobre o autor 326

Introdução

Este texto foi escrito a partir de nossa experiência em ministrar disciplinas de *Álgebra Linear* em várias unidades da Universidade de São Paulo: Instituto de Matemática e Estatística, Instituto de Física, Instituto de Astronomia, Geofísica e Ciências Atmosféricas, Faculdade de Economia e Administração e Instituto de Química. Muitos dos alunos dessas disciplinas cursam uma outra chamada *Vetores e Geometria* como pré-requisito, onde alguns conceitos de álgebra linear aparecem de forma implícita, mas, para alguns cursos, não há esse pré-requisito. Nosso texto foi organizado tendo em mente estes dois tipos de alunos.

Pretendemos que o texto seja autossuficiente, tendo como pré-requisito apenas o material aprendido no Ensino Médio. Por outro lado, entendemos que ao aluno mais experiente algumas seções, ou mesmo alguns capítulos, podem parecer, por vezes, triviais e a leitura, então, pode se dar mais rapidamente.

Álgebra linear, nesse nível introdutório, baseia-se fortemente na resolução de sistemas lineares e, por isso, nossa ênfase nisso. Nossa intenção foi introduzir, a partir destes sistemas, os conceitos fundamentais da teoria e aprofundá-los pouco a pouco.

Nosso objetivo aqui é mais introduzir as técnicas básicas de álgebra linear que explorar exaustivamente os conceitos nela embutidos. Nesse sentido, alguns resultados serão apresentados sem suas demonstrações completas por acreditarmos que essas justificativas não acrescentariam muito em um primeiro momento. Por outro lado, justificativas mais aprofundadas serão apresentadas quando as mesmas forem de especial valia na continuidade da discussão.

A partir de comentários de colegas e alunos feitos sobre a primeira edição (publicada em 2016), optamos por algumas reformulações para a presente edição. Além de uma extensa revisão do texto, acrescentamos alguns resultados e exemplos com o intuito não só de aprofundar certas discussões mas também o de dar uma maior fluência a ele. Além disso, incluímos um índice remissivo, uma pequena lista de referências bibliográficas e, também, resultados e/ou dicas de alguns exercícios propostos. Mesmo seguindo a ideia original de um texto bastante introdutório e não muito formal, algumas demonstrações a mais foram incluídas. A lista de exercícios foi também aumentada.

Ao leitor interessado, existem inúmeros livros mais avançados de álgebra linear onde, em particular, as demonstrações omitidas aqui podem ser encontradas. Mencionamos, em particular, um livro que escrevemos em parceria com uma colega do IME-USP:

- *Um curso de Álgebra Linear*, em conjunto com Mary Lilian Lourenço, EDUSP, 2001 (1ª Edição) e 2005 (2ª Edição).

Gostaria de agradecer aos inúmeros colegas, alunos e monitores que, ao longo desses anos, me ajudaram a aperfeiçoar esse texto. Quero deixar registrado um agradecimento bastante especial a Marcia Aguiar.

São Paulo, junho de 2016 (1ª edição).
São Paulo, maio de 2022 (2ª edição-revista e aumentada).

Capítulo 1

Preliminares

Este capítulo será dedicado a relembrar noções básicas de matemática que servirão como pré-requisitos ao resto do texto e também para estabelecermos notações. Para mais detalhes, indicamos os livros [3,4,6] (listados na seção Bibliografia do Capítulo 13).

1.1 Conjuntos numéricos e notações

Conjunto dos números reais $\mathbb{R}$**.** Neste texto, o conjunto do números reais, denotado aqui por $\mathbb{R}$, irá desempenhar um importante papel. Não iremos defini-lo formalmente, mas iremos listar as propriedades principais que serão necessárias ao longo do texto.

Como nosso interesse aqui é mais algébrico, vamos nos concentrar no fato de haver duas operações nos elementos de $\mathbb{R}$ chamadas de **adição** (+) e **multiplicação** (·). Em suma, a cada par de elementos a, b de $\mathbb{R}$, associamos $a + b$ (sua soma) e $a \cdot b$ (seu produto) também como valores pertencentes a $\mathbb{R}$. Tais operações satisfazem certas propriedades básicas que descrevemos a seguir.

PROPRIEDADE ASSOCIATIVA. As operações acima são associativas, isto é, para todos os elementos a, b e c pertencentes a $\mathbb{R}$, as seguintes relações estão satisfeitas:

- $(a + b) + c = a + (b + c)$;
- $(a \cdot b) \cdot c = a \cdot (b \cdot c)$.

Apenas um comentátrio para justificar essa propriedade. Uma operação em um conjunto é uma relação binária. Por exemplo, definimos a adição de *dois* elementos. Para se definir a adição de *três* elementos (ou mais), é preciso inicialmente adicionarmos dois deles e, depois, adicionar o resultado conseguido ao terceiro termo (e analogamente para a soma de quatro ou mais elementos). A associatividade nos garante que as duas formas de adição (ou de multiplicação) de três elementos descritas acima nos proporcionam o mesmo resultado final.

É importante mencionar que existem conjuntos matemáticos, usados por exemplo para se descrever certos processos naturais, onde se define uma operação que não é associativa. Não entraremos em detalhes sobre isso, mas deve ficar claro ao leitor que a associatividade (assim como as outras que listaremos) não é uma propriedade *inerente* às operações, algumas a satisfazem enquanto que outras não.

PROPRIEDADE COMUTATIVA. As operações de adição e multiplicação em $\mathbb{R}$ são comutativas, isto é, para todos os elementos a e b em $\mathbb{R}$, estão satisfeitas:

- $a + b = b + a$;

- $a \cdot b = b \cdot a$.

Em outras palavras, o que se diz aqui é que a ordem dos elementos nas operações não afetará o resultado final obtido. Veremos mais adiante que a multiplicação de matrizes quadradas é uma operação que não é comutativa.

EXISTÊNCIA DO ELEMENTO NEUTRO E DA UNIDADE. O conjunto $\mathbb{R}$ possui um elemento, o *zero* (0), tal que $a + 0 = a$, e um elemento, o *um* (1), tal que $a \cdot 1 = a$, para todos os elementos a pertencentes a $\mathbb{R}$. Esses elementos são os **elementos neutros** destas operações e não deve ser difícil ver o porquê desses nomes. O elemento 1 é também chamado de **unidade de** $\mathbb{R}$. Além disso, tais elementos são os únicos com as propriedades enunciadas (tente mostrar esta afirmação). Devido às propriedades comutativas, também valerá que $0 + a = a$ e $1 \cdot a = a$ para todos elementos a em $\mathbb{R}$.

EXISTÊNCIA DE ELEMENTO OPOSTO E DE INVERSO. Dado um elemento a em $\mathbb{R}$, existe um único elemento, denotado por $-a$, tal que $a + (-a) = 0$. Este elemento é chamado de **oposto de** a. Além disso, se $a \neq 0$, existirá um único

1.1. CONJUNTOS NUMÉRICOS E NOTAÇÕES

elemento, denotado por a^{-1} ou por $\frac{1}{a}$, tal que $a \cdot a^{-1} = 1$. Tal elemento é chamado de **inverso de** a. Utilizando-se as propriedades comutativas destas operações concluímos que $(-a) + a = 0$ e que $a^{-1} \cdot a = 1$.

PROPRIEDADE DISTRIBUTIVA. Para todos os elementos a, b e c em $\mathbb{R}$, vale a seguinte relação entre as operações de adição e de multiplicação:

- $a \cdot (b + c) = a \cdot b + a \cdot c$,

isto é, a multiplicação distribui-se na adição dos elementos. Como acima, podemos também utilizar as propriedades comutativas para concluir que $(a + b) \cdot c = a \cdot c + b \cdot c$ para todos a, b, c reais.

Alguns conjuntos numéricos distintos de $\mathbb{R}$ também possuem operações satisfazendo todas estas propriedades e, neste caso, dizemos que tal conjunto é um **corpo**. Outros exemplos de corpos incluem o conjunto dos números racionais (denotado por $\mathbb{Q}$) e o conjunto dos números complexos (denotado por $\mathbb{C}$). Iremos discutir tais conjuntos mais abaixo.

Por outro lado, não é difícil perceber que existem importantes conjuntos numéricos que não são corpos. Por exemplo, no conjunto dos números inteiros

$$\mathbb{Z} = \{\cdots, -3, -2, -1, 0, 1, 2, 3, \cdots\}$$

podemos definir operações de adição e multiplicação que satisfazem quase todas as propriedades listadas, a exceção sendo que os seus elementos diferentes de -1 ou de 1 não possuem inversos multiplicativos no sentido dado acima. Por exemplo, não existe nenhum elemento em $\mathbb{Z}$ que multiplicado por 2 nos dê o elemento unidade 1.

Conjunto dos números racionais $\mathbb{Q}$. Os elementos de $\mathbb{Q}$ são quocientes $\frac{a}{b}$ onde a e b são números inteiros e $b \neq 0$. Não iremos nos alongar em questões formais aqui, mas é importante ter em mente a seguinte identificação dos elementos de $\mathbb{Q}$ acima definidos: os quocientes $\frac{a}{b}$ e $\frac{a'}{b'}$ (com $b, b' \neq 0$) serão identificados se $a \cdot b' = b \cdot a'$. Por exemplo, $\frac{1}{2}$ e $\frac{2}{4}$ representam o mesmo número racional.

As operações em $\mathbb{Q}$ são assim definidas:

- $\frac{a}{b} + \frac{c}{d} = \frac{a \cdot d + b \cdot c}{b \cdot d}$;

- $\frac{a}{b} \cdot \frac{c}{d} = \frac{a \cdot c}{b \cdot d}$.

Observe que, como $b \neq 0$ e $d \neq 0$, então $b \cdot d \neq 0$. Operações como estas só farão sentido se forem compatíveis independentemente da escolha dos representantes dos elementos. Isto é, se $\frac{a}{b} = \frac{a'}{b'}$ e $\frac{c}{d} = \frac{c'}{d'}$, então

$$\frac{a}{b} + \frac{c}{d} = \frac{a'}{b'} + \frac{c'}{d'} \quad \text{e} \quad \frac{a}{b} \cdot \frac{c}{d} = \frac{a'}{b'} \cdot \frac{c'}{d'}$$

Deixamos como exercício ao leitor a verificação destes fatos.

Conjunto dos números complexos $\mathbb{C}$. Este conjunto é formado pelos elementos da forma $a + bi$ onde a e b são números reais e i é um elemento (não real) tal que $i^2 = -1$. Operações de adição e multiplicação são definidas como segue:

- $(a + bi) + (c + di) = (a + c) + (b + d)i$;
- $(a + bi) \cdot (c + di) = (a \cdot c - b \cdot d)) + (a \cdot d + b \cdot c)i$.

Como mencionado acima, tanto $\mathbb{Q}$ quanto $\mathbb{C}$ são corpos, isto é, satisfazem as propriedades algébricas listadas acima para $\mathbb{R}$. Incentivamos o leitor a formalizar tais propriedades e, em particular, indicar, nestes conjuntos, os seus elementos neutros, opostos e inversos (estes últimos definidos, como vimos, para elementos não nulos).

Como deverá ficar claro aos leitores mais adiante, as propriedades definidoras de um corpo, como acima discutido, serão essenciais no estudo de espaços vetoriais. Devido à maior familiaridade que acreditamos o leitor tem com os números reais, iremos nos concentrar no conjunto $\mathbb{R}$. No entanto, ao discutirmos certos exemplos e esclarecermos certos conceitos, iremos utilizar também o corpo dos números complexos $\mathbb{C}$.

Antes de finalizarmos esta seção, vamos recordar mais algumas notações que serão utilizadas ao longo do livro. Inicialmente, recordamos que o símbolo $\in$ será usado para indicar quando um elemento *pertence* a um conjunto: $1 \in \mathbb{R}$, $\frac{1}{2} \in \mathbb{Q}$ ou $1 - i \in \mathbb{C}$. Sua negação, para indicar quando um elemento *não pertence* a um conjunto, será denotada por $\notin$, por exemplo, $\frac{1}{2} \notin \mathbb{Z}$ ou $i \notin \mathbb{R}$.

Por sua vez, o símbolo $\subseteq$ será utilizado para indicar que um determinado conjunto está contido em outro, por exemplo, $\mathbb{Z} \subseteq \mathbb{Q}$, o que pode ser lido como *todo número inteiro é um número racional*. Também $\mathbb{Q} \subseteq \mathbb{R}$ ou $\mathbb{R} \subseteq \mathbb{C}$. A sua negação será indicada por $\not\subseteq$. Por exemplo, $\mathbb{Q} \not\subseteq \mathbb{Z}$ pois $\mathbb{Q}$ possui elementos que não estão em $\mathbb{Z}$.

1.1. CONJUNTOS NUMÉRICOS E NOTAÇÕES

Com o auxílio destas notações, poderíamos ter escrito as definições de $\mathbb{Q}$ e $\mathbb{C}$ da seguinte forma:

$$\mathbb{Q} = \left\{ \frac{a}{b} : a, b \in \mathbb{Z} \text{ e } b \neq 0 \right\} \quad \text{e} \quad \mathbb{C} = \{ a + bi : a, b \in \mathbb{R} \}.$$

Também, usaremos as seguintes notações:

- $\mathbb{R}^* = \{ a \in \mathbb{R} : a \neq 0 \}$.

- $\mathbb{R}_+ = \{ a \in \mathbb{R} : a \geq 0 \}$.

- $\mathbb{R}_- = \{ a \in \mathbb{R} : a \leq 0 \}$.

- $[a, b] = \{ x \in \mathbb{R} : a \leq x \leq b \}$ (para elementos reais a, b com $a < b$).

Por fim, também usaremos ab ao invés de $a \cdot b$ por simplicidade. Gostaríamos de enfatizar que as propriedades listadas mais acima (associatividade, comutatividade, distributividade entre operações e de existências de elementos neutros) voltarão a aparecer nos capítulos seguintes para conjuntos específicos e também na definição de espaços vetoriais que daremos no Capítulo 6.

EXERCÍCIOS

Exercício 1.1 Mostre que a adição e a multiplicação de números racionais não dependem dos representantes escolhidos, isto é, que se $\frac{a}{b} = \frac{a'}{b'}$ e $\frac{c}{d} = \frac{c'}{d'}$, então $\frac{a}{b} + \frac{c}{d} = \frac{a'}{b'} + \frac{c'}{d'}$ e $\frac{a}{b} \cdot \frac{c}{d} = \frac{a'}{b'} \cdot \frac{c'}{d'}$.

Exercício 1.2 Mostre, assumindo as propriedades associativa, comutativa e distributiva das operações em $\mathbb{Z}$, que as mesmas valem em $\mathbb{Q}$.

Exercício 1.3 Mostre que $\sqrt{2}$ não é um número racional.
(**Siga o seguinte roteiro**: Suponha que $\sqrt{2} = \frac{p}{q}$ (∗) e que m.d.c.$(p, q) = 1$ (justifique por que podemos assumir isto!). Elevando (∗) ao quadrado, conclua que p tem que ser um número par. Escrevendo então $p = 2m$ e elevando (∗) de novo ao quadrado conclua que q também é par. Dá para concluir então que esses dados levam a uma contradição. Por que?)

Exercício 1.4 Mostre que $\sqrt{5}$ não é um número racional.

Exercício 1.5 Mostre, utilizando as propriedades algébricas do conjunto $\mathbb{R}$, que as operações definidas em $\mathbb{C}$ são associativas e comutativas e que vale a distributividade dessas operações. Descreva os seus elementos neutros.

Exercício 1.6 (a) Encontre os inversos de $2 - 3i$, $\frac{4}{5}i$ e de $\pi + \frac{1}{\pi}i$ em $\mathbb{C}$.

(b) Encontre o inverso de um elemento não nulo $z = a + bi$ em $\mathbb{C}$.

Exercício 1.7 Resolva as equações (isto é, ache o valor de x, quando existirem, nos conjuntos especificados):

(a) $3ix = 2 - i$ (em $\mathbb{R}$ e em $\mathbb{C}$).

(b) $2x + 4 = 3(2 + x)i$ (em $\mathbb{R}$ e em $\mathbb{C}$).

(c) $2x - 1 = 0$ (em $\mathbb{Z}$, em $\mathbb{R}$ e em $\mathbb{C}$).

1.2 $\mathbb{R}^n$, operações básicas

Dado um número inteiro n maior do que zero, definimos o **produto cartesiano** $\mathbb{R}^n$ como sendo o conjunto formado por n-uplas de números reais, isto é, o conjunto

$$\mathbb{R}^n = \underbrace{\mathbb{R} \times \cdots \times \mathbb{R}}_{n \text{ vezes}} = \{(a_1, \cdots, a_n) : a_i \in \mathbb{R}\}.$$

Os elementos de $\mathbb{R}^n$ são normalmente chamados de **vetores** e, dado um vetor $v = (a_1, \cdots, a_n) \in \mathbb{R}^n$, o número a_i é chamado de **i-ésima coordenada** de v. Mais adiante, iremos estudar mais profundamente estes conjuntos, mas gostaríamos agora de recordar as operações de adição e de multiplicação por escalar (em $\mathbb{R}$) que são normalmente definidas em $\mathbb{R}^n$:

- Para $u = (a_1, \cdots, a_n)$ e $v = (b_1, \cdots, b_n) \in \mathbb{R}^n$, definimos

$$u + v = (a_1, \cdots, a_n) + (b_1, \cdots, b_n) = (a_1 + b_1, \cdots, a_n + b_n) \in \mathbb{R}^n.$$

- Para $u = (a_1, \cdots, a_n) \in \mathbb{R}^n$ e $\lambda \in \mathbb{R}$, definimos

$$\lambda u = \lambda(a_1, \cdots, a_n) = (\lambda a_1, \cdots, \lambda a_n) \in \mathbb{R}^n$$

1.2. $\mathbb{R}^N$, OPERAÇÕES BÁSICAS

Tais operações serão bastante úteis em nosso estudo de espaços vetoriais mas, por ora, é importante apenas ressaltar que elas são definidas coordenada a coordenada utilizando-se das correspondentes operações de $\mathbb{R}$. Por isso, o leitor não deve estranhar que muitas das propriedades que listaremos abaixo para $\mathbb{R}^n$ podem ser provadas a partir das que discutimos na Seção 1. Com isso, a operação de adição de elementos em $\mathbb{R}^n$ definida acima irá satisfazer, por exemplo, as propriedades de associatividade, comutatividade, de existência de elemento neutro e de opostos.

Por simplicidade, indicaremos por $0 \in \mathbb{R}^n$ o vetor onde todas as coordenadas são nulas $(0, \cdots, 0)$ e, dado um vetor $u = (a_1, \cdots, a_n)$, denotamos por $-u$ o vetor $-u = (-a_1, \cdots, -a_n)$, isto é, o vetor tal que em cada coordenada aparece o oposto do valor que aparece na correspondente coordenada de u.

A proposição abaixo resume as propriedades algébricas básicas que gostaríamos de destacar neste momento para o conjunto $\mathbb{R}^n$.

Proposição 1.1 Sejam $u, v, w \in \mathbb{R}^n$ e $\alpha, \beta \in \mathbb{R}$. Então:

(A1) $(u + v) + w = u + (v + w)$ (lei da associatividade).

(A2) $u + v = v + u$ (lei da comutatividade).

(A3) $u + 0 = 0 + u = u$ (existência de elemento neutro da soma).

(A4) $u + (-u) = -u + u = 0$ (existência de elemento oposto).

(M1) $1 \cdot u = u$.

(M2) $\alpha \cdot (\beta \cdot u) = (\alpha \cdot \beta) \cdot u$.

(D1) $\alpha \cdot (u + v) = \alpha \cdot u + \alpha \cdot v$ (lei da distributividade).

(D2) $(\alpha + \beta) \cdot u = \alpha \cdot u + \beta \cdot u$ (lei da distributividade).

DEMONSTRAÇÃO. Não iremos demonstrar aqui todos os itens, pois gostaríamos que os leitores já começassem a encarar tal tarefa (ver exercícios abaixo). Mas, com o intuito de exemplificar como é feita, vamos demonstrar o item (A2). Para tal, considerem dois vetores $u = (a_1, \cdots, a_n), v = (b_1, \cdots, b_n) \in \mathbb{R}^n$. Teremos, então:

$$u + v = (a_1 + b_1, \cdots, a_n + b_n) = (b_1 + a_1, \cdots, b_n + a_n) = v + u$$

o que justifca a propriedade comutativa que queríamos mostrar. Observe que, na segunda igualdade acima, utilizamos o fato de que a adição de números reais é comutativa, isto é, para cada $i = 1, \cdots, n$, utilizamos que $a_i + b_i = b_i + a_i$ (por isso, dissemos que a operação de adição em $\mathbb{R}^n$ reflete, coordenada a coordenada, a correspondente operação em $\mathbb{R}$). □

Veremos nos próximos capítulos que outros conjuntos além do $\mathbb{R}^n$ também possuem operações que satisfaçam as mesmas propriedades listadas na proposição acima. É o caso, por exemplo, do conjunto de matrizes (Capítulo 3) ou o de polinômios (Capítulo 4) dentre outros. Isso pode ser visto como um padrão algébrico em uma variedade de conjuntos que podem, em princípio, ser muito distintos. São tais padrões que iremos explorar ao longo deste texto.

Observação 1.1 Cabe aqui fazermos algumas observações. Observe a condição (M2) da Proposição 1.1. Quando fazemos o produto $\alpha \cdot (\beta \cdot u)$, estamos inicialmente pensando no produto por escalar do vetor $u \in \mathbb{R}^n$ pelo número real β e depois ao resultado, que é o vetor $\beta \cdot u$, multiplicamos escalarmente por α. O outro lado da igualdade nos diz que primeiro multiplicamos os dois números reais α e β e depois o resultado (que pertence a $\mathbb{R}$) é multiplicado ao vetor u. Isto é, do lado esquerdo da igualdade usamos o símbolo $\cdot$ para indicar duas vezes o produto por escalar, enquanto que, no lado direito, o símbolo $\cdot$ é usado tanto para o produto de dois números reais quanto para o produto por escalar. Usaremos o mesmo símbolo para indicar esses dois produtos e esperamos que o leitor os distinga pelo contexto da operação. Aliás, a partir de um certo momento, usaremos a notação mais simplificada αu ao invés de $\alpha \cdot u$. Da mesma forma, na condição (D2) da proposição, o símbolo $+$ é utilizado em dois sentidos (no lado esquerdo da igualdade como soma de dois números reais e no lado direito como soma de dois vetores) e, de novo, a distinção se dará no contexto.

EXERCÍCIOS

Exercício 1.8 Em cada um dos itens abaixo, calcule o vetor $v = \alpha_1 v_1 + \cdots + \alpha_r v_r$ em $\mathbb{R}^n$:

(a) $n = 2$; $\alpha_1 = 2$ e $\alpha_2 = -1$; $v_1 = (2,3)$ e $v_2 = (0,-3)$.

(b) $n = 3$; $\alpha_1 = -2, \alpha_2 = 5, \alpha_3 = 0$ e $\alpha_4 = -1$; $v_1 = (\sqrt{2}, 3, 0)$, $v_2 = (0, -3, 1), v_3 = (\pi, \frac{1}{2}, 0)$ e $v_4 = (-2\sqrt{2}, 2, 7)$.

Exercício 1.9 Demonstre todos os itens da Proposição 1.1.

Exercício 1.10 Mostre, utilizando-se das propriedades listadas na Proposição 1.1, que valem as seguintes propriedades para os vetores u, v, w de $\mathbb{R}^n$:

(a) (lei do cancelamento): Se $u + v = w + v$, então $u = w$.

(b) $0 \cdot v = 0$ (DICA: escreva $0 = 0 + 0$ e use a distributiva).

1.3 O espaço $\mathbb{R}^2$

É comum representarmos o conjunto $\mathbb{R}$ como sendo uma reta (a chamada **reta real**)

onde marcamos, inicialmente, os valores 0 e 1 e indicamos pela seta a direção de crescimento dos números. Com isso, cada ponto desta reta corresponderá a um número real e vice-versa.

Na mesma linha, o conjunto $\mathbb{R}^2 = \{(a, b) : a, b \in \mathbb{R}\}$ pode ser representado a partir de dois eixos perpendiculares (usualmente chamado de **plano cartesiano**):

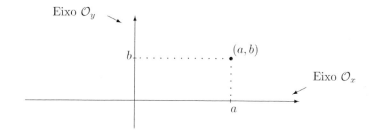

Em um elemento $(a, b) \in \mathbb{R}^2$, a primeira coordenada indica a sua projeção sobre a reta $\mathcal{O}_x$ (chamada de *eixo* $\mathcal{O}_x$) e será também chamada de **abscissa** enquanto que a segunda indica a sua projeção sobre a reta $\mathcal{O}_y$ (chamada de *eixo* $\mathcal{O}_y$) e será também chamada de **ordenada**. É também comum indicarmos um elemento $(a, b) \in \mathbb{R}^2$ por um vetor (daí o nome usualmente utilizado) que vai da **origem do plano cartesiano**, isto é, do ponto (0,0), ao ponto (a,b). Por exemplo,

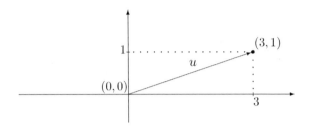

o vetor u representa o número (3,1).

Esta *representação gráfica* possui vantagens operacionais, como, por exemplo, no cálculo da distância entre pontos ou na visualização das operações definidas na seção anterior.

Distância. A **distância** entre dois pontos (a_1, b_1) e (a_2, b_2) pertencentes a $\mathbb{R}^2$ é dada, usando-se o teorema de Pitágoras, pela fórmula

$$d((a_1,b_1),(a_2,b_2)) = \sqrt{(b_2-b_1)^2 + (a_2-a_1)^2}.$$

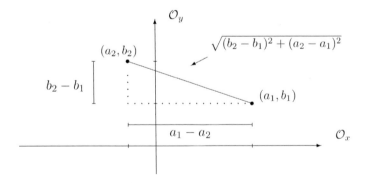

Em particular, a distância de um elemento $(a,b) \in \mathbb{R}^2$ à origem $(0,0)$ é dada por $\|(a,b)\| = \sqrt{b^2 + a^2}$ (esse valor é também chamado de **norma** do elemento (a,b)).

1.3. O ESPAÇO $\mathbb{R}^2$

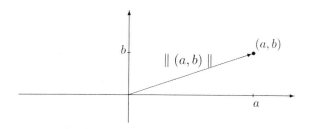

Exemplo 1.1 Considere os pontos $(-1, 3)$ e $(2, 5)$ do $\mathbb{R}^2$. A distância entre eles será

$$d((-1,3),(2,5)) = \sqrt{(2-(-1))^2 + (1-3)^2} = \sqrt{9+4} = \sqrt{13}.$$

Por sua vez, as normas destes pontos serão

$$\|(-1,3)\| = \sqrt{(-1)^2 + 3^2} = \sqrt{10} \quad \text{e} \quad \|(2,1)\| = \sqrt{2^2 + 1^2} = \sqrt{5}.$$

Adição e multiplicação por escalares. Como definido acima, a adição de elementos $(a, b), (c, d)$ de $\mathbb{R}^2$ é dada por $(a, b) + (c, d) = (a + c, b + d)$. Vamos ver como interpretar tal operação geometricamente. Observe que, para adicionarmos dois vetores (que não sejam múltiplos um do outro) em $\mathbb{R}^2$, basta construírmos um losango gerado por eles e o resultado será a diagonal desse losango. Por exemplo, para efetuarmos a operação $(3, 1) + (1, 2)$, formamos o losango como no desenho abaixo:

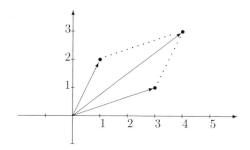

e o resultado será a diagonal indicada (no caso correspondente ao valor $(4, 3) = (3, 1) + (1, 2))$.

O produto por escalar também tem uma interpretação geométrica. Dado um vetor $(a, b) \in \mathbb{R}^2$ e um escalar $\lambda \in \mathbb{R}$, por definição, o produto $\lambda \cdot (a, b)$

será $(\lambda a, \lambda b)$. Não é difícil ver que, geometricamente, será o vetor sobre a mesma reta suporte de (a, b) *mais longo* (se $\lambda > 1$), *mais curto* (se $0 < \lambda < 1$), mudando-se a sua orientação (caso $\lambda < 0$) e até reduzido ao ponto $(0,0)$ (caso $\lambda = 0$).

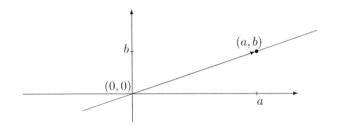

Observe também que, dado um ponto $(a, b) \in \mathbb{R}^2$, os pontos de $\lambda(a, b)$, com λ percorrendo todo o conjunto real, serão justamente os pontos da reta que passa por $(0, 0)$ e por (a, b).

Equação de uma reta em $\mathbb{R}^2$. Sabemos que dois pontos (x_0, y_0) e (x_1, y_1) em $\mathbb{R}^2$ determinam uma reta r. Queremos agora recordar como escrever a sua equação. Caso $x_0 = x_1$, a equação da reta será $x = x_0$. Vamos assumir agora que $x_0 \neq x_1$. Primeiro lembramos que a inclinação de tal reta r será o quociente $m_r = \frac{y_1 - y_0}{x_1 - x_0}$. Observe que esse valor indica a tangente do ângulo θ que a reta r faz com o eixo $\mathcal{O}_x$.

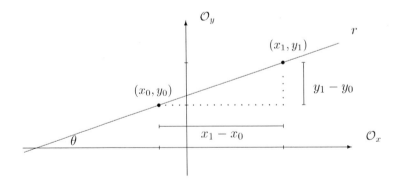

Agora, utilizando-se da inclinação m_r e de um de seus pontos, digamos (x_0, y_0),

1.3. O ESPAÇO $\mathbb{R}^2$

a equação da reta será dada por

$$y - y_0 = m_r(x - x_0) \quad \text{ou} \quad y = m_r x + (y_0 - m_r x_0)$$

(a cada valor x, associamos o o valor y tal que (x, y) pertence à reta r).

Exemplo 1.2 Vamos calcular a equação da reta r que passa por $(1, -2)$ e por $(0, 2)$. A inclinação dessa reta será $m_r = \frac{-2-2}{1-0} = -4$. Logo, sua equação será

$$y - (-2) = -4(x - 1) \quad \text{ou} \quad y = -4x + 2.$$

Uma outra maneira de se descrever uma reta é por meio de sua *equação paramétrica*. Para ilustrar como isso é feito, vamos descrever a reta r que passa pelos pontos (a, b) e (c, d) de $\mathbb{R}^2$. Não é difícil ver que r é paralela à reta s que passa por $(0, 0)$ e pelo ponto $(c - a, d - b)$. Como vimos mais acima, a relação $(x, y) = \lambda(c - a, d - b)$ descreve o conjunto dos pontos da reta s. Observe que o vetor $(c - a, d - b)$ indicará também a *direção* da reta r (pois essa é paralela à reta s). Transladando-se então a relação $(x, y) = \lambda(c - a, d - b)$ para o ponto (a, b), chegamos à relação

$$(x, y) = (a, b) + \lambda(c - a, d - b) \quad \text{com} \quad \lambda \in \mathbb{R},$$

que irá então descrever os pontos da reta r como queríamos. Essa é a chamada **equação paramétrica** da reta r. O vetor $(c - a, d - b)$ é chamado de **vetor diretor** da reta.

Exemplo 1.3 Vamos descrever a equação paramétrica da mesma reta considerada no Exemplo 1.2. O vetor diretor da reta será $(0-1, 2-(-2)) = (-1, 4)$. Daí, a equação que buscamos será

$$(x, y) = (1, -2) + \lambda(-1, 4) \quad \text{com} \quad \lambda \in \mathbb{R}.$$

Observe que se $\lambda = 0$ conseguimos o ponto $(1, -2)$ e se $\lambda = 1$ chegamos ao ponto $(0, 2)$.

Observação 1.2 Para um maior detalhamento sobre o que discutimos nesta seção e, também, para a generalização do que foi feito acima para o conjunto $\mathbb{R}^3$ indicamos o livro [3].

EXERCÍCIOS

Exercício 1.11 Encontre a distância entre os pontos: (a) $(0,0)$ e $(1,-2)$; (b) $(1,1)$ e $(3,4)$; (c) $(-1,-1)$ e $(2,-1)$.

Exercício 1.12 Escreva as equações (usuais e paramétricas) das retas passando pelos pontos: (a) $(1,-1)$ e $(0,3)$; (b) $(0,2)$ e $(2,3)$; (c) $(1,-2)$ e $(0,0)$; (d) $(-1,-1)$ e $(-2,-2)$.

Exercício 1.13 Sejam $(a,b) \in \mathbb{R}^2$ e $\lambda \in \mathbb{R}$. Mostre que

$$\| \lambda(a,b) \| = |\lambda| \, \| (a,b) \|.$$

Exercício 1.14 Sejam $u, v \in \mathbb{R}^2$. Mostre que $\| u+v \| \leq \| u \| + \| v \|$.

1.4 Funções

Para se definir uma função é preciso se estabelecer dois conjuntos, digamos A e B, e definir uma regra de associação entre os elementos de A e de B satisfazendo o seguinte: a cada elemento $x \in A$ está associado um único elemento de B. Denotando esta relação por f, a condição pode ser traduzida/denotada assim: a cada elemento $x \in A$, associamos um único elemento $f(x) \in B$. O conjunto A é chamado de **domínio da função** enquanto que B é chamado de **contradomínio da função**. Em geral, escrevemos uma tal função como:

$$\begin{array}{rcl} f : A & \longrightarrow & B \\ x & \longmapsto & f(x) \end{array}$$

São exemplos de funções:

$$\begin{array}{rcl} f_1 : \mathbb{R} & \longrightarrow & \mathbb{R} \\ x & \longmapsto & x^2 \end{array} \qquad \begin{array}{rcl} f_2 : \mathbb{R}_+ & \longrightarrow & \mathbb{R} \\ x & \longmapsto & \sqrt{x} \end{array}$$

$$\begin{array}{rcl} f_3 : \mathbb{R} & \longrightarrow & \mathbb{R} \\ t & \longmapsto & 3t^2 - 2t + 1 \end{array} \qquad \begin{array}{rcl} f_4 : \mathbb{R}^3 & \longrightarrow & \mathbb{R} \\ (x,y,z) & \longmapsto & x+y-1 \end{array}$$

$$\begin{array}{rcl} f_5 : \mathbb{R}^2 & \longrightarrow & \mathbb{R}^2 \\ (x,y) & \longmapsto & (2x+1, y^2) \end{array} \qquad \begin{array}{rcl} f_6 : \mathbb{R} & \longrightarrow & \mathbb{R} \\ x & \longmapsto & \text{sen}(x) \end{array}$$

1.4. FUNÇÕES

Por vezes, é comum indicar apenas a regra de associação quando o domínio e o contradomínio ficarem claros no contexto em que estamos estudando.

Funções injetoras. Seja $f\colon A \longrightarrow B$ uma função. A regra definidora de função estabelece que, a cada $a \in A$, associamos um único elemento $f(a)$, mas nada impede que tenhamos dois elementos distintos a_1 e a_2 em A com $f(a_1) = f(a_2)$. Por exemplo, para a função $f\colon \mathbb{R} \longrightarrow \mathbb{R}$ dada por $f(x) = x^2$, temos $f(-1) = 1 = f(1)$. Queremos destacar as funções onde isso não aconteça.

Definição 1.1 Uma função $f\colon A \longrightarrow B$ é **injetora** se dados dois elementos a_1 e a_2 em A com $a_1 \neq a_2$, temos que $f(a_1) \neq f(a_2)$.

Pelo que vimos acima a função quadrática $f(x) = x^2$ não é injetora (pois $f(1) = f(-1)$ e $1 \neq -1$). Um exemplo de uma função injetora é $f\colon \mathbb{R} \longrightarrow \mathbb{R}$ dada por $f(x) = 2x - 1$. Para tanto, precisamos mostrar que se a_1 e a_2 forem números reais e se $f(a_1) = f(a_2)$, então $a_1 = a_2$. De fato, se $f(a_1) = f(a_2)$, então $2a_1 - 1 = 2a_2 - 1$ e, portanto, $2a_1 = 2a_2$. Daí segue que $a_1 = a_2$ e tal f é injetora, como queríamos.

Funções sobrejetoras. Seja $f\colon A \longrightarrow B$ uma função. Em geral, nem todo elemento do contradomínio B é do tipo $f(a)$ para algum $a \in A$. Por exemplo, se $f\colon \mathbb{R} \longrightarrow \mathbb{R}$ é dada por $f(x) = x^2 + 1$, é claro que não existe nenhum valor $a \in \mathbb{R}$ tal que $f(a) = 0$. Se existisse, teríamos $0 = f(a) = a^2 + 1$ e, com isso, $a^2 = -1$, o que não é possível no conjunto dos números reais.

Para a nossa discussão, vamos considerar o seguinte subconjunto do contradomínio B, chamado de **imagem de** f:

$$\mathrm{Im} f = \{b \in B \colon \text{existe } a \in A \text{ tal que } f(a) = b\}.$$

Por exemplo, se $f\colon \mathbb{R} \longrightarrow \mathbb{R}$ é dada por $f(x) = x^2$, então $\mathrm{Im} f = \mathbb{R}_+$ $(= \{x \in \mathbb{R} \colon x \geq 0\})$ pois só para um número não negativo b existe um número a tal que $a^2 = b$. É claro também que todo elemento b de $\mathbb{R}_+$ é tal que $f(\sqrt{b}) = b$.

Se $g\colon \mathbb{R} \longrightarrow \mathbb{R}$ é dada por $g(x) = \cos(x)$, então os valores assumidos por g estão entre -1 e 1 e todo número no intervalo $[-1, 1]$ de $\mathbb{R}$ é o cosseno de algum ângulo. Portanto, $\mathrm{Im} g = [-1, 1]$.

Definição 1.2 Uma função $f\colon A \longrightarrow B$ é **sobrejetora** se $\operatorname{Im} f = B$.

A função $f\colon \mathbb{R} \longrightarrow \mathbb{R}$ dada por $f(x) = x^3$ é sobrejetora pois $\operatorname{Im} f = \mathbb{R}$ (observe que qualquer número real b tem uma raiz cúbica $\sqrt[3]{b} = a$ e, desta forma, $f(a) = a^3 = (\sqrt[3]{b})^3 = b$).

Cabe aqui um comentário. Vimos acima que se $g\colon \mathbb{R} \longrightarrow \mathbb{R}$ é a função dada por $g(x) = \cos(x)$, então $\operatorname{Im} g = [-1,1] \neq \mathbb{R}$ e, portanto, g não é sobrejetora. Mas, se considerarmos a mesma regra dada acima por g mas modificarmos o seu contradomínio para $[-1,1]$, a situação muda. O que queremos dizer é que $h\colon \mathbb{R} \longrightarrow [-1,1]$ dada por $h(x) = \cos(x)$ é sobrejetora pois $\operatorname{Im} h = [-1,1]$ (que, nesse caso, é o contradomínio da função). Por isso, quando definirmos uma função, é importante estabelecermos claramente o seu domínio e o o seu contradomínio.

Compostas de funções. Considere duas funções $f\colon A \longrightarrow B$ e $g\colon C \longrightarrow D$ tais que a imagem de f esteja contida no domínio da função g, isto é, $\operatorname{Im} f \subset C$. Com esta condição, podemos calcular g em qualquer elemento da forma $f(x)$ para $x \in A$, isto é, faz sentido calcularmos $g(f(x))$. Tal cálculo é a essência da definição da **função composta** de g por f. Isto é, a composta de g por f é a função
$$\begin{aligned} g \circ f \colon\ & A \longrightarrow D \\ & x \longmapsto (g \circ f)(x) = g(f(x)) \end{aligned}$$

Calcula-se primeiro $f(x)$ para um elemento $x \in A$ e depois aplica-se g no valor $f(x)$, o que é possível por conta da condição imposta acima na imagem de f, isto é, que $\operatorname{Im} f \subset C$. O domínio da função composta $g \circ f$ será o mesmo que o da função f, no caso o conjunto A, e o contradomínio de $g \circ f$ será o da função g, isto é, o conjunto D.

Considere, por exemplo, as funções
$$\begin{aligned} f\colon\ & \mathbb{R} \longrightarrow \mathbb{R} & \quad g\colon\ & \mathbb{R} \longrightarrow \mathbb{R} \\ & x \longmapsto 2x-1 & & y \longmapsto \operatorname{sen}(y) \end{aligned}$$

Como $\operatorname{Im} f = \mathbb{R}$ (verifique!), podemos definir a composta $g \circ f\colon \mathbb{R} \longrightarrow \mathbb{R}$ que será dada por

$$(g \circ f)(x) = g(f(x)) = g(2x-1) = \operatorname{sen}(2x-1).$$

1.4. FUNÇÕES

Também, como $\text{Im} g = [-1, 1] \subset \mathbb{R}$, podemos definir a composta $f \circ g \colon \mathbb{R} \longrightarrow \mathbb{R}$ que será dada por

$$(f \circ g)(y) = f(g(y)) = f(\text{sen}(y)) = 2\,\text{sen}(y) - 1.$$

Funções bijetoras e inversas. Um tipo importante de função é aquela em que as duas propriedades discutidas acima, injetividade e sobrejetividade, estão presentes. Veremos que, neste caso, existirá uma *função inversa*, isto é, uma outra função que *desfaz* o que a função original fez.

Definição 1.3 Um função $f \colon A \longrightarrow B$ é chamada de **bijetora** se for simultaneamente injetora e sobrejetora.

Exemplo 1.4 Considere a função $f \colon \mathbb{R} \longrightarrow \mathbb{R}$ dada por $f(x) = x^3$. Vamos mostrar que f é bijetora. Para a injetividade, considere x_1, x_2 em $\mathbb{R}$ tais que $f(x_1) = f(x_2)$, isto é, tais que $x_1^3 = x_2^3$. Então, $x_1 = \sqrt[3]{x_1^3} = \sqrt[3]{x_2^3} = x_2$ e, com isso, f é injetora. Por outro lado, qualquer número real é o cubo de algum número e, portanto, a imagem de f será $\mathbb{R}$, de onde concluímos que ela é também sobrejetora.

Os cálculos feitos acima sugerem-nos uma maneira para se construir uma função que *inverta* f. Vamos definir a função $g \colon \mathbb{R} \longrightarrow \mathbb{R}$ dada por $g(y) = \sqrt[3]{y}$. Se compusermos f e g (justifique por que isso é possível), teremos

$$(g \circ f)(x) = g(f(x)) = g(x^3) = \sqrt[3]{x^3} = x$$

e, portanto, a função $g \circ f$ é a função identidade do domínio da f (leva cada elemento do domínio em si mesmo). Por outro lado, ao calcularmos a composta $f \circ g$, teremos

$$(f \circ g)(y) = (f(g(y))) = f(\sqrt[3]{y}) = (\sqrt[3]{y})^3 = y$$

que é também a função identidade do contradomínio da f. Informalmente, dizemos que o que a *função f faz, a g desfaz* e vice-versa, isto é, uma é a inversa da outra.

Podemos pensar o exemplo acima de uma forma mais geral. Para uma função bijetora $f \colon A \longrightarrow B$, podemos definir uma outra função $g \colon B \longrightarrow A$

de tal forma que $(g \circ f)(x) = x$, para todo $x \in A$ e $(f \circ g)(y) = y$, para todo $y \in B$. Observe que o domínio da g é o contradomínio da f enquanto que o contradomínio da g é o domínio da f.

Para se definir a função g a partir da f, precisamos associar, a cada elemento y em B um elemento $g(y)$ em A. Como a função f é sobrejetora, dado $y \in B$, existe um elemento x_y em A tal que $f(x_y) = y$. Por outro lado, como a função f é injetora, a escolha do elemento x_y se dá de forma única. Basta agora definir $g(y) = x_y$ e teremos que $(g \circ f)(x) = x$, para todo $x \in A$ e $(f \circ g)(y) = y$, para todo $y \in B$, como queríamos (deixamos ao leitor redigir os detalhes formais das contas que acabamos de fazer, é um bom exercício para se fixar as ideias envolvidas). A função g definida acima é chamada de **inversa** de f e é normalmente denotada por f^{-1}. Para que uma função f tenha inversa é essencial que ela seja bijetora e, neste caso, a sua inversa também será bijetora. Deve ter ficado claro ao leitor que a inversa de uma função f, quando existir, é única.

EXERCÍCIOS

Exercício 1.15 Calcule, quando existirem, as compostas $g \circ f$, $f \circ g$ das funções f e g, onde

(a) $f \colon \mathbb{R} \longrightarrow \mathbb{R}$ é dada por $f(x) = x^2$ e $g \colon \mathbb{R}_+ \longrightarrow \mathbb{R}$ é dada por $g(y) = \sqrt{y}$.

(a) $f \colon \mathbb{R}^2 \longrightarrow \mathbb{R}^2$ é dada por $f(x,y) = (2x - 3y, 3y)$ e $g \colon \mathbb{R}^2 \longrightarrow \mathbb{R}^3$ é dada por $g(w,t) = (w + t, t, 0)$.

Exercício 1.16 Considere funções $g_1, g_2 \colon A \longrightarrow B$ e $f \colon B \longrightarrow C$.

(a) Mostre que $f \circ (g_1 + g_2) = f \circ g_1 + f \circ g_2$.

(b) Mostre que se f for injetora e $f \circ g_1 = f \circ g_2$, então $g_1(x) = g_2(x)$ para todo $x \in A$.

(c) Conclua que se f for bijetora, a sua função inversa é única.

Exercício 1.17 Decida quais das funções abaixo são injetoras, sobrejetoras e

1.4. FUNÇÕES

bijetoras. Para as bijetoras, calcule as suas inversas.

$$f_1 : \mathbb{R} \longrightarrow \mathbb{R}$$
$$x \longmapsto \operatorname{sen}(x)$$

$$f_2 : \mathbb{R} \longrightarrow [-1,1]$$
$$x \longmapsto \operatorname{sen}(x)$$

$$f_3 : \left[-\tfrac{\pi}{2}, \tfrac{\pi}{2}\right] \longrightarrow \mathbb{R}$$
$$x \longmapsto \operatorname{sen}(x)$$

$$f_4 : \left[-\tfrac{\pi}{2}, \tfrac{\pi}{2}\right] \longrightarrow [-1,1]$$
$$x \longmapsto \operatorname{sen}(x)$$

$$f_5 : \mathbb{R}^2 \longrightarrow \mathbb{R}^2$$
$$(x,y) \longmapsto (2x, 3y+1)$$

$$f_6 : \mathbb{R}^2 \longrightarrow \mathbb{R}^2$$
$$(x,y) \longmapsto (0, x+y)$$

$$f_7 : \mathbb{R}^2 \longrightarrow \mathbb{R}$$
$$(x,y) \longmapsto x-y$$

$$f_8 : \mathbb{R} \longrightarrow \mathbb{R}^2$$
$$x \longmapsto (2x, 3y)$$

Exercício 1.18 Considere funções $f: A \longrightarrow B$ e $g: B \longrightarrow C$.

(a) Mostre que se a composta $g \circ f$ for injetora, então f será injetora.

(b) Mostre que se a composta $g \circ f$ for sobrejetora, então g será sobrejetora.

Capítulo 2

Sistemas Lineares

Neste capítulo, iremos discutir a resolução de sistemas de equações lineares. Tais sistemas irão aparecer de forma sistemática ao longo do livro e, por isso, é importante que o leitor tenha um bom domínio das questões aqui trabalhadas. Aproveitaremos a discussão para mencionar, por vezes sem o ainda necessário formalismo, algumas terminologias e conceitos que aparecerão mais à frente. Iniciamos com dois exemplos que podem ser equacionados em termos de um sistema de equações lineares e resolvidos facilmente.

Exemplo 2.1 Considere duas retas r e s em $\mathbb{R}^2$ dadas, respectivamente, pelas equações $r : x + 2y = 3$ e $s : -2x + 3y = 1$.

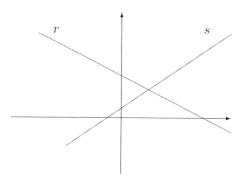

Encontrar a intersecção de r e s, quando existir, é achar uma dupla de valores (a, b) tais que

$$a + 2b = 3 \qquad \text{e} \qquad -2a + 3b = 1$$

ou, em outras palavras, achar valores que satisfaçam simultaneamente as duas equações

$$x + 2y = 3 \quad \text{e} \quad -2x + 3y = 1.$$

Temos, então, um sistema com 2 equações lineares cuja solução, se existir, irá nos fornecer a intersecção das retas iniciais. Não é difícil ver que o ponto $(1,1)$ pertence às duas retas e é o único ponto com tal propriedade.

Por outro lado, é fácil conseguirmos exemplos, por meio de situações geométricas, de sistemas lineares sem soluções. Por exemplo, as retas $2x + y = 1$ e $2x + y = 2$ são paralelas e, portanto, não se intersectam. Logo, o sistema de equações correspondentes não terá soluções. Ou, também, se considerarmos as retas $x + 2y = 3$, $-2x + 3y = 1$ e $3x - y = 0$, vemos facilmente que não existe um ponto em comum a todas elas (basta observar que o ponto de intersecção das duas primeiras retas, que vimos ser $(1,1)$, não pertence à terceira). Com isso, o sistema correspondente a estas três retas também não terá soluções.

Iremos retornar mais adiante às questões acima mencionadas. Por ora, façamos mais um exemplo.

Exemplo 2.2 Suponhamos que temos à disposição várias barrinhas com dimensões: 1 cm de altura, 2 cm de profundidade e 10 cm de comprimento formadas pela colagem de duas barras menores (de mesma altura e profundidade mas com comprimento variável) de materiais distintos **A** e **B**.

Gostaríamos de calcular as densidades dos materiais **A** e **B** (sem desmontar as peças) e, para tanto, temos como conseguir suas massas e medir suas dimensões. Lembre que a densidade de um material é a massa dividida pelo volume. Ao efetuarmos as medições de duas barras (sempre em centímetros e na ordem: altura, profundidade e comprimento), constatamos o seguinte:

- **Barra 1:** material **A** medindo $1 \times 2 \times 6$ e material **B** medindo $1 \times 2 \times 4$ e com massa total de 240 g.

- **Barra 2:** material **A** medindo $1 \times 2 \times 5$ e material **B** medindo $1 \times 2 \times 5$ e com massa total de 250 g.

Estes dados podem ser transformados em equações da seguinte forma. Denotemos por x a densidade do material **A** e por y a densidade do material **B** (são os valores que estamos procurando). Para a **Barra 1**, como os volumes das duas partes são, respectivamente, 12 ($= 6 \times 2 \times 1$) cm^3 e 8 ($= 4 \times 2 \times 1$) cm^3 e se consideramos as densidades em g/cm^3, conseguimos a equação:

$$12x + 8y = 240 \qquad \text{ou} \qquad 3x + 2y = 60.$$

(Podemos simplificar a equação como acima pois a dupla de valores (a, b) que resolve uma delas também irá resolver a outra. Mais adiante iremos formalizar melhor esta observação). Analogamente, a partir da **Barra 2**, chegamos a

$$10x + 10y = 250 \qquad \text{ou, simplificadamente,} \qquad x + y = 25$$

Os valores que procuramos, x e y, serão então soluções do sistema de equações:

$$\begin{cases} 3x + 2y = 60 & (1) \\ x + y = 25 & (2) \end{cases}$$

Da segunda equação, temos que $y = 25 - x$. Substituindo-se na primeira equação, segue que

$$3x + 2(25 - x) = 60 \qquad \text{ou} \qquad x = 10$$

e, com isso, $y = 25 - x = 25 - 10 = 15$. As densidades procuradas serão então $x = 10$ g/cm^3 e $y = 15$ g/cm^3.

Sem entrarmos em muitas considerações sobre o problema inicial, o que nos interessa mais aqui é que ele pode ser equacionado como um sistema de equações lineares que conseguimos resolver rapidamente.

Nosso objetivo neste capítulo será o de discutir soluções para sistemas de equações lineares.

2.1 Definições iniciais

Como acabamos de ver, certos problemas podem ser equacionados a partir de sistemas de equações lineares. O leitor atento não terá dificuldades em pensar em inúmeros outros problemas cujas soluções se reduzem a resolver um sistema de equações lineares. Antes de discutirmos como resolvê-los, vamos formalizar este conceito.

Definição 2.1 Um **sistema de equações lineares em** n **incógnitas sobre** $\mathbb{R}$ é dado por um conjunto de equações lineares (no caso m equações) com as mesmas incógnitas, isto é, é dado por

$$\begin{cases} a_{11}x_1 + \cdots + a_{1n}x_n = b_1 \\ \vdots \qquad\qquad \vdots \quad\; \vdots \\ a_{m1}x_1 + \cdots + a_{mn}x_n = b_m \end{cases} \quad (*)$$

onde temos que $n \geq 1, m \geq 1$ e tanto os coeficientes a_{ij} (para $1 \leq i \leq m$ e $1 \leq j \leq n$) quanto os valores b_i (para $1 \leq i \leq m$) são elementos do conjunto real $\mathbb{R}$. Os símbolos $x_1, \cdots, x_n$ indicam as **incógnitas** de nosso sistema. Dizemos que um sistema $(*)$ como acima é **homogêneo** se os valores $b_1, \cdots, b_m$ forem todos nulos.

Notação: Vamos também usar as letras $x, y, z, t, w \cdots$ para denotar as incógnitas de um sistema.

São exemplos de sistemas lineares de equações sobre $\mathbb{R}$:

$$\begin{cases} 3x_1 - 2x_2 + 8x_3 = 0 \\ -x_1 \qquad\;\; + 7x_3 = 3 \\ \qquad\;\; x_2 + x_3 = 5 \\ x_1 \qquad\;\; - \frac{1}{2}x_3 = 0 \end{cases} \qquad \begin{cases} x + 3y + z - t = 0 \\ x - 3y + 2z \qquad = 0 \\ x \qquad\;\; + \pi z - t = 0 \end{cases}$$

O segundo sistema acima é homogêneo enquanto que o primeiro não o é.

Neste texto, iremos trabalhar essencialmente com sistemas sobre $\mathbb{R}$ mas deve ficar claro ao leitor que é possível também trabalharmos com coeficientes em outros conjuntos. Por exemplo,

$$\begin{cases} x - 2y + 3z = 0 \\ x + 2y - 3z = 0 \end{cases}$$

é um sistema que, além de ser um sistema sobre $\mathbb{R}$, pode ser visto também como um sistema sobre $\mathbb{Z}$ (no sentido que o seus coeficientes são, de fato, números inteiros). Podemos também escolher sistemas sobre o conjunto dos números complexos $\mathbb{C}$ ou sobre outros conjuntos numéricos. Por exemplo, o sistema

$$\begin{cases} (2-i)x + y - 2iz = 2+i \\ 2ix - iy + 3iz = 0 \end{cases}$$

é um sistema sobre $\mathbb{C}$.

É claro que todo sistema sobre $\mathbb{R}$ será também um sistema sobre $\mathbb{C}$ pois $\mathbb{R} \subset \mathbb{C}$, mas ao indicarmos que um sistema é sobre um determinado conjunto (ou $\mathbb{Z}$, ou $\mathbb{R}$ ou $\mathbb{C}$, por exemplo), queremos enfatizar que as possíveis soluções que buscamos deverão estar nesse específico conjunto.

Como dissemos acima, iremos nos concentrar nos sistemas sobre $\mathbb{R}$ mas não nos furtaremos em alguns momentos (em exemplos e exercícios, principalmente) em considerar sistemas sobre outros conjuntos. Isto porque acreditamos que, ao fazê-lo, teremos a possibilidade de enfatizar certas ideias e cálculos.

EXERCÍCIOS

Exercício 2.1 Encontre, se existir, a intersecção das retas

(a) $x + 5y = 10$ e $-2x + y = 2$;

(b) $-3x + 2y = -1$, $x + 3y = 4$ e $2x - 2y = 3$;

(c) $2x - 3y = -5$, $x + 2y = 1$ e $-3x + y = 2$.

Exercício 2.2 Encontre a reta que é a intersecção dos planos do $\mathbb{R}^3$ dados pelas equações: $x - 2y + z = 0$ e $-2x + y + z = 3$.

Exercício 2.3 Considere o sistema
$$\begin{cases} x - 3y = 0 \\ -2x - 18y = -4 \end{cases}$$
Encontre, se houver, soluções em $\mathbb{Z}, \mathbb{Q}$ e em $\mathbb{R}$.

2.2 Conjunto solução de um sistema

Resolver um sistema é encontrar os valores que, quando substituídos nas incógnitas, tornam todas as equações verdadeiras. Formalmente, temos a seguinte definição.

Definição 2.2 Considere o sistema de m equações em n incógnitas sobre $\mathbb{R}$
$$\begin{cases} a_{11}x_1 + \cdots + a_{1n}x_n = b_1 \\ \vdots \qquad\qquad \vdots \qquad \vdots \\ a_{m1}x_1 + \cdots + a_{mn}x_n = b_m \end{cases} \quad (*)$$

Uma **solução de** $(*)$ é um elemento $(c_1, c_2, \cdots, c_n) \in \mathbb{R}^n$ tal que as equações

$$\begin{cases} a_{11}c_1 + \cdots + a_{1n}c_n = b_1 \\ \vdots \qquad\qquad\qquad \vdots \quad\;\; \vdots \\ a_{m1}c_1 + \cdots + a_{mn}c_n = b_m \end{cases}$$

estejam satisfeitas. O **conjunto solução** de um sistema $(*)$ como acima é o subconjunto de $\mathbb{R}^n$ contendo todas as suas soluções.

Vimos acima (no exemplo da intersecção de duas retas) que o valor (1,1) é solução do sistema

$$\begin{cases} x + 2y = 3 \\ -2x + 3y = 1 \end{cases}$$

enquanto que $(10, 15)$ é solução do sistema

$$\begin{cases} 3x + 2y = 60 \\ x + y = 25 \end{cases}$$

(sistema do exemplo das barrinhas).

Como já observado, nem todo sistema linear tem solução. Vejamos outro exemplo.

Exemplo 2.3 Considere o sistema

$$\begin{cases} x + y = 0 & (I_1) \\ x - y = 2 & (I_2) \\ 3x - 2y = 1 & (I_3) \end{cases} \qquad (*)$$

Suponha que o par $(a, b) \in \mathbb{R}^2$ seja uma solução de $(*)$. Então, da equação (I_1), segue que $a + b = 0$, ou $b = -a$ e portanto as soluções para esta equação específica serão do tipo $(a, -a)$ para $a \in \mathbb{R}$. Substituindo-se uma tal solução na equação (I_2), chegaríamos a $a - (-a) = 2$ ou $2a = 2$ e portanto $a = 1$. Concluímos então que a única solução em comum às equações (I_1) e (I_2) é $(1, -1)$. Mas agora, ao substituirmos esse par na equação (I_3), chegaríamos a uma contradição. De fato, $3(1) - 2(-1) = 5 \neq 1$. Com isso, vemos que não há uma solução que sirva simultaneamente às três equações. Logo, o sistema não tem soluções.

2.2. CONJUNTO SOLUÇÃO DE UM SISTEMA

Definição 2.3 Dizemos que um sistema linear é **compatível** se possuir alguma solução, isto é, se o seu conjunto solução for não vazio. De forma contrária, dizemos que ele é **incompatível** se o seu conjunto solução for vazio.

Os sistemas dos Exemplos 2.1 e 2.2 são compatíveis enquanto que o do 2.3 não o é.

No presente capítulo estaremos mais interessados nos sistemas compatíveis. Mais adiante, no Capítulo 11, iremos estudar uma maneira de achar *aproximações de soluções* para um sistema incompatível (não são soluções no sentido estrito da palavra mas sim valores que se *aproximam suficientemente* de uma solução, especificaremos isto mais adiante).

Aqui cabe mais um comentário. É claro que se estivermos pensando em um sistema de equações sobre $\mathbb{R}$, então estaremos pensando, implicitamente, em soluções dadas por valores reais. Assim como, se pensarmos em sistemas sobre os conjuntos $\mathbb{Z}$ ou $\mathbb{C}$, estaremos considerando soluções nesses conjuntos. Por exemplo, o sistema

$$\begin{cases} 3x + 2y = 1 \\ - 2y = 3 \end{cases}$$

tem solução $(\frac{4}{3}, -\frac{3}{2})$ se o pensarmos como um sistema sobre $\mathbb{R}$, mas não tem solução se o pensarmos como um sistema sobre $\mathbb{Z}$, pois não existe, por exemplo, nenhum número inteiro que multiplicado por -2 nos dê 3 (o que seria uma solução para a segunda equação). Por conta disso, é sempre importante especificarmos sobre qual conjunto numérico estamos trabalhando. Neste texto, vamos assumir, a menos de menção ao contrário, que os sistemas de equações estão definidas sobre o conjunto $\mathbb{R}$.

Exemplo 2.4 Considere o sistema homogêneo

$$\begin{cases} 3x - y + 2z + t = 0 \\ 2x + y + 5z - t = 0 \end{cases} \quad (*)$$

Resolver este sistema significa, então, achar quatro números (reais) que, substituídos nas equações do sistema, façam com que as igualdades estejam satisfeitas. Não deve ser difícil ver que, se substituirmos as incógnitas x, y, z e t pelo número 0, as igualdades nas duas equações estarão satisfeitas. Mas, também, se substituirmos x, y, z e t pelos valores $0, 1, 0$ e 1, respectivamente, também as igualdades ficarão satisfeitas (verifique!). Podemos gerar outras soluções das seguintes maneiras. Em primeiro lugar, se multiplicarmos uma solução por um número λ em $\mathbb{R}$ qualquer, conseguiremos uma outra solução. Por exemplo, multiplicando-se a solução $(0, 1, 0, 1)$ por 2 teremos $(0, 2, 0, 2)$, que também é uma solução do sistema $(*)$ (na realidade, não há nada de muito especial no número 2, poderíamos ter escolhido outro número real qualquer). Uma outra forma de gerar novas soluções é por meio da soma de soluções conhecidas. Por exemplo, como $(7, 11, -5, 0)$ é também uma solução, a soma das soluções $(0, 1, 0, 1)$ e $(7, 11, -5, 0)$, que é $(7, 12, -5, 1)$, também será uma solução. Deixamos ao leitor a tarefa de verificar que os múltiplos de soluções de $(*)$ e a adição de duas soluções de $(*)$ são também soluções deste mesmo sistema.

Antes de prosseguirmos, gostaríamos de formalizar melhor as ideias contidas no exemplo acima. Enfatizamos que as operações acima foram feitas em um sistema homogêneo.

Proposição 2.1 Seja

$$\begin{cases} a_{11}x_1 + \cdots + a_{1n}x_n = 0 \\ \vdots \quad\quad\quad \vdots \quad\quad \vdots \\ a_{m1}x_1 + \cdots + a_{mn}x_n = 0 \end{cases} \quad (*)$$

um sistema linear homogêneo em $n \geq 1$ incógnitas sobre $\mathbb{R}$.

(a) A n-upla $(0, 0, \cdots, 0) \in \mathbb{R}^n$ é uma solução de $(*)$.

(b) Se $(c_1, \cdots, c_n)$ for uma solução de $(*)$ e se $\lambda \in \mathbb{R}$, então $(\lambda c_1, \cdots, \lambda c_n)$ também será uma solução de $(*)$.

(c) Se $(c_1, \cdots, c_n)$ e $(d_1, \cdots, d_n)$ forem duas soluções de $(*)$, então $(c_1 + d_1, \cdots, c_n + d_n)$ também será uma solução de $(*)$.

(d) Se $(c_{11}, \cdots, c_{1n}), \cdots, (c_{r1}, \cdots, c_{rn})$ forem r soluções de $(*)$, e $\lambda_1, \cdots, \lambda_r \in \mathbb{R}$, então, $(\lambda_1 c_{11} + \cdots + \lambda_r c_{r1}, \cdots, \lambda_1 c_{1n} + \cdots + \lambda_r c_{rn})$ também será uma solução de $(*)$.

DEMONSTRAÇÃO. (a) Deve estar claro ao leitor.

2.2. CONJUNTO SOLUÇÃO DE UM SISTEMA

(b) Como $(c_1, \cdots, c_n)$ é uma solução de $(*)$, teremos:

$$\begin{cases} a_{11}c_1 + \cdots + a_{1n}c_n = 0 \\ \vdots \qquad\qquad \vdots \qquad \vdots \\ a_{m1}c_1 + \cdots + a_{mn}c_n = 0 \end{cases} \quad (**)$$

Agora, se $\lambda \in \mathbb{R}$, então, ao multiplicarmos cada igualdade de $(**)$ por λ, segue que:

$$\begin{cases} \lambda(a_{11}c_1 + \cdots + a_{1n}c_n) = \lambda 0 = 0 \\ \vdots \qquad\qquad \vdots \qquad \vdots \\ \lambda(a_{m1}c_1 + \cdots + a_{mn}c_n) = \lambda 0 = 0 \end{cases}$$

ou ainda (utilizando-se das propriedades algébricas dos números reais),

$$\begin{cases} a_{11}(\lambda c_1) + \cdots + a_{1n}(\lambda c_n) = 0 \\ \vdots \qquad\qquad \vdots \qquad \vdots \\ a_{m1}(\lambda c_1) + \cdots + a_{mn}(\lambda c_n) = 0 \end{cases}$$

o que implica que $(\lambda c_1, \cdots, \lambda c_n)$ também é uma solução de $(*)$.

(c) Se $(c_1, \cdots, c_n)$ e $(d_1, \cdots, d_n)$ forem soluções de $(*)$, então

$$\begin{cases} a_{11}c_1 + \cdots + a_{1n}c_n = 0 \\ \vdots \\ a_{m1}c_1 + \cdots + a_{mn}c_n = 0 \end{cases} (I) \qquad \begin{cases} a_{11}d_1 + \cdots + a_{1n}d_n = 0 \\ \vdots \\ a_{m1}d_1 + \cdots + a_{mn}d_n = 0 \end{cases} (II)$$

Somando-se cada igualdade de (I) com a correspondente de (II) e colocando-se os coeficientes em evidência (isto é, usando-se a propriedade distributiva), chegamos a

$$\begin{cases} a_{11}(c_1 + d_1) + \cdots + a_{1n}(c_n + d_n) = 0 \\ \vdots \qquad\qquad \vdots \qquad \vdots \\ a_{m1}(c_1 + d_1) + \cdots + a_{mn}(c_n + d_n) = 0 \end{cases}$$

o que implica que $(c_1 + d_1, \cdots, c_n + d_n)$ também será uma solução de $(*)$.

(d) Segue da utilização repetida de (b) e (c). Deixamos ao leitor a tarefa de escrever os detalhes. $\square$

Corolário 2.1 Todo sistema homogêneo é compatível.

DEMONSTRAÇÃO. Decorre da Proposição 2.1 acima que $(0, \cdots, 0)$ é sempre uma solução de um sistema homogêneo e, com isso, ele será compatível. □

O item (b) da Proposição 2.1 é normalmente descrito como: *o conjunto solução de um sistema linear é fechado para produto por escalar* enquanto que o item (c) pode ser traduzido da seguinte forma: *o conjunto solução de um sistema linear é fechado para a soma*. Por sua vez, podemos traduzir o item (d) como: *o conjunto solução de um sistema linear é fechado para combinações lineares de soluções* (isto é, fechado para somas de produtos de soluções por escalares). Com isso, se $S \subset \mathbb{R}^n$ denotar o conjunto solução de um sistema como no enunciado da Proposição 2.1, o que estamos dizendo é que este conjunto contém o elemento nulo de $\mathbb{R}^n$ e é fechado para soma de elementos e multiplicação por escalar (esta observação será importante mais adiante quando estudarmos subespaços vetoriais).

Antes de prosseguirmos, gostaríamos de enfatizar que o resultado acima vale apenas para sistemas lineares homogêneos. Para sistemas não homogêneos, o resultado é falso como nos mostra o exemplo a seguir. Considere o sistema (não homogêneo):

$$\begin{cases} 3x - 2y = 1 \\ x + y = 2 \end{cases} \quad (*)$$

Observe inicialmente que o par $(0,0)$ não é uma solução de $(*)$. Aliás, $(1,1) \in \mathbb{R}^2$ é a única solução desse sistema (tente verificar isto!). Observe que $(2,2) = (1,1) + (1,1) = 2(1,1)$ não é uma solução de $(*)$. Portanto, nenhum dos itens da Proposição 2.1 vale para sistemas não homogêneos.

Sistemas equivalentes.

Em nossa estratégia de resolução de sistemas lineares iremos, muitas vezes, substituir um sistema por outros mais simples de serem resolvidos. É claro que precisamos garantir que, ao fazermos tais substituições, não iremos perder ou ganhar soluções, isto é, precisamos garantir que os conjuntos soluções dos sistemas envolvidos nesse processo sejam os mesmos. Vamos formalizar esta ideia.

Definição 2.4 Dizemos que dois sistemas de equações lineares nas mesmas

2.2. CONJUNTO SOLUÇÃO DE UM SISTEMA

incógnitas são **equivalentes** se eles possuírem o mesmo conjunto solução, isto é, cada solução de um dos sistemas é também solução do outro.

Exemplo 2.5 Os sistemas lineares sobre $\mathbb{R}$:

$$\begin{cases} 3x + 2y - z = 0 \\ 5x + 2z = 0 \end{cases} \quad \text{e} \quad \begin{cases} 8x + 2y + z = 0 \\ 10y - 11z = 0 \\ 16x - 6y + 13z = 0 \end{cases}$$

são equivalentes (tente mostrar que os conjuntos soluções dos sistemas são formados pelos múltiplos do vetor $(-4, 11, 10)$). Podemos ver que dois sistemas equivalentes não precisam ter necessariamente o mesmo número de equações (mas sim o mesmo número de incógnitas).

Vamos agora discutir um pouco o conjunto solução do sistema do Exemplo 2.4 acima. Vamos fazê-lo agora sem justificar muito os passos seguidos, pois deixaremos isso para a próxima seção. Nosso objetivo é primeiro mostrar que existem várias maneiras para se escrever o conjunto solução. Considere o sistema:

$$\begin{cases} 3x - y + 2z + t = 0 \quad (1) \\ 2x + y + 5z - t = 0 \quad (2) \end{cases} \quad (*)$$

A ideia usual para se achar o conjunto solução de um sistema é trocá-lo por um equivalente (isto é, com o mesmo conjunto solução) mas que seja *mais fácil* de resolver. O processo de escalonamento que veremos na próxima seção é, de certa forma, a formalização do que faremos aqui.

Vamos multiplicar a equação (1) do sistema por 2, a equação (2) do sistema por -3, somá-las e substituir a equação (2) por esta nova equação $(2')$. Com isto, o sistema $(*)$ transforma-se em:

$$\begin{cases} 3x - y + 2z + t = 0 \quad (1) \\ - 5y - 11z + 5t = 0 \quad (2') \end{cases} \quad (**)$$

Afirmamos que os dois sistemas $(*)$ e $(**)$ são equivalentes (a justificativa virá na próxima seção). Desta forma, tanto faz resolver um sistema ou o outro mas, ao menos intuitivamente, o sistema $(**)$ parece-nos mais fácil de resolver. A conta que fizemos acima teve como intuito *eliminar* uma incógnita em uma das equações. Observe agora que se escolhermos valores arbitrários para z e t

e substituirmos na segunda equação de (∗∗), conseguiremos um valor para y e substituindo esses três valores (y, z e t) na equação (1) conseguimos também um valor para x. Essa quádrupla de valores será, é fácil ver, uma solução do sistema (∗∗) (e portanto também de (∗)). Em outras palavras, fixados z e t, temos
$$y = -\frac{11}{5}z + t \qquad \text{e}$$
$$x = \frac{1}{3}y - \frac{2}{3}z - \frac{1}{3}t = \frac{1}{3}\left(-\frac{11}{5}z + t\right) - \frac{2}{3}z - \frac{1}{3}t = -\frac{7}{5}z$$
Isto é, $y = -\frac{11}{5}z + t$ e $x = -\frac{7}{5}z$ para $z, t \in \mathbb{R}$. Conseguimos a primeira relação utilizando-se a equação (2′) e a outra utilizando-se esta junto com a equação (1). Uma solução do sistema será, então, uma quádrupla do tipo
$$\left(-\frac{7}{5}z, -\frac{11}{5}z + t, z, t\right) \in \mathbb{R}^4 \quad \text{onde} \quad z, t \in \mathbb{R}.$$
Se escolhermos $z = -5$ e $t = 0$, chegamos à solução $(7, 11, -5, 0)$ e se escolhermos $z = 0$ e $t = 1$, chegamos à $(0,1,0,1)$.

Descrever o conjunto solução como sendo o formado pelas quádruplas acima depende essencialmente da primeira operação que fizemos no sistema. É claro que podem haver outros sistemas equivalentes que nos fornecerão *diferentes descrições* do mesmo conjunto solução. Por exemplo, o sistema
$$\begin{cases} 3x & - & y & + & 2z & + & t & = & 0 & (1) \\ 5x & & & + & 7z & & & = & 0 & (2'') \end{cases} \qquad (**)$$
é também equivalente a (∗) (consegue-se a equação (2″) somando-se as equações (1) e (2)). Aqui, podemos escrever as incógnitas z e t em função de x e y, por exemplo. Deixamos ao leitor verificar que
$$z = -\frac{5}{7}x \qquad \text{e} \qquad t = -\frac{11}{7}x + y$$
e o conjunto solução será então o conjunto formado pelas quádruplas:
$$\left(x, y, -\frac{5}{7}x, -\frac{11}{7}x + y\right) \in \mathbb{R}^4 \quad \text{onde} \quad x, y \in \mathbb{R}.$$
Conseguimos, então duas formas de descrever o mesmo conjunto solução de (∗). Vamos aproveitar estas contas e fazer mais um cálculo. Como
$$\left(x, y, -\frac{5}{7}x, -\frac{11}{7}x + y\right) = x\left(1, 0, -\frac{5}{7}, -\frac{11}{7}\right) + y(0, 1, 0, 1)$$

2.2. CONJUNTO SOLUÇÃO DE UM SISTEMA

observamos que as soluções serão dadas por somas de múltiplos dos vetores $(1, 0, -\frac{5}{7}, \frac{11}{7})$ e $(0, 1, 0, 1)$ (na nossa terminologia futura, diremos que as soluções serão combinações lineares de $(1, 0, -\frac{5}{7}, \frac{11}{7})$ e $(0, 1, 0, 1)$). Compare a conta acima com o enunciado da Proposição 2.1. Verifique também que, na realidade, temos o mesmo conjunto solução (substituindo-se $x = 0$ e $y = 1$, conseguimos por exemplo a solução $(0,1,0,1)$). Observe que, na primeira conta mais acima, nós eliminamos a incógnita x da equação (2) para conseguirmos (2′) enquanto que, na segunda conta, eliminamos a incógnita y para conseguirmos (2″). Deixamos ao leitor como exercício achar um sistema equivalente a (∗) onde, na sua segunda equação, não apareça a incógnita z, por exemplo.

EXERCÍCIOS

Exercício 2.4 Em cada um dos sistemas

$$\begin{cases} 3x - 2y + z = 0 \\ x + 3y - 2z = 0 \end{cases} (I) \quad \text{e} \quad \begin{cases} 2x + z = 1 \\ -x + y - z = 0 \end{cases} (II)$$

escrever o conjunto solução das seguintes formas: (a) em função da incógnita y; (b) em função da incógnita z; e (c) em função da incógnita x.

Exercício 2.5 Mostre que os sistemas abaixo são equivalentes

$$\begin{cases} 2x - y + z = 2 \\ x + 3z = 0 \end{cases} \quad \text{e} \quad \begin{cases} 2x - y + z = 2 \\ y + 5z = -2 \\ x + 9z = 0 \end{cases}$$

Exercício 2.6 Considere dois sistemas em $\mathbb{R}$ com três incógnitas que tenham como conjunto soluções $S_1 = \{\alpha(1,0,1) + \beta(2,3,-1) \colon \alpha, \beta \in \mathbb{R}\}$ e $S_2 = \{\gamma(-1,1,1) + \delta(0,0,1) \colon \gamma, \delta \in \mathbb{R}\}$, respectivamente. Mostre que tais sistemas não podem ser equivalentes.

Exercício 2.7 Decida quais dos sistemas abaixo são compatíveis e quais são incompatíveis e, no primeiro caso, descreva o seu conjunto solução.

$$(a) \begin{cases} x_1 - 2x_2 + x_3 = 0 \\ 2x_1 + x_2 = 1 \\ x_1 + x_2 - x_3 = -2 \end{cases} \quad (b) \begin{cases} 2x + y = 1 \\ x - y = 2 \\ -5x - 3y = -2 \end{cases}$$

$$(c) \begin{cases} -6x + 3y - 3z = -6 \\ y + 5z = -2 \\ x + 9z = 0 \end{cases}$$

Exercício 2.8 Exiba um sistema linear com mais incógnitas do que equações e que seja incompatível.

2.3 Escalonamento de um sistema

Vamos agora analisar o chamado **processo de escalonamento** para a resolução de um sistema de equações lineares. A ideia por trás deste processo é substituir as equações convenientemente, utilizando-se de certas operações chamadas *elementares*, por outras de tal forma que o sistema resultante possua o mesmo conjunto solução que o sistema anterior, ou seja, substituir um sistema por outro equivalente de forma similar à feita ao final da última seção. Vejamos mais um exemplo.

Exemplo 2.6 Considere o seguinte sistema linear (homogêneo) sobre $\mathbb{R}$:

$$\begin{cases} 3x - 2y - z + w = 0 \quad (1) \\ -6x + 4y + 2z + 3w = 0 \quad (2) \\ x + y = 0 \quad (3) \\ -5y - z + w = 0 \quad (4) \end{cases} \quad (I)$$

De acordo com o Corolário 2.1, este sistema é compatível. Vamos procurar todas as suas soluções. A ideia do escalonamento é trocar este sistema por um outro onde uma dada incógnita apareça em apenas uma equação, alguma outra incógnita apareça em no máximo duas equações e assim por diante. Em nosso exemplo, podemos escolher inicialmente a equação (1) como sendo a única onde a incógnita x deve aparecer. Precisamos, então, trocar a equação (2) por uma outra sem a incógnita x. Isto pode ser feito, por exemplo, multiplicando-se a equação (1) por 2 e somando o resultado à equação (2). Teremos assim:

$$\begin{array}{rl} 6x - 4y - 2z + 2w = 0 & 2 \times (1) \\ -6x + 4y + 2z + 3w = 0 & (2) \\ \hline SOMA: 5w = 0 & (2') = 2 \times (1) + (2) \end{array}$$

2.3. ESCALONAMENTO DE UM SISTEMA

Feito isto, substituímos a equação (2) por (2′) no sistema:

$$\begin{cases} 3x - 2y - z + w = 0 & (1) \\ 5w = 0 & (2') = 2 \times (1) + (2) \\ x + y = 0 & (3) \\ - 5y - z + w = 0 & (4) \end{cases} \quad (II)$$

Os sistemas (I) e (II) têm o mesmo conjunto solução (ver justificativa mais abaixo). Para fazermos *desaparecer* a incógnita x da terceira equação, bastaria, por exemplo, substituir a equação (3) pela equação resultante da soma da equação (1) por -3 vezes a equação (3). Com isto, chegamos a

$$\begin{cases} 3x - 2y - z + w = 0 & (1) \\ 5w = 0 & (2') \\ - 5y - z + w = 0 & (3') = (1) - 3 \times (3) \\ - 5y - z + w = 0 & (4) \end{cases} \quad (III)$$

Observamos que as equações (3′) e (4) são iguais e portanto podemos *esquecer* uma delas, por exemplo a (4) (isto porque, obviamente, o conjunto solução do sistema (III) é o mesmo que o do sistema contendo apenas as equações (1), (2′) e (3′)). Se, além disso, trocarmos as equações (2′) e (3′) de posição, teremos ao final:

$$\begin{cases} 3x - 2y - z + w = 0 & (1) \\ - 5y - z + w = 0 & (3') \\ 5w = 0 & (2') \end{cases} \quad (IV)$$

que possui o aspecto escalonado que buscávamos (a incógnita x aparece em apenas uma equação, a incógnita y em no máximo duas equações e a incógnita w em no máximo três equações). Vamos agora resolvê-lo. Da equação (2′) sai facilmente que $w = 0$ e portanto o sistema pode ser escrito como

$$\begin{cases} 3x - 2y - z = 0 \\ - 5y - z = 0 \\ w = 0 \end{cases}$$

Podemos observar aqui que o conjunto solução é infinito. Ao escolhermos, por exemplo, $z = 5$, teremos $y = -1$ e $x = 1$ e, portanto, $(1, -1, 5, 0)$ será uma solução. Mas a escolha $z = 1$ gera uma outra solução: $(\frac{1}{5}, -\frac{1}{5}, 1, 0)$. Em resumo, cada escolha de z gera uma nova solução do tipo $(\frac{z}{5}, -\frac{z}{5}, z, 0)$. E toda solução será, ao final, deste tipo para algum $z \in \mathbb{R}$. Em outras palavras, o conjunto solução será $\{z(1,-1,5,0)\colon z \in \mathbb{R}\} \subset \mathbb{R}^4$, isto é, formado pelos múltiplos do vetor $(1,-1,5,0)$.

Analisando o processo acima, podemos ver que ele se baseia em efetuarmos sucessivamente as três operações abaixo nas equações do sistema. Apesar de, no exemplo acima, termos considerado um sistema homogêneo, essas operações podem ser feitas também em sistemas não homogêneos, tomando-se o cuidado de se fazer os operações indicadas nos dois lados da igualdade de cada equação.

(E1) Troca de posição entre 2 equações.

(E2) Multiplicação de uma equação por um escalar não nulo.

(E3) Substituição de uma equação pela soma desta equação com uma outra.

Estas operações são normalmente chamadas de **operações elementares** e, quando as efetuarmos em um sistema, precisamos garantir que, apesar da troca de equações, o conjunto solução deve se manter o mesmo. Isto deve estar bastante claro se efetuamos a operação (E1) em um sistema pois a simples troca de posição entre duas equações obviamente não irá afetar o seu conjunto solução. Vamos analisar as outras 2 operações.

Sejam (1): $a_1 x_1 + \cdots + a_n x_n = b$ uma equação e $\lambda \in \mathbb{R}^*$ um escalar não nulo. Ao multiplicarmos a equação (1) por λ, teremos uma outra equação $\lambda(a_1 x_1 + \cdots + a_n x_n) = \lambda b$. Distribuindo-se o valor λ na soma indicada e usando-se a associatividade, chegamos á equação (1'): $(\lambda a_1)x_1 + \cdots + (\lambda a_n)x_n = \lambda b$. Queremos mostrar que os conjuntos soluções das duas equações ((1) e (1')) coincidem. Denote por S o conjunto solução da equação (1) e por S' o da equação (1') e seja $(c_1, \cdots, c_n) \in \mathbb{R}^n$ um elemento de S (isto é, tal que $a_1 c_1 + \cdots + a_n c_n = b$). Ao substituirmos $(c_1, \cdots, c_n)$ na equação (1'), teremos:

$$(\lambda a_1)c_1 + \cdots + (\lambda a_n)c_n = \lambda(a_1 c_1 + \cdots + a_n c_n) = \lambda b.$$

Com isto, $(c_1, \cdots, c_n)$ é uma solução de (1') e portanto $(c_1, \cdots, c_n) \in S'$. Mostramos que toda solução de (1) é também uma solução de (1'), isto é, que o conjunto solução de (1) está contido no conjunto solução de (1') $(S \subseteq S')$. Essencialmente, o mesmo raciocínio (multiplicando-se a equação

2.3. ESCALONAMENTO DE UM SISTEMA

(1') por $\frac{1}{\lambda} = \lambda^{-1}$ chega-se à equação (1)), mostra-nos que $S' \subseteq S$ e, portanto, S e S' só podem ser iguais. Deixamos os detalhes a cargo do leitor, mas observamos que necessitamos que λ seja não nulo para garantir a existência de λ^{-1}.

Agora, como o conjunto solução de uma equação não se modifica ao multiplicarmos por um escalar não nulo, o conjunto solução de um sistema de equações também não se modificará ao trocarmos uma equação por um múltiplo não nulo dela.

Observação 2.1 Observe que se multiplicarmos uma equação de um sistema linear por 0, o sistema resultante pode não ser equivalente ao inicial. Por exemplo,

$$\begin{cases} 2x + 3y = 0 & (1) \\ x - y = 0 & (2) \end{cases}$$

só tem o par $(0,0)$ como solução. No entanto, se multiplicarmos por zero a equação (2), chega-se ao sistema

$$\begin{cases} 2x + 3y = 0 & (1) \\ 0 = 0 & (2') \end{cases}$$

que terá outras soluções como, por exemplo, o par $(3, -2)$. Observe que dissemos que o sistema resultante *pode* não ser equivalente ao original se multiplicarmos uma de suas equações por 0, mas isto não é verdade sempre. Podemos, sim, ter sistemas equivalentes em que um deles seja o resultante do outro por meio da multiplicação de uma de suas equações por 0 (Exercício 2.9).

Vamos agora verificar que a operação (E3) em um sistema de equações lineares não modifica o seu conjunto solução. Seja

$$\begin{cases} a_{11}x_1 + \cdots + a_{1n}x_n = b_1 & (I_1) \\ a_{21}x_1 + \cdots + a_{2n}x_n = b_2 & (I_2) \\ \vdots & \vdots & \vdots & \vdots \\ a_{m1}x_1 + \cdots + a_{mn}x_n = b_m & (I_m) \end{cases} \quad (*)$$

um sistema de m equações com n incógnitas e vamos supor que $m \geq 2$ (pois caso contrário a operação (E2) não faria sentido). Sem perda de generalidade, vamos trocar a equação (I_2) por (I'_2) que é a soma das equações (I_1) e (I_2). Isto é, vamos trocar o sistema $(*)$ pelo sistema $(**)$:

$$\begin{cases} a_{11}x_1 + \cdots + a_{1n}x_n = b_1 & (I_1) \\ (a_{11}+a_{21})x_1 + \cdots + (a_{1n}+a_{2n})x_n = b_1+b_2 & (I'_2)=(I_1)+(I_2) \\ \vdots \quad \vdots \quad \vdots \quad\quad \vdots & \\ a_{m1}x_1 + \cdots + a_{mn}x_n = b_m & (I_m) \end{cases}$$

e mostrarmos que o conjunto solução S do sistema $(*)$ é igual ao conjunto solução S' do sistema $(**)$. Como não mexemos nas equações $(I_3), \cdots, (I_m)$, podemos deixá-las de lado em nossa análise. Também, acreditamos estar claro ao leitor que se $(c_1, \cdots, c_n)$ for um elemento de S, então ele satisfaz as equações (I_1) e (I_2), satisfazendo portanto a equação $(I'_2) = (I_1) + (I_2)$. Logo, $(c_1, \cdots, c_n)$ é um elemento de S' e com isto toda solução de $(*)$ será também solução de $(**)$ $(S \subseteq S')$. Para a outra inclusão (isto é, para $S' \subseteq S$), seja $(c_1, \cdots, c_n)$ um elemento de S'. Em particular, $(c_1, \cdots, c_n)$ é solução das equações (I_1) e (I'_2) e portanto vale que

$$\begin{aligned} a_{11}c_1 + \cdots + a_{1n}c_n &= b_1 & (J_1) \\ (a_{11}+a_{21})c_1 + \cdots + (a_{1n}+a_{2n})c_n &= b_1+b_2 & (J_2) \end{aligned}$$

Logo, ao subtrairmos de (J_2) a igualdade (J_1), chegamos a

$$(a_{11}+a_{21})c_1 + \cdots + (a_{1n}+a_{2n})c_n - (a_{11}c_1 + \cdots + a_{1n}c_n) = (b_1+b_2) - b_1$$

Simplificando a igualdade acima, teremos $a_{21}c_1 + \cdots + a_{2n}c_n = b_2$ que é a equação (I_2) de $(*)$. Logo, $(c_1, \cdots, c_n)$, ao satisfazer todas as equações do sistema $(*)$, pertencerá ao conjunto de soluções S deste sistema. Com isto, também neste caso, os conjuntos soluções são os mesmos.

O que mostramos acima é que quando efetuamos uma operação elementar em um sistema de equações lineares produzimos um sistema equivalente, justificando assim as observações feitas nos exemplos anteriores. Nosso próximo passo é formalizar o conceito de sistema escalonado.

Definição 2.5 Um sistema linear

$$\begin{cases} a_{11}x_1 + \cdots + a_{1n}x_n = b_1 & (I_1) \\ a_{21}x_1 + \cdots + a_{2n}x_n = b_2 & (I_2) \\ \vdots \quad \vdots \quad \vdots \quad \vdots & \\ a_{m1}x_1 + \cdots + a_{mn}x_n = b_m & (I_m) \end{cases} \quad (*)$$

2.3. ESCALONAMENTO DE UM SISTEMA

é dito **escalonado** se existirem índices $j_1, \cdots, j_r$ com $1 \leq j_1 < j_2 < \cdots < j_r \leq n$ tais que $a_{ij_i} \neq 0$ para cada $i = 1, \cdots, r$ e $a_{ij} = 0$ se $1 \leq j < j_i$. Em um tal sistema, as incógnitas $x_{j_1}, \cdots, x_{j_r}$ são chamadas de **incógnitas dependentes** enquanto que as outras incógnitas são chamadas de **independentes**. Dizemos também que o sistema escalonado terá **pivôs** nas incógnitas $j_1, \cdots, j_r$.

Observação 2.2 Em um sistema escalonado, o número de equações é sempre menor ou igual ao número de incógnitas.

Nosso objetivo então será, dado um sistema linear, encontrar um outro, por meio das operações elementares, que esteja em uma forma escalonada e que, pelo que acabamos de ver, será equivalente ao inicial. É o que fizemos essencialmente no Exemplo 2.6.

Antes de prosseguirmos, vamos ver o que acontece com o processo de escalonamento quando começamos com um sistema incompatível. Vamos retornar ao sistema (incompatível)

$$\begin{cases} x + y = 0 & (I_1) \\ x - y = 2 & (I_2) \\ 3x - 2y = 1 & (I_3) \end{cases} \quad (*)$$

do Exemplo 2.3 e vamos tentar escaloná-lo. Eliminando-se a incógnita x na segunda e na terceira equação, chegamos a

$$\begin{cases} x + y = 0 & (I_1) \\ 2y = -2 & (I_2') = (I_1) - (I_2) \\ 5y = -1 & (I_3') = 3(I_1) - (I_3) \end{cases} \quad (**)$$

Ao tentarmos eliminar a incógnita y da última equação, por exemplo, substituindo-se (I_3') por $(I_3'') = 5(I_2') - 2(I_3')$, chegamos a

$$\begin{cases} x + y = 0 & (I_1) \\ 2y = -2 & (I_2') \\ 0 = -8 & (I_3'') \end{cases} \quad (***)$$

e a última equação (I_3'') traduz uma incompatibilidade. O que queremos dizer aqui é que podemos fazer as operações elementares visando um escalonamento também em um sistema incompatível mas, neste caso, ao invés de chegarmos a um sistema escalonado, irá aparecer uma equação que traduz obviamente uma incompatibilidade (como acima).

Vimos no Exemplo 2.6 acima que, utilizando-se as operações elementares, existe um sistema escalonado, no caso o sistema (IV), que é equivalente ao sistema inicial. Naquele sistema, a incógnita z é independente e as incógnitas x, y e w são dependentes (no caso, w é também dependente, pois será sempre igual a 0). Isto pode ser feito mais geralmente.

Teorema 2.1 Todo sistema linear compatível com m equações sobre $\mathbb{R}$ é equivalente a um sistema escalonado com $l \leq m$ equações.

DEMONSTRAÇÃO. Vamos dar uma ideia de como se demonstra este resultado, deixando os detalhes a cargo do leitor. Na realidade, vamos apenas formalizar, para um sistema genérico, o que foi feito no Exemplo 2.6 utilizando as operações elementares. Seja

$$\begin{cases} a_{11}x_1 + \cdots + a_{1n}x_n = b_1 & (I_1) \\ \phantom{a_{11}x_1} \vdots \vdots \\ a_{m1}x_1 + \cdots + a_{mn}x_n = b_m & (I_m) \end{cases} \quad (*)$$

um sistema de equações lineares em n incógnitas sobre $\mathbb{R}$. Em cada equação (I_i), denote por a_{ir_i} o seu primeiro coeficiente não nulo (isto é, $a_{ir_i} \neq 0$ e $a_{ij} = 0$ se $j < r_i$). Realizando-se as trocas de posição das equações (operação (E1)) se necessário, podemos considerar que $r_1 \leq r_2 \leq \cdots \leq r_m$. O próximo passo será, utilizando-se das operações elementares, chegar a um sistema onde a incógnita x_{r_1} aparece apenas na 1ª equação (I_1) e isto é feito da seguinte forma. Se a incógnita x_{r_1} tiver coeficiente a_{2r_1} não nulo na 2ª equação, iremos trocá-la pela equação conseguida somando-se (I_1) com a (I_2) multiplicada por $-\frac{a_{1r_1}}{a_{2r_1}}$. Não é difícil ver que nesta nova equação a incógnita x_{r_1} terá coeficiente 0 (ou, de acordo com a convenção normalmente utilizada, esta incógnita não aparece nesta equação). Repetindo-se esse procedimento com todas as equações onde a incógnita x_{r_1} tem coeficiente não nulo, teremos ao final um sistema (equivalente ao primeiro, pois só utilizamos as operações elementares) onde a 1ª equação é a única onde x_{r_1} tem coeficiente não nulo. Deixemos, por ora, de lado essa equação (ela será o primeiro degrau de nosso escalonamento) e repetimos o procedimento acima com as outras equações e assim sucessivamente. Ao

2.3. ESCALONAMENTO DE UM SISTEMA

final, chegamos a um sistema escalonado, que é equivalente ao primeiro e que, eventualmente, pode ter menos equações (retirando-se as equações do tipo $0 = 0$). $\square$

Observação 2.3 É claro que o escalonamento de um sistema não é único e, a rigor, não mostramos que dois de seus possíveis escalonamentos possuem o mesmo número de linhas não nulas. Isso ficará claro mais adiante quando estudarmos os conjuntos soluções como subespaços vetoriais. Por ora, basta-nos a informação de que é possível se escalonar um sistema de equações lineares.

Vamos agora juntar as peças. Dado um sistema de equações sobre $\mathbb{R}$, vimos acima que sempre é possível escaloná-lo (mantendo-se, isto é importante, o mesmo conjunto solução). Agora, em um sistema escalonado, podemos escrever cada incógnita dependente em função apenas das incógnitas independentes (no Exemplo 2.6, escrevemos as incógnitas dependentes como sendo $x = \frac{z}{5}$, $y = -\frac{z}{5}$, $w = 0$, isto é, em função da incógnita independente z). Para cada escolha de valores nas incógnitas independentes, conseguimos portanto uma solução do sistema original.

Vamos nos restringir por um momento aos sistemas homogêneos, isto é, sistemas do tipo

$$\begin{cases} a_{11}x_1 + \cdots + a_{1n}x_n = 0 & (I_1) \\ \vdots & \vdots & \vdots \\ a_{m1}x_1 + \cdots + a_{mn}x_n = 0 & (I_m) \end{cases} \quad (*)$$

É claro que $(0, \cdots, 0)$ é uma solução de $(*)$. Mas, quando é que existe uma solução não nula, isto é, uma solução do tipo $(c_1, \cdots, c_n) \in \mathbb{R}^n$ com algum $c_i \neq 0$? Pelo que discutimos acima, não deve ser difícil ver que isto ocorre se e somente se o sistema escalonado possuir uma incógnita independente ou, em outras palavras, se e somente se no sistema escalonado o número de equações for estritamente menor do que o número de incógnitas. Para menção futura, vamos formalizar esta observação na seguinte proposição.

Proposição 2.2 Seja $(*)$ como acima um sistema de m equações lineares homogêneas em n incógnitas. Se $(*)$ estiver na forma escalonada, então $(*)$ terá uma solução não nula se e somente se $m < n$.

Exemplo 2.7 Vamos fazer mais um exemplo, agora utilizando coeficientes complexos, com o intuito de ilustrar que o processo de escalonamento pode ser feito em $\mathbb{C}$. Considere o sistema

$$\begin{cases} (3-i)x + y - z = 0 & (1) \\ 2ix - iy + iz = 0 & (2) \end{cases}$$

sobre $\mathbb{C}$ (os coeficientes são números complexos e as soluções também o serão). O escalonamento aqui é feito de forma similar, o cuidado que devemos ter é operar os números complexos corretamente. Vamos multiplicar a primeira equação por $2i$ (que é o coeficiente da incógnita x da segunda equação), a segunda por $-(3-i)$ (que é o oposto do coeficiente da incógnita x da primeira equação), somar as equações resultantes e substituir a segunda equação por etsa nova equação. O seu lado esquerdo será:

$$[2i((3-i)x + y - z)] + [-(3-i)(2ix - iy + iz)] = (1+5i)y - (1+5i)z$$

O sistema então será equivalente a:

$$\begin{cases} (3-i)x + y - z = 0 & (1) \\ (1+5i)y - (1+5i)z = 0 & (2') \end{cases}$$

Decorre facilmente da equação $(2')$ que $y = z$. Substituindo-se isto na primeira equação segue que $x = 0$. O conjunto solução será formado então pelos elementos da forma $(0, y, y)$ onde $y \in \mathbb{C}$ (não se esqueça que estamos trabalhando com um sistema sobre $\mathbb{C}$).

Observação 2.4 O processo de escalonamento garante-nos conseguir um sistema onde uma incógnita (dependente) irá aparecer em uma única equação, que uma possível segunda incógnita (também dependente) irá aparecer no máximo em duas equações e assim por diante. Mas, na realidade, utilizando-se das mesmas operações elementares, podemos chegar a um sistema que além de escalonado possui a seguinte propriedade: *cada incógnita dependente aparece em uma única equação* ou, equivalentemente, *cada equação irá conter uma única incógnita dependente*. Para vermos como isto funciona, considere o sistema escalonado do Exemplo 2.6.

$$\begin{cases} 3x - 2y - z + w = 0 & (I_1) \\ -5y - z + w = 0 & (I_2) \\ 5w = 0 & (I_3) \end{cases}$$

2.3. ESCALONAMENTO DE UM SISTEMA

A incógnita dependente y aparece nas equações (I_1) e (I_2) enquanto que w aparece nas três equações. Porém, substituindo-se (I_1) pela soma (I'_1) de (I_1) com o produto de (I_2) por $-\frac{2}{5}$, teremos um sistema equivalente

$$\begin{cases} 3x & - \frac{3}{5}z + \frac{3}{5}w = 0 & (I'_1) = (I_1) - \frac{2}{5}(I_2) \\ -5y & - z + w = 0 & (I_2) \\ & 5w = 0 & (I_3) \end{cases}$$

onde a incógnita y aparece agora apenas na 2ª equação. Não é difícil eliminarmos a incógnita w das 2 primeiras equações e chegarmos a:

$$\begin{cases} 3x & - \frac{3}{5}z & = 0 & (I''_1) \\ -5y & - z & = 0 & (I'_2) \\ & 5w & = 0 & (I_3) \end{cases}$$

Como queríamos, neste último sistema cada incógnita dependente aparece em exatamente uma equação (as incógnitas independentes podem aparecer em mais equações e não há nada a fazer com relação a isto). Por fim, multiplicando-se (I''_1) por $\frac{1}{3}$, (I'_2) por $-\frac{1}{5}$ e (I_3) por $\frac{1}{5}$, chegamos a:

$$\begin{cases} x & - \frac{1}{5}z & = 0 \\ & y + \frac{1}{5}z & = 0 \\ & w & = 0 \end{cases}$$

Conseguimos, em adição, um sistema onde o coeficiente de cada incógnita dependente é 1. A vantagem de se escrever desta forma é que o conjunto solução é mais facilmente descrito. Aqui, sai rapidamente que

$$x = \frac{1}{5}z, \quad y = -\frac{1}{5}z, \quad w = 0 \quad \text{e } z \in \mathbb{R}$$

Logo, o conjunto solução será formado pelos vetores

$$\left(\frac{z}{5}, -\frac{z}{5}, z, 0\right) = z \cdot \left(\frac{1}{5}, -\frac{1}{5}, 1, 0\right), \quad \text{com } z \in \mathbb{R}.$$

Definição 2.6 Um sistema linear de equações lineares está em sua **forma escalonada principal** se: (i) estiver escalonado; e (ii) cada incógnita dependente aparece em uma única equação e o seu coeficiente nesta equação é 1.

Teorema 2.2 Todo sistema linear com m equações (sobre $\mathbb{R}$ ou $\mathbb{C}$) é equivalente a um sistema na forma escalonada principal com $l \leq m$ equações.

DEMONSTRAÇÃO. A cargo do leitor (inspire-se na demonstração do Teorema 2.1). □

Observação 2.5 Observe que o resultado acima não vale para sistemas sobre $\mathbb{Z}$. Para tais sistemas conseguimos encontrar as suas formas escalonadas mas não as escalonadas principais. Por exemplo, o sistema
$$\begin{cases} 2x & - & z & = & 0 \\ & y & + & 3z & = & 0 \end{cases}$$
em $\mathbb{Z}$ está escalonado mas não é equivalente a um sistema na forma escalonada principal. A propósito, descreva o seu conjunto solução (em $\mathbb{Z}^3$).

Corolário 2.2 Seja $(*)$ um sistema linear escrito na forma escalonada principal. Se o número de equações de $(*)$ for igual ao número de incógnitas, então $(*)$ terá uma única solução. Se, além disto, o sistema for homogêneo, essa solução será $(0, \cdots, 0)$.

Antes de terminarmos este capítulo vamos fazer mais um exemplo e tecer comentários que serão úteis mais adiante.

Equações como combinações lineares de outras. Considere, por exemplo, as equações $3x - 2y + z = 1$ (I_1) e $2x - y - z = 0$ (I_2) e escalares 2 e -3. Ao multiplicarmos (I_1) por 2 e o somarmos ao produto de (I_2) por -3, teremos uma nova equação:
$$\begin{cases} \text{Equação } (I_1) \times 2: & 6x - 4y + 2z = 2 \\ \text{Equação } (I_2) \times (-3): & -6x + 3y + 3z = 0 \\ \text{SOMA}: & -y + 5z = 2 \end{cases}$$
A equação resultante $(-y + 5z = 2)$ é calculada a partir das equações originais (I_1) e (I_2) por meio das operações de adição e de multiplicação por escalares. Dizemos que ela é uma combinação linear das equações (I_1) e (I_2).

Em geral, uma **combinação linear** de equações $(I_1), \cdots, (I_n)$ será uma equação do tipo $\lambda_1(I_1) + \cdots + \lambda_n(I_n)$, onde $\lambda_1, \cdots, \lambda_n$ são escalares (exatamente como fizemos acima).

Consideremos agora o seguinte sistema linear:
$$\begin{cases} 3x & - & 2y & + & z & = & 0 & (L_1) \\ x & + & y & - & 2z & = & 1 & (L_2) \\ 6x & - & 14y & + & 16z & = & -6 & (L_3) \end{cases}$$

2.3. ESCALONAMENTO DE UM SISTEMA

Vamos escaloná-lo. Mantendo a equação (L_1), podemos substituir, por exemplo, a segunda equação (L_2) pela equação (L_2') calculada como sendo a soma de (L_1) com -3 vezes a equação (L_2) (na terminologia acima, (L_2') é uma combinação linear das equações (L_1) e (L_2)). Com isso, eliminamos a incógnita x da segunda linha. O sistema fica então equivalente a:

$$\begin{cases} 3x - 2y + z = 0 & (L_1) \\ -5y + 7z = -3 & (L_2') = (L_1) - 3(L_2) \\ 6x - 14y + 16z = -6 & (L_3) \end{cases}$$

Para eliminarmos agora a incógnita x da equação (L_3), basta multiplicar a equação (L_1) por 2, subtrair (L_3) e substituir o resultado (L_3') no lugar de (L_3). Com isto, chegamos ao sistema (equivalente ao inicial)

$$\begin{cases} 3x - 2y + z = 0 & (L_1) \\ -5y + 7z = -3 & (L_2') \\ 10y - 14z = 6 & (L_3') = 2(L_1) - (L_3) \end{cases}$$

Não é difícil ver que a equação (L_3') é -2 vezes a equação (L_2'), isto é, $(L_3') = -2(L_2')$. Desta forma, podemos dispor de uma dessas equações que isso não afetará o conjunto solução. Logo, o sistema inicial será equivalente ao sistema

$$\begin{cases} 3x - 2y + z = 0 & (L_1) \\ -5y + 7z = -3 & (L_2') \end{cases}$$

Além disso, como ambas equações (L_2') e (L_3') foram conseguidas como combinações lineares das equações do sistema original, deve ser possível se conseguir uma relação entre as equações $(L_1), (L_2)$ e (L_3). De fato, da relação $(L_3') = -2(L_2')$ e usando que $(L_2') = (L_1) - 3(L_2)$ e $(L_3') = 2(L_1) - (L_3)$, chegamos a

$$2(L_1) - (L_3) = -2((L_1) - 3(L_2)) \qquad (*)$$

e, portanto, $(L_3) = 4(L_1) + 3(L_2)$. Com isso, a equação (L_3) se escreve como combinação linear das outras duas equações. É claro que, a partir da relação $(*)$ acima, podemos escrever (L_2) como combinação linear de (L_1) e (L_3) ou (L_1) como combinação linear de (L_2) e (L_3). Isto não é por acaso. Sempre que o sistema escalonado associado tiver menos equações do que o sistema linear do qual ele se originou, então será possível se escrever alguma equação como combinação linear das outras. Por outro lado, se o sistema original e o escalonado correspondente tiverem o mesmo número de equações, então nenhuma das equações pode ser escrita como combinação linear das outras equações. Tente provar este fato.

Para finalizar o capítulo, vamos recordar uma outra terminologia que é, por vezes, bastante útil. Dizemos que um sistema compatível é **determinado** se ele possuir uma única solução e será **indeterminado** se possuir mais do que uma solução. Os sistemas dos Exemplos 2.1 e 2.2 são determinados enquanto que os sistemas dos Exemplos 2.4 e 2.6 são indeterminados. Observe também que sistemas lineares compatíveis indeterminados sobre $\mathbb{R}$ (ou sobre $\mathbb{C}$) possuem infinitas soluções pois, nesses casos, haverá sempre uma incógnita independente.

EXERCÍCIOS

Exercício 2.9 Encontre um sistema linear onde ao se multiplicar uma dada equação por 0, o sistema resultante seja equivalente ao primeiro (veja Observação 2.1).

Exercício 2.10 Decida quais dos sistemas abaixo são compatíveis e, nesses casos, determine seus conjuntos soluções (indicando em que conjunto as soluções se encontram). Quando possível, escreva a forma escalonada principal associada ao sistema. Quais deles serão determinados? Em quais deles é possível se escrever uma equação como combinação linear das outras equações?

(a) $\begin{cases} x_1 - 2x_2 + 3x_3 - x_4 = 0 \\ 2x_1 - x_3 + x_4 = 1 \\ x_1 + x_2 + x_3 + x_4 = -1 \\ 2x_2 - x_3 - x_4 = 0 \end{cases}$

(b) $\begin{cases} -x + 2y - z = 3 \\ -9x - 8y + z = -11 \\ 7x - y + 2z = -2 \end{cases}$

(c) $\begin{cases} \sqrt{2}x + \sqrt{3}y = 0 \\ x - y = 1 \end{cases}$

(d) $\begin{cases} 2ix + y = 0 \\ 3x + iy = -1 \\ -ix + iy = 2 \end{cases}$

2.3. ESCALONAMENTO DE UM SISTEMA

Exercício 2.11 Provar as seguintes afirmações:

(a) (TEOREMA 2.2) Todo sistema linear com m equações é equivalente a um sistema na forma escalonada principal com $l \leq m$ equações.

(b) (COROLÁRIO 2.2) Seja $(*)$ um sistema linear escrito na forma escalonada principal. Se o número de equações de $(*)$ for igual ao número de variáveis, então $(*)$ terá uma única solução. Se, além disto, o sistema for homogêneo, esta solução será $(0, \cdots, 0)$.

Exercício 2.12 Considere o sistema

$$\begin{cases} x + y = 0 & (1) \\ x - y = 0 & (2) \\ ax + by = 0 & (3) \end{cases}$$

Escreva a equação (3) como combinação linear das equações (1) e (2) em termos de a e b. (DICA: escalone as duas primeiras equações para simplificar as contas).

Exercício 2.13 Mostre que sistemas lineares compatíveis indeterminados sobre $\mathbb{R}$ possuem infinitas soluções.

Exercício 2.14 Considere dois sistemas de equações lineares $(*)$ e $(**)$ e suponha que $(**)$ possa ser obtida a partir de $(*)$ por meio de operações elementares. Mostre que o processo pode ser invertido, isto é, o sistema $(*)$ poderá ser obtido a partir de $(**)$ por meio de operações elementares.

Capítulo 3

Matrizes

3.1 Definição e operações

Como vimos no capítulo anterior, ao resolvermos sistemas lineares é conveniente efetuarmos operações sobre os seus coeficientes e o papel exercido pelas incógnitas nestas operações estariam restritos às suas posições (isto é, a primeira incógnita, a segunda, e assim por diante). Com isso em mente, podemos pensar um sistema linear do tipo

$$\begin{cases} a_{11}x_1 + \cdots + a_{1n}x_n = 0 \\ \vdots \qquad \qquad \vdots \qquad \vdots \\ a_{m1}x_1 + \cdots + a_{mn}x_n = 0 \end{cases}$$

como sendo uma *tabela* de coeficientes a_{ij} onde o elemento na posição (i,j) (indicando a i-ésima linha e a j-ésima coluna), pode ser interpretado como o coeficiente da j-ésima incógnita (ou incógnita x_j) da i-ésima equação. O conceito de matriz serve bem a esta descrição.

Definição 3.1 Sejam m, n inteiros positivos. Uma **matriz** $m \times n$ **sobre** $\mathbb{R}$ é dada por uma tabela de elementos $a_{ij} \in \mathbb{R}$, onde $1 \leq i \leq m$ e $1 \leq j \leq n$. O número m indica o número de linhas da matriz enquanto que n indica o número de colunas. De outra forma, denotamos uma matriz como sendo

$$M = (a_{ij}) = \begin{pmatrix} a_{11} & a_{12} & \cdots & a_{1n} \\ a_{21} & a_{22} & \cdots & a_{2n} \\ \vdots & \vdots & & \vdots \\ a_{m1} & a_{m2} & \cdots & a_{mn} \end{pmatrix}, \text{ com } a_{ij} \in \mathbb{R}.$$

São exemplos de matrizes

$$\begin{pmatrix} -1 & 2 \\ 0 & 3 \end{pmatrix}, \quad \begin{pmatrix} 1 & -1 & 2 & 3 \\ 0 & 2 & -1 & 7 \end{pmatrix}, \quad \begin{pmatrix} 1 \\ 3 \\ 5 \end{pmatrix} \quad \text{e} \quad \begin{pmatrix} 1 & 3 & 5 \end{pmatrix}.$$

Vamos indicar por $\mathbb{M}_{m \times n}(\mathbb{R})$ o conjunto de todas as matrizes $m \times n$ sobre $\mathbb{R}$. No caso particular em que $m = n$, denotamos $\mathbb{M}_{n \times n}(\mathbb{R})$ simplesmente por $\mathbb{M}_n(\mathbb{R})$ e chamamos os seus elementos de **matrizes quadradas**. Matrizes sobre outros conjuntos, como por exemplo $\mathbb{Z}$ ou $\mathbb{C}$, têm definições similares, e os seus conjuntos serão denotados, respectivamente, por $\mathbb{M}_{m \times n}(\mathbb{Z})$ e $\mathbb{M}_{m \times n}(\mathbb{C})$.

Obviamente, podemos olhar os elementos de $\mathbb{R}^n$ como sendo matrizes em $\mathbb{M}_{n \times 1}(\mathbb{R})$ ou em $\mathbb{M}_{1 \times n}(\mathbb{R})$. Usaremos estas identificações indistintamente.

Dada uma matriz $M = (a_{ij}) \in \mathbb{M}_{m \times n}(\mathbb{R})$, denotamos por M^t a **matriz transposta** de M, isto é, a matriz definida a partir de M trocando-se as linhas por colunas como segue:

$$M^t = \begin{pmatrix} a_{11} & a_{21} & \cdots & a_{m1} \\ a_{12} & a_{22} & \cdots & a_{m2} \\ \vdots & \vdots & & \vdots \\ a_{1n} & a_{2n} & \cdots & a_{mn} \end{pmatrix},$$

isto é, $M^t = (b_{ij})$ onde $b_{ij} = a_{ji}$ para todos i e j ($1 \leq i \leq n$ e $1 \leq j \leq m$). Obviamente, $M^t \in \mathbb{M}_{n \times m}(\mathbb{R})$.

Exemplo 3.1 Se

$$M = \begin{pmatrix} 3 & 2 & 5 \\ 1 & -1 & 0 \end{pmatrix} \quad \text{então} \quad M^t = \begin{pmatrix} 3 & 1 \\ 2 & -1 \\ 5 & 0 \end{pmatrix}.$$

Vamos agora definir certas operações no conjunto $\mathbb{M}_{m \times n}(\mathbb{R})$.

Adição de matrizes. Dadas matrizes $A = (a_{ij})$ e $B = (b_{ij})$ em $\mathbb{M}_{m \times n}(\mathbb{R})$, definimos a soma de A e B como sendo a matriz $A + B = (c_{ij}) \in \mathbb{M}_{m \times n}(\mathbb{R})$ onde, para cada par (i, j), o elemento c_{ij} é a soma dos elementos correspondentes em A e B, isto é, $c_{ij} = a_{ij} + b_{ij}$ para $1 \leq i \leq m$ e $1 \leq j \leq n$. De outra

3.1. DEFINIÇÃO E OPERAÇÕES

maneira,

$$A + B = \begin{pmatrix} a_{11} & \cdots & a_{1n} \\ \vdots & & \vdots \\ a_{m1} & \cdots & a_{mn} \end{pmatrix} + \begin{pmatrix} b_{11} & \cdots & b_{1n} \\ \vdots & & \vdots \\ b_{m1} & \cdots & b_{mn} \end{pmatrix} =$$

$$= \begin{pmatrix} a_{11} + b_{11} & \cdots & a_{1n} + b_{1n} \\ \vdots & & \vdots \\ a_{m1} + b_{m1} & \cdots & a_{mn} + b_{mn} \end{pmatrix}.$$

Exemplo 3.2

$$\begin{pmatrix} 3 & -1 & 0 \\ 2 & 5 & 2 \end{pmatrix} + \begin{pmatrix} 2 & 1 & 1 \\ -1 & -2 & -1 \end{pmatrix} = \begin{pmatrix} 5 & 0 & 1 \\ 1 & 3 & 1 \end{pmatrix}.$$

Esta operação satisfaz as boas propriedades de comutatividade e associatividade que já discutimos no Capítulo 1. Ela é *comutativa* pois, dadas matrizes $M, N \in \mathbb{M}_{m \times n}(\mathbb{R})$, tanto faz efetuarmos a adição na ordem $M + N$ como na ordem $N + M$ que conseguiremos o mesmo resultado. Por sua vez, a *propriedade associativa* nos garante que, ao somarmos três matrizes $M, N, P \in \mathbb{M}_{m \times n}(\mathbb{R})$, tanto faz associarmos a soma como $(M + N) + P$ (isto é, soma-se primeiro M e N e depois o resultado a P), como $M + (N + P)$ (isto é, soma-se primeiro N e P e depois o resultado a M) que o resultado final é o mesmo. Estas propriedades decorrem, claramente, das propriedades análogas de comutatividade e associatividade que valem no conjunto $\mathbb{R}$ e deixamos ao leitor escrever os detalhes das justificativas (ver Exercício 3.1).

O **elemento neutro** desta operação é, obviamente, a **matriz nula** (isto é, a matriz onde todas as suas entradas são 0), matriz esta que será denotada simplesmente por 0 (os números de linhas e colunas deverão estar claros no contexto). Com isto, dada $M \in \mathbb{M}_{m \times n}(\mathbb{R})$, $M + 0 = 0 + M = M$.

Por fim, dada uma matriz $M = (a_{ij}) \in \mathbb{M}_{m \times n}(\mathbb{R})$, a sua **matriz oposta** é a matriz $(b_{ij}) \in \mathbb{M}_{m \times n}(\mathbb{R})$, denotada por $-M$, onde $b_{ij} = -a_{ij}$, para todos i e j. Sempre que somarmos uma matriz à sua matriz oposta o resultado será a matriz nula, e é esta a propriedade definidora por trás deste conceito. Por exemplo, se

$$M = \begin{pmatrix} 2 & -1 \\ 0 & 0 \\ 2 & 2 \end{pmatrix} \quad \text{então} \quad -M \text{ será } \begin{pmatrix} -2 & 1 \\ 0 & 0 \\ -2 & -2 \end{pmatrix} \quad \text{e vale que}$$

$$\begin{pmatrix} 2 & -1 \\ 0 & 0 \\ 2 & 2 \end{pmatrix} + \begin{pmatrix} -2 & 1 \\ 0 & 0 \\ -2 & -2 \end{pmatrix} = \begin{pmatrix} 0 & 0 \\ 0 & 0 \\ 0 & 0 \end{pmatrix}$$

Multiplicação por escalar. Dados $\lambda \in \mathbb{R}$ e $M = (a_{ij}) \in \mathbb{M}_{m \times n}(\mathbb{R})$, definimos a **multiplicação do escalar** λ **por** M como sendo a matriz $\lambda \cdot M = (b_{ij}) \in \mathbb{M}_{m \times n}(\mathbb{R})$ dada pelos elementos $b_{ij} = \lambda a_{ij}$, para cada par (i, j) $(1 \leq i \leq m, 1 \leq j \leq n)$, isto é,

$$\lambda \cdot M = \lambda \cdot \begin{pmatrix} a_{11} & \cdots & a_{1n} \\ \vdots & & \vdots \\ a_{m1} & \cdots & a_{mn} \end{pmatrix} = \begin{pmatrix} \lambda a_{11} & \cdots & \lambda a_{1n} \\ \vdots & & \vdots \\ \lambda a_{m1} & \cdots & \lambda a_{mn} \end{pmatrix}.$$

Observações 3.1 (a) A multiplicação por escalar acima definida satisfaz as propriedades:

- Se $M \in \mathbb{M}_{m \times n}(\mathbb{R})$, então $1 \cdot M = M$ (onde $1 \in \mathbb{R}$ é a unidade real).

- Se $\alpha, \beta \in \mathbb{R}$ e $M \in \mathbb{M}_{m \times n}(\mathbb{R})$, então $(\alpha \cdot \beta) \cdot M = \alpha \cdot (\beta \cdot M)$.

(b) Observe que se multiplicarmos uma matriz M pelo escalar $-1 \in \mathbb{R}$ teremos a matriz oposta de M, isto é, $(-1) \cdot M = -M$.

(c) Ao analisarmos a relação entre a operação de adição de matrizes e a de multiplicação por escalares, podemos verificar que valem as seguintes leis de distributividade:

- Para todo $\alpha \in \mathbb{R}$ e todas $M, N \in \mathbb{M}_{m \times n}(\mathbb{R})$, $\alpha(M + N) = \alpha M + \alpha N$.

- Para todos $\alpha, \beta \in \mathbb{R}$ e toda $M \in \mathbb{M}_{m \times n}(\mathbb{R})$, $(\alpha + \beta)M = \alpha M + \beta M$.

Deixamos a verificação das propriedades acima a cargo do leitor (ver Exercício 3.1). Aproveite e compare com a Proposição 1.1 que trata de propriedades análogas às acima discutidas para as operações definidas em $\mathbb{R}^n$. Por fim, gostaríamos de destacar que frequentemente indicaremos o produto $\lambda \cdot M$ (onde $\lambda \in \mathbb{R}$ e $M \in \mathbb{M}_{m \times n}(\mathbb{R})$) simplesmente por λM.

3.1. DEFINIÇÃO E OPERAÇÕES

Como formalizaremos mais adiante (no Capítulo 6), um conjunto munido de duas operações (adição e multiplicação por escalar) satisfazendo as propriedades acima discutidas será um espaço vetorial. Nesse sentido, tanto $\mathbb{R}^n$ e $\mathbb{M}_{m\times n}(\mathbb{R})$ serão espaços vetoriais, mas não nos antecipemos muito. O que gostaríamos de salientar agora é que com estas duas operações podemos calcular *combinações lineares* de matrizes com coeficientes dados. Exemplifiquemos isso a seguir.

Exemplo 3.3 Considerando, por exemplo, as matrizes

$$M_1 = \begin{pmatrix} 2 & 1 & 0 \\ 3 & -1 & -1 \end{pmatrix} \quad M_2 = \begin{pmatrix} 0 & 5 & 5 \\ 3 & 2 & 1 \end{pmatrix} \quad M_3 = \begin{pmatrix} 0 & 0 & 2 \\ 2 & 4 & 4 \end{pmatrix}$$

e os escalares $\lambda_1 = -1$, $\lambda_2 = 2$ e $\lambda_3 = \frac{1}{2}$ em $\mathbb{R}$, então a combinação linear $\lambda_1 M_1 + \lambda_2 M_2 + \lambda_3 M_3$ será

$$-1 \begin{pmatrix} 2 & 1 & 0 \\ 3 & -1 & -1 \end{pmatrix} + 2 \begin{pmatrix} 0 & 5 & 5 \\ 3 & 2 & 1 \end{pmatrix} + \frac{1}{2} \begin{pmatrix} 0 & 0 & 2 \\ 2 & 4 & 4 \end{pmatrix} = \begin{pmatrix} -2 & 9 & 11 \\ 4 & 7 & 5 \end{pmatrix}$$

Estas operações, cabe enfatizar, são feitas posição a posição (isto é, somamos elementos nas correspondentes posições das matrizes na primeira operação e multiplicamos por escalar cada posição na segunda operação) e, nisso, não são muito diferentes do que aconteceria se estivéssemos trabalhando com $\mathbb{R}^{m\cdot n}$, por exemplo. O que queremos dizer aqui é que a organização dos números em forma de uma tabela (característica das matrizes) não influencia em nada a maneira como estão definidas as operações acima (poderíamos trabalhar como se todos os elementos estivessem *alinhados* como em $\mathbb{R}^{m\cdot n}$, por exemplo) caso a utilidade do conceito de matrizes se restringisse a elas

O fato de organizarmos matrizes duplamente indexadas (para indicarem linha e coluna) tem a ver, como já dissemos, em sua utilização para descrever sistemas de equações lineares. Antes de especificarmos tais relações, vamos definir a multiplicação de matrizes que, não por acaso, é motivada pela relação que acabamos de mencionar.

Multiplicação de matrizes. Sejam m, n e p inteiros positivos. Dadas matrizes $A = (a_{ij}) \in \mathbb{M}_{m\times n}(\mathbb{R})$ e $B = (b_{jl}) \in \mathbb{M}_{n\times p}(\mathbb{R})$, definimos o **produto de A por B** como sendo a matriz $A \cdot B = (c_{il}) \in \mathbb{M}_{m\times p}(\mathbb{R})$ tal que, para cada par (i,l) $(1 \leq i \leq m$ e $1 \leq l \leq p)$, o elemento c_{il} é definido por

$$c_{il} = a_{i1}b_{1l} + a_{i2}b_{2l} + \cdots + a_{in}b_{nl} = \sum_{j=1}^{n} a_{ij}b_{jl}$$

Por exemplo, o elemento c_{11} é a soma $c_{11} = a_{11}b_{11} + a_{12}b_{21} + \cdots + a_{1n}b_{n1}$, isto é, a soma dos produtos dos elementos da primeira linha de A pelos elementos da primeira coluna de B. Em geral, o elemento c_{il} é a soma dos produtos dos elementos da i-ésima linha de A pelos elementos da l-ésima coluna de B. De outra forma, o produto de A por B será:

$$A \cdot B = \begin{pmatrix} a_{11} & \cdots & a_{1n} \\ \vdots & & \vdots \\ a_{m1} & \cdots & a_{mn} \end{pmatrix} \cdot \begin{pmatrix} b_{11} & \cdots & b_{1p} \\ \vdots & & \vdots \\ b_{n1} & \cdots & b_{np} \end{pmatrix} =$$

$$= \begin{pmatrix} \sum_{j=1}^{n} a_{1j}b_{j1} & \cdots & \sum_{j=1}^{n} a_{1j}b_{jp} \\ \vdots & & \vdots \\ \sum_{j=1}^{n} a_{mj}b_{j1} & \cdots & \sum_{j=1}^{n} a_{mj}b_{jp} \end{pmatrix}.$$

Deve estar claro ao leitor que ao multiplicarmos a matriz A por B o número de colunas de A deve ser igual ao número de linhas de B.

Exemplo 3.4 (a) O produto das matrizes

$$A = \begin{pmatrix} 1 & 0 & 2 \\ -1 & 2 & 3 \end{pmatrix} \in \mathbb{M}_{2 \times 3}(\mathbb{R}) \quad \text{e} \quad B = \begin{pmatrix} -2 & 4 \\ 1 & -3 \\ 0 & 2 \end{pmatrix} \in \mathbb{M}_{3 \times 2}(\mathbb{R})$$

será

$$A \cdot B = \begin{pmatrix} 1 & 0 & 2 \\ -1 & 2 & 3 \end{pmatrix} \cdot \begin{pmatrix} -2 & 4 \\ 1 & -3 \\ 0 & 2 \end{pmatrix} =$$

$$= \begin{pmatrix} 1 \cdot (-2) + 0 \cdot 1 + 2 \cdot 0 & 1 \cdot 4 + 0 \cdot (-3) + 2 \cdot 2 \\ (-1) \cdot (-2) + 2 \cdot 1 + 3 \cdot 0 & (-1) \cdot 4 + 2 \cdot (-3) + 3 \cdot 2 \end{pmatrix} = \begin{pmatrix} -2 & 8 \\ 4 & -4 \end{pmatrix}$$

Neste caso específico, podemos também calcular o produto $B \cdot A$:

$$B \cdot A = \begin{pmatrix} -2 & 4 \\ 1 & -3 \\ 0 & 2 \end{pmatrix} \cdot \begin{pmatrix} 1 & 0 & 2 \\ -1 & 2 & 3 \end{pmatrix} = \begin{pmatrix} -6 & 8 & 8 \\ 4 & -6 & -7 \\ -2 & 4 & 6 \end{pmatrix}.$$

3.1. DEFINIÇÃO E OPERAÇÕES

(b) Observe que o produto

$$\begin{pmatrix} 2 & 3 & -1 \\ 5 & 0 & 2 \end{pmatrix} \cdot \begin{pmatrix} 0 & 1 & 0 \\ 1 & 0 & 2 \\ 2 & 0 & 1 \end{pmatrix} = \begin{pmatrix} 1 & 2 & 5 \\ 4 & 5 & 2 \end{pmatrix}$$

está definido, enquanto que o produto (invertendo-se a ordem das matrizes) de

$$\begin{pmatrix} 0 & 1 & 0 \\ 1 & 0 & 2 \\ 2 & 0 & 1 \end{pmatrix} \quad \text{por} \quad \begin{pmatrix} 2 & 3 & -1 \\ 5 & 0 & 2 \end{pmatrix}$$

não está.

(c) O produto de matrizes quadradas de mesma ordem sempre estará definido:

$$\begin{pmatrix} 2 & -1 \\ 0 & 1 \end{pmatrix} \cdot \begin{pmatrix} 1 & 0 \\ 2 & 0 \end{pmatrix} = \begin{pmatrix} 0 & 0 \\ 2 & 0 \end{pmatrix}$$

(d) Mais um exemplo em que é possível se multiplicar duas matrizes e também invertendo-se a ordem:

$$\begin{pmatrix} 3 & 1 & 0 & -2 \end{pmatrix} \cdot \begin{pmatrix} 0 \\ -1 \\ 0 \\ 4 \end{pmatrix} = (-9) \quad \in \mathbb{M}_1(\mathbb{R})$$

Invertendo-se a ordem destas matrizes, teremos:

$$\begin{pmatrix} 0 \\ -1 \\ 0 \\ 4 \end{pmatrix} \cdot \begin{pmatrix} 3 & 1 & 0 & -2 \end{pmatrix} = \begin{pmatrix} 0 & 0 & 0 & 0 \\ -3 & -1 & 0 & 2 \\ 0 & 0 & 0 & 0 \\ 12 & 4 & 0 & -8 \end{pmatrix} \quad \in \mathbb{M}_4(\mathbb{R})$$

Antes de prosseguirmos, vamos analisar dois exemplos que podem ajudar a justificar o porquê da multiplicação de duas matrizes ter sido definida da maneira acima.

Exemplo 3.5 Considere os seguinte sistemas:

$$\begin{cases} a_{11}y_1 + a_{12}y_2 = x_1 \\ a_{21}y_1 + a_{22}y_2 = x_2 \end{cases} (*) \qquad \begin{cases} b_{11}z_1 + b_{12}z_2 = y_1 \\ b_{21}z_1 + b_{22}z_2 = y_2 \end{cases} (**)$$

Podemos interpretar o sistema $(*)$ como sendo o da troca das incógnitas y_1 e y_2 para as incógnitas x_1 e x_2 e o sistema $(**)$ como a troca das incógnitas z_1 e z_2 para y_1 e y_2. A partir disso, como então poderíamos escrever a troca das incógnitas z_1 e z_2 para as incógnitas x_1 e x_2?

Observe que se substituirmos os valores descritos no sistema $(**)$ para y_1 e y_2 nas equações do sistema $(*)$, teremos

$$\begin{cases} a_{11}(b_{11}z_1 + b_{12}z_2) + a_{12}(b_{21}z_1 + b_{22}z_2) = x_1 \\ a_{21}(b_{11}z_1 + b_{12}z_2) + a_{22}(b_{21}z_1 + b_{22}z_2) = x_2 \end{cases}$$

e, reescrevendo, segue que

$$\begin{cases} (a_{11}b_{11} + a_{12}b_{21})z_1 + (a_{11}b_{12} + a_{12}b_{22})z_2 = x_1 \\ (a_{21}b_{11} + a_{22}b_{21})z_1 + (a_{21}b_{12} + a_{22}b_{22})z_2 = x_2 \end{cases} \quad (***)$$

Consideremos agora os coeficientes que aparecem nos sistemas $(*)$ e $(**)$ em forma de matrizes, isto é, as matrizes

$$\begin{pmatrix} a_{11} & a_{12} \\ a_{21} & a_{22} \end{pmatrix} \quad \text{e} \quad \begin{pmatrix} b_{11} & b_{12} \\ b_{21} & b_{22} \end{pmatrix},$$

respectivamente. Não é difícil ver então que os quatro coeficientes que aparecem no sistema $(***)$ nada mais são que os que aparecem como produtos dessas matrizes, isto é,

$$\begin{pmatrix} a_{11} & a_{12} \\ a_{21} & a_{22} \end{pmatrix} \begin{pmatrix} b_{11} & b_{12} \\ b_{21} & b_{22} \end{pmatrix} = \begin{pmatrix} a_{11}b_{11} + a_{12}b_{21} & a_{11}b_{12} + a_{12}b_{22} \\ a_{21}b_{11} + a_{22}b_{21} & a_{21}b_{12} + a_{22}b_{22} \end{pmatrix}$$

Exemplo 3.6 Suponha que uma empresa produza três peças p_1, p_2 e p_3 em duas fábricas F_1 e F_2. A Tabela 1 a seguir descreve o custo unitário (em reais) de cada um dos produtos no que diz respeito a material utilizado, salário e custos fixos. A Tabela 2, por sua vez, indica a produção diária (em unidades) de cada peça em cada fábrica.

Tabela 1	p_1	p_2	p_3
material	2	1	2
salário	3	2	2
custo fixo	2	2	2

Tabela 2	F_1	F_2
p_1	2.000	1.000
p_2	3.000	2.000
p_3	1.000	750

3.1. DEFINIÇÃO E OPERAÇÕES

Esses dados podem, obviamente, ser descritos usando-se as matrizes

$$C = \begin{pmatrix} 2 & 1 & 2 \\ 3 & 2 & 2 \\ 2 & 2 & 2 \end{pmatrix} \quad \text{e} \quad P = \begin{pmatrix} 2.000 & 1.000 \\ 3.000 & 2.000 \\ 1.000 & 750 \end{pmatrix}$$

que chamaremos de matriz custo C e matriz produção P. Gostaríamos de descrever uma matriz que nos dê o custo de produção dos três produtos nas fábricas divididos em material, salário e custo fixo. Por exemplo, na fábrica F_1, o custo de material será:

material: $2 \cdot 2.000 + 1 \cdot 3.000 + 2 \cdot 1.000 = 9.000$

(faz-se o produto de cada elemento da primeira linha da matriz C pelos elementos da primeira coluna de P e somam-se as três parciais).

De forma análoga, teremos, para a fábrica F_1:

salário: $3 \cdot 2.000 + 2 \cdot 3.000 + 2 \cdot 1.000 = 14.000$

custo fixo: $2 \cdot 2.000 + 2 \cdot 3.000 + 2 \cdot 1.000 = 12.000$

Repetindo-se essas contas para a fábrica F_2, teremos

material: $2 \cdot 1.000 + 1 \cdot 2.000 + 2 \cdot 750 = 5.500$

salário: $3 \cdot 1.000 + 2 \cdot 2.000 + 2 \cdot 750 = 8.500$

custo fixo: $2 \cdot 1.000 + 2 \cdot 2.000 + 2 \cdot 750 = 7.500$

Observe que o que resultou destas contas foi a tabela abaixo que nada mais é do que a correspondente à multiplicação das matrizes C por P:

Custo por produto	F_1	F_2
material	9.000	5.500
salário	14.000	8.500
custo fixo	12.000	7.500

Não é demais enfatizar que o produto $A \cdot B$ de 2 matrizes A e B está definido apenas quando o número de colunas de A for igual ao número de linhas de B e a matriz resultante terá, então, o número de linhas de A e o número de colunas de B.

Sejam $A, B \in \mathbb{M}_{m \times n}(\mathbb{R})$. Segue da observação acima que se quisermos ter os dois produtos $A \cdot B$ e $B \cdot A$ definidos, então necessariamente $m = n$ (Exercício 3.2). Com isso, só faz sentido falar nessa multiplicação definida no conjunto $\mathbb{M}_{m \times n}(\mathbb{R})$ quando tivermos $m = n$, ou, dito de outra forma, a multiplicação acima só está definida em um conjunto de matrizes se esse conjunto for o de matrizes quadradas de alguma ordem n. É claro que podemos multiplicar matrizes não quadradas (desde que tenhamos a regra acima satisfeita), mas, se pensarmos nesta operação definida para todos os elementos de um conjunto de matrizes, este terá que ser de matrizes quadradas.

Poderíamos então nos perguntar quais propriedades algébricas a multiplicação em $\mathbb{M}_n(\mathbb{R})$ irá satisfazer. Observamos inicialmente que, se $A, B \in \mathbb{M}_n(\mathbb{R})$, nem sempre se terá a igualdade entre $A \cdot B$ e $B \cdot A$. Isto é, o produto de matrizes não é uma operação comutativa como é a soma (no produto de matrizes, a ordem dos fatores pode interferir no resultado). Para nos convencermos disso, considere as matrizes

$$A = \begin{pmatrix} 0 & 1 \\ 0 & 0 \end{pmatrix} \quad \text{e} \quad B = \begin{pmatrix} 0 & 0 \\ 1 & 0 \end{pmatrix}$$

e observe que os produtos $A \cdot B$ e $B \cdot A$ diferem:

$$A \cdot B = \begin{pmatrix} 1 & 0 \\ 0 & 0 \end{pmatrix} \quad \text{e} \quad B \cdot A = \begin{pmatrix} 0 & 0 \\ 0 & 1 \end{pmatrix}$$

Por sua vez, a propriedade associativa vale para a multiplicação de matrizes. Na realidade, esta propriedade vale sempre que os produtos envolvidos estejam definidos. Por exemplo, considerando matrizes $A \in \mathbb{M}_{m \times n}(\mathbb{R})$, $B \in \mathbb{M}_{n \times p}(\mathbb{R})$ e $C \in \mathbb{M}_{p \times r}(\mathbb{R})$, então vale que

$$(A \cdot B) \cdot C = A \cdot (B \cdot C) \quad (\in \mathbb{M}_{m \times r}(\mathbb{R})).$$

Deixamos a verificação da associatividade da multiplicação de matrizes como exercício ao leitor (Exercício 3.3). Em particular, a propriedade associativa vale para a multiplicação em $\mathbb{M}_n(\mathbb{R})$.

O elemento neutro da multiplicação. Vimos acima que a operação de adição tem um elemento neutro, no caso, a matriz nula 0. Qual seria o elemento neutro da operação de multiplicação de matrizes em $\mathbb{M}_n(\mathbb{R})$ se é que existe um? Para tanto, procuramos uma matriz $A \in \mathbb{M}_n(\mathbb{R})$ tal que, para toda matriz M em $\mathbb{M}_n(\mathbb{R})$, tenhamos $A \cdot M = M \cdot A = M$. Considere, em $\mathbb{M}_n(\mathbb{R})$, a matriz $Id_n = (a_{ij})$ onde $a_{ii} = 1$ e $a_{ij} = 0$ se $i \neq j$, isto é, a matriz

$$Id_n = \begin{pmatrix} 1 & 0 & \cdots & 0 \\ 0 & 1 & \cdots & 0 \\ \vdots & \vdots & & \vdots \\ 0 & 0 & \cdots & 1 \end{pmatrix}.$$

3.1. DEFINIÇÃO E OPERAÇÕES

Um cálculo simples nos mostra que $Id_n \cdot M = M \cdot Id_n = M$ para toda matriz $M \in \mathbb{M}_n(\mathbb{R})$. É possível também se mostrar que esta matriz é a *única* com a propriedade acima (ver Exercício 3.4). Esta matriz é chamada de **matriz identidade** de $\mathbb{M}_n(\mathbb{R})$. Vamos analisar mais adiante a existência de matrizes inversas (em analogia às matrizes opostas da operação de adição).

Matrizes simétricas e antissimétricas. Seja $A = (a_{ij}) \in \mathbb{M}_n(\mathbb{R})$. Dizemos que A é **simétrica** se $a_{ij} = a_{ji}$ para todos i, j ou, equivalentemente, se $A^t = A$. Por sua vez, A é **antissimétrica** se $a_{ij} = -a_{ji}$ para todos i, j, ou equivalentemente, se $A^t = -A$. Observe que se A for antissimética, então a sua diagonal é formada por zeros ($a_{ii} = 0$, para todo i). As matrizes

$$\begin{pmatrix} 1 & 2 \\ 2 & -5 \end{pmatrix} \quad \text{e} \quad \begin{pmatrix} 0 & -1 & 3 \\ -1 & 2 & 5 \\ 3 & 5 & -7 \end{pmatrix}$$

são simétricas, enquanto que

$$\begin{pmatrix} 0 & -2 \\ 2 & 0 \end{pmatrix} \quad \text{e} \quad \begin{pmatrix} 0 & -1 & 3 \\ 1 & 0 & 5 \\ -3 & -5 & 0 \end{pmatrix}$$

são antissimétricas. Um fato interessante é que toda matriz quadrada $n \times n$ é a soma de uma matriz simétrica com uma antissimétrica (ver Exercício 3.9). Por exemplo, para $n = 2$, temos

$$\begin{pmatrix} a & b \\ c & d \end{pmatrix} = \begin{pmatrix} a & \frac{b+c}{2} \\ \frac{b+c}{2} & d \end{pmatrix} + \begin{pmatrix} 0 & \frac{b-c}{2} \\ \frac{-b+c}{2} & 0 \end{pmatrix}.$$

Por simplicidade, iremos também indicar o produto de matrizes $M \cdot N$ (quando definido) por MN.

EXERCÍCIOS

Exercício 3.1 Sejam $M, N, P \in \mathbb{M}_{m \times n}(\mathbb{R})$ e $\alpha, \beta \in \mathbb{R}$. Mostre que

(a) $M + N = N + M$ e $(M + N) + P = M + (N + P)$.

(b) $M + 0 = 0 + M = M$ e $M + (-M) = (-M) + M = 0$.

(c) $1 \cdot M = M$ e $(-1) \cdot M = -M$ (onde $1 \in \mathbb{R}$ é a unidade real).

(d) $(\alpha \cdot \beta) \cdot M = \alpha \cdot (\beta \cdot M)$.

(e) $\alpha(M + N) = \alpha M + \alpha N$ e $\alpha(M + N) = \alpha M + \alpha N$.

Exercício 3.2 Sejam $A, B \in \mathbb{M}_{m \times n}(\mathbb{R})$. Se os dois produtos AB e BA estão definidos, então $m = n$.

Exercício 3.3 Sejam m, n, p e r inteiros positivos e considere matrizes $A \in \mathbb{M}_{m \times n}(\mathbb{R})$, $B \in \mathbb{M}_{n \times p}(\mathbb{R})$ e $C \in \mathbb{M}_{p \times r}(\mathbb{R})$. Mostre que
$$(AB)C = A(BC) \qquad (\in \mathbb{M}_{m \times r}(\mathbb{R})).$$

Exercício 3.4 Mostre que $Id_n \in \mathbb{M}_n(\mathbb{R})$ é a única matriz A tal que $AM = MA = M$, para toda matriz $M \in \mathbb{M}_n(\mathbb{R})$.
(Dica: faça primeiro para $n = 2$, observando o fato de se impor a propriedade acima para todas as matrizes. Depois generalize.)

Exercício 3.5 Calcule todos os possíveis produtos entre as matrizes
$$A = \begin{pmatrix} 2 & -1 \\ 0 & 3 \\ 1 & 2 \end{pmatrix}; \quad B = \begin{pmatrix} 1 & 0 & -1 \end{pmatrix}; \quad C = \begin{pmatrix} 2 \\ -2 \\ 5 \end{pmatrix} \quad \text{e} \quad D = \begin{pmatrix} -1 & 2 \\ 2 & -1 \end{pmatrix}.$$

Exercício 3.6 Seja M matriz em $\mathbb{M}_n(\mathbb{R})$ e indique por 0 a matriz nula $n \times n$. Mostre que $M0 = 0M = 0$.

Exercício 3.7 Considere as seguintes matrizes
$$A = \begin{pmatrix} -3 & 2 \\ -2 & 1 \end{pmatrix}; \quad B = \begin{pmatrix} 1 & -2 \\ 0 & 2 \end{pmatrix}; \quad C = \begin{pmatrix} -1 & 2 \\ 0 & 3 \end{pmatrix} \quad \text{e} \quad D = \begin{pmatrix} 1 & 0 \\ 1 & 1 \end{pmatrix}$$
Decida se A e B são combinações lineares de C e D, isto é, se é possível se escrever A e B na forma $\alpha C + \beta D$, com $\alpha, \beta \in \mathbb{R}$.

Exercício 3.8 Sejam $A, B \in \mathbb{M}_{m \times n}(\mathbb{R})$, $C \in \mathbb{M}_{n \times p}(\mathbb{R})$ e $\alpha, \beta \in \mathbb{R}$. Mostre que

(a) $(\alpha A + \beta B)^t = \alpha A^t + \beta B^t$ $(\in \mathbb{M}_{n \times m}(\mathbb{R}))$.

(b) $(AC)^t = C^t A^t$ $(\in \mathbb{M}_{p \times m}(\mathbb{R}))$.

Exercício 3.9 Mostre que toda matriz quadrada $n \times n$ é a soma de uma matriz simétrica com uma antissimétrica.

3.2 Escalonamentos de matrizes.

Tendo em vista nossa motivação para a introdução de matrizes, é natural esperar que se possa efetuar em uma matriz $M \in \mathbb{M}_{m \times n}(\mathbb{R})$ as operações elementares da mesma maneira que fizemos com os sistemas de equações lineares no Capítulo 2 visando o seu escalonamento. Elas são assim descritas para matrizes:

(E1) Troca de posição entre 2 linhas da matriz M.

(E2) Multiplicação de uma linha da matriz M por um escalar não nulo.

(E3) Substituição de uma linha da matriz M pela soma dessa linha com uma outra.

Observação 3.1 As operações elementares nas linhas de uma matriz podem ser vistas por meio de produtos de matrizes (o que ajuda a entender um pouco melhor o porquê daquele produto). Por exemplo, considere a matriz $M = \begin{pmatrix} 2 & 3 & -1 \\ 5 & 0 & 2 \end{pmatrix}$. Ao multiplicarmos M, à esquerda, pela matriz $\begin{pmatrix} 0 & 1 \\ 1 & 0 \end{pmatrix}$ teremos

$$\begin{pmatrix} 0 & 1 \\ 1 & 0 \end{pmatrix} \cdot \begin{pmatrix} 2 & 3 & -1 \\ 5 & 0 & 2 \end{pmatrix} = \begin{pmatrix} 5 & 0 & 2 \\ 2 & 3 & -1 \end{pmatrix}$$

que é a matriz produzida a partir de M por meio da operação elementar (E1) (trocando-se as linhas 1 e 2 de lugar). Seja agora M a matriz dada por

$$M = \begin{pmatrix} -3 & 2 & 1 \\ 0 & 2 & 3 \\ 1 & -1 & 1 \\ 5 & 0 & -2 \end{pmatrix}$$

Queremos aplicar a operação elementar (E1) a M trocando-se as linhas 2 e 4 de lugar. Qual a matriz $N \in \mathbb{M}_4(\mathbb{R})$ que podemos multiplicar a M e que corresponderia, como acima, à operação elementar indicada?

Vamos analisar um pouco o produto NM. Ao multiplicarmos a 1ª linha de N pelas três colunas de M, iremos produzir a 1ª linha de NM. Se quisermos que as primeiras linhas de M e de NM coincidam, nada mais natural que a 1ª linha de N seja a primeira linha da matriz identidade, isto é, formada pelos números 1, 0, 0 e 0, respectivamente. De forma análoga, como queremos que as terceiras linhas de M e de NM sejam iguais, precisamos ter a 3ª linha de N igual à da identidade, isto é, formada pelos números 0, 0, 1 e 0, respectivamente. Agora, queremos que a 2ª linha de NM seja a 4^a de M. Mas ela é obtida multiplicando-se a 2ª linha de N pelas colunas de M. Não é difícil ver que, para tal, os elementos da 2ª linha de N devem ser 0, 0, 0 e 1. Repetindo-se esse raciocínio para a 4ª linha de N, chegamos à matriz

$$N = \begin{pmatrix} 1 & 0 & 0 & 0 \\ 0 & 0 & 0 & 1 \\ 0 & 0 & 1 & 0 \\ 0 & 1 & 0 & 0 \end{pmatrix}$$

que cumpre o que queremos:

$$NM = \begin{pmatrix} 1 & 0 & 0 & 0 \\ 0 & 0 & 0 & 1 \\ 0 & 0 & 1 & 0 \\ 0 & 1 & 0 & 0 \end{pmatrix} \cdot \begin{pmatrix} -3 & 2 & 1 \\ 0 & 2 & 3 \\ 1 & -1 & 1 \\ 5 & 0 & -2 \end{pmatrix} = \begin{pmatrix} -3 & 2 & 1 \\ 5 & 0 & -2 \\ 1 & -1 & 1 \\ 0 & 2 & 3 \end{pmatrix}$$

Observe que a matriz N nada mais é do que a matriz identidade de $\mathbb{M}_4(\mathbb{R})$ com as linhas 2 e 4 trocadas. Vamos deixar ao leitor exibir a forma geral da matriz que corresponde trocar duas linhas de lugar (assim como achar as matrizes que correspondem às outras operações elementares (E2) e (E3), ver exercícios da lista abaixo).

Estas operações elementares podem ser feitas em uma matriz com o intuito de escaloná-la do mesmo jeito que fizemos com as equações. Vamos formalizar o conceito de escalonamento para matrizes.

Definição 3.2 Dizemos que uma matriz $M = (a_{ij}) \in \mathbb{M}_{m \times n}(\mathbb{R})$ está na **forma escalonada** se existirem índices $j_1, \cdots, j_r$ com $1 \leq j_1 < j_2 < \cdots < j_r \leq n$ tais que $a_{ij_i} \neq 0$ para cada $i = 1, \cdots, r$ e $a_{ij} = 0$ se $1 \leq j < j_i$. E ela está na **forma escalonada principal** se, além da condição acima, para cada i, $a_{ij_i} = 1$ e, na coluna j_i, a_{ij_i} é o único elemento não nulo. Dizemos também que matriz escalonada como acima terá **pivôs** nas colunas $j_1, \cdots, j_r$.

3.2. ESCALONAMENTOS DE MATRIZES.

Exemplo 3.7 Considere a seguinte matriz em $\mathbb{M}_{3\times 4}(\mathbb{R})$:

$$M = \begin{pmatrix} 2 & 1 & 3 & 0 \\ -1 & 0 & 1 & 2 \\ -1 & -2 & -9 & -6 \end{pmatrix} \begin{matrix} (L_1) \\ (L_2) \\ (L_3) \end{matrix}$$

Indicamos por (L_i) a i-ésima linha de M. Vamos então substituir (L_2) por $(L'_2) = (L_1) + 2(L_2)$ e (L_3) por $(L'_3) = (L_1) + 2(L_3)$ com o intuito de zerar os termos nas posições (2,1) e (3,1) de M. Observe que, para tal, utilizamos as operações elementares (E2) e (E3). Daí, resulta

$$\begin{pmatrix} 2 & 1 & 3 & 0 \\ 0 & 1 & 5 & 4 \\ 0 & -3 & -15 & -12 \end{pmatrix} \begin{matrix} (L_1) \\ (L'_2) \\ (L'_3) \end{matrix}$$

Observemos que $(L'_3) = -3(L'_2)$. Basta então substituirmos (L'_3) por $(L''_3) = 3(L'_2) + (L'_3)$ (operações (E2) 3 (E3)), o que resultará em uma linha nula:

$$\begin{pmatrix} 2 & 1 & 3 & 0 \\ 0 & 1 & 5 & 4 \\ 0 & 0 & 0 & 0 \end{pmatrix} \begin{matrix} (L_1) \\ (L'_2) \\ (L''_3) \end{matrix}$$

Com isso, fizemos um escalonamento da matriz inicial. É claro que podemos seguir fazendo contas até chegarmos a uma forma escalonada principal da matriz do mesmo jeito como fizemos com as equações. Por exemplo, ao efetuarmos a troca de (L_1) por $(L'_1) = \frac{1}{2}((L_1) - (L_2))$, chegamos a:

$$\begin{pmatrix} 1 & 0 & -1 & -2 \\ 0 & 1 & 5 & 4 \\ 0 & 0 & 0 & 0 \end{pmatrix} \begin{matrix} (L'_1) \\ (L'_2) \\ (L''_3) \end{matrix}$$

Exemplo 3.8 Considere a matriz

$$A = \begin{pmatrix} -1 & 2 & 1 & 2 \\ 2 & -4 & -2 & 1 \\ 3 & -6 & 0 & 2 \\ -5 & 10 & 0 & -9 \end{pmatrix} \begin{matrix} (1) \\ (2) \\ (3) \\ (4) \end{matrix}$$

Realizando-se as substituições indicadas (resultantes de operações elementares), conseguimos

$$\begin{pmatrix} -1 & 2 & 1 & 2 \\ 0 & 0 & 0 & 5 \\ 0 & 0 & 3 & 8 \\ 0 & 0 & 5 & 19 \end{pmatrix} \begin{array}{l} (1) \\ (2') = 2(1) + (2) \\ (3') = 3(1) + (3) \\ (4') = 5(1) - (4) \end{array} \sim$$

$$\sim \begin{pmatrix} -1 & 2 & 1 & 2 \\ 0 & 0 & 0 & 5 \\ 0 & 0 & 3 & 8 \\ 0 & 0 & 0 & -17 \end{pmatrix} \begin{array}{l} (1) \\ (2') \\ (3') \\ (4'') = 5(3') - 3(4') \end{array}$$

$$\sim \begin{pmatrix} -1 & 2 & 1 & 2 \\ 0 & 0 & 0 & 5 \\ 0 & 0 & 3 & 8 \\ 0 & 0 & 0 & 0 \end{pmatrix} \begin{array}{l} (1) \\ (2') \\ (3') \\ (4''') = 17(2') + 5(4'') \end{array} \sim \begin{pmatrix} -1 & 2 & 1 & 2 \\ 0 & 0 & 3 & 8 \\ 0 & 0 & 0 & 5 \\ 0 & 0 & 0 & 0 \end{pmatrix} \begin{array}{l} (1) \\ (3') \\ (2') \\ (4''') \end{array}$$

$$\sim \begin{pmatrix} 3 & -6 & 0 & 2 \\ 0 & 0 & 3 & 8 \\ 0 & 0 & 0 & 1 \\ 0 & 0 & 0 & 0 \end{pmatrix} \begin{array}{l} (1') = (3') - 3(1) \\ (3') \\ (2'') = \frac{1}{5}(2') \\ (4''') \end{array} \sim$$

$$\sim \begin{pmatrix} -3 & 6 & 0 & 0 \\ 0 & 0 & -3 & 0 \\ 0 & 0 & 0 & 1 \\ 0 & 0 & 0 & 0 \end{pmatrix} \begin{array}{l} (1'') = 2(2'') - (1') \\ (3'') = 8(2'') - (3') \\ (2'') \\ (4''') \end{array}$$

$$\sim \begin{pmatrix} 1 & -2 & 0 & 0 \\ 0 & 0 & 1 & 0 \\ 0 & 0 & 0 & 1 \\ 0 & 0 & 0 & 0 \end{pmatrix} \begin{array}{l} (1''') = -\frac{1}{3}(1'') \\ (3''') = -\frac{1}{3} \\ (2'') \\ (4''') \end{array}$$

que é um escalonamento principal de A.

Antes de prosseguirmos, gostaríamos de fazer algumas observações.

Observação 3.2 (a) Podemos também fazer operações análogas às elementares sobre as colunas de uma matriz M. Mais especificamente,

3.2. ESCALONAMENTOS DE MATRIZES.

(E1′) Troca de posição entre 2 colunas da matriz M

(E2′) Multiplicação de uma coluna da matriz M por um escalar não nulo.

(E3′) Substituição de uma coluna da matriz M pela soma desta coluna com uma outra.

Da mesma forma, podemos efetuar estas operações com o intuito de *escalonar as colunas* de uma matriz. Deixamos como exercício ao leitor a formalização do conceito de forma escalonada (e escalonada principal) por colunas. Também essas operações podem ser vistas a partir do produto de matrizes (descreva como isto é possível).

(b) Para o escalonamento por colunas de uma matriz A, pode-se lançar mão de um pequeno artifício utilizando-se a matriz transposta A^t de A. Ao fazermos isso, estamos, por definição, trocando linhas por colunas e vice-versa. Logo, ao escalonarmos A^t por linhas, estaremos, de fato, escalonando por colunas a matriz A. Ao final, se transpusermos novamente a matriz, teremos o escalonamento (por colunas) que queríamos.

(c) Como comentado no Capítulo 2, aqui também ao fazermos escalonamentos de matrizes, o número de linhas não nulas ao final será um invariante (mas não mostraremos isso agora). Esse número é chamado de **posto-linha** da matriz. Analogamente, pode-se definir **posto-coluna** se escalonar uma matriz por colunas. Por fim, observamos que esses números coincidem.

(d) As operações elementares (tanto para linhas quanto para colunas) são *invertíveis*, isto é, se uma matriz M é conseguida a partir de uma matriz N por meio de uma operação elementar, então conseguimos N a partir de M também por conta também de operações elementares. Deixamos ao leitor descrever como isso acontece (ver Exercício 3.16).

EXERCÍCIOS

Exercício 3.10 Considere a matriz

$$M = \begin{pmatrix} -2 & 7 & 4 & 0 \\ 11 & 5 & -1 & 2 \\ -1 & -1 & -1 & 2 \end{pmatrix}$$

Achar a matriz que, ao multiplicarmos por M (especifique qual o lado da multiplicação) corresponde

(a) à troca de lugar das linhas 2 e 3 de M.

(b) à troca de lugar das colunas 1 e 4 de M.

(c) a multiplicar a terceira linha de M por -6.

(d) a multiplicar a segunda coluna de M por 3.

(e) a trocarmos a primeira linha de M pela soma das linhas 1 e 3 de M.

(f) a trocarmos a terceira coluna de M pela soma das colunas 1 e 3 de M.

Exercício 3.11 Achar a forma geral da matriz que, ao multiplicarmos por uma matriz $M \in \mathbb{M}_{m \times n}(\mathbb{R})$, produzirá como resultado a matriz que corresponde à troca da i-ésima linha de M por sua j-ésima linha ($1 \leq i < j \leq m$). Faça o mesmo para a operação elementar de troca de colunas.

Exercício 3.12 Achar a forma geral da matriz que, ao multiplicarmos por uma matriz $M \in \mathbb{M}_{m \times n}(\mathbb{R})$, produzirá como resultado a matriz que corresponde à multiplicação da i-ésima linha de M pelo escalar $\lambda \neq 0$ ($1 \leq i \leq m$). Faça o mesmo para a operação elementar de multiplicação de uma coluna por escalar.

Exercício 3.13 Achar a forma geral da matriz que, ao multiplicarmos por uma matriz $M \in \mathbb{M}_{m \times n}(\mathbb{R})$, produzirá como resultado a matriz que corresponde à troca da i-ésima linha de M pela soma dela com a j-ésima linha de M ($1 \leq i, j \leq m$). Faça o mesmo para a operação elementar de troca de uma coluna pela soma dela por uma outra coluna.

Exercício 3.14 Escreva a definição formal de matriz escalonada por coluna e da forma escalonada principal por colunas.
DICA: inspire-se nas respectivas definições dadas para linhas.

Exercício 3.15 Escalone por linhas e por colunas as matrizes abaixo.

$(a) \begin{pmatrix} -2 & 1 & 0 & 3 & 2 \\ 3 & 1 & 5 & -1 & 2 \end{pmatrix}$
$(b) \begin{pmatrix} 3 & 2 & 5 \\ -1 & 2 & -7 \\ 0 & 2 & -4 \end{pmatrix}$

3.3. REPRESENTAÇÕES DE SISTEMAS LINEARES

$$(c) \begin{pmatrix} 8 & 1 & 0 & 1 \\ 0 & 2 & 0 & 0 \\ 3 & -2 & 1 & 5 \\ 1 & -1 & 0 & 0 \end{pmatrix} \quad (d) \begin{pmatrix} 8 & 1 & 0 & 1 \\ -2 & 2 & 0 & 0 \\ 5 & -1 & 1 & 4 \\ 1 & -1 & 0 & 0 \end{pmatrix}$$

Exercício 3.16 Para cada operação elementar (Ei) (i = 1,2,3), descreva as operações elementares que revertem (Ei).

3.3 Representações de sistemas lineares

Como comentamos no princípio deste capítulo, as operações que executamos em um sistema linear podem ser esquematizadas como operações sobre os seus coeficientes. Vamos formalizar melhor tal ideia. Seja

$$\begin{cases} a_{11}x_1 + \cdots + a_{1n}x_n &= b_1 \\ \quad \vdots \\ a_{m1}x_1 + \cdots + a_{mn}x_n &= b_m \end{cases} \quad (*)$$

um sistema linear de m equações em n incógnitas sobre $\mathbb{R}$. Utilizando-se as operações descritas acima, o sistema pode ser representado na forma matricial da seguinte maneira:

$$\begin{pmatrix} a_{11} & \cdots & a_{1n} \\ \vdots & & \vdots \\ a_{m1} & \cdots & a_{mn} \end{pmatrix} \cdot \begin{pmatrix} x_1 \\ \vdots \\ x_n \end{pmatrix} = \begin{pmatrix} b_1 \\ \vdots \\ b_m \end{pmatrix}$$

A matriz $A = (a_{ij}) \in \mathbb{M}_{m \times n}(\mathbb{R})$ é chamada de **matriz dos coeficientes do sistema** e a matriz $(x_1, \cdots, x_n)^t$ é a **matriz das incógnitas**, (ou **vetor das incógnitas**). É comum escrevermos $A \cdot \underline{x} = \underline{b}$, onde indicamos $\underline{x} = (x_1, \cdots, x_n)^t$ e $\underline{b} = (b_1, \cdots, b_m)^t$.

Como já comentado, iremos frequentemente identificar elementos de $\mathbb{R}^n$ com matrizes $\mathbb{M}_{n \times 1}(\mathbb{R})$ ou $\mathbb{M}_{1 \times n}(\mathbb{R})$.

Exemplo 3.9 O sistema

$$\begin{cases} 3x_1 - 2x_2 + 5x_3 & = 1 \\ -x_1 & + 4x_4 = 0 \\ x_1 & + x_3 + x_4 = -1 \end{cases}$$

pode ser escrito como

$$\begin{pmatrix} 3 & -2 & 5 & 0 \\ -1 & 0 & 0 & 4 \\ 1 & 0 & 1 & 1 \end{pmatrix} \cdot \begin{pmatrix} x_1 \\ x_2 \\ x_3 \\ x_4 \end{pmatrix} = \begin{pmatrix} 1 \\ 0 \\ -1 \end{pmatrix}.$$

Representar um sistema a partir de matrizes é útil, como já mencionamos, quando quisermos efetuar, por exemplo, operações elementares nas equações do sistema em questão. Como tais operações devem ser feitas nos dois lados das igualdades das equações, é muitas vezes conveniente representarmos o sistema $A \cdot \underline{x} = \underline{b}$ por uma matriz $\underline{A}$ em $\mathbb{M}_{m \times (n+1)}(\mathbb{R})$ onde as primeiras n colunas são as de A e a última, a coluna $\underline{b}$. Para o sistema $(*)$ acima, teríamos

$$\underline{A} = \begin{pmatrix} a_{11} & \cdots & a_{1n} & | & b_1 \\ a_{21} & \cdots & a_{2n} & | & b_2 \\ \vdots & & \vdots & | & \vdots \\ a_{m1} & \cdots & a_{mn} & | & b_m \end{pmatrix}.$$

Esta matriz é muitas vezes chamada de **matriz do sistema** (é comum separarmos a última coluna com traços verticais para enfatizar que ela corresponde ao vetor $\underline{b}$ do sistema inicial). Por exemplo, para a matriz do Exemplo 3.9, teremos

$$\underline{A} = \begin{pmatrix} 3 & -2 & 5 & 0 & | & 1 \\ -1 & 0 & 0 & 4 & | & 0 \\ 1 & 0 & 1 & 1 & | & -1 \end{pmatrix}.$$

Escalonamentos. Vimos, acima e também no capítulo anterior, o processo de escalonamento de sistemas lineares e de matrizes. Não à toa, eles estão relacionados, isto é, o escalonamento de um sistema corresponde ao escalonamento de sua matriz. No entanto, um pequeno cuidado deve ser tomado pois, caso contrário, pode haver alguma confusão quanto à interpretação do resultado conseguido após o escalonamento. Façamos um exemplo.

Exemplo 3.10 O sistema a seguir

$$\begin{cases} 3x - 2y = 1 \\ 2x + y = -1 \\ x - y = 0 \end{cases} \qquad (*)$$

3.3. REPRESENTAÇÕES DE SISTEMAS LINEARES

tem como matriz
$$\begin{pmatrix} 3 & -2 & | & 1 \\ 2 & 1 & | & -1 \\ 1 & -1 & | & 0 \end{pmatrix} \begin{matrix} (L_1) \\ (L_2) \\ (L_3) \end{matrix}$$
Como convencionado acima, a última coluna corresponde aos valores à direita das igualdades de $(*)$. Vamos escaloná-lo:
$$\begin{pmatrix} 3 & -2 & | & 1 \\ 2 & 1 & | & -1 \\ 1 & -1 & | & 0 \end{pmatrix} \sim \begin{pmatrix} 3 & -2 & | & 1 \\ 0 & -7 & | & 5 \\ 0 & 1 & | & 1 \end{pmatrix} \begin{matrix} (L_1) \\ (L'_2) = 2(L_1) - 3(L_2) \\ (L'_3) = (L_1) - 3(L_3) \end{matrix}$$
$$\sim \begin{pmatrix} 3 & -2 & | & 1 \\ 0 & -7 & | & 5 \\ 0 & 0 & | & 12 \end{pmatrix} \begin{matrix} (L_1) \\ (L'_2) \\ (L''_3) = (L'_2) + 7(L'_3) \end{matrix}$$
Se não estivéssemos distinguindo a última coluna poderia parecer que esta matriz representa uma matriz 3×3 escalonada. No entanto, ao retornamos esses dados ao sistema, teremos
$$\begin{cases} 3x & - & 2y & = & 1 \\ & - & 7y & = & 5 \\ & & 0 & = & 12 \end{cases} \quad (**)$$
que é obviamente incompatível. Logo, o sistema inicial também o será. Em resumo, ao escalonarmos a matriz do sistema, o que devemos nos preocupar é no escalonamento da matriz de seus coeficientes, sem esquecer de efetuar as operações correspondentes na última coluna também. Além, é claro, de nunca perder de vista a sua interpretação.

Voltemos ao Exemplo 3.9.

Exemplo 3.11 Como vimos, a matriz do sistema do Exemplo 3.9 é:
$$\begin{pmatrix} 3 & -2 & 5 & 0 & | & 1 \\ -1 & 0 & 0 & 4 & | & 0 \\ 1 & 0 & 1 & 1 & | & -1 \end{pmatrix} \begin{matrix} (1) \\ (2) \\ (3) \end{matrix}$$
Ao final das operações a seguir, chegamos à forma escalonada principal da matriz de coeficientes do sistema:
$$\begin{pmatrix} 3 & -2 & 5 & 0 & | & 1 \\ 0 & -2 & 5 & 12 & | & 1 \\ 0 & -2 & 2 & -3 & | & 4 \end{pmatrix} \begin{matrix} (1) \\ (2') = (1) + 3 \cdot (2) \\ (3') = (1) - 3 \cdot (3) \end{matrix} \sim$$

$$\sim \begin{pmatrix} 3 & -2 & 5 & 0 & | & 1 \\ 0 & -2 & 5 & 12 & | & 1 \\ 0 & 0 & 3 & 15 & | & -3 \end{pmatrix} \begin{matrix} (1) \\ (2') \\ (3'') = (2') - (3') \end{matrix} \sim$$

$$\sim \begin{pmatrix} 3 & 0 & 0 & -12 & | & 0 \\ 0 & -2 & 5 & 12 & | & 1 \\ 0 & 0 & 1 & 5 & | & -1 \end{pmatrix} \begin{matrix} (1') = (1) - (2') \\ (2') \\ (3''') = \frac{1}{3} \cdot (3'') \end{matrix} \sim$$

$$\sim \begin{pmatrix} 1 & 0 & 0 & -4 & | & 0 \\ 0 & -2 & 0 & -13 & | & 6 \\ 0 & 0 & 1 & 5 & | & -1 \end{pmatrix} \begin{matrix} (1'') = \frac{1}{3}(1') \\ (2'') = (2') - 5 \cdot (3''') \\ (3''') \end{matrix} \sim$$

$$\sim \begin{pmatrix} 1 & 0 & 0 & -4 & | & 0 \\ 0 & 1 & 0 & \frac{13}{2} & | & -3 \\ 0 & 0 & 1 & 5 & | & -1 \end{pmatrix} \begin{matrix} (1'') \\ (2''') = -\frac{1}{2} \cdot (2'') \\ (3''') \end{matrix}$$

que corresponde ao sistema

$$\begin{cases} x_1 & - & 4x_4 & = & 0 \\ & x_2 & + & \frac{13}{2}x_4 & = & -3 \\ & & x_3 & + & 5x_4 & = & -1 \end{cases}$$

Logo, $x_1 = 4x_4$, $x_2 = -\frac{13}{2}x_4 - 3$, $x_3 = -5x_4 - 1$ e, se substituirmos x_4 por α, chegamos ao conjunto solução $\{(4\alpha, -\frac{13}{2}\alpha - 3, -5\alpha - 1, \alpha) \in \mathbb{R}^4 : \alpha \in \mathbb{R}\}$ do sistema inicial.

Sistemas lineares simultâneos. Algumas vezes, quando estivermos trabalhando com dois ou mais sistemas lineares com algumas características em comum, podemos resolvê-los simultaneamente. Esta situação irá aparecer especificamente, por exemplo, mais adiante quando discutirmos matrizes invertíveis. Por ora, iremos discutir a resolução simultânea de sistemas de forma geral. Consideremos os sistemas

$$\begin{cases} 3x_1 + 2x_2 - x_3 = 1 \\ 2x_1 + x_2 - x_3 = 0 \end{cases} (*) \qquad \begin{cases} 3x + 2y - z = -1 \\ 2x + y - z = 1 \end{cases} (**)$$

Reescrevendo-os em forma de produtos de matrizes, teremos

$$\begin{pmatrix} 3 & 2 & -1 \\ 2 & 1 & -1 \end{pmatrix} \begin{pmatrix} x_1 \\ x_2 \\ x_3 \end{pmatrix} = \begin{pmatrix} 1 \\ 0 \end{pmatrix} \quad \text{e} \quad \begin{pmatrix} 3 & 2 & -1 \\ 2 & 1 & -1 \end{pmatrix} \begin{pmatrix} x \\ y \\ z \end{pmatrix} = \begin{pmatrix} -1 \\ 1 \end{pmatrix}$$

3.3. REPRESENTAÇÕES DE SISTEMAS LINEARES

Podemos observar que as matrizes de coeficientes dos dois sistemas coincidem e, como observado acima, para o processo de escalonamento é esta matriz a que importa. O que iremos fazer é escaloná-la, tomando-se o cuidado de efetuarmos as mesmas operações nas matrizes $\begin{pmatrix} 1 \\ 0 \end{pmatrix}$ e $\begin{pmatrix} -1 \\ 1 \end{pmatrix}$ que aparecem no lado direito das igualdades acima. Na prática, trabalharemos com a matriz:

$$\begin{pmatrix} 3 & 2 & -1 & | & 1 & -1 \\ 2 & 1 & -1 & | & 0 & 1 \end{pmatrix}$$

onde as três primeiras colunas correspondem à matriz de coeficientes (comum a ambos os sistemas), e as duas últimas correspondem aos valores assumidos pelas equações dos dois sistemas. Para se escalonar tal matriz, vamos substituir a segunda linha pelo resultado da soma de 2 vezes a primeira linha e -3 vezes a segunda linha. Com isso, teremos

$$\begin{pmatrix} 3 & 2 & -1 & | & 1 & -1 \\ 0 & 1 & 1 & | & 2 & -5 \end{pmatrix}$$

A matriz acima irá então corresponder aos sistemas

$$\begin{cases} 3x_1 + 2x_2 - x_3 = 1 \\ x_2 + x_3 = 2 \end{cases} (*) \qquad \begin{cases} 3x + 2y - z = -1 \\ y + z = -5 \end{cases} (**)$$

que serão equivalentes, respectivamente, aos sistemas iniciais. Deixamos ao leitor agora calcular os seus conjuntos soluções. O processo acima pode ser feito sempre que tivermos dois ou mais sistemas com a mesma matriz de coeficientes.

EXERCÍCIOS

Exercício 3.17 Considere o sistema

$$\begin{cases} 3x - 2y + z = 0 & (I_1) \\ x + y - z = 1 & (I_2) \\ 2x + 3z = 2 & (I_3) \\ -x + 3y - z = 0 & (I_4) \end{cases}$$

(a) Achar a matriz que, ao multiplicarmos pela matriz de coeficientes do sistema, corresponde à troca de lugar da equação (I_2) pela (I_4).

(b) Achar a matriz que, ao multiplicarmos pela matriz de coeficientes do sistema, corresponde à multiplicação da equação (I_3) por -6.

(c) Achar a matriz que, ao multiplicarmos pela matriz de coeficientes do sistema, corresponde a trocarmos a equação (I_1) pela soma das equações (I_1) e (I_3).

Exercício 3.18 Para cada um dos sistemas abaixo, encontre a sua matriz e escalone-a. Por fim, resolva-os.

(a) $\begin{cases} x_1 - x_2 + x_3 - x_4 = 0 \\ 2x_1 + 3x_3 = 1 \end{cases}$
(b) $\begin{cases} x + 2y = -1 \\ x - 2y = 1 \\ 5x + 2y = 0 \end{cases}$

(c) $\begin{cases} 3y + 2z = 0 \\ x + y - z = 0 \\ 2x + 5z = 1 \end{cases}$
(d) $\begin{cases} x_1 + 2x_2 - x_3 = 1 \\ 2x_1 + 4x_2 - 2x_3 = 0 \\ -3x_1 - 6x_2 + 3x_3 = 0 \end{cases}$

(e) $\begin{cases} 3x - 2y + z = 13 \\ 2x - y - 3z = 4 \\ x + y - z = -2 \\ 2x + 3z = 7 \end{cases}$
(f) $\begin{cases} x_1 - 2x_2 = -6 \\ 2x_1 + x_2 - 2x_3 = 7 \\ 3x_1 + 3x_3 = -6 \\ - 2x_2 + 3x_3 = 1 \end{cases}$

Exercício 3.19 Resolva os sistemas

$\begin{cases} x_1 + 3x_3 = 1 \\ 2x_1 - 2x_2 + x_3 = 0 \\ x_1 + x_2 = 2 \end{cases}$
$\begin{cases} x + 3z = -1 \\ 2x - 2y + z = 6 \\ x + y = 1 \end{cases}$

Exercício 3.20 Encontre, se existirem, valores x, y, z e w em $\mathbb{R}$ tais que

(a) $\begin{pmatrix} 2 & 3 \\ 1 & 2 \end{pmatrix} \begin{pmatrix} x & y \\ z & w \end{pmatrix} = \begin{pmatrix} 1 & 0 \\ 1 & 1 \end{pmatrix}$

(b) $\begin{pmatrix} 1 & -1 \\ -2 & 2 \end{pmatrix} \begin{pmatrix} x & y \\ z & w \end{pmatrix} = \begin{pmatrix} 0 & 1 \\ 1 & 0 \end{pmatrix}$

3.4 Determinantes

Um exemplo. Vamos iniciar a nossa discussão sobre determinantes com um exemplo. Considere o sistema de equações lineares

$$\begin{cases} ax + by = 0 & (L_1) \\ cx + dy = 0 & (L_2) \end{cases} \qquad (*) \qquad \text{com } a,b,c,d \in \mathbb{R}.$$

Sabemos que o par (0,0) é uma solução de (∗) mas gostaríamos de saber se existem outras soluções. É claro que isto irá depender dos valores a, b, c e d. Por exemplo, nos sistemas

$$\begin{cases} 2x + y = 0 \\ x - y = 0 \end{cases} \qquad \begin{cases} x + y = 0 \\ 3x + 3y = 0 \end{cases}$$

o primeiro tem conjunto solução formado apenas pelo par $(0,0)$ enquanto que o segundo tem conjunto solução $\{(\alpha, -\alpha) : \alpha \in \mathbb{R}\}$, que é infinito.

Pode-se perguntar então quais são as restrições sobre os valores a, b, c e d para que a única solução de (∗) seja o par $(0,0)$.

Vamos dividir a nossa análise em duas partes.

Caso $a \neq 0$. Seguindo o método geral já adotado, vamos escalonar o sistema (∗). Ao substituirmos a segunda equação pela equação obtida pelo produto da primeira por a subtraída da segunda multiplicada por c, obtemos:

$$\begin{cases} ax + by = 0 & (L_1) \\ (ad-bc)y = 0 & (L_2') = a(L_2) - c(L_1) \end{cases}$$

É fácil ver que, se $ad - bc = 0$, então o par $(-b, a) \in \mathbb{R}$ será uma solução não nula de (∗) (estamos assumindo $a \neq 0$). Logo, se a única solução de (∗) for $(0,0)$, então necessariamente $ad - bc \neq 0$. Por outro lado, se $ad - bc \neq 0$, então de (L_2') teríamos $y = 0$ e substituindo-se na primeira equação sai que $ax = 0$. Como $a \neq 0$, segue que $x = 0$ e consequentemente o par $(0,0)$ será a única solução de (∗). O que acabamos de mostrar é que se $a \neq 0$, então $(0,0)$ é a única solução de (∗) se e somente se $ad - bc \neq 0$. O que iremos mostrar a seguir é que esta última afirmação também vale no caso em que $a = 0$.

Caso $a = 0$. Neste caso, o sistema se reduz a

$$\begin{cases} by = 0 \\ cx + dy = 0 \end{cases}$$

Se $ad - bc = 0$, então $-bc = 0$ (pois $a = 0$) e portanto ou b ou c é nulo. Se $b = 0$, então a primeira equação não existe e portanto o valor $(d, -c) \in \mathbb{R}^2$ será uma solução não nula de $(*)$ (é claro que se também $c = d = 0$, então não teríamos sistema!). Se, por outro lado, $c = 0$, então todos os valores do tipo $(\alpha, 0) \in \mathbb{R}^2$ com $\alpha \in \mathbb{R}$ seriam soluções. Concluímos que se $(0,0)$ for a única solução de $(*)$, então $ad - bc = -bc \neq 0$. Por outro lado, se $ad - bc \neq 0$, isto é, se $-bc \neq 0$ (pois assumimos $a = 0$), então tanto b quanto c são distintos de zero. Neste caso, como $by = 0$ (da primeira equação), segue que $y = 0$ e substituindo-se na segunda equação segue que $cx = 0$ ou $x = 0$ (pois $c \neq 0$). Com isto, $(0, 0)$ será a única solução de $(*)$. Acabamos de mostrar o seguinte:

- O sistema

$$\begin{cases} ax + by = 0 \\ cx + dy = 0 \end{cases} \quad \text{com } a, b, c, d \in \mathbb{R}$$

tem como única solução o valor $(0,0)$ se e somente se $ad - bc \neq 0$.

Na realidade, vale o seguinte resultado um pouco mais geral e que deixamos ao leitor para provar.

- O sistema

$$\begin{cases} ax + by = \alpha \\ cx + dy = \beta \end{cases} \quad \text{com } a, b, c, d, \alpha, \beta \in \mathbb{R}$$

tem uma única solução se e somente se $ad - bc \neq 0$.

Em resumo, o fato de um sistema com 2 equações ter uma única solução depende essencialmente de uma relação entre os seus coeficientes, ou em outras palavras, de uma relação entre os valores de sua matriz de coeficientes. Muitos podem ter reconhecido o valor $ad - bc$ como sendo o determinante da matriz $\begin{pmatrix} a & b \\ c & d \end{pmatrix}$ (que é a matriz de coeficientes de $(*)$). É exatamente esta discussão que está por trás da definição de determinante que faremos agora.

Definição de determinante. A definição pode ser feita apenas para matrizes quadradas. Considere $A = (a_{ij}) \in \mathbb{M}_n(\mathbb{R})$ uma matriz quadrada $n \times n$ ($n \geq 1$) sobre $\mathbb{R}$. Vamos definir o **determinante** de A de forma indutiva no valor n.

3.4. DETERMINANTES

- Se $n = 1$, isto é, se a matriz A for dada por um único valor (a_{11}), então definimos $\det A = a_{11}$.

- Supor agora que $n > 1$ e que o determinante já foi definido para todas as matrizes quadradas de ordem menor do que n. Vamos usar isto para definir $\det A$ em função de certas matrizes menores que *aparecem* dentro de A. Para cada par (i, j) (com $i, j \in \{1, \cdots n\}$), vamos definir $\widehat{A}_{ij}$ como sendo a matriz formada a partir de A retirando-se a sua i-ésima linha e a sua j-ésima coluna. Por exemplo, se

$$A = \begin{pmatrix} 2 & -1 & 0 \\ 1 & 3 & 2 \\ 5 & -3 & \pi \end{pmatrix} \quad \text{então}$$

$$\widehat{A}_{11} = \begin{pmatrix} 3 & 2 \\ -3 & \pi \end{pmatrix}, \quad \widehat{A}_{21} = \begin{pmatrix} -1 & 0 \\ -3 & \pi \end{pmatrix}, \quad \widehat{A}_{22} = \begin{pmatrix} 2 & 0 \\ 5 & \pi \end{pmatrix}$$

e assim por diante. Por definição, $\widehat{A}_{ij}$ pertence a $\mathbb{M}_{n-1}(\mathbb{R})$ e, pelo que assumimos, o valor de $\det \widehat{A}_{ij}$ está definido. A partir disso, definimos o determinante de A como sendo o valor

$$\det A = a_{11} \det \widehat{A}_{11} - a_{12} \det \widehat{A}_{12} + \cdots + (-1)^{n+1} a_{1n} \det \widehat{A}_{1n} =$$

$$= \sum_{j=1}^{n} (-1)^{j+1} a_{1j} \cdot \det \widehat{A}_{1j}.$$

Exemplo 3.12 Considere a matriz $M = \begin{pmatrix} a & b \\ c & d \end{pmatrix} \in \mathbb{M}_2(\mathbb{R})$. Observe que $\widehat{M}_{11} = (d)$ e $\widehat{M}_{12} = (c)$ e, usando-se a definição dada, teremos que

$$\det M = a \cdot \det \widehat{M}_{11} - b \cdot \det \widehat{M}_{12} = ad - bc$$

Por exemplo, para $M_1 = \begin{pmatrix} -1 & 0 \\ 2 & 1 \end{pmatrix}$, $\det M_1 = -1 \cdot 1 - 0 \cdot 2 = -1$, e para $M_2 = \begin{pmatrix} 1 & -1 \\ -2 & 2 \end{pmatrix}$, $\det M_2 = 1 \cdot 2 - (-1) \cdot (-2) = 0$. O valor $ad - bc$, como comentamos acima, é o valor que nos dá a informação sobre a existência de uma única solução ou não em um sistema com matriz de coeficientes M.

Exemplo 3.13 Consideremos agora uma matriz 3×3:

$$M = \begin{pmatrix} a & b & c \\ d & e & f \\ g & h & l \end{pmatrix}$$

Para calcularmos $\det M$, vamos considerar as matrizes menores

$$\widehat{M}_{11} = \begin{pmatrix} e & f \\ h & l \end{pmatrix}, \quad \widehat{M}_{12} = \begin{pmatrix} d & f \\ g & l \end{pmatrix}, \quad \widehat{M}_{13} = \begin{pmatrix} d & e \\ g & h \end{pmatrix}$$

e seus determinantes $\det \widehat{M}_{11}$, $\det \widehat{M}_{12}$ e $\det \widehat{M}_{13}$. Aproveitando o que foi feito no Exemplo 3.12, concluímos que

$$\det \widehat{M}_{11} = el - fh, \quad \det \widehat{M}_{12} = dl - fg, \quad \det \widehat{M}_{13} = dh - eg$$

Com isso, e usando-se a definição dada, chegamos a

$$\begin{aligned} \det M &= a \cdot \det \widehat{M}_{11} - b \cdot \det \widehat{M}_{12} + c \cdot \det \widehat{M}_{13} = \\ &= a(el - fh) - b(dl - fg) + c(dh - eg) = \\ &= ael + bfg + cdh - ceg - bdl - afh \end{aligned}$$

Por exemplo, se

$$M = \begin{pmatrix} 3 & -2 & 1 \\ 1 & 0 & 1 \\ 2 & 1 & 2 \end{pmatrix} \quad \text{então}$$

$\det M = 3 \cdot 0 \cdot 2 + (-2) \cdot 1 \cdot 2 + 1 \cdot 1 \cdot 1 - 1 \cdot 0 \cdot 2 - (-2) \cdot 1 \cdot 2 - 3 \cdot 1 \cdot 1 = -2$

Exemplo 3.14 Vamos calcular o determinante da matriz

$$M = \begin{pmatrix} 1 & 2 & -1 & 3 \\ 1 & 0 & 0 & 0 \\ 1 & 1 & -1 & -1 \\ 0 & 3 & 1 & 2 \end{pmatrix}$$

Pela nossa definição,

$$\det M = 1 \cdot \det \widehat{M}_{11} - 2 \cdot \det \widehat{M}_{12} + (-1) \cdot \det \widehat{M}_{13} - 3 \cdot \det \widehat{M}_{14}$$

onde

$$\widehat{M}_{11} = \begin{pmatrix} 0 & 0 & 0 \\ 1 & -1 & -1 \\ 3 & 1 & 2 \end{pmatrix}, \quad \widehat{M}_{12} = \begin{pmatrix} 1 & 0 & 0 \\ 1 & -1 & -1 \\ 0 & 1 & 2 \end{pmatrix},$$

3.4. DETERMINANTES

$$\widehat{M}_{13} = \begin{pmatrix} 1 & 0 & 0 \\ 1 & 1 & -1 \\ 0 & 3 & 2 \end{pmatrix}, \quad \widehat{M}_{14} = \begin{pmatrix} 1 & 0 & 0 \\ 1 & 1 & -1 \\ 0 & 3 & 1 \end{pmatrix}$$

e, repetindo os cálculos feitos no Exemplo 3.13 acima, concluímos que $\det\widehat{M}_{11} = 0$, $\det\widehat{M}_{12} = -1$, $\det\widehat{M}_{13} = 5$ e $\det\widehat{M}_{14} = 4$. Portanto,

$$\det M = 1 \cdot 0 - 2 \cdot (-1) + (-1) \cdot 5 - 3 \cdot 4 = -15.$$

Antes de continuarmos, vamos fazer uma pequena observação sobre a definição dada que pode ser muito útil quando quisermos calcular determinantes. Fizemos a definição utilizando-se a primeira linha (a chamada *expansão pela primeira linha*). Na realidade, podemos utilizar qualquer outra linha ou qualquer coluna para se definir o determinante de forma análoga. Para mostrarmos o que queremos dizer com isto, vamos retornar ao Exemplo 3.13. Lá, vimos que

$$\det \begin{pmatrix} a & b & c \\ d & e & f \\ g & h & l \end{pmatrix} = ael + bfg + cdh - ceg - bdl - afh.$$

Reordenando os termos acima podemos escrever tal determinante como

$$ael + bfg + cdh - ceg - bdl - afh =$$
$$= -d(bl - ch) + e(al - cg) - f(ah - bg) =$$
$$= -d \det \begin{pmatrix} b & c \\ h & l \end{pmatrix} + e \det \begin{pmatrix} a & c \\ g & l \end{pmatrix} - f \det \begin{pmatrix} a & b \\ g & h \end{pmatrix}$$

que corresponde a um desenvolvimento do determinante a partir da segunda linha de forma análoga à definida originalmente. Usando-se a notação

$$M = \begin{pmatrix} a_{11} & a_{12} & a_{13} \\ a_{21} & a_{22} & a_{23} \\ a_{31} & a_{32} & a_{33} \end{pmatrix}$$

para a matriz M, teríamos então o determinante sendo calculado como

$$\det M = -a_{21}\det\widehat{M}_{21} + a_{22}\det\widehat{M}_{22} - a_{23}\det\widehat{M}_{23} =$$
$$= \sum_{j=1}^{3} (-1)^{j+2} a_{2j} \cdot \det \widehat{A}_{2j}$$

Observe os sinais dos termos na expressão acima, voltaremos a isso em um momento.

De forma análoga, pode-se fazer o desenvolvimento do determinante a partir de qualquer outra linha ou também de qualquer coluna. É o que indicaremos a seguir. No entanto, não iremos mostrar as fórmulas abaixo deixando como exercício ao leitor trabalhar os detalhes (a demonstração, no entanto, não é difícil, é só uma questão de re-ordenar os termos como fizemos no caso particular acima). Iremos, porém, utilizá-las indistintamente em nossos cálculos. Indicamos, por exemplo, o livro [5] listado no Apêndice para o leitor interessado em aprofundar seus conhecimentos sobre determinantes.

Seja $A = (a_{ij}) \in \mathbb{M}_n(\mathbb{R})$.

- Para cada linha i fixada, temos

$$\begin{aligned} \det A &= (-1)^{i+1} a_{i1} \det \widehat{A}_{i1} + \cdots + (-1)^{i+n} a_{in} \det \widehat{A}_{in} = \\ &= \sum_{j=1}^{n} (-1)^{i+j} a_{ij} \cdot \det \widehat{A}_{ij} \end{aligned}$$

- Para cada coluna j fixada, temos

$$\begin{aligned} \det A &= (-1)^{1+j} a_{1j} \det \widehat{A}_{1j} + \cdots + (-1)^{n+j} a_{nj} \det \widehat{A}_{nj} = \\ &= \sum_{i=1}^{n} (-1)^{i+j} a_{ij} \cdot \det \widehat{A}_{ij} \end{aligned}$$

A vantagem computacional destas descrições é que podemos calcular, muitas vezes, o determinante de uma matriz utilizando-se uma expansão como acima a partir de uma linha ou de uma coluna que contenha mais zeros que outras, facilitando assim as contas intermediárias. Por exemplo, ao calcularmos o determinante da matriz do Exemplo 3.14 acima, fizemos o desenvolvimento a partir da 1ª linha e, portanto, tivemos que calcular determinantes de quatro matrizes 3×3. Observando-se a matriz M inicial notamos que a segunda linha tem só um elemento não nulo e se calcularmos o determinante a partir da expansão por essa linha, o cálculo seguramente irá ser mais simples. De fato, teremos aí $\det M = -1 \cdot \det \widehat{M}_{21}$, onde

$$\widehat{M}_{21} = \begin{pmatrix} 2 & -1 & 3 \\ 1 & -1 & -1 \\ 3 & 1 & 2 \end{pmatrix} \quad \text{que satisfaz} \quad \det \widehat{M}_{21} = 15.$$

3.4. DETERMINANTES

Desta forma, det$M = -15$.

Outro fato fácil de verificar a partir da descrição acima é que toda matriz que tem ou uma linha nula ou uma coluna nula tem o seu determinante igual a zero. Mencionamos também o seguinte resultado que será de grande valia mais para a frente.

Proposição 3.1 Sejam A e B duas matrizes tais que o produto $A \cdot B$ esteja definido. Então $\det(AB) = \det A \cdot \det B$.

A demonstração desse resultado será deixado de lado no caso geral (incentivamos o leitor a tentar esquematizar como é feito, veja também o Exercício 3.24)

Começamos a nossa discussão sobre determinantes relacionando-o com informações sobre o conjunto solução de um sistema linear. Vamos terminar a seção com o seguinte resultado que resume o que de mais importante iremos utilizar sobre determinantes na sequência do texto. Deixamos a demonstração do resultado abaixo de lado incentivando o leitor a prová-lo em casos particulares na seção de exercícios.

Teorema 3.1 Um sistema de n equações e n incógnitas sobre $\mathbb{R}$ tem uma única solução se e somente se o determinante de sua matriz de coeficientes for não nulo.

Corolário 3.1 Um sistema homogêneo de n equações e n incógnitas sobre $\mathbb{R}$ tem uma solução não nula se e somente se o determinante de sua matriz de coeficientes for zero.

EXERCÍCIOS

Exercício 3.21 Mostre que o sistema

$$\begin{cases} ax & + & cz & = & 0 \\ dx & + ey & + fz & = & 0 \\ gx & & + lz & = & 0 \end{cases} \quad (*)$$

com $a \neq 0$, tem como única solução o valor $(0, 0, 0)$ se e somente se $\det A \neq 0$, onde A é a matriz de coeficientes de $(*)$.

Exercício 3.22 Decida se os sistemas abaixo têm uma única solução ou não.

$$(I) \begin{cases} 2x - 3y + z = 1 \\ y + 2z = 0 \\ x + 4y + 5z = 3 \end{cases} \quad (II) \begin{cases} x_1 - 2x_2 + x_3 = 0 \\ x_1 + 3x_2 = 0 \\ x_1 - 7x_2 + 2x_3 = 0 \end{cases}$$

Exercício 3.23 Calcule os determinantes das matrizes

$$A = \begin{pmatrix} -1 & 3 & 0 \\ 0 & 5 & 7 \\ 1 & 2 & 3 \end{pmatrix} \quad B = \begin{pmatrix} 1 & 0 & 2 & 0 \\ -1 & 3 & 1 & 2 \\ 0 & 1 & -2 & -1 \\ 1 & 1 & 1 & 1 \end{pmatrix} \quad C = \begin{pmatrix} 1 & 2 & 3 & 2 \\ -2 & -1 & 1 & 2 \\ -1 & -2 & -3 & -2 \\ 0 & 0 & -1 & 0 \end{pmatrix}$$

Para cada uma destas matrizes, escreva o sistema correspondente e decida se ele tem uma única solução ou não.

Exercício 3.24 Mostre que se $A, B \in \mathbb{M}_2(\mathbb{R})$, então $\det(AB) = \det A \cdot \det B$ (escreva as matrizes explicitamente e faça as contas a partir da definição de determinante).

Exercício 3.25 Mostre que, se $M \in \mathbb{M}_n(\mathbb{R})$, então $\det M = \det M^t$.

Exercício 3.26 Seja

$$M = \begin{pmatrix} a_{11} & a_{12} & a_{13} \\ a_{21} & a_{22} & a_{23} \\ a_{31} & a_{32} & a_{33} \end{pmatrix}$$

Mostre que

(i) $\det M = \sum_{j=1}^{3} (-1)^{j+3} a_{j3} \det \widehat{M}_{j3}$;

(ii) $\det M = \sum_{j=1}^{3} (-1)^{j+3} a_{3j} \det \widehat{M}_{3j}$.

3.5 Matrizes invertíveis

Vimos, no Capítulo 1, que todo elemento real a não nulo possui um inverso, isto é, existe um real b tal que $ab = ba = 1$. Mais acima, definimos a operação de multiplicação em um conjunto de matrizes quadradas $\mathbb{M}_n(\mathbb{R})$, $n \geq 1$, e vimos que tal operação admite um elemento neutro, no caso a matriz identidade Id_n.

3.5. MATRIZES INVERTÍVEIS

Vamos agora discutir quais elementos, nesse último caso, possuem inversos no sentido similar ao dado para $\mathbb{R}$.

Seja n um inteiro positivo e $A \in \mathbb{M}_n(\mathbb{R})$ uma matriz quadrada. Dizemos que A é **invertível** se existir uma matriz $B \in \mathbb{M}_n(\mathbb{R})$ tal que $AB = BA = Id_n$. Poderíamos perguntar o seguinte:

(1) Quando é que uma matriz é invertível?

(2) Se A for invertível, será que a matriz B como acima é única?

(3) Se A for invertível, como calcular a matriz B tal que $AB = BA = Id_n$?

Inicialmente, observe que se uma matriz A for invertível, então só existe uma única matriz B tal que $AB = BA = Id_n$, respondendo assim na afirmativa a pergunta (2) acima. De fato, se B e C fossem matrizes tais que $AB = BA = Id_n$ e $AC = CA = Id_n$ então temos que

$$AB = AC \quad \text{ou} \quad AB - AC = 0 \quad \text{ou} \quad A(B-C) = 0.$$

Se multiplicarmos essa igualdade à esquerda por B, segue que

$$(BA)(B-C) = B(A(B-C)) = B0 = 0.$$

Mas, como $BA = Id_n$, concluímos que $B - C = 0$ ou que $B = C$.

Logo, se A for invertível, então existe uma única matriz, que chamaremos de **inversa** de A e denotaremos por A^{-1}, tal que $AA^{-1} = A^{-1}A = Id_n$.

Por outro lado, é fácil ver que nem todas as matrizes são invertíveis. Por exemplo, considere a matriz $\begin{pmatrix} 0 & 1 \\ 0 & 0 \end{pmatrix} \in \mathbb{M}_2(\mathbb{R})$. Se fosse invertível, existiria uma matriz $B \in \mathbb{M}_2(\mathbb{R})$ tal que

$$\begin{pmatrix} 0 & 1 \\ 0 & 0 \end{pmatrix} \cdot B = B \cdot \begin{pmatrix} 0 & 1 \\ 0 & 0 \end{pmatrix} = Id_2 = \begin{pmatrix} 1 & 0 \\ 0 & 1 \end{pmatrix}$$

Não é difícil ver que quando multiplicamos $\begin{pmatrix} 0 & 1 \\ 0 & 0 \end{pmatrix}$ por qualquer matriz, a matriz resultante terá a segunda linha nula, e portanto diferente da segunda linha da matriz identidade Id_2 (um argumento geral aqui poderia ser: nenhuma matriz que tenha uma linha formada de zeros pode ser invertível!).

Para responder as questões (1) e (3) acima, vamos começar a discussão com um exemplo específico. Considere a matriz $A = \begin{pmatrix} 2 & 1 \\ -1 & 1 \end{pmatrix}$. Queremos achar, se possível, uma matriz $B = \begin{pmatrix} a & b \\ c & d \end{pmatrix} \in \mathbb{M}_2(\mathbb{R})$ tal que $AB = BA = Id_2$, ou , de outra forma,

$$\begin{pmatrix} 2 & 1 \\ -1 & 1 \end{pmatrix} \cdot \begin{pmatrix} a & b \\ c & d \end{pmatrix} = \begin{pmatrix} a & b \\ c & d \end{pmatrix} \cdot \begin{pmatrix} 2 & 1 \\ -1 & 1 \end{pmatrix} = \begin{pmatrix} 1 & 0 \\ 0 & 1 \end{pmatrix}$$

Fazendo-se as multiplicações das matrizes acima, chegamos a dois sistemas

$$\begin{cases} 2a + c = 1 \\ -a + c = 0 \end{cases} (*) \qquad \begin{cases} 2b + d = 0 \\ -b + d = 1 \end{cases} (**)$$

cujas matrizes de coeficientes são iguais (e também iguais à matriz inicial A).

Uma primeira observação que podemos fazer aqui é a seguinte. Como vimos acima, a inversa de uma matriz é única e, com isso, dizer que a matriz A é invertível equivale a dizer que os sistemas acima $(*)$ e $(**)$ tem uma única solução. Decorre da discussão feita na seção anterior que isto ocorre se e somente se o determinante da matriz de coeficientes do sistema for não nulo. Mas essa matriz é justamente a matriz A!. Em resumo, a matriz A será invertível se e somente se $\det A \neq 0$. Vamos seguir nossos cálculos. Para resolvermos os sistemas $(*)$ e $(**)$ simultaneamente (ver Seção 3.3), iremos buscar a forma escalonada do lado esquerdo da matriz abaixo (que corresponde de fato à matriz A). Observe também que o lado direito da matriz é a matriz identidade 2×2.

$$\begin{pmatrix} 2 & 1 & | & 1 & 0 \\ -1 & 1 & | & 0 & 1 \end{pmatrix}$$

Um cálculo simples nos dá

$$\begin{pmatrix} 2 & 1 & | & 1 & 0 \\ -1 & 1 & | & 0 & 1 \end{pmatrix} \begin{matrix} (1) \\ (2) \end{matrix} \sim \begin{pmatrix} 2 & 1 & | & 1 & 0 \\ 0 & 3 & | & 1 & 2 \end{pmatrix} \begin{matrix} (1) \\ (2') = (1) + 2(2) \end{matrix} \sim$$

$$\sim \begin{pmatrix} 6 & 0 & | & 2 & -2 \\ 0 & 3 & | & 1 & 2 \end{pmatrix} \begin{matrix} (1') = 3(1) - (2') \\ (2') \end{matrix} \sim$$

$$\sim \begin{pmatrix} 1 & 0 & | & \frac{1}{3} & -\frac{1}{3} \\ 0 & 1 & | & \frac{1}{3} & \frac{2}{3} \end{pmatrix} \begin{matrix} (1'') = \frac{1}{6}(1') \\ (2'') = \frac{1}{3}(2') \end{matrix}$$

3.5. MATRIZES INVERTÍVEIS

Voltando-se aos sistemas, teremos:

$$\begin{cases} a & = \frac{1}{3} \\ c & = \frac{1}{3} \end{cases} \qquad \begin{cases} b & = -\frac{1}{3} \\ d & = \frac{2}{3} \end{cases}$$

Logo, A é invertível e sua inversa será

$$A^{-1} = \begin{pmatrix} \frac{1}{3} & -\frac{1}{3} \\ \frac{1}{3} & \frac{2}{3} \end{pmatrix}$$

que é justamente a matriz que apareceu no lado direito do escalonamento acima.

Antes de prosseguirmos, vamos enunciar um resultado que nos será útil (oriente-se pelo que fizemos acima para dar uma justificativa um pouco mais formal a ele).

Teorema 3.2 Uma matriz $A \in \mathbb{M}_n(\mathbb{R})$ é invertível se e somente se $\det A \neq 0$.

Método para o cálculo da matriz inversa. Ao observarmos o que foi feito acima para o cálculo da inversa da matriz $A = \begin{pmatrix} 2 & 1 \\ -1 & 1 \end{pmatrix}$, podemos esquematizar um método mais geral para se calcular a inversa de uma matriz. Dada uma matriz $A = (a_{ij}) \in \mathbb{M}_n(\mathbb{R})$, escrevemos em primeiro lugar a matriz A' em $\mathbb{M}_{n \times 2n}(\mathbb{R})$ como segue

$$A' = \begin{pmatrix} a_{11} & a_{12} & \cdots & a_{1n} & | & 1 & 0 & \cdots & 0 \\ a_{21} & a_{22} & \cdots & a_{2n} & | & 0 & 1 & \cdots & 0 \\ & & \vdots & & & & \vdots & & \vdots \\ a_{n1} & a_{n2} & \cdots & a_{nn} & | & 0 & 0 & \cdots & 1 \end{pmatrix}$$

(escrevemos a matriz A no lado esquerdo de A' e a matriz Id_n no lado direito de A').

O objetivo é, por meio de operações elementares nas linhas, transformar o lado esquerdo (isto é, as n primeiras colunas) de A' na matriz identidade. Se conseguirmos isto, naturalmente irá aparecer no lado direito de A' (isto é, nas últimas n colunas) a matriz inversa A^{-1}. Deixamos a cargo do leitor escrever uma justificativa mais formal tendo como base o que fizemos acima para a matriz $\begin{pmatrix} 2 & 1 \\ -1 & 1 \end{pmatrix}$. Vamos exemplificar esse método.

Exemplo 3.15 Consideremos a matriz

$$A = \begin{pmatrix} -1 & -1 & 0 \\ 0 & 2 & 1 \\ 1 & 0 & -1 \end{pmatrix} \in \mathbb{M}_3(\mathbb{R})$$

Vamos calcular a sua inversa utilizando-se do método acima. O primeiro passo é considerar a matriz em $\mathbb{M}_{3\times 6}(\mathbb{R})$:

$$A' = \begin{pmatrix} -1 & -1 & 0 & | & 1 & 0 & 0 \\ 0 & 2 & 1 & | & 0 & 1 & 0 \\ 1 & 0 & -1 & | & 0 & 0 & 1 \end{pmatrix} \begin{matrix} (1) \\ (2) \\ (3) \end{matrix}$$

Efetuando-se as seguintes operações elementares conseguimos ao final do processo a matriz identidade 3×3 nas três primeiras colunas

$$\begin{pmatrix} -1 & -1 & 0 & | & 1 & 0 & 0 \\ 0 & 2 & 1 & | & 0 & 1 & 0 \\ 0 & -1 & -1 & | & 1 & 0 & 1 \end{pmatrix} \begin{matrix} (1) \\ (2) \\ (3') = (1) + (3) \end{matrix} \sim$$

$$\sim \begin{pmatrix} -1 & -1 & 0 & | & 1 & 0 & 0 \\ 0 & 2 & 1 & | & 0 & 1 & 0 \\ 0 & 0 & -1 & | & 2 & 1 & 2 \end{pmatrix} \begin{matrix} (1) \\ (2) \\ (3'') = (2) + 2(3') \end{matrix} \sim$$

$$\sim \begin{pmatrix} -2 & 0 & 1 & | & 2 & 1 & 0 \\ 0 & 2 & 1 & | & 0 & 1 & 0 \\ 0 & 0 & -1 & | & 2 & 1 & 2 \end{pmatrix} \begin{matrix} (1') = 2(1) + (2) \\ (2) \\ (3'') \end{matrix} \sim$$

$$\sim \begin{pmatrix} -2 & 0 & 0 & | & 4 & 2 & 2 \\ 0 & 2 & 0 & | & 2 & 2 & 2 \\ 0 & 0 & -1 & | & 2 & 1 & 2 \end{pmatrix} \begin{matrix} (1'') = (1') + (3'') \\ (2') = (2) + (3'') \\ (3'') \end{matrix} \sim$$

$$\sim \begin{pmatrix} 1 & 0 & 0 & | & -2 & -1 & -1 \\ 0 & 1 & 0 & | & 1 & 1 & 1 \\ 0 & 0 & 1 & | & -2 & -1 & -2 \end{pmatrix} \begin{matrix} (1''') = -\frac{1}{2}(1'') \\ (2'') = \frac{1}{2}(2') \\ (3''') = -(3'') \end{matrix}$$

Feito isto, a matriz 3×3

$$\begin{pmatrix} -2 & -1 & -1 \\ 1 & 1 & 1 \\ -2 & -1 & -2 \end{pmatrix}$$

3.5. MATRIZES INVERTÍVEIS

é a matriz inversa A^{-1} (verifique as contas calculando os produtos AA^{-1} e $A^{-1}A$: devem igualar a matriz identidade 3×3).

Exemplo 3.16 Se fizermos o processo acima com uma matriz não invertível, chegaremos a uma contradição. Vamos tentar fazer isto com a matriz $\begin{pmatrix} 1 & -1 \\ -2 & 2 \end{pmatrix}$. Essa matriz não é invertível pois o seu determinante é 0. Agora, ao escalonarmos a matriz correspondente $\begin{pmatrix} 1 & -1 & | & 1 & 0 \\ -2 & 2 & | & 0 & 1 \end{pmatrix}$, chegamos a

$$\begin{pmatrix} 1 & -1 & | & 1 & 0 \\ -2 & 2 & | & 0 & 1 \end{pmatrix} \begin{matrix} (1) \\ (2) \end{matrix} \sim \begin{pmatrix} 1 & -1 & | & 1 & 0 \\ 0 & 0 & | & 2 & 1 \end{pmatrix} \begin{matrix} (1) \\ (2') = 2(1) + (2) \end{matrix}$$

e não conseguiremos nas primeiras duas colunas a matriz identidade, significando que a matriz original não é invertível.

EXERCÍCIOS

Exercício 3.27 Seja $A = \begin{pmatrix} a & b \\ c & d \end{pmatrix}$ uma matriz invertível. Calcule A^{-1} em termos de a, b, c e d.

Exercício 3.28 Para cada uma das matrizes abaixo, determine os valores (reais) de a para que ela seja invertível e, para tais valores, calcule a sua inversa (em termos de a).

$$M_1 = \begin{pmatrix} 1 & a \\ a & 1 \end{pmatrix} \quad M_2 = \begin{pmatrix} a & 1 \\ 1 & a \end{pmatrix} \quad M_3 = \begin{pmatrix} a & -a \\ a & 1 \end{pmatrix}$$

Exercício 3.29 Sejam $A, B \in \mathbb{M}_n(\mathbb{R})$ duas matrizes invertíveis. Mostre que AB é invertível e que $(AB)^{-1} = B^{-1}A^{-1}$.

Exercício 3.30 Decida se as matrizes abaixo são invertíveis e calcule as suas inversas, quando couber.

$$A_1 = \begin{pmatrix} 1 & 0 & 1 \\ 0 & 1 & -2 \\ 1 & 1 & 0 \end{pmatrix} \quad A_2 = \begin{pmatrix} 1 & 0 & 1 \\ -1 & -2 & 1 \\ 0 & 1 & -1 \end{pmatrix} \quad A_3 = \begin{pmatrix} 2 & -1 & 0 \\ 1 & 2 & 1 \end{pmatrix}$$

$$A_4 = \begin{pmatrix} -1 & 1 & 1 & 0 \\ 0 & 1 & 0 & 0 \\ 1 & 1 & 0 & 2 \\ 0 & 1 & -1 & -1 \end{pmatrix} \qquad A_5 = \begin{pmatrix} 2 & 1 & 0 \\ 1 & 1 & 0 \\ 4 & 3 & 1 \end{pmatrix}$$

Exercício 3.31 Mostre que se A for uma matriz invertível, então

$$\det A^{-1} = \frac{1}{\det A}.$$

DICA: utilize Proposição 3.1.

Capítulo 4

Polinômios

Vamos agora discutir noções básicas sobre polinômios. Por um lado, vamos olhar para os conjuntos de polinômios a partir de propriedades algébricas análogas às discutidas nos capítulos anteriores para os conjuntos $\mathbb{R}^n$ e $\mathbb{M}_{m \times n}(\mathbb{R})$. Para tal, vamos definir operações de adição e multiplicação por escalar. Este mesmo padrão repetido para conjuntos distintos é que nos motivará a introdução de espaços vetoriais mais adiante.

Por outro lado, polinômios irão aparecer de forma bastante natural quando discutirmos autovalores e autovetores no Capítulo 5 e, no meio deste processo, precisaremos encontrar raízes de polinômios. Por isso, incluímos uma seção com dicas sobre como achá-las. Para mais detalhes, indicamos o livro [6] (listado na seção Bibliografia nos Apêndices).

4.1 Operações nos polinômios

Um **polinômio real** (ou simplesmente **polinômio**) é uma expressão do tipo

$$p(t) = a_n t^n + a_{n-1} t^{n-1} + \cdots + a_1 t + a_0$$

onde a letra t indica uma **variável** (ou **indeterminada**) e os valores $a_0, a_1, \cdots, a_n$ (chamados de **coeficientes do polinômio**) são números reais. O conjunto de todos os polinômios reais será denotado aqui por $\mathbb{R}[t]$. Como comentado, vamos concentrar nosso estudo nos números reais, mas o leitor não terá dificuldade em interpretar conjuntos de polinômios com coeficientes complexos (denotado por $\mathbb{C}[t]$) ou inteiros (denotado por $\mathbb{Z}[t]$), por exemplo, que poderão aparecer em exemplos específicos. Em todo caso, a menos de menção explícita ao contrário, estaremos sempre trabalhando com polinômios no conjunto $\mathbb{R}[t]$.

Seja $p(t) = a_n t^n + a_{n-1} t^{n-1} + \cdots + a_1 t + a_0$ um polinômio. Quando $a_n \neq 0$, diremos que o **grau de** $p(t)$ é n. Por exemplo, os polinômios $t^3 - 2$, $2t + 5$, $t^7 - 8t^3 + 11$ e -13 têm graus $3, 1, 7$ e 0, respectivamente. Observe que o **polinômio nulo** (quando todos os coeficientes são iguais a zero) não teve o seu grau definido (é o único polinômio nesta condição). Também, dizemos que um polinômio de grau n é **mônico** se for do tipo $t^n + a_{n-1} t^{n-1} + \cdots + a_0$ (isto é, com o chamado **coeficiente dominante** a_n igual a 1). O termo a_0 é normalmente chamado de **coeficiente constante** (ou de **termo independente**).

Adição de polinômios. Consideremos inicialmente os polinômios $a_n t^n$ e $b_m t^m$, com m, n inteiros positivos. Definimos a adição destes elementos como sendo igual a $(a_n + b_n) t^n$ caso $n = m$ e igual a $a_n t^n + b_m t^m$ caso contrário. Por exemplo, se $p_1(t) = 3t^3, p_2(t) = -t^3$ e $p_3(t) = 7t^2$, teremos $p_1(t) + p_2(t) = (3t^3) + (-t^3) = 2t^3$ e $p_1(t) + p_3(t) = (3t^3) + (7t^2) = 3t^2 + 7t^2$. A partir desta regra básica, podemos estender a definição para outros polinômios de tal forma que sejam satisfeitas as propriedades de comutatividade e associatividade.

Exemplo 4.1 A adição dos polinômios $p(t) = t^3 - 2t^2 - 2$ e $q(t) = t^2 + t$ será

$$(p + q)(t) = (t^3 - 2t^2 - 2) + (t^2 + t) = t^3 - t^2 + t - 2.$$

É claro que, da mesma forma como observado para a soma de vetores em $\mathbb{R}^n$, a soma de polinômios se dá *coeficiente a coeficiente*. Deve estar claro ao leitor que o polinômio nulo, que indicaremos simplesmente por 0, é o elemento neutro desta operação, isto é, para todo polinômio $p(t)$ em $\mathbb{R}[t]$, teremos que $p(t) + 0 = 0 + p(t) = p(t)$. Também, dado $p(t) = a_n t^n + \cdots + a_1 t + a_0$ em $\mathbb{R}[t]$, o seu oposto será $(-p)(t) = -a_n t^n - \cdots - a_1 t - a_0$.

Multiplicação de polinômios por escalares. Dados um polinômio $p(t) = a_n t^n + a_{n-1} t^{n-1} + \cdots + a_1 t + a_0$ e $\lambda \in \mathbb{R}$, definimos o produto $\lambda \cdot p(t)$ como sendo

$$\lambda \cdot p(t) = (\lambda a_n) t^n + (\lambda a_{n-1}) t^{n-1} + \cdots + (\lambda a_1) t + (\lambda a_0).$$

4.1. OPERAÇÕES NOS POLINÔMIOS

Exemplo 4.2 Para $p(t) = -4t^5 + 2t^2 + 5t - 8$ e $\lambda = -2$, teremos

$$\lambda \cdot p(t) = (-2) \cdot (-4t^5 + 2t^2 + 5t - 8) = 8t^5 - 4t^2 - 10t + 16.$$

Assim como em $\mathbb{R}^n$, estas operações satisfazem certas propriedades básicas que listamos abaixo (compare com a Proposição 1.1).

Proposição 4.1 Sejam $p(t), p_1(t), p_2(t), p_3(t), \in \mathbb{R}[t]$ e $\alpha, \beta \in \mathbb{R}$. Então:

(A1) $(p_1(t) + p_2(t)) + p_3(t) = p_1(t) + (p_2(t) + p_3(t))$ (lei da associatividade).

(A2) $p_1(t) + p_2(t) = p_2(t) + p_1(t)$ (lei da comutatividade).

(A3) $p(t) + 0 = 0 + p(t) = p(t)$ (existência de elemento neutro da soma).

(A4) $p(t) + (-p(t)) = -p(t) + p(t) = 0$ (existência de elemento oposto).

(M1) $1 \cdot p(t) = p(t)$.

(M2) $\alpha \cdot (\beta \cdot p(t)) = (\alpha \cdot \beta) \cdot p(t)$.

(D1) $\alpha \cdot (p_1(t) + p_2(t)) = \alpha \cdot p_1(t) + \alpha \cdot p_2(t)$ (lei da distributividade).

(D2) $(\alpha + \beta) \cdot p(t) = \alpha \cdot p(t) + \beta \cdot p(t)$ (lei da distributividade).

DEMONSTRAÇÃO. Aqui também, não iremos demonstrar todos os itens. Mas vamos ilustrar como se faz tal verificação, deixando aos leitores completar a demonstração do resultado (Exercício 4.3). Façamos a demonstração do item (M2), por exemplo. Para $\alpha, \beta \in \mathbb{R}$ e $p(t) = a_n t^n + \cdots + a_1 t + a_0 \in \mathbb{R}[t]$, temos

$$\begin{aligned}
\alpha \cdot (\beta \cdot p(t)) &= \alpha \cdot (\beta \cdot (a_n t^n + \cdots + a_1 t + a_0)) = \\
&= \alpha((\beta a_n) t^n + \cdots + (\beta a_1) t + (\beta a_0)) = \\
&= (\alpha(\beta a_n)) t^n + \cdots + (\alpha(\beta a_1)) t + (\alpha(\beta a_0)) = \\
&= ((\alpha\beta) a_n) t^n + \cdots + ((\alpha\beta) a_1) t + ((\alpha\beta) a_0) = \\
&= (\alpha\beta)(a_n t^n + \cdots + a_1 t + a_0)
\end{aligned}$$

como queríamos. Gostaríamos de salientar que utilizamos as propriedades algébricas válidas em $\mathbb{R}$ conforme listadas no Capítulo 1. □

Dado um inteiro positivo m, vamos denotar por $\mathbb{R}[t]_m$ o subconjunto de $\mathbb{R}[t]$ formado pelo polinômio nulo e mais todos os polinômios com graus menores ou iguais a m. As operações de adição e multiplicação por escalar definidas em $\mathbb{R}[t]$ serão também operações em $\mathbb{R}[t]_m$.

Multiplicação de polinômios. Além das operações acima, que serão importantes para a discussão sobre espaços vetoriais, podemos também definir uma multiplicação no conjunto dos polinômios.

Inicialmente, dados polinômios do tipo $a_n t^n$ e $a_m t^m$ com m, n inteiros positivos, definimos o produto $(a_n t^n) \cdot (b_m t^m)$ como sendo igual a $(a_n b_m) t^{n+m}$. Da mesma forma como fizemos para a adição, podemos estender esta operação a todos os elementos de $\mathbb{R}[t]$ de forma que ela satisfaça as propriedades de associatividade, comutatividade e distributividade com relação à adição acima definida. Na prática, esta conta é bastante natural, conforme ilustrado no exemplo abaixo.

Exemplo 4.3 A multiplicação de $p(t) = t^3 - 2t^2 - 2$ por $q(t) = t^2 + t$ será

$$\begin{aligned}(p \cdot q)(t) &= (t^3 - 2t^2 - 2) \cdot (t^2 + t) = \\ &= t^3 \cdot t^2 + t^3 \cdot t + (-2t^2) \cdot t^2 + (-2t^2) \cdot t + (-2) \cdot t^2 + (-2) \cdot t = \\ &= t^5 - t^4 - 2t^3 - 2t^2 - 2t\end{aligned}$$

Na proposição a seguir, formalizaremos as propriedades básicas que impusemos na definição acima. Observe que versões análogas a elas já apareceram na discussão do conjunto $\mathbb{R}$ no Capítulo 1. No entanto, cabe ressaltar que polinômios não possuem inversos multiplicativos em geral (ver Exercício 4.4). No enunciado abaixo, indicaremos por 1 o polinômio constante igual a 1 (isto é, $a_n = 0$ para $n > 0$ e $a_0 = 1$)

Proposição 4.2 Sejam $p(t), p_1(t), p_2(t), p_3(t), \in \mathbb{R}[t]$ e $\alpha, \beta \in \mathbb{R}$. Então:

(M1) $(p_1(t) \cdot p_2(t)) \cdot p_3(t) = p_1(t) \cdot (p_2(t) \cdot p_3(t))$ (lei da associatividade).

(M2) $p_1(t) \cdot p_2(t) = p_2(t) \cdot p_1(t)$ (lei da comutatividade).

(M3) $p(t) \cdot 1 = 1 \cdot p(t) = p(t)$ (existência de elemento neutro da multiplicação).

(D1) $p(t) \cdot (p_1(t) + p_2(t)) = p(t) \cdot p_1(t) + p(t) \cdot p_2(t)$ (lei da distributividade).

(D2) $\alpha \cdot (p_1(t) \cdot p_2(t)) = (\alpha \cdot p_1(t)) \cdot p_2(t) = p_1(t) \cdot (\alpha \cdot p_2(t))$.

4.1. OPERAÇÕES NOS POLINÔMIOS

DEMONSTRAÇÃO. Deixamos ao leitor a verificação destas propriedades (Exercício 4.3). □

Iremos escrever, frequentemente, o produto de dois polinômios como sendo $(pq)(t) = p(t)q(t)$, simplificando a notação $(p \cdot q)(t) = p(t) \cdot q(t)$.

Um último comentário. Observe que o sinal · está sendo usado tanto para a multiplicação por escalar como para a multiplicação de polinômios, mas isto não deverá trazer problemas. Como observamos no Capítulo 1 (Observação 1.1), o contexto em que estamos trabalhando irá indicar qual é a operação.

EXERCÍCIOS

Exercício 4.1 Sejam $p_1(t) = t^4 - t^3 - t^2 + t$; $p_2(t) = t^2 + 2$ e $p_3(t) = t^2 - 2$ em $\mathbb{R}[t]$ e $\lambda_1 = 2, \lambda_2 = 1$ e $\lambda_3 = -1$ em $\mathbb{R}$. Efetue as seguintes operações:

(a) $p_1(t) + p_2(t)$; $p_1(t) + p_2(t) + p_3(t)$ e $p_2(t) + p_3(t)$.

(b) $\lambda_1 p_1(t) + \lambda_2 p_2(t) + \lambda_3 p_3(t)$.

(c) $p_1(t) \cdot p_2(t)$ e $p_2(t) \cdot p_3(t)$.

Exercício 4.2 Sejam $p(t)$ e $q(t)$ polinômios em $\mathbb{R}[t]$ com graus m e n, respectivamente.

(a) Mostre que, se a soma $(p+q)(t)$ for não nula, então o seu grau será menor ou igual ao maior dos valores m e n.

(b) Encontre exemplos de polinômios $p(t)$ e $q(t)$ tais que a soma $(p+q)(t)$ tenha grau menor do que o maior dos valores m e n.

(c) Mostre que o grau do produto $(pq)(t)$ é mn.

Exercício 4.3 Demonstre as Proposições 4.1 e 4.2.

Exercício 4.4 Seja $p(t) \in \mathbb{R}[t]$ um polinômio não nulo de grau m. Mostre que se existir $q(t) \in \mathbb{R}[t]$ tal que $p(t)q(t) = 1$ então $m = 0$ (isto é, $p(t)$ é um polinômio constante não nulo). Conclua que só os polinômios constantes não nulos possuem inversos.

4.2 Divisibilidade

Como dissemos na introdução deste capítulo, estaremos interessados em raízes de polinômios e, para tal, muitas vezes precisamos lançar mão de um processo de divisão entre eles. É o que recordaremos a seguir. Observe que este processo de divisão de polinômios é bastante similar ao feito para números inteiros. Vamos enunciá-lo para polinômios em $\mathbb{R}[t]$, mas ele também será válido para polinômios em $\mathbb{Q}[t]$ ou em $\mathbb{C}[t]$.

Proposição 4.3 Dados polinômios $p(t)$ e $g(t)$ em $\mathbb{R}[t]$, existem polinômios $q(t)$ e $r(t)$ também em $\mathbb{R}[t]$ tais que $p(t) = g(t)q(t) + r(t)$ e onde $r(t)$ é ou o polinômio nulo ou um polinômio de grau menor do que o de $g(t)$.

Os termos $q(t)$ e $r(t)$ do enunciado acima são chamados de **quociente** e **resto** da divisão de $p(t)$ por $g(t)$, respectivamente. Por exemplo, ao dividirmos o polinômio $t^5 - 3t^3 + 2$ pelo polinômio $t^2 + 1$, teremos

$$t^5 - 3t^3 + 2 = (t^2 + 1)(t^3 - 4t) + (4t + 2).$$

O termo $t^3 - 4t$ é o quociente enquanto que $(4t + 2)$ é o resto desta divisão.

Observação 4.1 Cabe aqui uma observação. O resultado acima não vale em geral se estivermos trabalhando com polinômios em $\mathbb{Z}[t]$ (tente achar um exemplo em que a Proposição 4.3 não valha). No entanto, se $p(t), g(t) \in \mathbb{Z}[t]$ e $g(t)$ for mônico, então existem $q(t)$ e $r(t)$ satisfazendo as condições enumeradas na Proposição 4.3.

Dados dois polinômios $p(t)$ e $q(t)$, dizemos que $q(t)$ **divide** $p(t)$ se o resto da divisão de $p(t)$ por $q(t)$ for o polinômio nulo. Por exemplo, $t^2 + 5$ divide $t^5 + 5t^3 + t^2 + 5$ pois

$$t^5 + 5t^3 + t^2 + 5 = (t^2 + 5)(t^3 + 1).$$

Também dizemos, neste caso, que $p(t)$ é um múltiplo de $q(t)$.

EXERCÍCIOS

Exercício 4.5 Efetue a divisão de $p_1(t) = t^4 - t^3 + t^2 - t$ por $p_2(t) = t^2 + 2$ e por $p_3(t) = t^2 - t$.

4.3. RAÍZES DE POLINÔMIOS.

Exercício 4.6 Mostre com um exemplo que a Proposição 4.3 não vale para polinômios em $\mathbb{Z}[t]$.

4.3 Raízes de polinômios.

Seja $p(t) = a_n t^n + a_{n-1} t^{n-1} + \cdots + a_1 t + a_0$ um polinômio em $\mathbb{R}[t]$. Uma **raiz real** (ou **complexa**) de $p(t)$ é um valor $r \in \mathbb{R}$ (ou $r \in \mathbb{C}$, respectivamente) tal que, ao substituir a variável t, irá fazer com que a relação $a_n r^n + a_{n-1} r^{n-1} + \cdots + a_1 r + a_0 = 0$ seja verdadeira.

Consideremos agora $r \in \mathbb{R}$ uma raiz de um polinômio $p(t) \in \mathbb{R}[t]$. Então $(t - r)$ é um divisor de $p(t)$ (mostre isso utilizando a Proposição 4.3). Vale a afirmação recíproca, isto é, qualquer polinômio que é um múltiplo de $(t - r)$ tem r como raiz. Caso isto aconteça, a maior potência de $(t - r)$ que divide $p(t)$ será chamada de **multiplicidade algébrica da raiz** r.

Por exemplo, $(t+1)^2$ divide $t^3 - 3t - 2$ pois $t^3 - 3t - 2 = (t+1)^2(t-2)$ mas $(t+1)^3$ não divide $t^3 - 3t - 2$ (verifique!). Portanto a multiplicidade da raíz -1 será 2 (podemos dizer, também, que -1 é uma **raiz dupla**). Observe que 2 é uma raiz de multiplicidade 1, também chamada de **raiz simples**.

Encontrar as raízes de um dado polinômio nem sempre é um processo fácil e, atualmente, existem inúmeros métodos computacionais para, ao menos, se encontrar boas aproximações delas. Não é nosso escopo aqui discutir tais procedimentos mas, ao longo do texto, iremos necessitar encontrar as raízes de alguns polinômios de graus baixos para exemplificar os conceitos discutidos. Por isso, iremos resumir agora algumas dicas e técnicas que, longe de serem exaustivas, nos bastarão ao longo deste texto.

Polinômios de primeiro grau. Os polinômios com grau 1 são os de tipo $p(t) = a_1 t + a_0$, com $a_1, a_0 \in \mathbb{R}$ e $a_1 \neq 0$. Observe que

$$a_1 t + a_0 = a_1 \left(t + \frac{a_0}{a_1}\right)$$

e portanto $t + a_0/a_1$ divide $p(t)$, o que implica que $-a_0/a_1$ é uma raiz de $p(t)$. Esta será a sua única raiz.

Por exemplo, $p(t) = 3t - 2$ terá como (única) raiz o valor $2/3$ e, para $q(t) = 5t$, a única raiz será o valor 0.

Polinômios de segundo grau. Para um polinômio de grau dois, a chamada *fórmula de Bhaskara* irá nos fornecer as suas raízes. Seja $p(t) = a_2 t^2 + a_1 t + a_0 \in \mathbb{R}[t]$, com $a_2 \neq 0$. O primeiro passo é calcular o discriminante de $p(t)$, isto é, o valor $\Delta = a_1^2 - 4a_2 a_0$, e analisar o seu sinal.

- Se $\Delta < 0$, então $p(t)$ não terá raízes reais. Observamos que, neste caso, $p(t)$ terá duas raízes complexas:

$$r' = \frac{-a_1}{2a_2} + \frac{\sqrt{-\Delta}}{2a_2} i \qquad \text{e} \qquad r'' = \frac{-a_1}{2a_2} - \frac{\sqrt{-\Delta}}{2a_2} i.$$

Observe que estas raízes (complexas) são conjugadas. Lembramos que o **conjugado** de um número complexo $a + bi$ é $a - bi$.

- Se $\Delta = 0$, então $p(t)$ terá uma raiz dupla $r = \frac{-a_1}{2a_2}$. Com isso,

$$a_2 t^2 + a_1 t + a_0 = a_2 \left(t + \frac{a_1}{2a_2} \right)^2.$$

(observe que $0 = \Delta = a_1^2 - 4a_2 a_0$ e, portanto, $a_0 = a_1^2 / 4a_2$).

- Se $\Delta > 0$, $p(t)$ terá duas raízes reais distintas, a saber:

$$r' = \frac{-a_1 + \sqrt{\Delta}}{2a_2} \qquad \text{e} \qquad r'' = \frac{-a_1 - \sqrt{\Delta}}{2a_2}$$

e o polinômio se decompõe como

$$a_2 t^2 + a_1 t + a_0 = a_2 (x - r')(x - r'')$$

Por fim, observe que o produto das raízes de um polinômio real $p(t) = a_2 t^2 + a_1 t + a_0$ será $\frac{a_0}{a_2}$ e a sua soma será $\frac{-a_1}{a_2}$.

Exemplo 4.4 Considere o polinômio $p(t) = -11t^2 - 22t + 33 \in \mathbb{R}[t]$. Não é difícil perceber que $p(t) = -11(t^2 + 2t - 3)$ e, portanto, as raízes de $p(t)$ são as mesmas das de $t^2 + 2t - 3$ e que é mais fácil se utilizar a fórmula de Bhaskara para este segundo polinômio. Usando-se as regras acima, teremos:

$$\frac{-2 \pm \sqrt{2^2 - 4 \cdot 1 \cdot (-3)}}{2 \cdot 1} = \frac{-2 \pm \sqrt{16}}{2} = \frac{-2 \pm 4}{2}$$

e as raízes serão 1 e -3.

- p_3 - o valor da tonelada de mercadoria a ser paga ao país C.

De acordo com o combinado, o valor total que cada país deveria receber tem que igualar o seu gasto. Com isto, e levando-se em conta a tabela acima, chegamos ao seguinte sistema de equações:

$$\begin{cases} 5p_1 + 4p_2 + 6p_3 = 10p_1 \\ p_1 + 2p_2 + p_3 = 10p_2 \\ 4p_1 + 4p_2 + 3p_3 = 10p_3 \end{cases}$$

Em termos de matrizes, temos a seguinte relação:

$$\begin{pmatrix} 5 & 4 & 6 \\ 1 & 2 & 1 \\ 4 & 4 & 3 \end{pmatrix} \begin{pmatrix} p_1 \\ p_2 \\ p_3 \end{pmatrix} = 10 \begin{pmatrix} p_1 \\ p_2 \\ p_3 \end{pmatrix} \qquad (*)$$

Não é difícil ver que $(0,0,0)$ é uma solução de $(*)$ mas, devido à característica do problema, esta não é uma solução que nos interessa. Ainda não calculamos o conjunto solução de $(*)$, mas suponha que $(a,b,c) \in \mathbb{R}^3$ seja uma solução não nula deste sistema. Observe então que a matriz inicial multiplicada por (a,b,c) deve ser igual a 10 vezes (a,b,c), isto é, igual a $(10a, 10b, 10c)$. Esta é uma restrição interessante no conjunto solução que iremos explorar mais adiante. Para resolvermos o sistema acima, observe que

$$10 \begin{pmatrix} p_1 \\ p_2 \\ p_3 \end{pmatrix} = 10 \begin{pmatrix} 1 & 0 & 0 \\ 0 & 1 & 0 \\ 0 & 0 & 1 \end{pmatrix} \begin{pmatrix} p_1 \\ p_2 \\ p_3 \end{pmatrix} = \begin{pmatrix} 10 & 0 & 0 \\ 0 & 10 & 0 \\ 0 & 0 & 10 \end{pmatrix} \begin{pmatrix} p_1 \\ p_2 \\ p_3 \end{pmatrix}$$

Logo, $(*)$ pode ser escrita como

$$\begin{pmatrix} 5 & 4 & 6 \\ 1 & 2 & 1 \\ 4 & 4 & 3 \end{pmatrix} \begin{pmatrix} p_1 \\ p_2 \\ p_3 \end{pmatrix} = \begin{pmatrix} 10 & 0 & 0 \\ 0 & 10 & 0 \\ 0 & 0 & 10 \end{pmatrix} \begin{pmatrix} p_1 \\ p_2 \\ p_3 \end{pmatrix}$$

o que é equivalente a

$$\left(\begin{pmatrix} 10 & 0 & 0 \\ 0 & 10 & 0 \\ 0 & 0 & 10 \end{pmatrix} - \begin{pmatrix} 5 & 4 & 6 \\ 1 & 2 & 1 \\ 4 & 4 & 3 \end{pmatrix} \right) \begin{pmatrix} p_1 \\ p_2 \\ p_3 \end{pmatrix} = \begin{pmatrix} 0 \\ 0 \\ 0 \end{pmatrix} \qquad \text{ou ainda a}$$

Observação 4.2 Na Idade Média, foram desenvolvidos processos para se calcular as raízes de polinômios de terceiro e quarto graus a partir de seus coeficientes e usando radiciação. Desde o trabalho feito pelo matemático Galois (século XIX), sabe-se que não existem tais processos (ou fórmulas) gerais para polinômios de graus maiores ou iguais a cinco. Um outro resultado interessante que vale a pena relembrar é o chamado *Teorema Fundamental da Álgebra* que garante que qualquer polinômio em $\mathbb{C}[t]$ de grau maior ou igual a um possui uma raiz complexa e, portanto, todo polinômio deste tipo se escreve como um produto de polinômios de grau um em $\mathbb{C}[t]$. Deve estar claro ao leitor que tal resultado não é válido se nos restringirmos a $\mathbb{R}[t]$ pois, por exemplo, $t^2 + 1$ não terá raízes reais e portanto não podemos escrevê-lo como produto de dois polinômios de graus menores (mas $t^2 + 1 = (t-i)(t+i)$ em $\mathbb{C}[t]$).

Candidatos a raízes. Vamos ver agora uma maneira de se buscar possíveis raízes em um polinômio com coeficientes inteiros. Para tanto, considere $p(t) = t^n + \cdots + a_1 t + a_0$ ($n \geq 1$) um polinômio mônico em $\mathbb{Z}[t]$ (isto é, com os coeficientes $a_0, \cdots, a_{n-1}$ em $\mathbb{Z}$). Observe inicialmente que $p(t)$ terá o valor 0 como raiz se e somente se ele tiver o polinômio t como divisor e isso acontecerá se e somente se $a_0 = 0$. Com isso, caso $a_0 = 0$, já encontramos uma raiz de $p(t)$, no caso, o valor 0.

Por outro lado, se o grau de $p(t)$ for 1, já vimos acima como achar a sua raiz.

Vamos então supor que $n \geq 2$ e que $a_0 \neq 0$. Suponha que $p(t)$ tenha uma raiz $r \in \mathbb{Z}$. Pelo que vimos acima, segue que $t - r$ divide $p(t)$, isto é, existe $q(t) = t^{n-1} + \cdots + b_0 \in \mathbb{Z}[t]$ tal que $p(t) = (t-r)(t^{n-1} + \cdots + b_0)$. Com isso, ao compararmos o termo independente nos dois lados dessa igualdade, teremos $a_0 = rb_0$ e, portanto, r divide a_0. Este fato pode nos ajudar na procura de raízes, pois indica quais serão os possíveis candidatos a tais.

Por exemplo, considere o polinômio $p(t) = t^3 + 2t^2 - 5t - 10$. Os divisores de 10 serão $-1, 1, -2, 2, -5, 5, -10$ e 10. Pelo comentado acima, se $p(t)$ tiver alguma raiz inteira, então terá que ser um desses valores. Substituindo-se esses valores no polinômio, descobrimos que -2 é uma raiz (verifique que $p(-2) = 0$). Com isso, $t + 2$ é um divisor de $p(t)$ e ao fazermos a correspondente divisão chegamos a

$$t^3 + 2t^2 - 5t - 10 = (t+2)(t^2 - 5).$$

Concluímos que as raízes de $p(t)$ serão, então, $-2, -\sqrt{5}, \sqrt{5}$ (estas últimas são as raízes de $t^2 - 5$).

Um alerta. Não dissemos que sempre há raízes inteiras e que elas estão entre os divisores do coeficiente a_0. Dissemos que *se* um polinômio mônico de $\mathbb{Z}[t]$ tiver alguma raiz inteira, então ela estará entre os divisores do termo a_0.

Terminamos esta seção com um exemplo de um polinômio de grau quatro do tipo $p(t) = a_4 t^4 + a_2 t^2 + a_0$ cujas raízes podem ser facilmente encontradas usando uma natural troca de variável.

Exemplo 4.5 Considere o polinômio $p(t) = t^4 + t^2 - 12$. Apesar de ser um polinômio de quarto grau, observamos que só aparecem os termos em t^4, t^2 e o independente. Para polinômios com esta característica, podemos fazer uma substituição de t^2 por x, por exemplo. Com isso, chegamos ao polinômio $x^2 + x - 12$ (este na indeterminada x). Usando-se a fórmula de Bhaskara, chegaremos às raízes de $x^2 + x - 12$, que são -4 e 3. Como estamos interessados nas raízes de $t^4 - t^2 - 12$ e como $t^2 = x$, concluímos que as raízes reais de $p(t)$ são $-\sqrt{3}$ e $\sqrt{3}$. Observe que -4 não tem raízes quadradas reais. Se estivéssemos interessados também em raízes complexas, então elas seriam $-\sqrt{3}, \sqrt{3}, -2i$ e $2i$.

EXERCÍCIOS

Exercício 4.7 Seja $p(t) = t^n + \cdots + a_1 t + a_0$ ($n \geq 1$) em $\mathbb{Z}[t]$. Se $\frac{a}{b} \in \mathbb{Q}$ (com m.d.c$(a, b) = 1$) for uma raiz de $p(t)$, então $b = 1$.

Exercício 4.8 Achar as raízes reais, quando existirem, dos polinômios:
(i) $p(t) = t^2 + t + 1$; (ii) $p(t) = t^2 - 2\sqrt{2}t + 2$; (iii) $p(t) = t^3 - 10t^2 - t + 10$;
(iv) $p(t) = t^2 - t - 6$; (v) $p(t) = t^3 - 6t^2 + 12t - 8$; (vi) $p(t) = t^4 - 7t^2 + 12$.

Exercício 4.9 Mostrar que se α for uma raiz de um polinômio $p(t)$, então $p(t) = (t - \alpha)q(t)$ para algum polinômio $q(t)$ (utilize a Proposição 4.3).

Exercício 4.10 Seja $p(t) \in \mathbb{C}[t]$ de grau $n \geq 1$. Usando-se o fato de que todo polinômio de grau positivo em $\mathbb{C}[t]$ possui uma raiz em $\mathbb{C}$ (Teorema Fundamental da Álgebra), mostre que $p(t)$ pode ser escrito como um produto de n polinômios de $\mathbb{C}[t]$ de grau um.

Capítulo 5

Autovalores de matrizes

5.1 Motivação

Vamos agora discutir dois exemplos que envolvem a resolução de um certo tipo específico de sistemas lineares. Eles irão motivar os conceitos de autovalores e autovetores de matrizes que serão os nossos objetos de estudo no presente capítulo.

Exemplo 5.1 (Método de Leontief). Três países (que chamaremos de A,B e C) combinaram um sistema de importação de mercadorias entre si de forma que, ao final, nenhum país ficasse devendo nada ao outro. A tabela abaixo relaciona o peso (em toneladas) que cada país importa dos outros dois ou utiliza para consumo próprio por dia. Conforme acertado entre eles, o valor diário deve totalizar 10 toneladas.

	País A	País B	País C
Importado pelo País A (em toneladas)	5	4	6
Importado pelo País B (em toneladas)	1	2	1
Importado pelo País C (em toneladas)	4	4	3

Para efeito contábil, os países precisam estabelecer um valor para cada tonelada (importada ou usada internamente) em cada lugar. Considere então

- p_1 - o valor da tonelada de mercadoria a ser paga ao país A.

- p_2 - o valor da tonelada de mercadoria a ser paga ao país B.

5.1. MOTIVAÇÃO

$$\begin{pmatrix} 5 & -4 & -6 \\ -1 & 8 & -1 \\ -4 & -4 & 7 \end{pmatrix} \begin{pmatrix} p_1 \\ p_2 \\ p_3 \end{pmatrix} = \begin{pmatrix} 0 \\ 0 \\ 0 \end{pmatrix}$$

(até o momento, o que fizemos foi transformar o sistema inicial em um homogêneo). Escalonando a matriz dos coeficientes, chegamos ao seguinte sistema que é equivalente ao inicial:

$$\begin{pmatrix} 5 & -4 & -6 \\ 0 & 36 & -11 \\ 0 & 0 & 0 \end{pmatrix} \begin{pmatrix} p_1 \\ p_2 \\ p_3 \end{pmatrix} = \begin{pmatrix} 0 \\ 0 \\ 0 \end{pmatrix}$$

As soluções deste último sistema podem ser descritas, por exemplo, pelas relações $p_1 = \frac{52}{11} p_2$ e $p_3 = \frac{36}{11} p_2$, uma para cada valor escolhido para p_2 em $\mathbb{R}$. Se, por exemplo, 11 for um valor para p_2, teremos $p_1 = 52$ e $p_3 = 36$. De outra forma, utilizando 11α ao invés de p_2, o seu conjunto solução será $\{(52\alpha, 11\alpha, 36\alpha) \colon \alpha \in \mathbb{R}\}$.

Antes de prosseguirmos a nossa discussão, vamos abstrair um pouco do problema que originou o sistema (∗). Poderíamos perguntar o que aconteceria se substituíssemos o valor 10 que lá aparece por outro valor. Suponha que substituímos 10 por 2, isto é, gostaríamos de achar as soluções do sistema

$$\begin{pmatrix} 5 & 4 & 6 \\ 1 & 2 & 1 \\ 4 & 4 & 3 \end{pmatrix} \begin{pmatrix} p_1 \\ p_2 \\ p_3 \end{pmatrix} = 2 \begin{pmatrix} p_1 \\ p_2 \\ p_3 \end{pmatrix} \quad (**)$$

Resolvendo (∗∗), podemos concluir que $(0,0,0)$ é a sua única solução (verifique!). Por outro lado, ao substituir o valor 10 em (∗) por 1, chegamos a

$$\begin{pmatrix} 5 & 4 & 6 \\ 1 & 2 & 1 \\ 4 & 4 & 3 \end{pmatrix} \begin{pmatrix} p_1 \\ p_2 \\ p_3 \end{pmatrix} = 1 \begin{pmatrix} p_1 \\ p_2 \\ p_3 \end{pmatrix} \quad (***)$$

que tem, por exemplo, $(1, -1, 0)$ como solução (deixamos ao leitor descrever todo o conjunto solução de (∗ ∗ ∗)).

Logo, o sistema

$$\begin{pmatrix} 5 & 4 & 6 \\ 1 & 2 & 1 \\ 4 & 4 & 3 \end{pmatrix} \begin{pmatrix} p_1 \\ p_2 \\ p_3 \end{pmatrix} = \lambda \begin{pmatrix} p_1 \\ p_2 \\ p_3 \end{pmatrix} \quad \text{com } \lambda \in \mathbb{R} \quad (****)$$

tem uma solução não nula para, por exemplo, $\lambda = 10$ ou $\lambda = 1$, e não a tem para $\lambda = 2$. Iremos desenvolver nas próximas seções um método para se achar todos os valores λ para os quais um sistema como $(****)$ tem soluções não nulas a partir da matriz dada.

Exemplo 5.2 (Page Rank). O nosso segundo exemplo relaciona-se com a técnica de *Page Rank* que é utilizada pelo Google para rankear as páginas que são mostradas quando indicamos alguma palavra-chave. Vamos aqui apenas discutir a base deste processo e não nos aprofundaremos em todas as tecnicalidades que o envolvem, mesmo por que tal sistema de busca vive em constantes modificações mercadológicas. Nosso exemplo é baseado no artigo [1] (veja referências ao final do livro) onde o leitor pode conseguir mais informações a respeito.

A base do processo utilizado pelo Google para dizer qual página deve ser colocada antes em seu sistema de busca é o conceito de *back link*, isto é, a página que indica, por meio de um *link*, uma outra página escolhida a priori. Quanto maior o número de *back links* (e quanto mais *qualificados* esses *back links* são) de uma página, melhor rankeada ela estará.

Vamos ilustrar este processo a partir de um possível caso. Suponha que tenhamos 5 páginas, que chamaremos de $\mathbf{P}_1$ a $\mathbf{P}_5$ e que estão ligadas entre si da forma abaixo. Uma flecha $\mathbf{P}_i \longrightarrow \mathbf{P}_j$ significa que, a partir da página $\mathbf{P}_i$ há um *link* para a página $\mathbf{P}_j$ e, nesse caso, $\mathbf{P}_i$ é um **back link** da página $\mathbf{P}_j$.

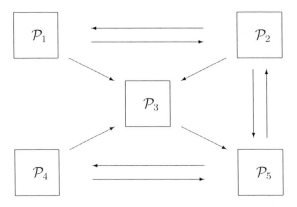

No exemplo em questão, o número de *back links*, por exemplo, da página $\mathbf{P}_1$ é 1 (pois apenas a página $\mathbf{P}_2$ tem um *link* direto para a página $\mathbf{P}_1$). Indicando por x_i o número de *back links* da página $\mathbf{P}_i$, teremos: $x_1 = 1$, $x_2 = 2$,

5.1. MOTIVAÇÃO

$x_3 = 3$, $x_4 = 1$ e $x_5 = 3$. Se usássemos tais números diretamente para o rankeamento, as páginas seriam colocadas na ordem (decrescente): $\mathbf{P}_5$, $\mathbf{P}_3$, $\mathbf{P}_2$, $\mathbf{P}_1$, $\mathbf{P}_4$ (observe que as páginas $\mathbf{P}_5$ e $\mathbf{P}_3$ ou as páginas $\mathbf{P}_1$ e $\mathbf{P}_4$ poderiam ter suas ordens invertidas entre si, pois contém o mesmo número de *back links*).

Observemos, no entanto, que uma ligação como $\mathbf{P}_5 \longrightarrow \mathbf{P}_2$ deveria ser considerada mais importante que $\mathbf{P}_1 \longrightarrow \mathbf{P}_2$ pois a página $\mathbf{P}_5$ tem mais *back links* do que a página $\mathbf{P}_1$ e isso, de certa forma, se *transfere* a $\mathbf{P}_2$. Com isso em mente, poderíamos refinar um pouco a nossa análise e considerar o peso que cada *back link* tem no rankeamento total. Uma possibilidade seria a dada pelo seguinte sistema:

$$\begin{cases} x_1 = & \frac{x_2}{3} \\ x_2 = \frac{x_1}{2} & + \frac{x_5}{2} \\ x_3 = \frac{x_1}{2} + \frac{x_2}{3} & + \frac{x_4}{2} \\ x_4 = & \frac{x_5}{2} \\ x_5 = & \frac{x_2}{3} + x_3 + \frac{x_4}{2} \end{cases}$$

onde estão contabilizados, para cada página, os pesos (distribuídos) de seus *back links* (por exemplo, como há *links* da página $\mathbf{P}_1$ para duas páginas, a saber, $\mathbf{P}_2$ e $\mathbf{P}_3$, o peso é dividido por dois). Como sempre, o sistema acima pode ser escrito na forma matricial:

$$\begin{pmatrix} 0 & \frac{1}{3} & 0 & 0 & 0 \\ \frac{1}{2} & 0 & 0 & 0 & \frac{1}{2} \\ \frac{1}{2} & \frac{1}{3} & 0 & \frac{1}{2} & 0 \\ 0 & 0 & 0 & 0 & \frac{1}{2} \\ 0 & \frac{1}{3} & 1 & \frac{1}{2} & 0 \end{pmatrix} \begin{pmatrix} x_1 \\ x_2 \\ x_3 \\ x_4 \\ x_5 \end{pmatrix} = 1 \begin{pmatrix} x_1 \\ x_2 \\ x_3 \\ x_4 \\ x_5 \end{pmatrix}$$

(observe que a soma dos elementos de cada coluna é sempre 1 por conta da escolha feita acima). O leitor já deve ter percebido a similaridade entre este sistema e o discutido no primeiro exemplo.

Resolvendo-o, chegamos que o seu conjunto solução é formado pelos múltiplos do vetor $(4, 12, 11, 10, 20)$, que normatizado nos daria

$$x_1 = \frac{4}{57} \cong 0,070, \quad x_2 = \frac{12}{57} \cong 0,211, \quad x_3 = \frac{11}{57} \cong 0,193,$$

$$x_4 = \frac{10}{57} \cong 0,175, \quad x_5 = \frac{20}{57} \cong 0,351$$

Logo, as páginas aqui estariam rankeadas na ordem $\mathbf{P}_5, \mathbf{P}_2, \mathbf{P}_3, \mathbf{P}_4, \mathbf{P}_1$ (compare com o rankeamento considerado inicialmente).

O processo acima descrito pode, claramente, ser sofisticado de várias maneiras e, como já dissemos, não discutimos aqui muitos aspectos técnicos nele envolvidos. Apenas observamos que os sistemas estudados nos dois exemplos dados têm uma similaridade em seu aspecto e é isto que iremos explorar ao longo do capítulo.

EXERCÍCIOS

Exercício 5.1 Considere o seguinte sistema

$$\begin{pmatrix} 5 & 4 & 6 \\ 1 & 2 & 1 \\ 4 & 4 & 3 \end{pmatrix} \begin{pmatrix} p_1 \\ p_2 \\ p_3 \end{pmatrix} = \lambda \begin{pmatrix} p_1 \\ p_2 \\ p_3 \end{pmatrix} \qquad (\text{com } \lambda \in \mathbb{R}) \qquad (*)$$

Para cada valor $-1, 0, 1$ ou 2 para λ, verifique se $(*)$ tem alguma solução não nula e, caso a tenha, descreva o seu conjunto solução.

Exercício 5.2 Ranqueie, de forma análoga à feita no Exemplo 4.2, as páginas que estão ligadas como segue.

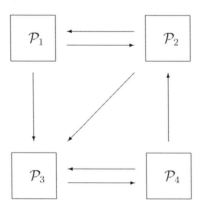

5.2 Autovalores, autovetores e polinômios característicos

Como vimos acima, alguns problemas podem ser esquematizados em termos de sistemas lineares do seguinte tipo:

$$\begin{pmatrix} a_{11} & a_{12} & \cdots & a_{1n} \\ a_{21} & a_{22} & \cdots & a_{2n} \\ \vdots & \vdots & & \vdots \\ a_{n1} & a_{n2} & \cdots & a_{nn} \end{pmatrix} \cdot \begin{pmatrix} x_1 \\ x_2 \\ \vdots \\ x_n \end{pmatrix} = \lambda \cdot \begin{pmatrix} x_1 \\ x_2 \\ \vdots \\ x_n \end{pmatrix} \quad (n \geq 1) \quad (*)$$

onde a_{ij}, para $i,j = 1, \cdots, n$, e λ estão em $\mathbb{R}$ e $x_1, \cdots, x_n$ são as incógnitas do sistema. Observe que o produto da matriz $A = (a_{ij})$ pelo vetor $\underline{x} = (x_1, \cdots, x_n)^t$ é um múltiplo de $\underline{x} = (x_1, \cdots, x_n)^t$, no caso, $\lambda \cdot (x_1, \cdots, x_n)^t$. Nos exemplos da Seção 5.1, o valor λ (que foi $\lambda = 10$ para o Exemplo 5.1 e $\lambda = 1$ para o Exemplo 5.2) estava dado a priori mas, em alguns casos, também precisaremos encontrá-lo. O problema pode ser então equacionado da seguinte maneira: para quais valores de $\lambda \in \mathbb{R}$, a relação acima $(*)$ tem uma solução não nula? É claro que $(0, \cdots, 0) \in \mathbb{R}^n$ é sempre uma solução de $(*)$.

Nosso objetivo no presente capítulo será, então, dada uma relação do tipo $(*)$ como acima,

(1) achar os valores $\lambda \in \mathbb{R}$ tais que o sistema linear $(*)$ tem alguma solução não nula.

(2) para cada valor λ encontrado com a propriedade do item (1) acima, determinar todas as soluções do sistema correspondente.

Observe que, uma vez respondido o item (1), o item (2) se reduz à resolução de um sistema linear.

Antes de prosseguirmos, vamos estabelecer algumas terminologias e notações.

Definição 5.1 Considere a matriz $A = (a_{ij}) \in \mathbb{M}_n(\mathbb{R})$. Dizemos que um valor $\lambda \in \mathbb{R}$ é um **autovalor de** A se o sistema

$$\begin{pmatrix} a_{11} & \cdots & a_{1n} \\ \vdots & \vdots & \vdots \\ a_{n1} & \cdots & a_{nn} \end{pmatrix} \cdot \begin{pmatrix} x_1 \\ \vdots \\ x_n \end{pmatrix} = \lambda \cdot \begin{pmatrix} x_1 \\ \vdots \\ x_n \end{pmatrix} \quad (*)$$

tiver uma solução não nula. Para um tal autovalor λ, cada solução de $(*)$ será chamada de **autovetor de A associado a λ** (ou simplesmente, um **autovetor de A**).

Notação. Se λ for um autovalor de uma matriz A, indicamos por $V(\lambda)$ ao conjunto de todos os autovetores de A associados a λ (isto é, o conjunto solução do sistema $(*)$).

Exemplo 5.3 Considere a matriz

$$A = \begin{pmatrix} -1 & 2 & 0 \\ 2 & -4 & 0 \\ 2 & 1 & -5 \end{pmatrix}$$

Os valores $\lambda_1 = 0$ e $\lambda_2 = -5$ são autovalores de A. De fato, $\lambda_1 = 0$ é autovalor de A pois o vetor não nulo $(2, 1, 1)$ é solução de

$$\begin{pmatrix} -1 & 2 & 0 \\ 2 & -4 & 0 \\ 2 & 1 & -5 \end{pmatrix} \begin{pmatrix} x_1 \\ x_2 \\ x_3 \end{pmatrix} = 0 \begin{pmatrix} x_1 \\ x_2 \\ x_3 \end{pmatrix} = \begin{pmatrix} 0 \\ 0 \\ 0 \end{pmatrix}$$

Por outro lado, o sistema

$$\begin{pmatrix} -1 & 2 & 0 \\ 2 & -4 & 0 \\ 2 & 1 & -5 \end{pmatrix} \begin{pmatrix} x_1 \\ x_2 \\ x_3 \end{pmatrix} = (-5) \begin{pmatrix} x_1 \\ x_2 \\ x_3 \end{pmatrix}$$

tem, por exemplo, soluções (não nulas) $(1, -2, 1)$ e $(1, -2, 0)$ (verifique). Observemos no entanto que, por exemplo, $\lambda = 1$ não é autovalor de A. Se fosse, então o sistema

$$\begin{pmatrix} -1 & 2 & 0 \\ 2 & -4 & 0 \\ 2 & 1 & -5 \end{pmatrix} \begin{pmatrix} x_1 \\ x_2 \\ x_3 \end{pmatrix} = 1 \begin{pmatrix} x_1 \\ x_2 \\ x_3 \end{pmatrix} \quad (*)$$

deveria ter uma solução não nula. No entanto, $(*)$ é o sistema

$$\begin{cases} -x_1 + 2x_2 & = x_1 \\ 2x_1 - 4x_2 & = x_2 \\ 2x_1 + x_2 - 5x_3 & = x_3 \end{cases} \quad \text{ou} \quad \begin{cases} -2x_1 + 2x_2 & = 0 \\ 2x_1 - 5x_2 & = 0 \\ 2x_1 + x_2 - 6x_3 & = 0 \end{cases}$$

que só tem como solução o valor $(0, 0, 0)$ (verifique!).

5.2. AUTOVALORES E AUTOVETORES

Vamos agora analisar um método para o cálculo de autovalores, inicialmente em um exemplo específico.

Exemplo 5.4 Considere a matriz $A = \begin{pmatrix} -1 & 2 \\ 2 & -4 \end{pmatrix}$. Queremos encontrar um valor $\lambda \in \mathbb{R}$ (se isto for possível) tal que o sistema

$$\begin{pmatrix} -1 & 2 \\ 2 & -4 \end{pmatrix} \begin{pmatrix} x_1 \\ x_2 \end{pmatrix} = \lambda \begin{pmatrix} x_1 \\ x_2 \end{pmatrix} \qquad (*)$$

tenha soluções não nulas. Observe que podemos escrever

$$\begin{pmatrix} x_1 \\ x_2 \end{pmatrix} = \begin{pmatrix} 1 & 0 \\ 0 & 1 \end{pmatrix} \begin{pmatrix} x_1 \\ x_2 \end{pmatrix}.$$

Daí, a relação $(*)$ pode ser escrita como

$$\begin{pmatrix} -1 & 2 \\ 2 & -4 \end{pmatrix} \begin{pmatrix} x_1 \\ x_2 \end{pmatrix} = \lambda \begin{pmatrix} 1 & 0 \\ 0 & 1 \end{pmatrix} \begin{pmatrix} x_1 \\ x_2 \end{pmatrix} = \begin{pmatrix} \lambda & 0 \\ 0 & \lambda \end{pmatrix} \begin{pmatrix} x_1 \\ x_2 \end{pmatrix}$$

Com isso,

$$\begin{pmatrix} \lambda & 0 \\ 0 & \lambda \end{pmatrix} \begin{pmatrix} x_1 \\ x_2 \end{pmatrix} - \begin{pmatrix} -1 & 2 \\ 2 & -4 \end{pmatrix} \begin{pmatrix} x_1 \\ x_2 \end{pmatrix} = \begin{pmatrix} 0 \\ 0 \end{pmatrix} \quad \text{ou}$$

$$\left(\begin{pmatrix} \lambda & 0 \\ 0 & \lambda \end{pmatrix} - \begin{pmatrix} -1 & 2 \\ 2 & -4 \end{pmatrix} \right) \begin{pmatrix} x_1 \\ x_2 \end{pmatrix} = \begin{pmatrix} 0 \\ 0 \end{pmatrix} \quad \text{ou ainda}$$

$$\begin{pmatrix} \lambda+1 & -2 \\ -2 & \lambda+4 \end{pmatrix} \begin{pmatrix} x_1 \\ x_2 \end{pmatrix} = \begin{pmatrix} 0 \\ 0 \end{pmatrix} \qquad (**)$$

Nosso problema então se reduz a encontrar um valor $\lambda \in \mathbb{R}$ tal que o sistema (homogêneo) $(**)$ tenha uma solução não nula. Vimos no Corolário 3.1 que um tal sistema homogêneo tem solução não nula se e somente se o determinante de sua matriz de coeficientes for zero. Com isto, existirá λ como queremos se e somente se

$$0 = \det \begin{pmatrix} \lambda+1 & -2 \\ -2 & \lambda+4 \end{pmatrix} = (\lambda+1)(\lambda+4) - 2 \cdot 2 = \lambda(\lambda+5)$$

isto é, quando $\lambda(\lambda+5) = 0$. No entanto, isto só ocorre quando $\lambda = 0$ ou $\lambda = -5$. Estes valores serão, portanto, os autovalores de A. Para cada um deles, vamos agora achar os autovetores correspondentes. O que devemos fazer é substituir os valores $\lambda = 0$ e $\lambda = -5$ em $(**)$ e resolver os sistemas correspondentes.

- Para $\lambda = 0$, o sistema $(**)$ será então:

$$\begin{pmatrix} 1 & -2 \\ -2 & 4 \end{pmatrix} \begin{pmatrix} x_1 \\ x_2 \end{pmatrix} = \begin{pmatrix} 0 \\ 0 \end{pmatrix} \quad \text{ou} \quad \begin{cases} x_1 - 2x_2 = 0 & (L_1) \\ -2x_1 + 4x_2 = 0 & (L_2) \end{cases}$$

Como $(L_2) = -2(L_1)$, o conjunto solução do sistema é o de qualquer uma das equações. Não é difícil ver que ele será $V(0) = \{(2a, a) \colon a \in \mathbb{R}\}$.

- Para $\lambda = -5$, o sistema $(**)$ será:

$$\begin{pmatrix} -4 & -2 \\ -2 & -1 \end{pmatrix} \begin{pmatrix} x_1 \\ x_2 \end{pmatrix} = \begin{pmatrix} 0 \\ 0 \end{pmatrix} \quad \text{ou} \quad \begin{cases} -4x_1 - 2x_2 = 0 \\ -2x_1 - x_2 = 0 \end{cases}$$

que tem conjunto solução igual a $V(-5) = \{(a, -2a) \colon a \in \mathbb{R}\}$.

Observação 5.1 Considere uma matriz $A \in \mathbb{M}_n(\mathbb{R})$ que possua um autovalor λ. Observe que, como $V(\lambda)$ é o conjunto solução de um sistema linear homogêneo, então decorre da Proposição 2.1 que $V(\lambda)$ é fechado para soma de vetores e multiplicação por escalares, além de conter o elemento nulo de $\mathbb{R}^n$.

Polinômio Característico. Vamos formalizar um pouco melhor o método acima repetindo os seus passos em uma matriz genérica $A = (a_{ij}) \in \mathbb{M}_n(\mathbb{R})$. Como definido acima, um autovalor real de A é um valor $\lambda \in \mathbb{R}$ tal que o sistema

$$\begin{pmatrix} a_{11} & \cdots & a_{1n} \\ \vdots & \vdots & \vdots \\ a_{n1} & \cdots & a_{nn} \end{pmatrix} \begin{pmatrix} x_1 \\ \vdots \\ x_n \end{pmatrix} = \lambda \begin{pmatrix} x_1 \\ \vdots \\ x_n \end{pmatrix} \qquad (*)$$

tenha uma solução não nula. Vamos tomar como base o que foi feito no Exemplo 5.4 acima para desenvolver um método geral. Inicialmente, observe que

$$\lambda \begin{pmatrix} x_1 \\ x_2 \\ \vdots \\ x_n \end{pmatrix} = \lambda \begin{pmatrix} 1 & 0 & \cdots & 0 \\ 0 & 1 & \cdots & 0 \\ \vdots & \vdots & & \vdots \\ 0 & 0 & \cdots & 1 \end{pmatrix} \begin{pmatrix} x_1 \\ x_2 \\ \vdots \\ x_n \end{pmatrix} = \begin{pmatrix} \lambda & 0 & \cdots & 0 \\ 0 & \lambda & \cdots & 0 \\ \vdots & \vdots & & \vdots \\ 0 & 0 & \cdots & \lambda \end{pmatrix} \begin{pmatrix} x_1 \\ x_2 \\ \vdots \\ x_n \end{pmatrix}$$

Com isso, teremos que $(*)$ é equivalente a

$$\begin{pmatrix} \lambda & 0 & \cdots & 0 \\ 0 & \lambda & \cdots & 0 \\ \vdots & \vdots & & \vdots \\ 0 & 0 & \cdots & \lambda \end{pmatrix} \begin{pmatrix} x_1 \\ x_2 \\ \vdots \\ x_n \end{pmatrix} - \begin{pmatrix} a_{11} & a_{12} & \cdots & a_{1n} \\ a_{21} & a_{22} & \cdots & a_{2n} \\ \vdots & \vdots & & \vdots \\ a_{n1} & a_{n2} & \cdots & a_{nn} \end{pmatrix} \begin{pmatrix} x_1 \\ x_2 \\ \vdots \\ x_n \end{pmatrix} = \begin{pmatrix} 0 \\ 0 \\ \vdots \\ 0 \end{pmatrix}$$

5.2. AUTOVALORES E AUTOVETORES

$$\text{ou} \begin{pmatrix} \lambda - a_{11} & -a_{12} & \cdots & -a_{1n} \\ -a_{21} & \lambda - a_{22} & \cdots & -a_{2n} \\ \vdots & \vdots & & \vdots \\ -a_{n1} & -a_{n2} & \cdots & \lambda - a_{nn} \end{pmatrix} \cdot \begin{pmatrix} x_1 \\ x_2 \\ \vdots \\ x_n \end{pmatrix} = \begin{pmatrix} 0 \\ 0 \\ \vdots \\ 0 \end{pmatrix} \quad (**)$$

A matriz de coeficientes do sistema $(**)$ pode então ser escrita como $(\lambda Id_n - A)$ que obviamente pertence a $\mathbb{M}_n(\mathbb{R})$. Além disso, como já mencionado (ver Corolário 3.1), o sistema $(**)$ terá uma solução não nula se e somente se $\det(\lambda Id_n - A) = 0$. Em resumo, a informação sobre os possíveis autovalores de A está essencialmente na relação dada por $\det(\lambda Id_n - A) = 0$. Para facilitarmos nossa vida, vamos nomeá-la.

Observação 5.2 Dada uma matriz $A \in \mathbb{M}_n(\mathbb{R})$, o determinante $\det(tId_n - A)$ é um polinômio de grau n na variável t e coeficientes em $\mathbb{R}$. Deixamos ao leitor a verificação deste fato (veja Exercício 5.6).

Definição 5.2 O **polinômio característico** de uma matriz $A \in \mathbb{M}_n(\mathbb{R})$ é o polinômio $p_A(t) = \det(tId_n - A)$.

Retornando à nossa discussão, observe que o problema de encontrar os autovalores de uma matriz A transforma-se então em achar as possíveis raízes do polinômio $p_A(t)$. Como sabemos que um polinômio de grau n pode ter no máximo n raízes distintas, concluímos que uma matriz $A \in \mathbb{M}_n(\mathbb{R})$ possui no máximo n autovalores distintos. Uma vez encontradas as raízes de $p_A(t)$, o cálculo dos autovetores associados a elas se reduz à solução de sistemas lineares. Na próxima seção iremos exemplificar melhor o método descrito acima.

Um último comentário. Observe que se λ for um autovalor de uma matriz $A \in \mathbb{M}_n(\mathbb{R})$, então o conjunto $V(\lambda) \subset \mathbb{R}^n$ será infinito, isto é, existem infinitos autovetores associados a λ (veja Exercício 5.8).

EXERCÍCIOS

Exercício 5.3 Calcule pela definição, se existirem, os autovalores e os autovetores correspondentes das seguintes matrizes

(a) $\begin{pmatrix} 1 & 2 \\ 0 & -1 \end{pmatrix}$ (b) $\begin{pmatrix} -1 & -1 \\ 1 & -1 \end{pmatrix}$ (c) $\begin{pmatrix} -3 & 2 & 0 \\ 2 & 1 & 0 \\ 0 & 0 & 1 \end{pmatrix}$

Exercício 5.4 Encontre os polinômios característicos das matrizes

$$A = \begin{pmatrix} -3 & 4 \\ -4 & 7 \end{pmatrix} \quad B = \begin{pmatrix} 1 & 2 & 0 \\ 0 & -1 & 1 \\ -3 & -1 & -5 \end{pmatrix} \quad C = \begin{pmatrix} 0 & 2 & -2 \\ -1 & -3 & 5 \\ 0 & -2 & 4 \end{pmatrix}$$

Exercício 5.5 Considere a matriz

$$A = \begin{pmatrix} -1 & 1 & 0 & 0 \\ 3 & 2 & 0 & 0 \\ 0 & 0 & 2 & 4 \\ 0 & 0 & 1 & 2 \end{pmatrix}.$$

Mostre que $p_A(t) = p_B(t) \cdot p_C(t)$, onde

$$B = \begin{pmatrix} -1 & 1 \\ 3 & 2 \end{pmatrix} \quad \text{e} \quad C = \begin{pmatrix} 2 & 4 \\ 1 & 2 \end{pmatrix}.$$

Exercício 5.6 Seja $A \in \mathbb{M}_n(\mathbb{R})$ ($n \geq 1$). Mostre que o determinante $\det(tId_n - A)$ é um polinômio de grau n na variável t e coeficientes em $\mathbb{R}$. DICA: fazer por indução em $n \geq 1$ usando a definição de determinante.

Exercício 5.7 Mostre que 0 é um autovalor de uma matriz $A \in \mathbb{M}_n(\mathbb{R})$ ($n \geq 1$) se e somente se $\det A = 0$.

Exercício 5.8 Seja λ um autovalor de uma matriz $A \in \mathbb{M}_n(\mathbb{R})$. Mostre que, se $v_1, v_2, \cdots, v_n$ forem autovetores associados a λ e $\alpha_1, \cdots, \alpha_n \in \mathbb{R}$, então $\alpha_1 v_1 + \cdots + \alpha_n v_n$ será também um autovetor associado a λ. Conclua que $V(\lambda)$ é um conjunto infinito.

Exercício 5.9 Seja $A = (a_{ij}) \in \mathbb{M}_n(\mathbb{R})$ uma matriz tal que a soma dos elementos de cada coluna seja igual a um certo valor $\lambda \in \mathbb{R}$. Mostre que λ é um autovalor de A (lembre que $\det M = \det M^t$ para uma dada matriz quadrada M).

5.3 Calculando autovalores e autovetores reais

Vamos agora exemplificar o método discutido na seção anterior para o cálculo dos possíveis autovalores e dos autovetores de uma dada matriz.

5.3. CALCULANDO AUTOVALORES E AUTOVETORES REAIS

Exemplo 5.5 Vamos considerar inicialmente a matriz que aparece no Exemplo 5.1, abstraindo-se o problema que a gerara, isto é, consideremos

$$A = \begin{pmatrix} 5 & 4 & 6 \\ 1 & 2 & 1 \\ 4 & 4 & 3 \end{pmatrix} \in \mathbb{M}_3(\mathbb{R})$$

e vamos calcular os seus autovalores. O primeiro passo será calcular o seu polinômio característico, isto é, o polinômio $p_A(t) = \det(tId_n - A)$:

$$p_A(t) = \det \begin{pmatrix} t-5 & -4 & -6 \\ -1 & t-2 & -1 \\ -4 & -4 & t-3 \end{pmatrix} =$$

$$= (t-5)(t-2)(t-3) - 16 - 24 - 24(t-2) - 4(t-3) - 4(t-5) =$$

$$= t^3 - 10t^2 - t + 10$$

Observe que $t = 1$ é uma raiz (por tentativa, usando-se as dicas dadas na Seção 4.3). Segue então que

$$t^3 - 10t^2 - t + 10 = (t-1)(t^2 - 9t - 10) = (t-1)(t+1)(t-10)$$

Com isso, os autovalores de A serão $-1, 1, 10$. Para o cálculo dos autovetores associados, basta resolver os sistemas

$$\begin{pmatrix} \lambda - 5 & -4 & -6 \\ -1 & \lambda - 2 & -1 \\ -4 & -4 & \lambda - 3 \end{pmatrix} \begin{pmatrix} x \\ y \\ z \end{pmatrix} = \begin{pmatrix} 0 \\ 0 \\ 0 \end{pmatrix} \quad \text{para } \lambda = -1, 1, 10.$$

Para $\lambda = 10$, o sistema correspondente foi resolvido no Exemplo 5.1 e o conjunto solução é $V(10) = \{(\frac{52}{11}y, y, \frac{36}{11}y) : y \in \mathbb{R}\}$. Outra maneira de dizer isto é que os autovetores de A associados a 10 são os vetores do tipo $(52\alpha, 11\alpha, 36\alpha) = \alpha(52, 11, 36)$ (com $\alpha \in \mathbb{R}$), isto é, são os vetores múltiplos de $(52, 11, 36)$.

Para $\lambda = -1$, o sistema correspondente será

$$\begin{pmatrix} -6 & -4 & -6 \\ -1 & -3 & -1 \\ -4 & -4 & -4 \end{pmatrix} \begin{pmatrix} x \\ y \\ z \end{pmatrix} = \begin{pmatrix} 0 \\ 0 \\ 0 \end{pmatrix} \quad \text{ou} \quad \begin{cases} -6x & - & 4y & - & 6z & = & 0 \\ -x & - & 3y & - & z & = & 0 \\ -4x & - & 4y & - & 4z & = & 0 \end{cases}$$

que é equivalente a

$$\begin{cases} 3x + 2y + 3z = 0 \\ y = 0 \end{cases}$$

(mostre). Este sistema tem conjunto solução $V(-1) = \{(-z, 0, z) \colon z \in \mathbb{R}\}$ e portanto os autovetores associados a -1 serão os múltiplos de $(-1, 0, 1)$.

Por fim, para $\lambda = 1$, teremos

$$\begin{pmatrix} -4 & -4 & -6 \\ -1 & -1 & -1 \\ -4 & -4 & -2 \end{pmatrix} \begin{pmatrix} x \\ y \\ z \end{pmatrix} = \begin{pmatrix} 0 \\ 0 \\ 0 \end{pmatrix} \quad \text{ou} \quad \begin{cases} -4x - 4y - 6z = 0 \\ -x - y - z = 0 \\ -4x - 4y - 2z = 0 \end{cases}$$

Tal sistema é equivalente a

$$\begin{cases} 2x + 2y + 3z = 0 \\ z = 0 \end{cases}$$

que tem conjunto solução $V(1) = \{(-y, y, 0) \colon y \in \mathbb{R}\}$. Com isso, os autovetores associados a 1 serão os múltiplos de $(-1, 1, 0)$.

Exemplo 5.6 Calculemos agora os autovalores e os autovetores da matriz

$$A = \begin{pmatrix} -1 & 3 & 0 \\ -3 & 5 & 0 \\ 1 & 1 & 2 \end{pmatrix}$$

Em primeiro lugar, o seu polinômio característico é

$$p_A(t) = \det \begin{pmatrix} t+1 & -3 & 0 \\ 3 & t-5 & 0 \\ -1 & -1 & t-2 \end{pmatrix} = (t+1)(t-5)(t-2) + 9(t-2) =$$

$$= (t-2)((t+1)(t-5) + 9) = (t-2)(t^2 - 4t - 5 + 9) = (t-2)^3$$

Logo, o único autovalor da matriz A é 2 (pois 2 é raiz tripla de $p_A(t)$). Vamos calcular os autovetores associados a 2, isto é, as soluções do sistema:

$$\begin{pmatrix} 3 & -3 & 0 \\ 3 & -3 & 0 \\ -1 & -1 & 0 \end{pmatrix} \begin{pmatrix} x \\ y \\ z \end{pmatrix} = \begin{pmatrix} 0 \\ 0 \\ 0 \end{pmatrix} \quad \text{ou} \quad \begin{cases} 3x - 3y = 0 \\ 3x - 3y = 0 \\ -x - y = 0 \end{cases}$$

5.3. CALCULANDO AUTOVALORES E AUTOVETORES REAIS

Escalonando-o, temos o seguinte sistema equivalente

$$\begin{cases} 3x - 3y = 0 \\ - 6y = 0 \end{cases} \text{ o que implica } x = 0 \text{ e } y = 0.$$

Observe, no entanto, que qualquer valor de $z \in \mathbb{R}$ induz uma solução do sistema do tipo $(0,0,z) = z(0,0,1)$. Logo, os autovetores associados a 2 são os múltiplos de $(0,0,1)$, ou $V(2) = \{z(0,0,1) \colon z \in \mathbb{R}\}$.

Exemplo 5.7 Vamos considerar uma matriz quase idêntica à do exemplo anterior (a diferença está no valor b_{31}):

$$B = \begin{pmatrix} -1 & 3 & 0 \\ -3 & 5 & 0 \\ -1 & 1 & 2 \end{pmatrix}$$

Um cálculo simples implica que o seu polinômio característico é (também) $p_B(t) = (t-2)^3$ (você conseguiria justificar por que é o mesmo polinômio característico sem refazer todas as contas?). Logo, aqui também 2 é o único autovalor de B. Para se calcular os autovetores, vamos resolver o sistema correspondente:

$$\begin{pmatrix} 3 & -3 & 0 \\ 3 & -3 & 0 \\ 1 & -1 & 0 \end{pmatrix} \begin{pmatrix} x \\ y \\ z \end{pmatrix} = \begin{pmatrix} 0 \\ 0 \\ 0 \end{pmatrix} \text{ ou } \begin{cases} 3x - 3y = 0 \\ 3x - 3y = 0 \\ x - y = 0 \end{cases}$$

É fácil ver que o conjunto solução do sistema será o da equação $x - y = 0$ (já que as outras equações são múltiplas desta), o que implica que $x = y$. De novo, o valor de z pode ser qualquer e portanto teremos que os autovetores de B associados a 2 serão os vetores do tipo $(x,x,z) = x(1,1,0) + z(0,0,1)$, com $x,z \in \mathbb{R}$. Não iremos nos aprofundar nisso agora (e sim mais para frente) mas gostaríamos de enfatizar que no Exemplo 5.6, os autovetores são múltiplos de um vetor enquanto que aqui temos que os autovetores são combinações lineares de dois vetores, no caso $(1,1,0)$ e $(0,0,1)$.

Exemplo 5.8 Considere agora a matriz $A = \begin{pmatrix} 0 & -1 \\ 1 & 0 \end{pmatrix}$. O seu polinômio característico será $p_A(t) = \det \begin{pmatrix} t & 1 \\ -1 & t \end{pmatrix} = t^2 + 1$, que não possui raízes reais.

Como estamos trabalhando, principalmente, no conjunto $\mathbb{R}$, a conclusão é que A não possui autovalores (reais) e nem autovetores (em $\mathbb{R}^2$). Na Seção 5.5, iremos discutir rapidamente autovalores complexos.

EXERCÍCIOS

Exercício 5.10 Calcule os autovalores reais e os seus autovetores associados das seguintes matrizes.

(a) $\begin{pmatrix} -3 & 3 \\ -2 & 4 \end{pmatrix}$ (b) $\begin{pmatrix} -4 & 1 \\ -1 & -2 \end{pmatrix}$ (c) $\begin{pmatrix} -3 & 0 \\ 0 & -3 \end{pmatrix}$ (d) $\begin{pmatrix} 0 & 5 \\ -1 & -2 \end{pmatrix}$

(e) $\begin{pmatrix} 5 & -1 \\ 1 & 5 \end{pmatrix}$ (f) $\begin{pmatrix} 1 & 1 \\ 1 & 1 \end{pmatrix}$ (g) $\begin{pmatrix} 2 & 1 \\ -1 & 4 \end{pmatrix}$ (h) $\begin{pmatrix} 7 & -2 \\ 1 & 7 \end{pmatrix}$

Exercício 5.11 Calcule os autovalores reais e os seus autovetores associados das seguintes matrizes.

(a) $\begin{pmatrix} -8 & 7 & -15 \\ 5 & -2 & 5 \\ 8 & -6 & 13 \end{pmatrix}$ (b) $\begin{pmatrix} -1 & -2 & 3 \\ -8 & -1 & -14 \\ -4 & -2 & -5 \end{pmatrix}$ (c) $\begin{pmatrix} 4 & 1 & 1 \\ -2 & 1 & -1 \\ -2 & -1 & 1 \end{pmatrix}$

(d) $\begin{pmatrix} -3 & 3 & 0 & 0 \\ -2 & 4 & 0 & 0 \\ 0 & 0 & -3 & 3 \\ 0 & 0 & -2 & 4 \end{pmatrix}$ (e) $\begin{pmatrix} 2 & 0 & 1 & -1 \\ 0 & 4 & 1 & 1 \\ 0 & -2 & 1 & -1 \\ 0 & -2 & -1 & 1 \end{pmatrix}$

Exercício 5.12 Para quais valores de $a \in \mathbb{R}$, as seguintes matrizes possuem autovalores reais não nulos ?

(a) $\begin{pmatrix} 0 & a \\ a & 0 \end{pmatrix}$ (b) $\begin{pmatrix} 1 & a \\ 0 & a \end{pmatrix}$ (c) $\begin{pmatrix} a & a \\ 1 & a \end{pmatrix}$ (d) $\begin{pmatrix} a & a \\ a & a \end{pmatrix}$

Exercício 5.13 Seja $M = \begin{pmatrix} a & b \\ b & c \end{pmatrix} \in \mathbb{M}_2(\mathbb{R})$ uma matriz simétrica. Mostre que M tem autovalores reais. Para quais valores de a, b e c só existe um único autovalor?

5.4 Matrizes semelhantes

Ao analisarmos a matriz $A = \begin{pmatrix} -1 & 2 \\ 2 & -4 \end{pmatrix}$ no Exemplo 5.4, vimos que ela possui dois autovalores, 0 e -5, e os conjuntos de autovetores associados a eles são, respectivamente

$$V(0) = \{(2a, a) \colon a \in \mathbb{R}\} \quad \text{e} \quad V(-5) = \{(b, -2b) \colon b \in \mathbb{R}\}.$$

Mais à frente, diremos que $V(0)$ é gerado pelo vetor $(2, 1)$ pois todos os seus elementos são múltiplos reais dele, assim como $V(-5)$ é gerado por $(1, -2)$. É claro que existem outros vetores que geram $V(0)$, por exemplo, $(-2, -1)$ ou $(6, 3)$ ou $(1, \frac{1}{2})$ pois qualquer elemento de $V(0)$ será um múltiplo de qualquer um desses vetores listados. É bom enfatizar, por fim, que tanto $V(0)$ quanto $V(-5)$ são conjuntos infinitos (assim como, em geral, o será $V(\lambda)$ para λ um autovalor de uma matriz A, veja Exercício 5.8).

Retornando ao exemplo em questão, como parte de sua resolução nós calculamos o seu polinômio característico, $p_A(t) = t(t+5)$. Observe que outras matrizes também têm esse mesmo polinômio característico. É o caso, por exemplo, da matriz $B = \begin{pmatrix} 0 & 0 \\ 0 & -5 \end{pmatrix}$ pois

$$p_B(t) = \det(tId_2 - B) = \det\begin{pmatrix} t & 0 \\ 0 & t+5 \end{pmatrix} = t(t+5).$$

Não é difícil encontrar outros exemplos de matrizes tendo $t(t+5)$ como polinômio característico e deixamos ao leitor essa tarefa.

Com isso em mente, poderíamos nos perguntar que outras relações podem existir entre, por exemplo, as matrizes A e B listadas acima além de terem o mesmo polinômio característico. Vamos fazer uma pequena conta e depois tentaremos explicar o que há por trás dela.

Considere a matriz $M = \begin{pmatrix} 2 & 1 \\ 1 & -2 \end{pmatrix}$ e calculemos AM e MB:

$$AM = \begin{pmatrix} -1 & 2 \\ 2 & -4 \end{pmatrix} \begin{pmatrix} 2 & 1 \\ 1 & -2 \end{pmatrix} = \begin{pmatrix} 0 & -5 \\ 0 & 10 \end{pmatrix} \quad \text{e}$$

$$MB = \begin{pmatrix} 2 & 1 \\ 1 & -2 \end{pmatrix} \begin{pmatrix} 0 & 0 \\ 0 & -5 \end{pmatrix} = \begin{pmatrix} 0 & -5 \\ 0 & 10 \end{pmatrix}.$$

Não iremos, nesse momento, justificar a igualdade entre AM e MB, pois uma tal justificativa se encaixa muito melhor quanto tivermos desenvolvido mais o conceito de coordenadas em um espaço vetorial (ver Capítulo 7) e, mesmo, o de matrizes associadas a transformações lineares (Capítulo 9). Mas, queremos aproveitar tais contas para discutir o conceito de semelhança de matrizes.

Por outro lado, não resistiremos a fazer um breve comentário sobre a matriz M. Observe que as suas colunas são $\begin{pmatrix} 2 \\ 1 \end{pmatrix}$ e $\begin{pmatrix} 1 \\ -2 \end{pmatrix}$ que, vistas como vetores do $\mathbb{R}^2$ são, conforme destacamos acima, geradores de $V(0)$ e de $V(-5)$, respectivamente. Deixamos como exercício ao leitor refazer as contas AM e MB para outras matrizes M cujas colunas sejam outros geradores dos mesmos conjuntos (iremos formalizar esses conceitos mais adiante, mas acreditamos que eles estejam intuitivamente claros para os comentários que estamos fazendo). Esta característica que mencionamos para as colunas da matriz M não é à toa e será devidamente justificada mais adiante.

Por fim, observe também que M é invertível e podemos calcular a sua inversa utilizando-se o método descrito na Seção 3.5.

$$\begin{pmatrix} 2 & 1 & | & 1 & 0 \\ 1 & -2 & | & 0 & 1 \end{pmatrix} \sim \begin{pmatrix} 2 & 1 & | & 1 & 0 \\ 0 & 5 & | & 1 & -2 \end{pmatrix} \sim$$

$$\sim \begin{pmatrix} 10 & 0 & | & 4 & 2 \\ 0 & 5 & | & 1 & -2 \end{pmatrix} \sim \begin{pmatrix} 1 & 0 & | & \frac{2}{5} & \frac{1}{5} \\ 0 & 1 & | & \frac{1}{5} & -\frac{2}{5} \end{pmatrix}.$$

Isto é, $M^{-1} = \begin{pmatrix} \frac{2}{5} & \frac{1}{5} \\ \frac{1}{5} & -\frac{2}{5} \end{pmatrix}$.

Acreditamos que as contas feitas acima motivam a introdução do conceito de matrizes semelhantes, o que faremos a seguir.

Definição 5.3 Dizemos que duas matrizes $A, B \in \mathbb{M}_n(\mathbb{R})$ são **semelhantes** se existir uma matriz $M \in \mathbb{M}_n(\mathbb{R})$ invertível tal que $MB = AM$ ou, equivalentemente, tal que $B = M^{-1}AM$. Indicamos essa relação por $A \sim B$.

Observação 5.3 A semelhança de matrizes é uma relação de equivalência no conjunto $\mathbb{M}_n(\mathbb{R})$, isto é, ela satisfaz as seguintes propriedades para todas as matrizes A, B, C em $\mathbb{M}_n(\mathbb{R})$:

5.4. MATRIZES SEMELHANTES

- (Reflexiva) $A \sim A$.
- (Simétrica) Se $A \sim B$, então $B \sim A$.
- (Transitiva) Se $A \sim B$ e $B \sim C$, então $A \sim C$.

(Deixamos ao leitor justificar essa afirmação, ver Exercício 5.14).

Exemplo 5.9 O exemplo discutido acima nos diz que as matrizes

$$A = \begin{pmatrix} -1 & 2 \\ 2 & -4 \end{pmatrix} \quad \text{e} \quad B = \begin{pmatrix} 0 & 0 \\ 0 & -5 \end{pmatrix}$$

são semelhantes, pois para a matriz invertível $M = \begin{pmatrix} 2 & 1 \\ 1 & -2 \end{pmatrix}$, vale a igualdade $AM = MB$. Se multiplicarmos por M^{-1} à direita nos dois lados dessa igualdade, chegamos a $A = MBM^{-1}$. Veremos como isso pode ser útil. Suponhamos que gostaríamos de calcular A^{20}. Para tal, precisaríamos calcular o produto de A vinte vezes, o que seguramente não seria uma tarefa agradável. Por outro lado, fazer o cálculo B^{20} é bem mais fácil pois, como B é uma matriz diagonal com elementos 0 e -5 na diagonal principal, segue que B^{20} será também diagonal com elementos 0 e $(-5)^{20} = 5^{20}$ na diagonal principal, isto é, $B^{20} = \begin{pmatrix} 0 & 0 \\ 0 & 5^{20} \end{pmatrix}$ (ver Exercício 5.15).

Como podemos então utilizar a semelhança das matrizes A e B a nosso favor? Observe que

$$A^{20} = (MBM^{-1})^{20} = (MBM^{-1})(MBM^{-1})\cdots(MBM^{-1}) =$$
$$= MB(M^{-1}M)B\cdots(M^{-1}M)BM^{-1} = MB^{20}M^{-1},$$

pois $(M^{-1}M)$ é a matriz identidade 2×2. Com isso,

$$A^{20} = \begin{pmatrix} -1 & 2 \\ 2 & -4 \end{pmatrix}^{20} = MB^{20}M^{-1} =$$

$$= \begin{pmatrix} 2 & 1 \\ 1 & -2 \end{pmatrix} \begin{pmatrix} 0 & 0 \\ 0 & 5^{20} \end{pmatrix} \begin{pmatrix} \frac{2}{5} & \frac{1}{5} \\ \frac{1}{5} & -\frac{2}{5} \end{pmatrix} = \begin{pmatrix} 5^{19} & -2(5^{19}) \\ -2(5^{19}) & 4(5^{19}) \end{pmatrix}.$$

O próximo resultado nos garante que matrizes semelhantes possuem o mesmo polinômio característico.

Proposição 5.1 Sejam $A, B \in \mathbb{M}_n(\mathbb{R})$ matrizes semelhantes. Então $p_A(t) = p_B(t)$.

Demonstração. Decorre da definição de semelhança que existe uma matriz invertível $M \in \mathbb{M}_n(\mathbb{R})$ tal que $B = M^{-1}AM$. Observe, então, que

$$M^{-1}(tId_n - A)M = t(M^{-1}Id_n M) - M^{-1}AM = tId_n - B$$

(pois $M^{-1}Id_n M = M^{-1}M = Id_n$). Com isso,

$$\begin{aligned} p_B(t) &= \det(tId_n - B) = \det(M^{-1}(tId_n - A)M) = \\ &= \det M^{-1} \cdot \det(tId_n - A) \cdot \det M = \\ &= \det(tId_n - A) \cdot \det M^{-1} \cdot \det M = \\ &= \det(tId_n - A) = p_A(t). \end{aligned}$$

Utilizamos nessa última conta que o determinante do produto de duas matrizes é o produto dos determinantes dessas matrizes (Proposição 3.1) e que $\det M^{-1} = (\det M)^{-1}$ (ver Exercício 3.31). $\square$

A recíproca do resultado acima não é verdadeira e não é difícil se convencer disso. Considere as matrizes

$$A = \begin{pmatrix} 2 & 0 \\ 1 & 2 \end{pmatrix} \quad \text{e} \quad B = \begin{pmatrix} 2 & 0 \\ 0 & 2 \end{pmatrix}$$

e observe que

$$p_A(t) = \det\left(t\begin{pmatrix} 1 & 0 \\ 0 & 1 \end{pmatrix} - \begin{pmatrix} 2 & 0 \\ 1 & 2 \end{pmatrix}\right) = \det\begin{pmatrix} t-2 & 0 \\ -1 & t-2 \end{pmatrix} = (t-2)^2 \text{ e}$$

$$p_B(t) = \det\left(t\begin{pmatrix} 1 & 0 \\ 0 & 1 \end{pmatrix} - \begin{pmatrix} 2 & 0 \\ 0 & 2 \end{pmatrix}\right) = \det\begin{pmatrix} t-2 & 0 \\ 0 & t-2 \end{pmatrix} = (t-2)^2.$$

Logo, os polinômios característicos de A e B coincidem. Veremos no entanto que tais matrizes não são semelhantes. Se fossem, existiria uma matriz invertível $M = \begin{pmatrix} a & b \\ c & d \end{pmatrix} \in \mathbb{M}_2(\mathbb{R})$ com

$$AM = \begin{pmatrix} 2 & 0 \\ 1 & 2 \end{pmatrix}\begin{pmatrix} a & b \\ c & d \end{pmatrix} = \begin{pmatrix} a & b \\ c & d \end{pmatrix}\begin{pmatrix} 2 & 0 \\ 0 & 2 \end{pmatrix} = MB \quad (*)$$

5.4. MATRIZES SEMELHANTES

Realizando os produtos indicados em (∗), segue que

$$\begin{pmatrix} 2a & 2b \\ a+2c & b+2d \end{pmatrix} = \begin{pmatrix} 2a & 2b \\ 2c & 2d \end{pmatrix}$$

o que facilmente implica que $a = 0$ (pois $a+2c = 2c$) e $b = 0$ (pois $b+2d = 2d$). Recorde, no entanto, que como M é invertível, segue que $\det M = ad - bc \neq 0$, o que nos leva a uma contradição e A não pode ser semelhante a B.

Como mencionado, voltaremos a esta questão depois de termos avançado nos conceitos básicos de álgebra linear.

EXERCÍCIOS

Exercício 5.14 Mostre que a relação de semelhança de matrizes é uma relação de equivalência, isto é, que dadas matrizes $A, B, C \in \mathbb{M}_n(\mathbb{R})$, então:

- (Reflexiva) $A \sim A$.

- (Simétrica) Se $A \sim B$, então $B \sim A$.

- (Transitiva) Se $A \sim B$ e $B \sim C$, então $A \sim C$.

Exercício 5.15 Seja $A = (a_{ij}) \in \mathbb{M}_n(\mathbb{R})$ uma matriz diagonal, isto é, do tipo

$$A = \begin{pmatrix} a_{11} & 0 & \cdots & 0 \\ 0 & a_{22} & \cdots & 0 \\ \vdots & & & \vdots \\ 0 & 0 & \cdots & a_{nn} \end{pmatrix}$$

(ou, de outra forma, $a_{ij} = 0$ se $i \neq j$). Mostre que se m for um inteiro positivo, então

$$A^m = \begin{pmatrix} a_{11}^m & 0 & \cdots & 0 \\ 0 & a_{22}^m & \cdots & 0 \\ \vdots & & & \vdots \\ 0 & 0 & \cdots & a_{nn}^m \end{pmatrix}.$$

DICA: faça por indução em $m \geq 1$.

Exercício 5.16 Sejam $A, B \in \mathbb{M}_n(\mathbb{R})$ e suponha que elas sejam semelhantes, isto é, existe matriz invertível $M \in \mathbb{M}_n(\mathbb{R})$ tal que $B = M^{-1}AM$. Mostre que $B^n = M^{-1}A^nM$.

Exercício 5.17 Exiba três matrizes em $\mathbb{M}_3(\mathbb{R})$ com o mesmo polinômio característico $p(t) = t(t-1)(t-2)$ mas que não sejam semelhantes entre si.

Exercício 5.18 Mostre que as matrizes dos Exemplos 5.6 e 5.7 não são semelhantes.

5.5 Autovalores e autovetores complexos

Ao analisarmos o que fizemos acima, podemos notar que, sob certo aspecto, não há nada de muito especial em nos restringirmos ao conjunto $\mathbb{R}$. Nosso objetivo nesta seção é analisarmos brevemente o que ocorre se considerarmos o conjunto dos números complexos $\mathbb{C}$.

Comecemos olhando de novo a matriz do Exemplo 5.8, considerando-a agora como uma matriz em $\mathbb{M}_2(\mathbb{C})$. Como os valores de A são os mesmos, o seu polinômio característico será de novo $p_A(t) = t^2 + 1$. Esse polinômio se decompõe em $\mathbb{C}[t]$ como $t^2 + 1 = (t-i)(t+i)$ e portanto i e $-i$ são suas raízes em $\mathbb{C}$. Logo, A tem autovalores (complexos) i e $-i$. O cálculo dos autovetores correspondentes se dá da mesma forma, só que teremos aqui um sistema com coeficientes em $\mathbb{C}$. De fato, os autovetores associados a i são as soluções do sistema:

$$\begin{pmatrix} i & 1 \\ -1 & i \end{pmatrix} \begin{pmatrix} x \\ y \end{pmatrix} = \begin{pmatrix} 0 \\ 0 \end{pmatrix} \quad \text{ou} \quad \begin{cases} ix + y = 0 & (L1) \\ -x + iy = 0 & (L2) \end{cases}$$

Observemos que a segunda equação é um múltiplo da primeira equação ($(L2) = -i \cdot (L1)$) e, portanto, o conjunto solução do sistema será o conjunto solução da equação $ix + y = 0$. Em outras palavras, ele será o conjunto $\{(x, -ix) : x \in \mathbb{C}\}$ que, de acordo com nossa definição, será o conjunto $V(i) \subset \mathbb{C}^2$. Por exemplo, $3i(1, -i) = (3i, 3)$ ou $(2-i)(1, -i) = (2-i, -1-2i)$ são elementos de $V(i)$, isto é, autovetores associados a i.

Fazendo uma conta similar para o autovalor $-i$, concluímos que os autovetores associados a ele serão do tipo $(x, ix) = x(1, i)$, com $x \in \mathbb{C}$, isto é, $V(-i) = \{(x, ix) : x \in \mathbb{C}\}$.

Vamos fazer mais um exemplo para ilustrarmos nossas observações.

Exemplo 5.10 Considere a seguinte matriz em $\mathbb{M}_2(\mathbb{C})$:

$$A = \begin{pmatrix} i & 1+i \\ 1 & -i \end{pmatrix}$$

5.5. AUTOVALORES E AUTOVETORES COMPLEXOS

O seu polinômio característico será, então,

$$p_A(t) = \det \begin{pmatrix} t-i & -1-i \\ -1 & t+i \end{pmatrix} = (t-i)(t+i) - 1 - i = t^2 - i$$

Não é difícil de ver que as raízes do polinômio $p_A(t) = t^2 - i$ (e portanto os autovalores da matriz A) são:

$$t_1 = \frac{\sqrt{2}}{2} + \frac{\sqrt{2}}{2}i \qquad \text{e} \qquad t_2 = -\frac{\sqrt{2}}{2} - \frac{\sqrt{2}}{2}i$$

(podemos consegui-las a partir de uma interpretação geométrica de $\mathbb{C}$). Vamos agora calcular os autovetores (em $\mathbb{C}^2$) associados a eles.

Os autovetores associados a $\frac{\sqrt{2}}{2} + \frac{\sqrt{2}}{2}i$ são as soluções do sistema

$$\begin{pmatrix} \frac{\sqrt{2}}{2} + \frac{\sqrt{2}-2}{2}i & -1-i \\ -1 & \frac{\sqrt{2}}{2} + \frac{\sqrt{2}+2}{2}i \end{pmatrix} \begin{pmatrix} x \\ y \end{pmatrix} = \begin{pmatrix} 0 \\ 0 \end{pmatrix} \quad \text{ou}$$

$$\begin{cases} (\frac{\sqrt{2}}{2} + \frac{\sqrt{2}-2}{2}i)x & - & (1+i)y & = & 0 \\ -x & + & (\frac{\sqrt{2}}{2} + \frac{\sqrt{2}+2}{2}i)y & = & 0 \end{cases}$$

Ao tentarmos escalonar este sistema, percebemos que suas equações são múltiplas uma da outra (dê uma justificativa teórica para este fato!). Logo, as soluções desse sistema são as soluções da equação

$$-x + \left(\frac{\sqrt{2}}{2} + \frac{\sqrt{2}+2}{2}i\right)y = 0 \quad \text{ou} \quad x = \left(\frac{\sqrt{2}}{2} + \frac{\sqrt{2}+2}{2}i\right)y, \ y \in \mathbb{C}.$$

Em outras palavras, os autovetores associados a $\frac{\sqrt{2}}{2} + \frac{\sqrt{2}}{2}i$ são os vetores (de $\mathbb{C}^2$) do tipo $\left(\left(\frac{\sqrt{2}}{2} + \frac{\sqrt{2}+2}{2}i\right)y, y\right)$ com $y \in \mathbb{C}$.

Deixamos como exercício encontrar os autovetores associados ao outro autovalor, isto é, a $-\frac{\sqrt{2}}{2} - \frac{\sqrt{2}}{2}i$

A menos de menção em contrário, estaremos considerando apenas autovalores reais. Mas é importante ter em mente que se pode fazer os mesmos cálculos utilizando-se números complexos.

EXERCÍCIOS

Exercício 5.19 Calcule os autovalores complexos e os autovetores associados (em $\mathbb{C}^2$) das matrizes

$$A = \begin{pmatrix} i & 1-i \\ 1 & -i \end{pmatrix} \quad \text{e} \quad B = \begin{pmatrix} 1 & -1 \\ 1 & 1 \end{pmatrix}$$

Capítulo 6

Espaços Vetoriais

6.1 Definições preliminares e exemplos

Vimos, nos capítulos anteriores, exemplos de alguns conjuntos com certas propriedades algébricas em comum. Por exemplo, nos conjuntos $\mathbb{R}^n$ (Capítulo 1), $\mathbb{M}_{m\times n}(\mathbb{R})$ (Capítulo 3) e $\mathbb{R}[t]$ (Capítulo 4) podemos definir duas operações: uma soma de seus elementos (isto é, uma operação interna ao conjunto) e uma multiplicação de um de seus elementos por um escalar em $\mathbb{R}$ (uma operação por elementos externos ao conjunto considerado). Além disso, tais operações satisfazem certas propriedades que são comuns a todos eles (ver, por exemplo, as Proposições 1.1, 4.1 e a discussão feita na Seção 3.1). Nosso objetivo aqui será o de formalizar melhor tais resultados dentro de um *chapéu único*, nomeando os conjuntos que as possuem.

Como frequentemente feito em matemática, essa busca de padrões presentes em conjuntos de naturezas diferentes permite explorar de uma forma mais geral e mais organizada muito do que pode ser feito em casos particulares.

Com isso em mente, vamos introduzir agora a noção de espaço vetorial como sendo um conjunto munido de uma operação interna e uma outra por elementos de $\mathbb{R}$ e que satisfaça boas propriedades algébricas.

Definição 6.1 Um conjunto não vazio V é um **espaço vetorial sobre** $\mathbb{R}$ se nele pudermos definir duas operações, indicadas por $+$ e $\cdot$, como seguem:

- (Adição de elementos). Para cada par u, v de elementos de V, associa-se um elemento $u+v \in V$ satisfazendo:

(A1) $(u+v)+w = u+(v+w)$ para todos $u,v,w \in V$ (lei da associatividade).

(A2) $u+v = v+u$ para todos $u,v \in V$ (lei da comutatividade).

(A3) existe um elemento distinguido 0, chamado de **elemento neutro da adição**, tal que $u+0 = 0+u = u$ para todo $u \in V$ (existência de elemento neutro da adição).

(A4) cada $u \in V$ tem o seu **elemento oposto** $-u \in V$, isto é, um elemento satisfazendo $u+(-u) = -u+u = 0$ (existência de elemento oposto).

- (Multiplicação por escalar). Para cada $v \in V$ e cada $\lambda \in \mathbb{R}$, associa-se um elemento $\lambda \cdot v \in V$ tal que

(ME1) $1 \cdot v = v$ para todo $v \in V$.

(ME2) $\alpha \cdot (\beta \cdot v) = (\alpha \cdot \beta) \cdot v$ para todos $\alpha, \beta \in \mathbb{R}$ e todo $v \in V$.

- (Compatibilidade). Além disso, as duas operações estão relacionadas entre si por meio das seguintes leis de distributividade:

(D1) $\alpha \cdot (u+v) = \alpha \cdot u + \alpha \cdot v$ para todo $\alpha \in \mathbb{R}$ e todos $u,v \in V$.

(D2) $(\alpha + \beta) \cdot u = \alpha \cdot u + \beta \cdot u$ para todos $\alpha, \beta \in \mathbb{R}$ e todo $u \in \mathbb{R}$.

Os elementos de um espaço vetorial são usualmente chamados de **vetores**.

Cabe aqui uma observação. Ao mencionarmos o *elemento neutro* ou o *elemento oposto* está embutida na singularidade da expressão a unicidade destes elementos. Isso pode ser provado diretamente a partir das outras propriedades listadas. Por exemplo, suponhamos que, dado $v \in V$, existam dois elementos $v', v'' \in V$ que satisfaçam a propriedade (A4) acima, isto é, $v+v' = v'+v = 0$ e $v+v'' = v''+v = 0$. Decorre daí e utilizando-se as propriedades (A2) e (A3)

$$v' = v'+0 = v'+(v+v'') = (v'+v)+v'' = 0+v'' = v''$$

e portanto $v' = v''$. Um argumento similar implica a unicidade do elemento neutro (veja Exercício 6.1).

6.1. DEFINIÇÕES PRELIMINARES E EXEMPLOS

O leitor atento já deve ter identificado as propriedades definidoras de espaço vetorial com aquelas discutidas nas Proposições 1.1, 4.1 e na Seção 3.1 para os conjuntos $\mathbb{R}^n, \mathbb{R}[t], \mathbb{M}_{m\times n}(\mathbb{R})$ o que os tornam espaços vetoriais. Para registro, vamos recordar as definições das operações para tais conjuntos.

Exemplo 6.1 O conjunto $\mathbb{R}^n$ é um espaço vetorial sobre $\mathbb{R}$ com as operações definidas no primeiro capítulo, isto é, dados $u = (a_1, \cdots, a_n)$, $v = (b_1, \cdots, b_n) \in \mathbb{R}^n$,

$$u + v = (a_1, \cdots, a_n) + (b_1, \cdots, b_n) = (a_1 + b_1, \cdots, a_n + b_n)$$

e, dado $u = (a_1, \cdots, a_n) \in \mathbb{R}^n$ e $\lambda \in \mathbb{R}$,

$$\lambda \cdot u = \lambda \cdot (a_1, \cdots, a_n) = (\lambda a_1, \cdots, \lambda a_n).$$

O elemento neutro da adição é naturalmente o vetor nulo (onde todas as coordenadas são iguais a 0) e o oposto de um elemento $u = (a_1, \cdots, a_n)$ é naturalmente o elemento $-u = (-a_1, \cdots, -a_n)$. Deixamos ao leitor o detalhamento das demonstrações das propriedades correspondentes.

Exemplo 6.2 Segue das observações feitas na Seção 3.1 que $\mathbb{M}_{m\times n}(\mathbb{R})$ (com $m, n \geq 1$) é um espaço vetorial sobre $\mathbb{R}$, com as operações

$$\begin{pmatrix} a_{11} & \cdots & a_{1n} \\ \vdots & & \vdots \\ a_{m1} & \cdots & a_{mn} \end{pmatrix} + \begin{pmatrix} b_{11} & \cdots & b_{1n} \\ \vdots & & \vdots \\ b_{m1} & \cdots & b_{mn} \end{pmatrix} = \begin{pmatrix} a_{11}+b_{11} & \cdots & a_{1n}+b_{1n} \\ \vdots & & \vdots \\ a_{m1}+b_{m1} & \cdots & a_{mn}+b_{mn} \end{pmatrix}$$

e $\quad \lambda \cdot \begin{pmatrix} a_{11} & \cdots & a_{1n} \\ \vdots & & \vdots \\ a_{m1} & \cdots & a_{mn} \end{pmatrix} = \begin{pmatrix} \lambda a_{11} & \cdots & \lambda a_{1n} \\ \vdots & & \vdots \\ \lambda a_{m1} & \cdots & \lambda a_{mn} \end{pmatrix}$

onde as matrizes (a_{ij}) e (b_{ij}) estão em $\mathbb{M}_{m\times n}(\mathbb{R})$ e $\lambda \in \mathbb{R}$.

Exemplo 6.3 Seja $\mathbb{R}[t]$ o conjunto de todos os polinômios na indeterminada t e com coeficientes em $\mathbb{R}$. As definições de adição de polinômios e multiplicação por escalares são feitas de maneira bastante natural. Dados dois polinômios $p(t)$ e $q(t)$ em $\mathbb{R}[t]$), podemos escrevê-los como

$$p(t) = a_m t^m + \cdots + a_1 t + a_0 \quad \text{e} \quad q(t) = b_m t^m + \cdots + b_1 t + b_0$$

onde alguns dos coeficientes a_i ou b_j podem ser nulos. A soma destes polinômios é definida como sendo:

$$(p+q)(t) = p(t) + q(t) = (a_m + b_m)t^m + \cdots + (a_1 + b_1)t + (a_0 + b_0)$$

Como observado no Capítulo 4, não é difícil ver que tal operação é associativa e comutativa, que o seu elemento neutro é o polinômio nulo e que o oposto de um polinômio $p(t) = a_m t^m + \cdots + a_1 t + a_0$ será o polinômio dado por $(-p)(t) = -a_m t^m - \cdots - a_1 t - a_0$.

A multiplicação por escalar é igualmente natural. Dado um polinômio $p(t) = a_m t^m + \cdots + a_1 t + a_0$ e um escalar $\lambda \in \mathbb{R}$, o polinômio $(\lambda p)(t)$ será $(\lambda p)(t) = (\lambda a_m)t^m + \cdots + (\lambda a_1)t + (\lambda a_0)$. Do fato de 1 ser o elemento neutro da multiplicação em $\mathbb{R}$ segue a propriedade (ME1) e a propriedade (ME2) segue da propriedade associativa da multiplicação em $\mathbb{R}$. Deixamos também ao leitor verificar as propriedades distributivas e assim $\mathbb{R}[t]$ é um espaço vetorial sobre $\mathbb{R}$.

Exemplo 6.4 O conjunto dos números complexos $\mathbb{C}$ é um espaço vetorial sobre $\mathbb{R}$ com as operações usuais de soma de complexos e multiplicação de um número complexo por um número real. Não é difícil verificar a validade das propriedades definidoras de espaço vetorial neste caso, mas incentivamos o leitor a escrever tais justificativas para a melhor assimilação da definição.

Exemplo 6.5 Seja $I \subset \mathbb{R}$ um subconjunto não vazio de $\mathbb{R}$. O conjunto $\mathcal{F}(I, \mathbb{R})$ formado pelas funções $f \colon I \longrightarrow \mathbb{R}$ é um espaço vetorial sobre $\mathbb{R}$ com as operações naturais de soma de funções e de produto por escalar. Especificamente, dadas funções $f \colon I \longrightarrow \mathbb{R}$ e $g \colon I \longrightarrow \mathbb{R}$, a sua soma será a função $f+g \colon I \longrightarrow \mathbb{R}$ dada por $(f+g)(x) = f(x) + g(x)$ para todo $x \in I$. Por sua vez, dada uma função f em $\mathcal{F}(I, \mathbb{R})$ e $\lambda \in \mathbb{R}$, o produto λf é a função $(\lambda f) \colon I \longrightarrow \mathbb{R}$ dada por $(\lambda f)(x) = \lambda f(x)$ para todo $x \in I$. Deixamos a verificação das propriedades definidoras de espaço vetorial a cargo do leitor. No caso em que $I = \mathbb{R}$, indicamos $\mathcal{F}(\mathbb{R}, \mathbb{R})$ simplesmente por $\mathcal{F}(\mathbb{R})$.

Exemplo 6.6 Seja

$$\begin{cases} a_{11}x_1 + \cdots + a_{1n}x_n = 0 \\ \vdots \qquad\qquad\qquad \vdots \\ a_{m1}x_1 + \cdots + a_{mn}x_n = 0 \end{cases} \quad (*)$$

6.1. DEFINIÇÕES PRELIMINARES E EXEMPLOS

um sistema de equações lineares homogêneas sobre $\mathbb{R}$ e denote por S o seu conjunto solução (que é um subconjunto de $\mathbb{R}^n$). Afirmamos que S é um espaço vetorial sobre $\mathbb{R}$. De fato, segue da Proposição 2.1 o seguinte:

(i) Dadas duas soluções de (∗), a sua soma também é uma solução de (∗).

(ii) Dada uma solução $(c_1, \cdots, c_n)$ de (∗) e um escalar $\lambda \in \mathbb{R}$, o produto $\lambda \cdot (c_1, \cdots, c_n)$ também é uma solução de (∗).

Com isto, o conjunto S terá as duas operações que precisamos. Observe que, como as operações em S são induzidas pelas do conjunto $\mathbb{R}^n$, as propriedades (A1), (A2), (ME1), (ME2), (D1) e (D2) são herdadas por S (são propriedades que valem para todos os elementos de $\mathbb{R}^n$, em particular para todos os elementos de S pois esse é um subconjunto de $\mathbb{R}^n$). Falta então analisarmos as propriedades (A3) e (A4). Mas decorre também da Proposição 2.1 que o elemento $(0, \cdots, 0)$ é solução de (∗) e portanto S contém o elemento neutro para a adição. Agora, não é difícil ver que multiplicando-se uma solução pelo escalar -1 consegue-se o valor oposto desta solução. Logo, S é um espaço vetorial sobre $\mathbb{R}$.

Observe, no entanto, que se (∗) fosse um sistema não homogêneo, então o seu conjunto solução não seria um espaço vetorial (por que?).

Exemplo 6.7 Sejam $A \in \mathbb{M}_n(\mathbb{R})$ e $\lambda \in \mathbb{R}$ um autovalor de A. Afirmamos que o conjunto $V(\lambda)$ formado por todos os autovetores de A associados a λ é um espaço vetorial sobre $\mathbb{R}$. Isto decorre do Exemplo 6.6 acima, lembrando-se que $V(\lambda)$ é o conjunto solução de um sistema homogêneo.

EXERCÍCIOS

Exercício 6.1 Seja V um espaço vetorial sobre $\mathbb{R}$.

(a) Mostre que existe um único elemento que satisfaz a propriedade (A3).

(b) Mostre que $0 \cdot v = 0$ para todo $v \in V$ e que $\alpha \cdot 0 = 0$ para todo $\alpha \in \mathbb{R}$.

(c) Mostre que se $\alpha \cdot v = 0$, com $\alpha \in \mathbb{R}$ e $v \in V$, então ou $\alpha = 0$ ou $v = 0$.

(d) Mostre que $(-\lambda)v = -(\lambda v) = \lambda(-v)$, para todos $\lambda \in \mathbb{R}$ e $v \in V$.

Exercício 6.2 (Lei do cancelamento) Sejam u, v, w vetores de um espaço vetorial V. Mostre que se $u + v = u + w$, então $v = w$.

Exercício 6.3 Mostre que o conjunto formado pelas matrizes simétricas em $\mathbb{M}_n(\mathbb{R})$ é um espaço vetorial sobre $\mathbb{R}$ (lembramos que uma matriz $M = (a_{ij})$ em $\mathbb{M}_n(\mathbb{R})$ é **simétrica** se $a_{ij} = a_{ji}$ para todos i, j).

Exercício 6.4 Mostre que o conjunto dos complexos $\mathbb{C} = \{a + bi : a, b \in \mathbb{R}\}$ é um espaço vetorial sobre $\mathbb{R}$.

Exercício 6.5 Mostre que o conjunto $\mathcal{F}(I, \mathbb{R})$ considerado no Exemplo 6.5 é um espaço vetorial.

6.2 Subespaços vetoriais

Se olharmos com cuidado os dois últimos exemplos da seção anterior, podemos notar que alguns espaços vetoriais são também subconjuntos de outros espaços vetoriais. Tanto no Exemplo 6.6 quanto no Exemplo 6.7 aparecem subconjuntos do $\mathbb{R}^n$ que são por si só espaços vetoriais. Muitas vezes, é importante ressaltar tais relações e é isso que faremos nessa seção.

Definição 6.2 Seja V um espaço vetorial sobre $\mathbb{R}$. Um subconjunto não vazio U de V é chamado de **subespaço (vetorial) de** V se ele próprio for um espaço vetorial com as mesmas operações de V.

Conforme vimos no Exemplo 6.6, o conjunto solução S de um sistema homogêneo em n incógnitas é um espaço vetorial sobre $\mathbb{R}$. Como esse conjunto está contido em $\mathbb{R}^n$ e estamos utilizando as mesmas operações, segue da definição acima que tal S é um subespaço vetorial de $\mathbb{R}^n$. Usando a notação do Exemplo 6.7, segue que $V(\lambda)$ é também um subespaço vetorial de $\mathbb{R}^n$.

Seja V um espaço vetorial e $S \subset V$ um subconjunto não vazio de V. Para mostrar que S é ele mesmo um espaço vetorial com as mesmas operações de V, o simples fato de ser um subconjunto de um espaço vetorial já traz embutido, por si só, algumas propriedades herdadas do conjunto maior, conforme assinalamos no Exemplo 6.6. O resultado a seguir resume a discussão feita acima e será bastante útil na sequência.

6.2. SUBESPAÇOS VETORIAIS

Proposição 6.1 Sejam V um espaço vetorial e S um subconjunto de V. Então S é um subespaço vetorial de V se e somente se

(a) o elemento neutro de V pertencer a S;

(b) para todo par de vetores $u, v \in S$, a soma $u + v$ também pertencer a S; e

(c) para cada vetor $v \in S$ e todo escalar $\lambda \in \mathbb{R}$, o vetor $\lambda \cdot v$ pertencer a S.

DEMONSTRAÇÃO. Se S for um subespaço vetorial de V considerando as mesmas operações, é claro que valem as condições (a), (b) e (c). Assuma agora que S é um subconjunto de V satisfazendo as propriedades (a), (b) e (c). Com isso, as operações de V estarão bem definidas em S (propriedades (b) e (c)). Observe também que as propriedades (A1), (A2), (ME1), (ME2), (D1) e (D2) definidoras de espaço vetorial são herdadas por S pois são propriedades que valem para todos os elementos de V e, portanto, valem para todos os elementos de seu subconjunto S. Por sua vez, o item (a) garante a propriedade (A3). Falta mostrarmos a propriedade (A4). Para tal, seja $v \in S$. Sabemos que $-v$ existe e é um elemento de V. O que precisamos mostrar é que $-v$ está em S. Mas $-v = (-1)v$ (ver Exercício 6.1) e, portanto, utilizando-se do item (c) (para $\lambda = -1$), concluímos que $-v \in S$, como queríamos. □

Gostaríamos de observar que podemos, alternativamente, substituir a condição (a) da Proposição 6.1 pela informação de que o subconjunto S é não vazio (veja Exercício 6.6). Nossa opção pelo enunciado acima deve-se mais por questões didáticas. Vamos ver agora mais alguns exemplos de subespaços vetoriais (utilize a proposição acima para se convencer desses fatos).

Exemplo 6.8 Para um espaço vetorial V, os seus subconjuntos $\{0\}$ e V são obviamente subespaços de V.

Exemplo 6.9 Denote por $\mathbb{T}_n(\mathbb{R})$ o conjunto formado pelas matrizes triangulares inferiores $n \times n$. Lembramos que uma matriz $A = (a_{ij}) \in \mathbb{M}_n(\mathbb{R})$ é **triangular inferior** se $a_{ij} = 0$ quando $i < j$ (isto é, os valores acima da diagonal principal, são todos nulos). Por exemplo, as matrizes de $\mathbb{T}_3(\mathbb{R})$ são as do tipo

$$\begin{pmatrix} a_{11} & 0 & 0 \\ a_{21} & a_{22} & 0 \\ a_{31} & a_{32} & a_{33} \end{pmatrix} \quad \text{com} \quad a_{ij} \in \mathbb{R}.$$

É claro que a matriz nula pertence a $\mathbb{T}_n(\mathbb{R})$. Agora, como a soma de matrizes triangulares é triangular e o produto de uma matriz triangular por um escalar ainda é uma matriz triangular, concluímos que $\mathbb{T}_n(\mathbb{R})$ é um subespaço de $\mathbb{M}_n(\mathbb{R})$ (e, por si só, um espaço vetorial).

Exemplo 6.10 Para cada $m \geq 0$, denote por $\mathbb{R}[t]_m$ o subconjunto de $\mathbb{R}[t]$ formado por todos os polinômios de grau no máximo m e contendo adicionalmente o polinômio nulo. O leitor pode se convencer rapidamente que $\mathbb{R}[t]_m$ é um subespaço vetorial de $\mathbb{R}[t]$ observando que a soma de dois polinômios de grau no máximo m também terá grau no máximo m (se tal soma for não nula) e que o produto por um escalar não nulo não modifica o grau de um polinômio.

Exemplo 6.11 Seja I um subconjunto de $\mathbb{R}$. O conjunto $\mathcal{C}(I, \mathbb{R})$ das funções contínuas de I em $\mathbb{R}$ é um subespaço de $\mathcal{F}(I, \mathbb{R})$. Para ver isto, basta observar que a função nula é contínua, que a soma de duas funções contínuas é contínua, o mesmo ocorrendo com o produto de uma função contínua por um escalar (e utilizar a Proposição 6.1).

Seja agora V um espaço vetorial sobre $\mathbb{R}$ e considere U_1, U_2 dois subespaços vetoriais de V. A partir deles, podemos considerar naturalmente os seguintes subconjuntos de V:

$$U_1 \cap U_2 \quad \text{e} \quad U_1 + U_2 = \{u_1 + u_2 : u_1 \in U_1 \text{ e } u_2 \in U_2\}.$$

Utilizando-se a Proposição 6.1, não é difícil ver que ambos, $U_1 \cap U_2$ e $U_1 + U_2$, são subespaços vetoriais de V.

Vamos mostrar, por exemplo, que $U_1 + U_2$ é um subespaço de V. Observamos inicialmente que 0 é um de seus elementos pois pode ser escrito como uma soma de um elemento de U_1 com um de U_2 (basta considerar a soma $0+0$) e isso nos mostra a validade da condição (a) da Proposição 6.1. Vejamos agora que $U_1 + U_2$ é fechado para a soma de elementos. Considere, para tal, elementos $w_1, w_2 \in U_1 + U_2$. Então $w_1 = u_1^1 + u_2^1$ e $w_2 = u_1^2 + u_2^2$, onde $u_1^1, u_1^2 \in U_1$ e $u_2^1, u_2^2 \in U_2$. Dessa forma,

$$w_1 + w_2 = (u_1^1 + u_2^1) + (u_1^2 + u_2^2) = (u_1^1 + u_1^2) + (u_2^1 + u_2^2)$$

e isto nos mostra que $w_1 + w_2$ é a soma de um elemento de U_1, no caso $u_1^1 + u_1^2$, com um elemento de U_2, no caso $u_2^1 + u_2^2$. Com isso, a condição (b)

6.2. SUBESPAÇOS VETORIAIS

da Proposição 6.1 está satisfeita. De forma análoga, prova-se o item (c) dessa proposição e concluímos assim que $U_1 + U_2$ é um subespaço de V.

De forma similar, mostra-se que a interseção $U_1 \cap U_2$ dos subespaços U_1 e U_2 é um subespaço vetorial de V (Exercício 6.11).

Exemplo 6.12 Seja $V = \mathbb{M}_2(\mathbb{R})$ e considere os seus subespaços

$$U_1 = \left\{ \begin{pmatrix} a & b \\ c & d \end{pmatrix} : b = c \right\} \quad \text{e} \quad U_2 = \left\{ \begin{pmatrix} a & b \\ c & d \end{pmatrix} : b = 0 \right\}$$

(U_1 é o conjunto das matrizes 2×2 simétricas e U_2 o das matrizes triangulares inferiores $\mathbb{T}_2(\mathbb{R})$). Vamos calcular $U_1 \cap U_2$ e $U_1 + U_2$.

Seja $A = \begin{pmatrix} a & b \\ c & d \end{pmatrix} \in U_1 \cap U_2$. Pelo fato de A pertencer a U_1, teremos $b = c$ e, por A pertencer a U_2, segue $b = 0$. Juntando-se estas condições, concluímos que A deve ser tal que $b = c = 0$. Dessa forma, concluímos que

$$U_1 \cap U_2 = \left\{ \begin{pmatrix} a & 0 \\ 0 & d \end{pmatrix} : a, d \in \mathbb{R} \right\}.$$

Vamos mostrar agora que $U_1 + U_2 = \mathbb{M}_2(\mathbb{R})$. É claro que $U_1 + U_2 \subset \mathbb{M}_2(\mathbb{R})$ e, portanto, basta-nos mostrar a inclusão inversa. Queremos mostrar que toda matriz $A = \begin{pmatrix} a & b \\ c & d \end{pmatrix} \in \mathbb{M}_2(\mathbb{R})$ irá pertencer a $U_1 + U_2$. Observe, no entanto, que

$$A = \begin{pmatrix} a & b \\ c & d \end{pmatrix} = \begin{pmatrix} 0 & b \\ b & 0 \end{pmatrix} + \begin{pmatrix} a & 0 \\ c-b & d \end{pmatrix} \in U_1 + U_2$$

pois $\begin{pmatrix} 0 & b \\ b & 0 \end{pmatrix} \in U_1$ e $\begin{pmatrix} a & 0 \\ c-b & d \end{pmatrix} \in U_2$. Portanto $U_1 + U_2 = \mathbb{M}_2(\mathbb{R})$.

Há uma situação de soma de subespaços que é particularmente interessante. Isso ocorre quando a intersecção dos dois subespaços envolvidos for igual a $\{0\}$.

Definição 6.3 Sejam V um espaço vetorial e U_1, U_2 subespaços de V. A soma $U_1 + U_2$ é chamada de **direta** se $U_1 \cap U_2 = \{0\}$. Neste caso, denotamos tal soma como $U_1 \oplus U_2$.

A soma $U_1 + U_2$ construída no Exemplo 6.12 acima não é direta pois a intersecção $U_1 \cap U_2$ é não nula. Vamos fazer um exemplo de soma direta.

Exemplo 6.13 Seja $V = \mathbb{R}[t]_3$ e considere os subespaços:

$$U_1 = \{a + bt + ct^2 + dt^3 \in \mathbb{R}[t]_3 : a + b - c = 0 \text{ e } d = 0\} \quad \text{e}$$

$$U_2 = \{a + bt + ct^2 + dt^3 \in \mathbb{R}[t]_3 : a = 0, 2b + c = 0 \text{ e } b + 3d = 0\}.$$

Vamos calcular $U_1 \cap U_2$. Se $p(t) = a + bt + ct^2 + dt^3 \in U_1 \cap U_2$, então os seus coeficientes devem satisfazer tanto as condições $a + b - c = 0$ e $d = 0$ (definidoras para um polinômio estar em U_1) quanto $a = 0, 2b + c = 0$ e $b + 3d = 0$ (definidoras para um polinômio estar em U_2). Com isso, os coeficientes devem satisfazer o seguinte sistema:

$$\begin{cases} a + b - c & = 0 \\ d & = 0 \\ a & = 0 \\ 2b + c & = 0 \\ b + 3d & = 0 \end{cases}$$

que tem solução $a = b = c = d = 0$ (verifique). Com isso, $U_1 \cap U_2 = \{0\}$ e a soma $U_1 + U_2$ é direta. Vamos finalizar o exemplo calculando a soma $U_1 \oplus U_2$. Observe em primeiro lugar que se $p(t) = a + bt + ct^2 + dt^3$ está em U_1, então $a = -b + c$ e $d = 0$, logo os polinômios de U_1 são do tipo:

$$a + bt + ct^2 + dt^3 = (-b + c) + bt + ct^2 = b(-1 + t) + c(1 + t^2)$$

com $b, c \in \mathbb{R}$. Por sua vez, um elemento de U_2 será do tipo

$$a + bt + ct^2 + dt^3 = -3dt + 6t^2 + dt^3 = d(-3t + 6t^2 + t^3)$$

para $d \in \mathbb{R}$ (utilizamos as relações $a = 0, 2b + c = 0$ e $b + 3d = 0$). Com isso, um elemento de $U_1 + U_2$ será do tipo:

$$(b(-1 + t) + c(1 + t^2)) + (d(-3t + 6t^2 + t^3))$$

com $b, c, d \in \mathbb{R}$, ou, dito de outra forma, seus elementos serão combinações lineares dos polinômios $-1 + t, 1 + t^2$ e $-3t + 6t^2 + t^3$.

6.2. SUBESPAÇOS VETORIAIS

EXERCÍCIOS

Exercício 6.6 Seja V um subespaço vetorial e S um subconjunto não vazio de V. Mostre que S é um subespaço de V se e somente se S for fechado para as operações de adição e multiplicação por escalar definidas em V (isto é, valem as propriedades (b) e (c) da Proposição 6.1).

Exercício 6.7 Mostre que os subespaços de $\mathbb{R}^2$ são $\{0\}$, $\mathbb{R}^2$ ou uma reta passando pela origem.

Exercício 6.8 Em cada item abaixo, mostre que o subconjunto S é um subespaço vetorial de V.

(a) $S = \{(a,b,c) \in \mathbb{R}^3 : a - 2b + c = 0\}$ e $V = \mathbb{R}^3$.

(b) $S = \{p(t) \in \mathbb{R}[t] : p(0) = 0\}$ e $V = \mathbb{R}[t]$.

(c) S é o conjunto das matrizes simétricas 2×2 e $V = \mathbb{M}_2(\mathbb{R})$.

Exercício 6.9 Decida quais dos seguintes conjuntos são subespaços de $\mathbb{R}^2$:
(a) $A = \{(x,y) \in \mathbb{R}^2 : y = x^2\}$; (b) $B = \{(x,y) \in \mathbb{R}^2 : y = x+1\}$; e
(c) $C = \{(x,y) \in \mathbb{R}^2 : y = 2x\}$

Exercício 6.10 Seja U um subespaço vetorial de $\mathbb{R}^2$. Mostre que se $(1,0)$ e $(0,1)$ pertencem a U, então $U = \mathbb{R}^2$.

Exercício 6.11 Sejam U_1 e U_2 dois subespaços vetoriais de um espaço V.

(a) Mostre que a intersecção $U_1 \cap U_2$ é um subespaço vetorial de V.

(b) Mostre que a união $U_1 \cup U_2$ é um subespaço vetorial se e somente se $U_1 \subset U_2$ ou $U_2 \subset U_1$.

Exercício 6.12 Considere os seguintes subconjuntos de $V = \mathbb{M}_2(\mathbb{R})$:

$$U_1 = \left\{ \begin{pmatrix} a & 0 \\ 0 & d \end{pmatrix} \right\} \quad \text{e} \quad U_2 = \left\{ \begin{pmatrix} a & b \\ c & d \end{pmatrix} : a+b = 2b+d = a+d = 0 \right\}.$$

(a) Mostre que U_1 e U_2 são subespaços de V.

(b) Descreva os subespaços $U_1 \cap U_2$ e $U_1 + U_2$.

Exercício 6.13 Considere os seguintes subconjuntos de $V = \mathbb{M}_n(\mathbb{R})$: (i) U_1 formado por todas as matrizes simétricas de V; (ii) U_2 formado por todas as matrizes antissimétricas de V (ver Seção 3.1 para definições).

(a) Mostre que U_1 e U_2 são subespaços de V.

(b) Mostre que $V = U_1 \oplus U_2$ (relembre Exercício 3.9).

6.3 Bases do $\mathbb{R}^2$

Vamos discutir aqui, preliminarmente, alguns conceitos que aparecerão mais formalmente no próximo capítulo. Nosso objetivo é começarmos a nos acostumar com os conceitos de base, vetores linearmente (in)dependentes, conjuntos geradores, etc. Vamos iniciar nossa discussão, então, com o espaço vetorial $\mathbb{R}^2$.

Observe que, a partir das operações de adição de vetores e multiplicação por escalar, relembradas mais acima, é possível se escrever qualquer elemento (a, b) de $\mathbb{R}^2$ em termos dos valores $(1,0)$ e $(0,1)$. Basta observar que

$$(a, b) = (a, 0) + (0, b) = a(1, 0) + b(0, 1).$$

Outra maneira de dizer isto é que todo vetor (a, b) de $\mathbb{R}^2$ é uma *combinação linear* dos vetores $(1, 0)$ e $(0, 1)$ com coeficientes (reais) a e b.

Os vetores $(1,0)$ e $(0,1)$ formam, dessa forma, um *conjunto gerador* para a descrição de todos os elementos de $\mathbb{R}^2$. Uma outra característica dos elementos do conjunto $\{(1,0), (0,1)\}$ é que, além de descrevermos qualquer elemento de $\mathbb{R}^2$ como suas combinações lineares, tal descrição é única! Isto é, só existe uma única maneira de se escrever (a, b) em termos de $(1,0)$ e $(0,1)$, que é exatamente a que fizemos: $(a, b) = a(1, 0) + b(0, 1)$. Veremos mais adiante que estas propriedades são muito úteis do ponto de vista computacional, e um subconjunto com essas duas características (gerar todos os elementos do espaço vetorial e de forma única) será uma *base* para o espaço vetorial em questão. Por ora, vamos tentar entender o que está por trás de tais propriedades no caso específico do $\mathbb{R}^2$.

Poderíamos nos perguntar, por exemplo, se existem outros conjuntos de $\mathbb{R}^2$ satisfazendo estas mesmas propriedades, isto é, procuramos conjuntos $S \subset \mathbb{R}^2$ tais que todo elemento de $\mathbb{R}^2$ se escreve de forma única como combinação linear dos elementos de S. Além disto, poderíamos perguntar quantos

6.3. BASES DO $\mathbb{R}^2$

elementos um tal conjunto pode ter? Será que podemos ter um tal conjunto S com três ou mais elementos, por exemplo? Para começarmos a responder essas perguntas, vamos fazer mais algumas contas.

Considere, por exemplo, o conjunto $S' = \{(1,1),(1,-1)\}$ e vamos escrever os vetores $(3,1)$ e $(1,0)$ como combinação linear dos elementos desse conjunto:

$$(3,1) = 2(1,1) + 1(1,-1) \quad \text{e} \quad (1,0) = \frac{1}{2}(1,1) + \frac{1}{2}(1,-1)$$

Em geral, dado $(a,b) \in \mathbb{R}^2$, podemos escrever

$$\begin{aligned}(a,b) &= \left(\tfrac{a+b}{2} + \tfrac{a-b}{2}, \tfrac{a+b}{2} - \tfrac{a-b}{2}\right) = \\ &= \left(\tfrac{a+b}{2}, \tfrac{a+b}{2}\right) + \left(\tfrac{a-b}{2}, -\tfrac{a-b}{2}\right) = \\ &= \left(\tfrac{a+b}{2}\right)(1,1) + \left(\tfrac{a-b}{2}\right)(1,-1)\end{aligned}$$

(não se preocupe, por ora, de onde surgiu essa decomposição dos valores a e b, veremos a seguir como se chega a ela). Então, todo elemento de $\mathbb{R}^2$ pode ser escrito como combinação linear de $(1,1)$ e $(1,-1)$ utilizando-se os coeficientes $\frac{a+b}{2}$ e $\frac{a-b}{2}$. Isto dá conta da afirmação de que todo elemento de $\mathbb{R}^2$ se escreve em termos de $(1,1)$ e $(1,-1)$. E quanto à unicidade? Para organizarmos nossas ideias, voltemos ao elemento $(3,1)$. Queremos achar valores x e y tais que $(3,1) = x(1,1) + y(1,-1)$ e nos convencermos de que existe uma única solução para tal (vimos acima que $x = 2$ e $y = 1$ serve, mas poderia ser que existissem outras soluções). Usando a igualdade

$$(3,1) = x(1,1) + y(1,-1) = (x,x) + (y,-y) = (x+y, x-y)$$

chega-se ao sistema

$$\begin{cases} x + y = 3 \\ x - y = 1 \end{cases}$$

Somando-se as duas equações, chegamos a $2x = 4$ e, portanto, $x = 2$. Substituindo-se x por 2 em qualquer uma das equações, segue $y = 1$. Fica então claro que a solução que tínhamos é a única possível, isto é, $(3,1)$ pode ser escrito em termos de $(1,1)$ e $(1,-1)$ de uma única maneira: $(3,1) = 2(1,1) + 1(1,-1)$. Em geral, para se descrever um elemento (a,b) em termos de $(1,1)$ e $(1,-1)$, basta resolver o sistema

$$\begin{cases} x + y = a \\ x - y = b \end{cases}$$

que tem uma única solução, a saber, $x = \frac{a+b}{2}$ e $y = \frac{a-b}{2}$ (verifique!). É a solução que apareceu mais acima.

Logo, existem outros conjuntos que geram $\mathbb{R}^2$ no sentido de que todo elemento de $\mathbb{R}^2$ se escreve como combinação linear dos elementos desses conjuntos e que, além disso, esta forma de escrever é única. Vimos também que os dois conjuntos S e S' acima têm algo em comum, qual seja, o número de seus elementos, no caso 2. Vamos nos deter um pouco mais nesta característica.

Primeiro observamos que estamos analisando duas condições sobre um subconjunto S de $\mathbb{R}^2$ que, como veremos mais adiante, são condições independentes (isto é, qualquer uma delas pode valer sem que a outra também valha):

- Todo elemento de $\mathbb{R}^2$ se escreve como combinação linear de elementos de S, isto é, S é um conjunto gerador de $\mathbb{R}^2$.

- Tal decomposição em termos de elementos de S é única.

Exemplo 6.14 Considere agora o conjunto $S'' = \{(1,0),(1,-1),(2,1)\}$. Vamos mostrar que ele é um conjunto gerador de $\mathbb{R}^2$. Vamos inicialmente escrever o elemento $(2,2) \in \mathbb{R}^2$ em termos dos elementos de S'', isto é, buscamos elementos $x, y, z \in \mathbb{R}$ tais que

$$(2,2) = x(1,0) + y(1,-1) + z(2,1) = (x + y + 2z, -y + z).$$

Chegamos então ao sistema

$$\begin{cases} x + y + 2z = 2 \\ -y + z = 2 \end{cases} \text{(equivalente a)} \begin{cases} x + 3z = 4 \\ y - z = -2 \end{cases}$$

(no forma escalonada principal). É fácil ver que podemos escolher z como variável independente e, para cada valor atribuído a ela, iremos conseguir uma solução para nossa questão usando os fatos de que $x = 4 - 3z$ e $y = -2 + z$. Por exemplo, se escolhermos z igual a 1, 0, -1 e 2, por exemplo, teremos, respectivamente, as seguintes relações,

$(2,2) = 1(1,0) - 1(1,-1) + 1(2,1) \qquad (2,2) = 4(1,0) - 2(1,-1) + 0(2,1)$

$(2,2) = 7(1,0) - 3(1,-1) - 1(2,1) \qquad (2,2) = -2(1,0) + 0(1,-1) + 2(2,1)$

6.3. BASES DO $\mathbb{R}^2$

isto é, $(2,2)$ pode ser escrito como combinação linear dos elementos do conjunto S'' mas não de forma única. Antes de prosseguirmos, observe que, dado (a,b) em $\mathbb{R}^2$, para cada $z \in \mathbb{R}$, temos que

$$(a,b) = (a+b-z)(1,0) + (z-b)(1,-1) + z(2,1)$$

(para se convencer disso, refaça a conta que fizemos acima substituindo o vetor $(2,2)$ por (a,b) e resolva o sistema correspondente). Com isso, teremos infinitas maneiras de se escrever (a,b) como uma combinação linear dos elementos do conjunto S'' (uma para cada valor de $z \in \mathbb{R}$).

Ao analisarmos o exemplo acima, podemos generalizar um argumento que apareceu por lá. Seja

$$S = \{(a_1,b_1),(a_2,b_2),\cdots,(a_n,b_n)\}, \quad \text{com} \quad n \geq 3,$$

um conjunto gerador de $\mathbb{R}^2$. Com isso, todo elemento (a,b) pode ser escrito como uma combinação linear dos elementos $(a_1,b_1),\cdots,(a_n,b_n)$. Logo, existem $x_1,\cdots,x_n \in \mathbb{R}$ tais que

$$(a,b) = x_1(a_1,b_1) + \cdots + x_n(a_n,b_n) = (a_1x_1 + \cdots + a_nx_n, b_1x_1 + \cdots + b_nx_n)$$

Dessa forma, chegamos ao sistema:

$$\begin{cases} a_1x_1 + \cdots + a_nx_n = a \\ b_1x_1 + \cdots + b_nx_n = b \end{cases} \quad (*)$$

Pelo que vimos no Capítulo 2, ao escalonarmos o sistema $(*)$, teremos $n-2$ (≥ 1) incógnitas independentes (o sistema tem duas equações e n incógnitas $x_1,\cdots,x_n$, com $n \geq 3$). Como cada incógnita independente pode assumir qualquer valor real, teremos ao final infinitas soluções distintas para $(*)$ e, portanto, infinitas formas de se escrever (a,b) como combinação linear dos elementos $(a_1,b_1),\cdots,(a_n,b_n)$.

Concluímos então que se quisermos um conjunto gerador S de $\mathbb{R}^2$ com a propriedade extra de que cada elemento de $\mathbb{R}^2$ se escreve de forma única como combinação linear dos elementos de S, então S tem que ter no máximo 2 elementos. Por outro lado, se $S = \{(a_1,b_1)\}$ for um conjunto unitário, então ele não poderá gerar $\mathbb{R}^2$. Na realidade, tal conjunto iria gerar apenas os elementos que são múltiplos de (a_1, b_1). De outra forma e caso $(a_1, b_1) \neq 0$, S iria gerar, geometricamente, apenas os pontos da reta que passa por $(0,0)$ e (a_1, b_1).

Observe, por fim, que não dissemos que qualquer conjunto com dois elementos gera $\mathbb{R}^2$. Por exemplo, nem todo elemento $(a, b) \in \mathbb{R}^2$ pode ser escrito em função dos elementos de $\{(1,1), (2,2)\}$ (tente escrever o elemento $(3,2)$ como combinação linear de $(1,1)$ e $(2,2)$ para se convencer da impossibilidade mencionada).

Nos próximos capítulos, vamos generalizar e formalizar o que discutimos acima.

EXERCÍCIOS

Exercício 6.14 Decida quais dos conjuntos abaixo são geradores do $\mathbb{R}^2$ e, dentre esses, em quais deles se consegue a unicidade de escrita dos elementos de $\mathbb{R}^2$ na correspondente combinação linear:

(a) $\{(1,1), (1,0), (2,0)\}$; (b) $\{(1,2), (-2,-4)\}$; (c) $\{(2,1), (-1,3)\}$

Exercício 6.15 Encontre um conjunto gerador do $\mathbb{R}^2$ contendo o vetor $(-2, 3)$.

Exercício 6.16 Encontre um subconjunto S' de $S = \{(1, -2), (0, 1), (2, 1)\}$ tal que todo elemento de $\mathbb{R}^2$ se escreva como combinação linear de forma única dos elementos em S'.

Exercício 6.17 Defina, em comparação ao feito com $\mathbb{R}^2$, conjuntos geradores para $\mathbb{R}^3$ e decida se os conjuntos abaixo são geradores a partir desta definição.
(a) $\{(1,2,0), (0,1,1), (1,0,1)\}$; (b) $\{(1,2,0), (0,1,1), (1,1,-1)\}$;
(c) $\{(1,1,0), (0,1,1), (1,0,1), (1,1,1)\}$.

Exercício 6.18 (a) Mostrar que se $S = \{(a_1, b_1, c_1), \cdots, (a_m, b_m, c_m)\}$ é um conjunto gerador para $\mathbb{R}^3$, então $m \geq 3$.

(b) Mostrar que se todo elemento de $\mathbb{R}^3$ se escreve como combinação linear dos elementos de $S = \{(a_1, b_1, c_1), \cdots, (a_m, b_m, c_m)\}$ de forma única, então $m = 3$.

Exercício 6.19 Generalize o Exercício 6.18 para $\mathbb{R}^n$, $n \geq 4$.

Capítulo 7

Bases de Espaços Vetoriais

Como vimos na Seção 6.3 acima, é possível se conseguir um conjunto $\{v_1, v_2\} \subset \mathbb{R}^2$ tal que todo elemento do espaço vetorial $\mathbb{R}^2$ se escreve na forma $\alpha_1 v_1 + \alpha_2 v_2$ com os valores $\alpha_1, \alpha_2 \in \mathbb{R}$ univocamente determinados. Nosso objetivo nos Capítulos 7 e 8 será o de discutir uma propriedade análoga para um espaço vetorial V em geral.

7.1 Conjuntos geradores

Seja V um espaço vetorial. Como fizemos em alguns casos particulares, dados vetores $v_1, \cdots, v_n \in V$ e escalares $\alpha_1, \cdots, \alpha_n$ em $\mathbb{R}$, podemos definir a **combinação linear** $v = \alpha_1 v_1 + \alpha_2 v_2 + \cdots + \alpha_n v_n$, que é, obviamente, um elemento de V. Veremos ao longo deste texto que, fixado um conjunto S de vetores, é possível se transferir certas informações dos vetores de S para o conjunto formado por todas as suas combinações lineares. Com isso em mente, estaremos interessados em, dado um espaço vetorial V, encontrar conjuntos (de preferência *pequenos*) tais que todo elemento de V se escreva como combinação linear de elementos desses conjuntos menores. É claro que o próprio espaço V tem essa propriedade requerida para S (todo elemento de V é combinação linear de elementos de V de forma trivial!).

Dentro de nossa estratégia, no entanto, estaremos procurando conjuntos S com a propriedade acima mas que sejam os *menores* possíveis. No capítulo anterior nós discutimos essa questão informalmente para o espaço $\mathbb{R}^2$. Em geral, isso pode ser equacionado como sendo responder à pergunta:

- Dado um espaço vetorial V, existe um subconjunto $S \subset V$ tal que todo elemento de V pode ser escrito como combinação linear de elementos de S de forma única?

Veremos que a resposta a essa pergunta é afirmativa e que o *número* de elementos de um tal conjunto S é um invariante de V (isto é, só depende do espaço vetorial dado). Iremos discutir essa questão nas próximas seções. Comecemos com a questão de um conjunto *gerar* um (sub)espaço vetorial.

Observação 7.1 Sejam V um espaço vetorial e $S \subset V$ um subconjunto não vazio. Definimos o conjunto $[S]$ formado por todas as possíveis combinações lineares de elementos de S, isto é,

$$[S] = \{\alpha_1 v_1 + \cdots + \alpha_n v_n \colon v_1, \cdots, v_n \in S \text{ e } \alpha_1, \cdots, \alpha_n \in \mathbb{R}\}.$$

Não é difícil verificar que $[S]$ é um subespaço de V (utilize, para tal, a Proposição 6.1).

Definição 7.1 Dado um subconjunto não vazio S de um espaço vetorial V, o subespaço $[S]$ é chamado de **subespaço gerado por** S. O conjunto S é, nesse caso, chamado de **conjunto gerador** de $[S]$.

Vamos ver alguns exemplos da situação acima.

Exemplo 7.1 Considere o seguinte subconjunto $S = \{(1,-1,2)\}$ do espaço vetorial $\mathbb{R}^3$. Então o subespaço vetorial $[S]$ pode ser descrito como sendo o conjunto $\{\alpha(1,-1,2) \colon \alpha \in \mathbb{R}\}$. Geometricamente, $[S]$ pode ser visto como sendo os pontos da reta em $\mathbb{R}^3$ que passa pela origem $(0,0,0)$ e por $(1,-1,2)$. Em geral, se $(a,b,c) \in \mathbb{R}^3$ for não nulo, então o subespaço $[\{(a,b,c)\}]$ é formado pelos pontos da reta em $\mathbb{R}^3$ que passa pela origem $(0,0,0)$ e por (a,b,c). Observe também que se $S' = \{(1,-1,2),(-2,2,-4)\}$ então as combinações lineares dos elementos de S e de S' coincidem. De fato, se $v = \alpha(1,-1,2) \in [S]$ ($\alpha \in \mathbb{R}$), então, obviamente $v = \alpha(1,-1,2) + 0(-2,2,-4)$ que estará em $[S']$ (por ser combinação linear dos elementos de S'). Por sua vez, se $v = \alpha(1,-1,2) + \beta(-2,2,-4)$ (com $\alpha, \beta \in \mathbb{R}$) for um elemento de $[S']$, então

$$\begin{aligned} v &= \alpha(1,-1,2) + \beta(-2,2,-4) = \\ &= \alpha(1,-1,2) + \beta(-2)(1,-1,2) = \\ &= (\alpha - 2\beta)(1,-1,2) \end{aligned}$$

7.1. CONJUNTOS GERADORES

e $v \in [S]$. Logo, $[S'] = [S]$.

Exemplo 7.2 Seja agora $S = \{(1, -1, 2), (2, 0, 1)\} \subset \mathbb{R}^3$. Nesse caso, o subespaço $[S]$ é

$$[S] = \{\alpha(1, -1, 2) + \beta(2, 0, 1) \colon \alpha, \beta \in \mathbb{R}\}$$

e portanto ele é formado pelos pontos do plano definido pelos três pontos $(0, 0, 0), (1, -1, 2)$ e $(2, 0, 1)$. Em geral, se (a_1, a_2, a_3) e (b_1, b_2, b_3) forem vetores não nulos que não são múltiplos um do outro, então o subespaço $[\{(a_1, a_2, a_3), (b_1, b_2, b_3)\}]$ será formado pelos pontos do plano definido por $(0, 0, 0), (a_1, a_2, a_3)$ e (b_1, b_2, b_3). O que aconteceria com $[S]$ se (a_1, a_2, a_3) fosse um múltiplo de (b_1, b_2, b_3)?

Exemplo 7.3 Seja $S = \{1, t, t^2, \cdots, t^n\} \subset \mathbb{R}[t]$. Então o conjunto $[S]$ das combinações lineares dos elementos de S é o subespaço $\mathbb{R}[t]_n$, ou de outra forma, S é um conjunto gerador para $\mathbb{R}[t]_n$. Para tanto, considere o polinômio $p(t) = a_0 + a_1 t + \cdots + a_n t^n \in \mathbb{R}[t]_n$. É claro então que $p(t)$ é a combinação linear dos elementos $1, t, t^2, \cdots, t^n$ de S com coeficientes $a_0, a_1, \cdots, a_n \in \mathbb{R}$. Logo, $[S] = \mathbb{R}[t]_n$.

Exemplo 7.4 Vamos mostrar agora que $\mathbb{R}[t]_2 = [\{2, 1+t, 1+t-t^2, t+2t^2\}]$. Precisamos mostrar que, dado um polinômio $p(t) = a_0 + a_1 t + a_2 t^2 \in \mathbb{R}[t]_2$, existem escalares $\alpha, \beta, \gamma, \delta \in \mathbb{R}$ tais que

$$p(t) = \alpha \cdot 2 + \beta \cdot (1+t) + \gamma \cdot (1+t-t^2) + \delta \cdot (t+2t^2).$$

Desenvolvendo essa igualdade, segue

$$a_0 + a_1 t + a_2 t^2 = (2\alpha + \beta + \gamma) + (\beta + \gamma + \delta)t + (-\gamma + 2\delta)t^2$$

o que gera o seguinte sistema

$$\begin{cases} 2\alpha + \beta + \gamma & = a_0 \\ \beta + \gamma + \delta & = a_1 \\ -\gamma + 2\delta & = a_2 \end{cases} \quad (*)$$

onde $\alpha, \beta, \gamma, \delta$ são as incógnitas. O problema se resume a encontrar soluções desse sistema em função de a_0, a_1 e a_2. Observe que o sistema acima está na forma escalonada onde podemos escolher δ como incógnita independente e α, β

e γ como incógnitas dependentes. Portanto, para cada valor de δ, teríamos as soluções

$$\gamma = 2\delta - a_2$$
$$\beta = a_1 - \gamma - \delta = a_1 - (2\delta - a_2) - \delta = a_1 + a_2 - 3\delta \quad \text{e}$$
$$\alpha = \frac{a_0 - \beta - \gamma}{2} = \frac{a_0 - (a_1 + a_2 - 3\delta) - (2\delta - a_2)}{2} = \frac{\delta + a_0 - a_1}{2}$$

Por exemplo, se $p(t) = 1 - 2t + 3t^2$, e se escolhermos $\delta = 0$, teremos $\alpha = \frac{3}{2}$, $\beta = 1$ e $\gamma = -3$. Logo,

$$1 - 2t + 3t^2 = \frac{3}{2} \cdot (2) + 1 \cdot (1+t) - 3 \cdot (1+t-t^2) + 0 \cdot (t+2t^2)$$

e $1 - 2t + 3t^2$ se escreve como combinação linear dos polinômios em S. Para o mesmo polinômio, escolhendo valores $\delta = -3$, ou $\delta = 1$, teríamos, respectivamente, que

$$1 - 2t + 3t^2 = 0 \cdot (2) + 10 \cdot (1+t) - 9 \cdot (1+t-t^2) - 3 \cdot (t+2t^2)$$
$$1 - 2t + 3t^2 = 2 \cdot (2) - 2 \cdot (1+t) - 1 \cdot (1+t-t^2) + 1 \cdot (t+2t^2)$$

Observe que, em particular, cada polinômio de $\mathbb{R}[t]_2$ pode ser escrito de diversas maneiras como combinação linear dos polinômios $2, 1+t, 1+t-t^2$ e $t+2t^2$. Em todo caso, mostramos que $S = \{2, 1+t, 1+t-t^2, t+2t^2\}$ é um conjunto gerador para $\mathbb{R}[t]_2$. Vamos refazer essa nossa análise para o conjunto $S' = \{2, 1+t, 1+t-t^2\}$ (que é um subconjunto próprio do conjunto gerador original). Repetindo-se o argumento acima, chegamos a um sistema

$$\begin{cases} 2\alpha + \beta + \gamma = a_0 \\ \beta + \gamma = a_1 \\ -\gamma = a_2 \end{cases}$$

onde não existem incógnitas independentes e a única solução será $\gamma = -a_2$, $\beta = a_1 + a_2$ e $\alpha = \frac{a_0 - a_1}{2}$. Retornando ao mesmo polinômio que consideramos acima, ele pode ser escrito de uma única forma como combinação linear dos elementos de S':

$$1 - 2t + 3t^2 = \frac{3}{2} \cdot (2) + 1 \cdot (1+t) - 3 \cdot (1+t-t^2).$$

Observe que S' será também um conjunto gerador para $\mathbb{R}[t]_2$ mas com a vantagem da unicidade. Voltaremos a essa questão mais adiante.

7.1. CONJUNTOS GERADORES

Como dissemos no começo da seção, estamos particularmente interessados no caso em que, dados um espaço vetorial V e um subconjunto $S \subset V$, o subespaço $[S]$ gerado por S é todo o espaço V ou, em outras palavras, que S seja um conjunto gerador de V.

Vamos discutir um pouco isso para o espaço $\mathbb{R}^3$. Observe que se $S = \{(1,0,0), (0,1,0), (0,0,1)\}$ então, obviamente, $[S] = V$. De fato, dado um elemento $(a,b,c) \in \mathbb{R}^3$, teremos

$$(a,b,c) = a(1,0,0) + b(0,1,0) + c(0,0,1).$$

Além disso, essa é a *única maneira* de se escrever (a,b,c) como uma combinação linear dos elementos de S. É claro que existem outros conjuntos com essas mesmas propriedades. Vamos considerar, por exemplo, o conjunto $S' = \{(1,1,0), (1,-1,1), (0,1,1)\}$. Para justificar o que acabamos de dizer, precisamos encontrar, a partir de um dado $(a,b,c) \in \mathbb{R}^3$, valores α, β e γ em $\mathbb{R}$ (escritos em função de a, b e c) tais que

$$(a,b,c) = \alpha(1,1,0) + \beta(1,-1,1) + \gamma(0,1,1) = (\alpha+\beta, \alpha-\beta+\gamma, \beta+\gamma)$$

Com isso, chegamos a um sistema

$$\begin{cases} \alpha + \beta & = a \\ \alpha - \beta + \gamma & = b \\ \beta + \gamma & = c \end{cases}$$

que, após um escalonamento, será equivalente a

$$\begin{cases} \alpha + \beta & = a \\ 2\beta - \gamma & = a - b \\ 3\gamma & = b - a + 2c \end{cases}$$

Esse sistema tem solução (única) dada por

$$\alpha = \frac{2a+b-c}{3}, \qquad \beta = \frac{a-b+c}{3} \quad \text{e} \quad \gamma = \frac{b-a+2c}{3}.$$

Por exemplo, dado o vetor $(2,1,-1)$, os coeficientes serão $\alpha = 2$, $\beta = 0$ e $\gamma = -1$ e portanto

$$(2,1,-1) = 2(1,1,0) + 0(1,-1,1) - 1(0,1,1)$$

é a única maneira de se escrever $(2, 1, -1)$ como combinação linear de elementos de S'.

Considere agora $S'' = \{(1, -1, 0), (1, 1, 1), (-1, 2, 1), (-1, 0, 1)\}$ e vamos escrever o elemento $(a, b, c) \in \mathbb{R}^3$ como combinação linear de seus elementos. A relação

$$(a, b, c) = \alpha(1, -1, 0) + \beta(1, 1, 1) + \gamma(-1, 2, 1) + \delta(-1, 0, 1)$$

nos leva ao sistema

$$\begin{cases} \alpha + \beta - \gamma - \delta = a \\ -\alpha + \beta + 2\gamma = b \\ \beta + \gamma + \delta = c \end{cases}$$

que, escalonado em sua forma principal, é equivalente a

$$\begin{cases} \alpha + 4\delta = -a - 2b + 3c \\ \beta - 2\delta = a + b - c \\ \gamma + 3\delta = -a - b + 2c \end{cases}$$

As soluções serão (em função de a, b, c e δ) então

$$\alpha = -a - 2b + 3c - 4\delta, \qquad \beta = a + b - c + 2\delta \qquad \text{e} \qquad \gamma = -a - b + 2c - 3\delta.$$

Aqui, o vetor $(2, 1, -1)$ pode ser escrito como combinação linear dos elementos de S'' de várias maneiras, uma para cada escolha de $\delta \in \mathbb{R}$. Por exemplo, para $\delta = 0, -1$ e 2, teremos, respectivamente,

$$(2, 1, -1) = -7(1, -1, 0) + 4(1, 1, 1) - 5(-1, 2, 1) + 0(-1, 0, 1)$$

$$(2, 1, -1) = -3(1, -1, 0) + 2(1, 1, 1) - 2(-1, 2, 1) - 1(-1, 0, 1)$$

$$(2, 1, -1) = -15(1, -1, 0) + 8(1, 1, 1) - 11(-1, 2, 1) + 2(-1, 0, 1).$$

Até aqui, analisamos exemplos de conjuntos geradores de $\mathbb{R}^3$. Vamos agora analisar um contendo um conjunto com três elementos que não é um conjunto gerador de $\mathbb{R}^3$. Considere $S''' = \{(-2, 1, 1), (1, 2, -1), (-7, -4, 5)\}$ e, como acima, vamos tentar escrever o elemento $(a, b, c) \in \mathbb{R}^3$ como combinação linear dos elementos de S''':

$$(a, b, c) = \alpha(-2, 1, 1) + \beta(1, 2, -1) + \gamma(-7, -4, 5) \qquad (*)$$

7.1. CONJUNTOS GERADORES

Isso gera o seguinte sistema

$$\begin{cases} -2\alpha + \beta - 7\gamma = a \\ \alpha + 2\beta - 4\gamma = b \\ \alpha - \beta + 5\gamma = c \end{cases}$$

que, escalonando, nos dá

$$\begin{cases} -2\alpha + \beta - 7\gamma = a \\ 5\beta - 15\gamma = 2b + a \\ 0 = 6a + 2b + 10c \end{cases}$$

Segue então que, necessariamente, $6a + 2b + 10c = 0$, isto é, não são todos os elementos $(a, b, c) \in \mathbb{R}^3$ que tem uma solução α, β, γ para resolver a igualdade $(*)$, só os que satisfazem a relação $6a + 2b + 10c = 0$. Por exemplo, não conseguiríamos escrever o elemento $(1, 1, 1)$ como combinação linear dos elementos de S'''. Segue também do discutido acima uma descrição do subespaço gerado por S'''. Teremos que

$$[S'''] = \{(a, b, c) \in \mathbb{R}^3 : 6a + 2b + 10c = 0\}$$

Iremos, nas próximas seções, aprofundar um pouco mais essa discussão.

EXERCÍCIOS

Exercício 7.1 Sejam V um espaço vetorial e $S \subset V$ um subconjunto não vazio. Mostre que o conjunto

$$[S] = \{\alpha_1 v_1 + \cdots + \alpha_n v_n : v_1, \cdots, v_n \in S \text{ e } \alpha_1, \cdots, \alpha_n \in \mathbb{R}\}$$

é um subespaço de V.

Exercício 7.2 Sejam $u, v, w \in V$ como abaixo. Decida se u é uma combinação linear de v e w.

(a) $V = \mathbb{R}^3$, $u = (4, 6, -4)$, $v = (-3, 0, 5)$ e $w = (1, 2, 2)$.

(b) $V = \mathbb{R}^4$, $u = (0, 0, 0, 1)$, $v = (\pi, 2, -1, 0)$ e $w = (-2\pi, -4, 2, 1)$.

(c) $V = \mathbb{R}[t]$, $u = t^3 + 2t$, $v = t^3 + 2t^2 - 3$ e $w = t^2 - t - \frac{3}{2}$.

(d) $V = \mathbb{R}^3$, $u = (1, 1, 1)$, $v = (3, 0, -1)$ e $w = (-6, 0, 2)$.

(e) $V = \mathbb{M}_2(\mathbb{R})$, $u = \begin{pmatrix} 1 & 7 \\ 6 & 1 \end{pmatrix}$, $v = \begin{pmatrix} -1 & 2 \\ 0 & 2 \end{pmatrix}$ $w = \begin{pmatrix} 1 & 1 \\ 2 & -1 \end{pmatrix}$.

Exercício 7.3 Para quais matrizes abaixo é possível se conseguir um conjunto gerador de $\mathbb{R}^2$ formado por seus autovetores?

(a) $\begin{pmatrix} -1 & 0 \\ 0 & -1 \end{pmatrix}$ (b) $\begin{pmatrix} -1 & 0 \\ 1 & -1 \end{pmatrix}$ (c) $\begin{pmatrix} 2 & -2 \\ -3 & -3 \end{pmatrix}$ (d) $\begin{pmatrix} 1 & 3 \\ -1 & -2 \end{pmatrix}$

Exercício 7.4 Quais dos conjuntos abaixo são conjuntos geradores de $\mathbb{R}^3$? Em caso positivo, escreva os elementos $(1,1,1)$ e (a,b,c) como combinação linear dos elementos do correspondente conjunto (em quais deles existe uma única maneira de se escrever esta combinação linear?).

(a) $\{(0,1,0),(1,1,1),(-1,0,1)\}$ (b) $\{(3,1,0),(0,-2,-2),(3,-3,-4)\}$

(c) $\{(1,-1,1),(1,1,-1)\}$ (d) $\{(1,1,0),(0,1,1),(1,0,1),(1,1,1)\}$

Exercício 7.5 Mostre que o conjunto abaixo gera $\mathbb{M}_2(\mathbb{R})$:

$$\left\{\begin{pmatrix} 1 & -2 \\ 0 & 1 \end{pmatrix}, \begin{pmatrix} 1 & 1 \\ 3 & 0 \end{pmatrix}, \begin{pmatrix} 0 & 1 \\ -2 & 1 \end{pmatrix}, \begin{pmatrix} 1 & 0 \\ -1 & 0 \end{pmatrix}\right\}$$

Exercício 7.6 Para quais valores de $a \in \mathbb{R}$, o conjunto abaixo gera $\mathbb{R}^3$?

$$\{(1,a,0),(a,1,1),(-2,-2,-1)\}$$

Exercício 7.7 Em cada item abaixo, decida se o vetor v está no subespaço U de V.

(a) $V = \mathbb{R}^3$, $v = (0,-4,2)$, $U = [(-1,2,0),(2,1,0)]$;

(b) $V = \mathbb{R}[t]_3$, $v = t^3 + t^2 + t + 1$, $U_1 = [t^3 + 1, t^2 - 1, t + 1]$.

Exercício 7.8 Encontre um conjunto gerador para cada um dos seguintes subespaços:

(a) $\{p \in \mathbb{R}[t]_3 : p(1) = p(0) = 0\}$;

(b) $\{p \in \mathbb{R}[t]_2 : p(1) = p(0) = 0\}$;

(c) $\{(x,y,z,w) \in \mathbb{R}^4 : x - z + y + w = 0\}$;

7.1. CONJUNTOS GERADORES

(d) $\{(x, y, z, w) \in \mathbb{R}^4 : x - z = 0, y + w = 0\}$

(e) $\{M = (a_{ij}) \in \mathbb{M}_2(\mathbb{R}) : a_{11} + a_{12} + a_{21} + a_{22} = 0\}$;

Exercício 7.9 Mostre que $\mathbb{R}[t]$ não pode ser gerado por um conjunto finito de polinômios.

Exercício 7.10 Mostre que todo espaço vetorial tem um conjunto gerador.

Exercício 7.11 (a) Encontre um conjunto gerador de $\mathbb{R}^2$ contendo $(-1, 3)$.

(b) Encontre um conjunto gerador de $\mathbb{R}[t]_3$ contendo $t^3 + t^2 - 1$ e $t^3 - t^2 + 2$.

(c) Encontre um conjunto gerador de $\mathbb{M}_2(\mathbb{R})$ contendo as matrizes

$$\begin{pmatrix} 1 & 1 \\ -1 & 0 \end{pmatrix} \text{ e } \begin{pmatrix} -1 & 0 \\ 2 & 0 \end{pmatrix}.$$

Exercício 7.12 Mostre que se $\mathcal{A}$ for um conjunto gerador de um espaço vetorial V e que se $\mathcal{B}$ for um conjunto que contém $\mathcal{A}$, então $\mathcal{B}$ será um conjunto gerador de V.

Exercício 7.13 Sejam $v_1 = (1, 2), v_2 = (1, -1)$ e $v_3 = (2, 1)$ em $\mathbb{R}^2$ e U o subespaço de $\mathbb{R}^2$ gerado por v_1, v_2 e v_3.

(a) Escreva o vetor v_3 como combinação linear de v_1 e v_2.

(b) Mostre que U é gerado por v_1 e v_2.

Exercício 7.14 Assuma que o conjunto $S = \{v_1, v_2, v_3\}$ seja gerador de $\mathbb{R}^3$.

(a) Mostre que o conjunto $S_1 = \{2v_1 + v_2, v_1 - v_3, 3v_2\}$ também é um conjunto gerador de $\mathbb{R}^3$.

(b) Mostre que o conjunto $S_2 = \{2v_1 + v_2, v_1 - v_3, v_2 - 2v_3\}$ não gera $\mathbb{R}^3$. Neste caso, descreva o subespaço gerado por S_2 (em termos de v_1, v_2, v_3).

7.2 Independência linear

Vimos na seção anterior alguns exemplos de conjuntos geradores de espaços vetoriais. Por exemplo, mostramos que os seguintes conjuntos

$$S' = \{(1,1,0),(1,-1,1),(0,1,1)\} \quad \text{e}$$

$$S'' = \{(1,-1,0),(1,1,1),(-1,2,1),(-1,0,1)\}$$

são conjuntos geradores de $\mathbb{R}^3$. Tanto em um caso quanto no outro, podemos escrever qualquer vetor de $\mathbb{R}^3$ como combinação linear de elementos do conjunto em questão. No entanto, como observamos na discussão feita, existia uma diferença significativa quando consideramos esses dois conjuntos. Enquanto que um vetor de $\mathbb{R}^3$ pode ser escrito de forma única como combinação linear de elementos de S', o mesmo não é verdade para o conjunto S''. Para esse último conjunto, cada vetor de $\mathbb{R}^3$ pode ser escrito de infinitas maneiras como combinação linear de seus elementos. Observe, então, que, em particular, um dos elementos de S'' pode ser escrito como combinação linear dos outros, por exemplo,

$$(-1,0,1) = 4(1,-1,0) - 2(1,1,1) + 3(-1,2,1) \qquad (*)$$

Com isso, o conjunto

$$S'' \setminus \{(-1,0,1)\} = \{(1,-1,0),(1,1,1),(-1,2,1)\}$$

(isto é, o conjunto resultante após retirarmos o elemento $(-1,0,1)$ de S'') é também um conjunto gerador de $\mathbb{R}^3$, pois qualquer combinação linear dos vetores $(1,-1,0),(1,1,1),(-1,2,1)$ e $(-1,0,1)$ pode ser escrita como combinação linear dos vetores $(1,-1,0),(1,1,1)$ e $(-1,2,1)$ usando a relação $(*)$. Logo, S'' não é minimal no sentido de que nenhum subconjunto próprio gera o mesmo subespaço.

Vamos ver mais um exemplo nessa mesma direção.

Exemplo 7.5 Seja V o conjunto das matrizes 2×2 simétricas sobre $\mathbb{R}$ (ver Seção 3.1). Dada uma matriz $M = \begin{pmatrix} a & b \\ b & c \end{pmatrix}$ em V e utilizando-se das operações nas matrizes temos:

$$\begin{pmatrix} a & b \\ b & c \end{pmatrix} = a \begin{pmatrix} 1 & 0 \\ 0 & 0 \end{pmatrix} + b \begin{pmatrix} 0 & 1 \\ 1 & 0 \end{pmatrix} + c \begin{pmatrix} 0 & 0 \\ 0 & 1 \end{pmatrix} \qquad (*)$$

7.2. INDEPENDÊNCIA LINEAR

Com isto, V é gerado pelo conjunto de matrizes

$$S = \left\{ \begin{pmatrix} 1 & 0 \\ 0 & 0 \end{pmatrix}, \begin{pmatrix} 0 & 1 \\ 1 & 0 \end{pmatrix}, \begin{pmatrix} 0 & 0 \\ 0 & 1 \end{pmatrix} \right\}$$

e uma conta simples nos mostra que a única maneira de se escrever a matriz M acima como combinação linear dos elementos de S é a forma descrita em (*). Consideremos agora um outro subconjunto de V:

$$S' = \left\{ \begin{pmatrix} 1 & 0 \\ 0 & 2 \end{pmatrix}, \begin{pmatrix} 0 & -1 \\ -1 & 1 \end{pmatrix}, \begin{pmatrix} 0 & 1 \\ 1 & 0 \end{pmatrix}, \begin{pmatrix} 0 & 2 \\ 2 & -1 \end{pmatrix} \right\}.$$

e vamos mostrar que ele é também um conjunto gerador para V. Para tanto, é preciso ver se a relação

$$\begin{pmatrix} a & b \\ b & c \end{pmatrix} = \alpha \begin{pmatrix} 1 & 0 \\ 0 & 2 \end{pmatrix} + \beta \begin{pmatrix} 0 & -1 \\ -1 & 1 \end{pmatrix} + \gamma \begin{pmatrix} 0 & 1 \\ 1 & 0 \end{pmatrix} + \delta \begin{pmatrix} 0 & 2 \\ 2 & -1 \end{pmatrix}$$

tem solução (em termos de a, b e c) para α, β, γ e δ. Como já feito anteriormente, esta relação induz um sistema linear

$$\begin{cases} \alpha & = a \\ -\beta + \gamma + 2\delta & = b \\ 2\alpha + \beta - \delta & = c \end{cases}$$

Após um escalonamento, esse sistema será equivalente a

$$\begin{cases} \alpha & = a \\ \beta - \delta & = c - 2a \\ \gamma + \delta & = b + c - 2a \end{cases}$$

onde podemos escolher δ como incógnita independente. As soluções serão então:

$$\alpha = a \quad \beta = c - 2a + \delta \quad \gamma = b + c - 2a - \delta \quad \text{com } \delta \in \mathbb{R}.$$

Logo, qualquer elemento de V se escreve da seguinte maneira

$$\begin{pmatrix} a & b \\ b & c \end{pmatrix} = a \begin{pmatrix} 1 & 0 \\ 0 & 2 \end{pmatrix} + (c - 2a + \delta) \begin{pmatrix} 0 & -1 \\ -1 & 1 \end{pmatrix} +$$

$$+ (b + c - 2a - \delta) \begin{pmatrix} 0 & 1 \\ 1 & 0 \end{pmatrix} + \delta \begin{pmatrix} 0 & 2 \\ 2 & -1 \end{pmatrix}$$

com $\delta \in \mathbb{R}$. O que queremos enfatizar aqui é a falta de unicidade (pois a descrição acima depende do valor δ) em se escrever um elemento de V como combinação linear de elementos de S'. Por exemplo, podemos escrever a matriz a seguir dessas duas formas distintas (para $\delta = 0$ e $\delta = 1$, respectivamente):

$$\begin{pmatrix} 3 & -2 \\ -2 & 1 \end{pmatrix} = 3\begin{pmatrix} 1 & 0 \\ 0 & 2 \end{pmatrix} - 5\begin{pmatrix} 0 & -1 \\ -1 & 1 \end{pmatrix} - 7\begin{pmatrix} 0 & 1 \\ 1 & 0 \end{pmatrix} + 0\begin{pmatrix} 0 & 2 \\ 2 & -1 \end{pmatrix}$$

$$\begin{pmatrix} 3 & -2 \\ -2 & 1 \end{pmatrix} = 3\begin{pmatrix} 1 & 0 \\ 0 & 2 \end{pmatrix} - 4\begin{pmatrix} 0 & -1 \\ -1 & 1 \end{pmatrix} - 8\begin{pmatrix} 0 & 1 \\ 1 & 0 \end{pmatrix} + 1\begin{pmatrix} 0 & 2 \\ 2 & -1 \end{pmatrix}$$

(na realidade, podemos escrever a mesma matriz de infinitas formas distintas, uma para cada valor de $\delta \in \mathbb{R}$ escolhido).

A unicidade na escrita de um vetor de um espaço vetorial V como combinação linear de um dado (e fixo) subconjunto $S \subset V$ traz várias vantagens computacionais como veremos nesse e nos próximos capítulos. Nosso objetivo agora é formalizar essa ideia de uma maneira mais objetiva e fácil de calcular.

Sejam V um espaço vetorial e $S \subset V$ um subconjunto de V. Nosso próximo objetivo é mostrar o seguinte: se existir algum vetor $v \in V$ que se escreva como combinação linear de elementos de S de *duas formas distintas* então o vetor nulo também poderá ser escrito como combinação linear de elementos de S de, ao menos, duas formas distintas. De fato, suponhamos que v possa ser escrita como

$$v = \gamma_1 u_1 + \cdots + \gamma_r u_r \quad \text{e} \quad v = \lambda_1 w_1 + \cdots + \lambda_s w_s$$

com $\gamma_i, \lambda_j \in \mathbb{R}$ e $u_1, \cdots, u_r, w_1, \cdots, w_s \in S$. É claro que os conjuntos $\{u_1, \cdots, u_r\}$ e $\{w_1, \cdots, w_s\}$ não precisam ser iguais mas podemos assumir, sem perda de generalidade, o seguinte:

$$v = \alpha_1 v_1 + \cdots + \alpha_n v_n \quad \text{e} \quad v = \beta_1 v_1 + \cdots + \beta_n v_n$$

onde $\{v_1, \cdots v_n\} = \{u_1, \cdots, u_r\} \cup \{w_1, \cdots, w_s\}$ e $\alpha_i, \beta_j \in \mathbb{R}$ (basta completar as combinações lineares mais acima com coeficientes 0 de forma a termos os mesmos vetores nas duas somas). Observe que, como estamos assumindo que v pode ser escrito de duas formas distintas, teremos que existirá ao menos um índice i tal que $\alpha_i \neq \beta_i$. Observe então que

$$\alpha_1 v_1 + \cdots + \alpha_n v_n = \beta_1 v_1 + \cdots + \beta_n v_n$$

7.2. INDEPENDÊNCIA LINEAR

e, utilizando-se das propriedades definidoras de espaço vetorial, chegamos a

$$(\alpha_1 - \beta_1)v_1 + \cdots + (\alpha_n - \beta_n)v_n = 0 \qquad (*)$$

Esta última relação nos mostra que o vetor nulo 0 pode ser escrito como combinação linear dos vetores $v_1, \cdots, v_n$ onde ao menos um dos coeficientes é não nulo (lembre-se de nossa hipótese de que existe um i tal que $\alpha_i \neq \beta_i$!). Por outro lado, o vetor nulo também pode ser escrito como combinação linear de $v_1, \cdots v_n$ da seguinte forma:

$$0v_1 + \cdots + 0v_n = 0 \qquad (**)$$

isto é, com todos os coeficientes nulos. Com isso, chegamos a duas formas distintas de se escrever o vetor nulo como combinação linear de vetores de S. O que acabamos de mostrar foi essencialmente o resultado a seguir (deixamos ao leitor os detalhes que faltam para completar a demonstração). Antes, porém, vamos formalizar a ideia de unicidade que usamos acima.

Definição 7.2 Dizemos que um vetor v em um espaço vetorial V se escreve de **forma única** como combinação linear dos vetores $v_1, \cdots, v_n$ de V se toda vez que tivermos

$$v = \alpha_1 v_1 + \cdots + \alpha_n v_n \quad \text{e} \quad v = \beta_1 v_1 + \cdots + \beta_n v_n$$

com $\alpha_i, \beta_i \in \mathbb{R}$, então, $\alpha_i = \beta_i$, para todo i.

Proposição 7.1 Sejam V um espaço vetorial e $v_1, \cdots, v_n \in V$. As seguintes afirmações são equivalentes:

(a) Todo vetor de $W = [v_1, \cdots, v_n]$ se escreve de forma única como combinação linear de $v_1, \cdots, v_n$.

(b) O vetor nulo de V se escreve de forma única como combinação linear de $v_1, \cdots, v_n$.

O resultado acima nos diz que, para se verificar a unicidade de escrita de um vetor em um espaço vetorial como combinação linear de elementos de um subconjunto S desse espaço, basta verificar tal unicidade para o vetor nulo. Além disto, voltamos a enfatizar, o que está por trás dessa relação são as operações e as propriedades discutidas na definição de espaço vetorial. A próxima definição ajuda-nos a formalizar melhor a questão acima.

Definição 7.3 Seja S um subconjunto não vazio de um espaço vetorial V. Dizemos que S é **linearmente independente** se toda vez que escrevermos $0 = \alpha_1 v_1 + \cdots + \alpha_n v_n$, com $\alpha_i \in \mathbb{R}$ e $v_i \in S$, então $\alpha_1 = 0, \cdots, \alpha_n = 0$. E dizemos que S é **linearmente dependente** se S não for linearmente independente, isto é, se existirem escalares $\alpha_1, \cdots, \alpha_n \in \mathbb{R}$ não todos nulos e vetores $v_1, \cdots, v_n \in V$ tais que $0 = \alpha_1 v_1 + \cdots + \alpha_n v_n$.

Observação 7.2 (a) Usaremos muitas vezes as abreviações l.i. e l.d. para linearmente independente e linearmente dependente, respectivamente.

(b) A definição de independência linear dada acima serve, obviamente, tanto para conjuntos finitos quanto infinitos, lembrando-se sempre que as combinações lineares são finitas. Com isso, não deve ser difícil se convencer que um conjunto infinito S é l. i. se e somente se todo subconjunto finito de S for l. i.

(c) Seja S um subconjunto de um espaço vetorial contendo o vetor nulo. Então S é l.d.. De fato, ao escrevermos $0 = 1 \cdot 0$ (onde isso significa o produto de $1 \in \mathbb{R}$ pelo vetor nulo), estamos escrevendo o vetor nulo como uma combinação linear de elementos de S de forma distinta da trivial.

(d) Todo subconjunto de um espaço vetorial da forma $\{v\}$, com $v \neq 0$, é l.i.

Exemplo 7.6 Consideremos o subconjunto $S = \{(1,1,0), (1,-1,1), (0,1,1)\}$ de $\mathbb{R}^3$. Vamos mostrar que este conjunto é l. i.. Para tanto, vamos escrever o elemento nulo $(0,0,0)$ como uma combinação linear dos elementos de S:

$$(0,0,0) = \alpha(1,1,0) + \beta(1,-1,1) + \gamma(0,1,1) = (\alpha+\beta, \alpha-\beta+\gamma, \beta+\gamma)$$

com $\alpha, \beta, \gamma \in \mathbb{R}$. Se a única solução possível para tal igualdade for $\alpha = 0, \beta = 0$ e $\gamma = 0$, então S será l.i. e, caso contrário, S será l.d.. A igualdade acima nos leva ao sistema

$$\begin{cases} \alpha + \beta & = 0 \\ \alpha - \beta + \gamma & = 0 \\ \beta + \gamma & = 0 \end{cases}$$

que, escalonado, será equivalente a

$$\begin{cases} \alpha + \beta & = 0 \\ 2\beta - \gamma & = 0 \\ 3\gamma & = 0 \end{cases}$$

7.2. INDEPENDÊNCIA LINEAR 161

e cuja única solução é a trivial, isto é, com $\alpha = \beta = \gamma = 0$. Concluímos então que o conjunto S é l. i..

Exemplo 7.7 Vamos decidir se o conjunto de matrizes

$$S = \left\{ \begin{pmatrix} -1 & 0 \\ 3 & 2 \end{pmatrix}, \begin{pmatrix} 1 & 0 \\ 0 & -1 \end{pmatrix}, \begin{pmatrix} 5 & -2 \\ -3 & -4 \end{pmatrix}, \begin{pmatrix} -1 & 1 \\ 0 & 0 \end{pmatrix} \right\} \quad \text{em} \quad \mathbb{M}_2(\mathbb{R})$$

é l.i. ou l.d.. Para tanto, vamos escrever uma combinação linear de seus elementos e igualar à matriz nula:

$$\alpha \begin{pmatrix} -1 & 0 \\ 3 & 2 \end{pmatrix} + \beta \begin{pmatrix} 1 & 0 \\ 0 & -1 \end{pmatrix} + \gamma \begin{pmatrix} 5 & -2 \\ -3 & -4 \end{pmatrix} + \delta \begin{pmatrix} -1 & 1 \\ 0 & 0 \end{pmatrix} = \begin{pmatrix} 0 & 0 \\ 0 & 0 \end{pmatrix},$$

com $\alpha, \beta, \gamma, \delta \in \mathbb{R}$. Essa igualdade nos leva ao sistema:

$$\begin{cases} -\alpha + \beta + 5\gamma - \delta = 0 \\ - 2\gamma + \delta = 0 \\ 3\alpha - 3\gamma = 0 \\ 2\alpha - \beta - 4\gamma = 0 \end{cases}$$

que, escalonado, é equivalente ao sistema:

$$\begin{cases} \alpha - \frac{\delta}{2} = 0 \\ \beta + \delta = 0 \\ \gamma - \frac{\delta}{2} = 0 \end{cases}$$

As soluções serão, então, do tipo $(\frac{\delta}{2}, -\delta, \frac{\delta}{2}, \delta)$, com $\delta \in \mathbb{R}$, ou, em outras palavras, o conjunto solução será o subespaço de $\mathbb{R}^4$ gerado por $(1, -2, 1, 2)$. Em particular, podemos escrever a matriz nula como combinação linear das matrizes de S de forma não trivial como, por exemplo, ao escolhermos $\delta = 2$:

$$1 \begin{pmatrix} -1 & 0 \\ 3 & 2 \end{pmatrix} - 2 \begin{pmatrix} 1 & 0 \\ 0 & -1 \end{pmatrix} + 1 \begin{pmatrix} 5 & -2 \\ -3 & -4 \end{pmatrix} + 2 \begin{pmatrix} -1 & 1 \\ 0 & 0 \end{pmatrix} = \begin{pmatrix} 0 & 0 \\ 0 & 0 \end{pmatrix}.$$

Com isso, o conjunto S acima é l.d.

Exemplo 7.8 Consideremos agora o conjunto (infinito) de polinômios

$$S = \{1, 1+t, 1+t+t^2, 1+t+t^2+t^3, \cdots, 1+t+\cdots+t^n, \cdots\}$$

em $\mathbb{R}[t]$ e vamos mostrar que ele é l.i. Consideraremos então uma combinação linear genérica de polinômios em S e a igualemos a zero. Observe que não iremos perder a generalidade se considerarmos, por exemplo, os n primeiros polinômios de S. Teremos então

$$\alpha_1(1) + \alpha_2(1+t) + \alpha_3(1+t+t^2) + \cdots + \alpha_{n+1}(1+t+\cdots+t^n) = 0 \quad (*)$$

com $\alpha_1, \cdots, \alpha_{n+1} \in \mathbb{R}$. Precisamos mostrar que a única solução possível de $(*)$ é a solução trivial, isto é, com $\alpha_i = 0$, para todo $i = 1, \cdots, n+1$. De $(*)$, chegamos a:

$$(\alpha_1 + \cdots + \alpha_{n+1}) + (\alpha_2 + \cdots + \alpha_{n+1})t + (\alpha_3 + \cdots + \alpha_{n+1})t^2 + \cdots + \alpha_{n+1}t^n = 0$$

Essa igualdade de polinômios só é possível se

$$\begin{cases} \alpha_1 + \alpha_2 + \cdots + \alpha_{n+1} = 0 \\ \alpha_2 + \cdots + \alpha_{n+1} = 0 \\ \quad \vdots \quad \vdots \\ \alpha_{n+1} = 0 \end{cases}$$

que tem, claramente, como única solução, $\alpha_1 = 0, \cdots, \alpha_{n+1} = 0$. Com isso, S é l.i..

Exemplo 7.9 Considere no espaço vetorial $V = \mathcal{F}(\mathbb{R})$ (ver Exemplo 6.5) o seguinte conjunto $S = \{\text{sen}(x), \text{sen}(2x), \text{sen}(3x)\}$ (por simplicidade, indicamos apenas as regras definidoras das funções). Vamos mostrar que S é l. i.. Para tal, precisamos mostrar que qualquer combinação linear destas funções que seja igual a zero implica que os respectivos coeficientes são nulos. Agora, ao se escrever

$$\alpha \, \text{sen}(x) + \beta \, \text{sen}(2x) + \gamma \, \text{sen}(3x) = 0 \quad (*)$$

com $\alpha, \beta, \gamma \in \mathbb{R}$, não podemos esquecer que esta relação deve valer para todo $x \in \mathbb{R}$. De outra forma, a relação $(*)$ indica, na realidade, infinitas equações em α, β e γ, uma para cada $x \in \mathbb{R}$. É claro que não precisaremos analisar todas estas equações, mas, se for possível achar um conjunto delas em que a única solução seja a nula, poderemos garantir que esta será a única solução para todas elas e, portanto, o conjunto em questão será l.i.. A ideia é, então, encontrar valores para x tais que ao substituirmos em $(*)$ consigamos equações que nos

7.2. INDEPENDÊNCIA LINEAR 163

permitam concluir que $\alpha = \beta = \gamma = 0$. Para x igual a $\frac{\pi}{2}, \frac{\pi}{4}$ e $\frac{3\pi}{4}$ teremos as seguintes equações:

$$0 = \alpha \operatorname{sen}\left(\frac{\pi}{2}\right) + \beta \operatorname{sen}(2\frac{\pi}{2}) + \gamma \operatorname{sen}(3\frac{\pi}{2}) = \alpha - \gamma$$
$$0 = \alpha \operatorname{sen}(\frac{\pi}{4}) + \beta \operatorname{sen}(2\frac{\pi}{4}) + \gamma \operatorname{sen}(3\frac{\pi}{4}) = \frac{\sqrt{2}}{2}\alpha + \beta + \frac{\sqrt{2}}{2}\gamma$$
$$0 = \alpha \operatorname{sen}(\frac{3\pi}{4}) + \beta \operatorname{sen}(2\frac{3\pi}{4}) + \gamma \operatorname{sen}(3\frac{3\pi}{4}) = \frac{\sqrt{2}}{2}\alpha - \beta + \frac{\sqrt{2}}{2}\gamma$$

o que nos leva ao sistema

$$\begin{cases} \alpha & - & \gamma & = 0 \\ \frac{\sqrt{2}}{2}\alpha & + \beta + & \frac{\sqrt{2}}{2}\gamma & = 0 \\ \frac{\sqrt{2}}{2}\alpha & - \beta + & \frac{\sqrt{2}}{2}\gamma & = 0 \end{cases} \sim \begin{cases} \alpha & - & \gamma & = 0 \\ & \beta + & \sqrt{2}\gamma & = 0 \\ & & 2\sqrt{2}\gamma & = 0 \end{cases}$$

que terá como única solução os valores $\alpha = \beta = \gamma = 0$. Logo, o conjunto S é l.i..

Antes de provarmos nosso próximo resultado, gostaríamos de fazer uma observação e, para tanto, vamos utilizar o seguinte exemplo.

Exemplo 7.10 Consideremos o conjunto $S = \{(1,1,0), (0,0,1), (2,2,-1)\}$ em $\mathbb{R}^3$. Não é difícil ver que o vetor $(2,2,-1)$ é uma combinação linear dos outros dois vetores de S:

$$(2,2,-1) = 2(1,1,0) - 1(0,0,1) \qquad (*)$$

e, portanto, teremos também que

$$(0,0,0) = 2(1,1,0) - 1(0,0,1) - 1(2,2,-1)$$

Com isso, S é um conjunto l.d. (uma das coisas que iremos mostrar no lema abaixo é que o fato de um dos vetores de um conjunto ser uma combinação linear de outros elementos desse conjunto torna-o l.d.). Consideremos agora $S' = \{(1,1,0), (0,0,1)\}$. A diferença entre S e S' é que tiramos de S o vetor $(2,2,-1)$. Em uma notação conjuntística, podemos escrever

$$S' = S \setminus \{(2,2,-1)\}.$$

Gostaríamos de observar que, ao retiramos de S um elemento que é combinação linear de seus outros elementos, os dois conjuntos S e S' são conjuntos geradores do mesmo subespaço vetorial, isto é, $[S] = [S'] = [S \setminus \{(2,2,-1)\}]$.

De fato, primeiro observamos que o espaço gerado por S' está contido no espaço gerado por S: se $v = \delta(1,1,0) + \lambda(0,0,1)$, com $\delta, \lambda \in \mathbb{R}$, for uma combinação linear dos elementos de S', então também será uma combinação linear dos elementos de S, pois tanto $(1,1,0)$ quanto $(0,0,1)$ também estão nesse conjunto. Consideremos agora um elemento que seja uma combinação linear de elementos de S e vamos ver que ele será também combinação linear dos elementos de S'. Seja então

$$u = \alpha(1,1,0) + \beta(0,0,1) + \gamma(2,2,-1) \in [S]$$

com $\alpha, \beta, \gamma \in \mathbb{R}$. Utilizando-se da relação $(*)$ acima, teremos

$$\begin{aligned} u &= \alpha(1,1,0) + \beta(0,0,1) + \gamma(2,2,-1) = \\ &= \alpha(1,1,0) + \beta(0,0,1) + \gamma(2(1,1,0) - 1(0,0,1)) = \\ &= (\alpha + 2\gamma)(1,1,0) + (\beta - \gamma)(0,0,1) \in [S'] \end{aligned}$$

e $u \in [S \setminus \{(2,2,-1)\}]$ como queríamos.

Vamos generalizar o discutido no exemplo acima no resultado a seguir, que será essencial em nossas considerações no próximo capítulo. Ele nos dá um critério para um subconjunto de um espaço vetorial ser l.d..

Lema 7.1 Sejam V um espaço vetorial e $S \subset V$ um subconjunto não vazio. As afirmações a seguir são equivalentes:

(a) S é l.d.;

(b) Existe um vetor v de S que é combinação linear de outros vetores em S.

Neste caso, teremos $[S] = [S \setminus \{v\}]$.

DEMONSTRAÇÃO. Vamos mostrar primeiramente que a afirmação (a) implica a (b). Suponha então que S seja l.d.. Com isso, o vetor nulo se escreve como combinação linear de elementos de S de uma forma não trivial. Logo, existirão $\alpha_1, \cdots, \alpha_n \in \mathbb{R}$ não nulos e vetores $v_1, \cdots, v_n \in S$ não nulos e distintos tais que

$$\alpha_1 v_1 + \cdots + \alpha_n v_n = 0 \qquad (*).$$

Como $\alpha_1 \neq 0$, podemos reescrever $(*)$ como

$$v_1 = -\frac{\alpha_2}{\alpha_1} v_2 - \cdots - \frac{\alpha_n}{\alpha_1} v_n$$

7.2. INDEPENDÊNCIA LINEAR

e o vetor v_1 é combinação linear de outros vetores em S.

Para a outra implicação, observe em primeiro lugar que se o vetor nulo estiver em S, então S é l.d. (ver Observação 7.2(c)). Vamos supor então que S não contém o vetor nulo e suponha que existe um vetor $v \in S$ que é combinação linear de outros elementos de S, digamos:

$$v = \beta_1 u_1 + \cdots + \beta_m u_m, \quad \text{com} \quad \beta_i \in \mathbb{R} \quad \text{e} \quad u_i \in S, \quad \text{onde } i = 1, \cdots, m.$$

Reescrevendo essa relação da seguinte forma

$$v - \beta_1 u_1 - \cdots - \beta_m u_m = 0,$$

segue que o vetor nulo de V pode ser escrito de forma não trivial como combinação linear de elementos de S e portanto S é l.d., concluindo assim a demonstração da equivalência das condições (a) e (b) do lema.

Para mostrarmos a última afirmação, seja $v \in S$ satisfazendo a propriedade (b), isto é, tal que $v = \alpha_1 v_1 + \cdots + \alpha_n v_n$, com $\alpha_i \in \mathbb{R}$, $v_i \in S$ e $v_i \neq v$, para todo i. Como $S \setminus \{v\} \subset S$, segue facilmente que $[S \setminus \{v\}] \subset [S]$. Para mostrarmos que $[S] \subset [S \setminus \{v\}]$, considere um elemento $u \in [S]$. Logo, $u = \lambda_1 u_1 + \cdots + \lambda_m u_m$, com $\lambda_j \in \mathbb{R}$ e $u_j \in S$, para $j = 1, \cdots, m$. Se $v \neq u_j$ para todo j, então é claro que u é uma combinação linear de elementos do conjunto $S \setminus \{v\}$, isto é, $u \in [S \setminus \{v\}]$.

Assuma agora que $v = u_j$ para algum j. Sem perda de generalidade podemos escolher $j = 1$, isto é, $v = u_1$. Logo

$$u = \lambda_1 u_1 + \cdots + \lambda_m u_m = \lambda_1(\alpha_1 v_1 + \cdots + \alpha_n v_n) + \lambda_2 u_2 + \cdots + \lambda_m u_m$$

e, como $v \neq v_i, u_j$, para $i = 1, \cdots, n$ e $j = 2, \cdots, m$, segue que $u \in [S \setminus \{v\}]$, como queríamos. $\square$

Conjuntos l.i. em $\mathbb{R}^n$. Vamos agora esquematizar uma maneira de se decidir quando um conjunto em $\mathbb{R}^n$ é l.i. ou não. Com alguns cuidados, iremos generalizar mais adiante esse procedimento para outros espaços vetoriais.

Vamos começar com um subconjunto de $\mathbb{R}^4$ contendo 3 vetores: $S = \{(1,0,-1,2),(1,3,5,0),(0,0,-2,1)\}$. O método utilizado nos exemplos acima foi o de escrever uma combinação linear genérica desses elementos e igualar a zero:

$$\alpha(1,0,-1,2) + \beta(1,3,5,0) + \gamma(0,0,-2,1) = (0,0,0,0).$$

Isto nos leva a um sistema

$$\begin{cases} \alpha + \beta & = 0 \\ 3\beta & = 0 \\ -\alpha + 5\beta - 2\gamma & = 0 \\ 2\alpha + \gamma & = 0 \end{cases} \quad (*)$$

e o problema se reduz a verificar se o sistema em questão tem alguma solução não nula. No caso, a única solução é a solução trivial $\alpha = 0, \beta = 0$ e $\gamma = 0$ (verifique!) e o conjunto inicial será então l.i.. Observemos que o sistema $(*)$ tem tantas incógnitas quanto o número de elementos do conjunto S e a sua matriz de coeficientes

$$A = \begin{pmatrix} 1 & 1 & 0 \\ 0 & 3 & 0 \\ -1 & 5 & -2 \\ 2 & 0 & 1 \end{pmatrix}$$

é justamente a matriz onde suas colunas são os vetores do conjunto inicial.

De forma geral, se começarmos com um conjunto de m vetores em $\mathbb{R}^n$, e repetirmos o procedimento acima, chegaremos a um sistema de equações com m incógnitas e onde a sua matriz de coeficientes A é uma matriz em $\mathbb{M}_{n \times m}(\mathbb{R})$ (suas colunas serão os m vetores de $\mathbb{R}^n$!). O próximo passo é escalonar A e ver se existirão incógnitas independentes no sistema em questão. É claro que a existência de tais incógnitas irá indicar a existência de soluções não nulas e o conjunto será, neste caso, l.d.. Caso contrário, se, em sua forma escalonada, todas as incógnitas forem dependentes, concluiremos que o conjunto inicial será l.i..

Um caso particular do discutido acima ocorre quando $m > n$ e, portanto, não é difícil ver que o sistema correspondente terá sempre incógnitas dependentes. Com isto, chegamos ao seguinte resultado que será generalizado na próxima seção: *seja S um subconjunto de $\mathbb{R}^n$ com m elementos. Se $m > n$, então, S será l.d.*.

EXERCÍCIOS

Exercício 7.15 Verifique se os seguintes subconjuntos são l.i. no espaço V.

(a) $\{(-1, 2, 0, 1), (1, 2, 2, 2), (2, 1, 1, 1), (2, 5, 3, 4)\}$ em $V = \mathbb{R}^4$.

7.2. INDEPENDÊNCIA LINEAR

(b) $\{(-1,2,0,1),(1,2,2,2),(2,1,1,1),(0,0,1,0)\}$ em $V = \mathbb{R}^4$.

(c) $\{t^2+t+1, t+1, t-1\}$ em $V = \mathbb{R}[t]$.

(d) $\left\{ \begin{pmatrix} 1 & 1 \\ -1 & 0 \end{pmatrix}, \begin{pmatrix} -1 & 0 \\ 2 & 0 \end{pmatrix}, \begin{pmatrix} 1 & -1 \\ 1 & 0 \end{pmatrix}, \begin{pmatrix} 0 & 0 \\ 0 & 1 \end{pmatrix} \right\}$ em $V = \mathbb{M}_2(\mathbb{R})$.

Exercício 7.16 Mostre que os seguintes conjuntos são l.i. no espaço de funções $\mathcal{F}(\mathbb{R})$:

(a) $S_1 = \{x, \cos(x), x\cos(x)\}$.

(b) $S_2 = \{x, x\mathrm{sen}(x), x\mathrm{sen}^2(x)\}$.

(c) $S_3 = \{x^2+1, e^x, x^3\}$.

(d) $S_4 = \{\mathrm{sen}(x), \mathrm{sen}(2x), \cos(x), \cos(2x)\}$.

Exercício 7.17 Seja $\{u,v,w\}$ um conjunto l.i. em um espaço vetorial V.

(a) Mostre que os conjuntos $S_1 = \{u+v, u-v\}$, $S_2 = \{u+v-3w, u+2w\}$, $S_3 = \{u+v+w, u+v-w, u+2v+3w\}$ são l. i.

(b) Mostre que os conjuntos $S_4 = \{u-v, 3u+2v, 3u\}$, $S_5 = \{u+2v-w, 3u+2w, -2u+2v+w\}$ são l. d.

Exercício 7.18 Seja V um espaço vetorial e S um subconjunto de V.

(a) Se S for infinito, então S será l.i. se e somente se todo subconjunto finito de S for l.i.

(b) Se S for l.i., então todo subconjunto de S será l.i.

(c) Se S for gerador de V, então todo conjunto contendo S também irá gerar V.

Exercício 7.19 Seja $\{v_1, \cdots, v_n\}$ um conjunto l.i. em um espaço vetorial V. Mostre que, se $\alpha_1, \cdots, \alpha_n$ forem reais não nulos, então $\{\alpha_1 v_1, \cdots, \alpha_n v_n\}$ será também l.i..

Exercício 7.20 Sejam V um espaço vetorial e $S \subset V$ um subconjunto l.i. de V. Mostre que se existir $v \in V$ que não seja uma combinação linear de elementos de S, então $S' = S \cup \{v\}$ é l.i..

7.3 Bases.

Vamos discutir agora a noção de base que reúne os conceitos de geradores e de independência linear e que será essencial a tudo que virá a seguir.

Definição 7.4 Seja $\mathcal{B}$ subconjunto de um espaço vetorial V. Dizemos que $\mathcal{B}$ é uma **base** de V se

(a) $\mathcal{B}$ for um conjunto gerador de V; e

(b) $\mathcal{B}$ for um conjunto l. i..

A essa altura da discussão deve estar clara a importância de se ter uma base em um espaço vetorial. Se $\mathcal{B}$ for uma base do espaço V, então cada elemento de V se escreve de maneira única como uma combinação linear de elementos de $\mathcal{B}$ e isto trará muitas vantagens computacionais como veremos pelo resto deste texto. Até o final deste capítulo, iremos formalizar um pouco mais o que entendemos por computabilidade e também mostrar que os espaços vetoriais que estamos consideramos possuem bases e que o número de elementos em uma delas é um invariante do espaço considerado. Vejamos alguns exemplos simples.

Exemplo 7.11 Vimos na seção anterior que $S' = \{(1,1,0),(1,-1,1),(0,1,1)\}$ é um conjunto gerador de $\mathbb{R}^3$. Mostramos também que a única maneira de se escrever um elemento $(a,b,c) \in \mathbb{R}^3$ como combinação linear de elementos de S' é assim:

$$\left(\frac{2a+b-c}{3}\right)(1,1,0) + \left(\frac{a-b+c}{3}\right)(1,-1,1) + \left(\frac{-a+b+2c}{3}\right)(0,1,1).$$

É evidente a partir desta relação que a única maneira de se escrever o vetor nulo (isto é, $(a,b,c) = (0,0,0)$) é escrevê-lo com os coeficientes acima iguais a zero. Com isto, S' é l.i. e portanto uma base de $\mathbb{R}^3$.

Exemplo 7.12 Considere o subespaço V de $\mathbb{M}_{2\times 3}(\mathbb{R})$ formado pelas matrizes $\begin{pmatrix} a & b & c \\ d & e & f \end{pmatrix}$ que satisfazem as relações $2a+b-d=0, b+2c-2e=0$ e $2a+b-4f=0$ (mostre que V é de fato um subespaço de $\mathbb{M}_{2\times 3}(\mathbb{R})$). Para conseguirmos uma base para V, nosso primeiro objetivo aqui será encontrar

7.3. BASES.

um conjunto gerador. Por definição, uma matriz $\begin{pmatrix} a & b & c \\ d & e & f \end{pmatrix}$ está em V se as seguinte relações estão satisfeitas:

$$\begin{cases} 2a + b & - d & & = 0 \\ & b + 2c & - 2e & = 0 \\ 2a + b & & - 4f = 0 \end{cases}$$

Escalonando esse sistema, chegamos a

$$\begin{cases} 2a + b & - d & & = 0 \\ & b + 2c & - 2e & = 0 \\ & & - d & + 4f = 0 \end{cases}$$

Com isso, podemos escolher as incógnitas c, e, f como independentes e escrever a, b, d em função delas:

$$d = 4f \quad b = -2c + 2e \quad \text{e} \quad a = c - e + 2f$$

Logo uma matriz de V pode ser escrita na forma

$$\begin{pmatrix} c - e + 2f & -2c + 2e & c \\ 4f & e & f \end{pmatrix} =$$

$$= c \begin{pmatrix} 1 & -2 & 1 \\ 0 & 0 & 0 \end{pmatrix} + e \begin{pmatrix} -1 & 2 & 0 \\ 0 & 1 & 0 \end{pmatrix} + f \begin{pmatrix} 2 & 0 & 0 \\ 4 & 0 & 1 \end{pmatrix}$$

com $c, e, f \in \mathbb{R}$. Com isso, um elemento de V é combinação linear das matrizes de

$$S = \left\{ \begin{pmatrix} 1 & -2 & 1 \\ 0 & 0 & 0 \end{pmatrix}, \begin{pmatrix} -1 & 2 & 0 \\ 0 & 1 & 0 \end{pmatrix}, \begin{pmatrix} 2 & 0 & 0 \\ 4 & 0 & 1 \end{pmatrix} \right\}.$$

Se esse conjunto for l.i. então será de fato uma base para V. Mas, se

$$\begin{pmatrix} 0 & 0 & 0 \\ 0 & 0 & 0 \end{pmatrix} = \alpha \begin{pmatrix} 1 & -2 & 1 \\ 0 & 0 & 0 \end{pmatrix} + \beta \begin{pmatrix} -1 & 2 & 0 \\ 0 & 1 & 0 \end{pmatrix} + \gamma \begin{pmatrix} 2 & 0 & 0 \\ 4 & 0 & 1 \end{pmatrix}$$

então, claramente, teremos que $\alpha = \beta = \gamma = 0$ e S é uma base de V.

Exemplo 7.13 Seja o subespaço $U = \{p(t) \in \mathbb{R}[t]_4 : p(-1) = 0 \text{ e } p(2) = 0\}$ de $\mathbb{R}[t]_4$. Para encontrarmos uma base para U, vamos inicialmente estabelecer um conjunto gerador para esse subespaço. Seja $p(t) = a_0 + a_1 t + a_2 t^2 + a_3 t^3 + a_4 t^4$ um polinômio em $\mathbb{R}[t]_4$ que tenha -1 e 2 como raízes. Teremos então

$$\begin{cases} a_0 - a_1 + a_2 - a_3 + a_4 = 0 \\ a_0 + 2a_1 + 4a_2 + 8a_3 + 16a_4 = 0 \end{cases}$$

que é equivalente a

$$\begin{cases} a_0 + 2a_2 + 2a_3 + 6a_4 = 0 \\ a_1 + a_2 + 3a_3 + 5a_4 = 0 \end{cases}$$

Logo, $a_0 = -2a_2 - 2a_3 - 6a_4$ e $a_1 = -a_2 - 3a_3 - 5a_4$, com $a_2, a_3, a_4 \in \mathbb{R}$. Um polinômio em U será então do tipo

$$p(t) = a_0 + a_1 t + a_2 t^2 + a_3 t^3 + a_4 t^4 =$$

$$= (-2a_2 - 2a_3 - 6a_4) + (-a_2 - 3a_3 - 5a_4)t + a_2 t^2 + a_3 t^3 + a_4 t^4 =$$

$$= a_2(-2 - t + t^2) + a_3(-2 - 3t + t^3) + a_4(-6 - 5t + t^4) \quad \text{com } a_2, a_3, a_4 \in \mathbb{R}.$$

Com isso, $S = \{-2 - t + t^2, -2 - 3t + t^3, -6 - 5t + t^4\}$ será um conjunto gerador de U. Para mostrarmos que ele também é l.i., basta observar que

$$\alpha(-2 - t + t^2) + \beta(-2 - 3t + t^3) + \gamma(-6 - 5t + t^4) = 0$$

implica

$$\begin{cases} -2\alpha - 2\beta - 6\gamma = 0 \\ -\alpha - 3\beta - 5\gamma = 0 \\ \alpha = 0 \\ \beta = 0 \\ \gamma = 0 \end{cases}$$

e esse sistema só tem a solução nula! Logo, S é l.i. e portanto uma base de U.

Exemplo 7.14 Sejam U_1 e U_2 dois subespaços de $\mathbb{R}^3$ gerados por $S_1 = \{(1,1,0), (0,1,1)\}$ e $S_2 = \{(0,1,0), (1,2,1)\}$, respectivamente. A partir destas informações, vamos encontrar bases dos subespaços $U_1 \cap U_2$ e $U_1 + U_2$. Observe inicialmente que se $v \in U_1 \cap U_2$ então:

$$v = \alpha(1,1,0) + \beta(0,1,1) = x(0,1,0) + y(1,2,1)$$

7.3. BASES.

com $\alpha, \beta, x, y \in \mathbb{R}$ (como v tem que pertencer aos dois subespaços U_1 e U_2, ele terá que ser gerado, simultaneamente, por S_1 e por S_2). Com isso, $v = (\alpha, \alpha + \beta, \beta) = (y, x + 2y, y)$ o que nos leva ao sistema:

$$\begin{cases} \alpha & = & y \\ \alpha + \beta & = & x + 2y \\ \beta & = & y \end{cases} \sim \begin{cases} \alpha & = & y \\ \beta & = & x + y \\ 0 & = & x \end{cases}$$

Isso implica que $x = 0$ e não há restrições sobre y. Com isso, os elementos da interseção terão que ser do tipo $y(1,2,1)$ para $y \in \mathbb{R}$. Alternativamente, podemos ver que $\alpha = \beta$ e, portanto, os elementos da intersecção serão do tipo $\alpha(1,1,0) + \alpha(0,1,0) = \alpha(1,2,1)$ com $\alpha \in \mathbb{R}$. Logo, $\{(1,2,1)\}$ será uma base para $U_1 \cap U_2$.

Considere agora $u = u_1 + u_2 \in U_1 + U_2$. Como $u_1 \in U_1$ e $u_2 \in U_2$ e S_1 e S_2 são conjuntos geradores para U_1 e U_2, respectivamente, teremos

$$u = (\alpha(1,1,0) + \beta(0,1,1)) + (\gamma(0,1,0) + \delta(1,2,1)) \text{ com } \alpha, \beta, \gamma, \delta \in \mathbb{R}.$$

Com isso, $S_1 \cup S_2$ será um conjunto gerador para $U_1 + U_2$. Uma conta simples nos leva a $(1,2,1) = (1,1,0) + (0,1,1)$ (ou por verificação direta ou resolvendo o sistema com $v = (0,0,0)$). Retirando-se $(1,2,1)$ da união $S_1 \cup S_2$, chegamos a $S = \{(1,1,0), (0,1,1), (0,1,0)\}$ que é ainda um conjunto gerador para $U_1 + U_2$ (ver Lema 7.1). Como S é l.i. (verifique), será uma base para tal subespaço. Antes de prosseguirmos, gostaríamos de ressaltar o último argumento usado e que decorre do Lema 7.1. Voltaremos a utilizá-lo no próximo capítulo na discussão de existência de bases.

Bases canônicas. Considere em $\mathbb{R}^n$, para cada $i = 1, \cdots, n$, o vetor e_i que tem 1 na i-ésima coordenada e 0 nas demais. O conjunto $\{e_1, \cdots, e_n\}$ é claramente uma base de $\mathbb{R}^n$ (deixamos ao leitor verificar este fato). Observe que um elemento $(a_1, \cdots, a_n) \in \mathbb{R}^n$ pode ser escrito como

$$(a_1, \cdots, a_n) = (a_1, 0, \cdots, 0) + \cdots + (0, 0, \cdots, a_n) = \sum_{i=1}^{n} a_i \cdot e_i$$

Por ser uma base construída de forma *natural*, é comum referirmos a ela como sendo a **base canônica** de $\mathbb{R}^n$.

Outros espaços vetoriais também possuem bases que são pensadas de forma natural e que, por isso, serão referidas como sendo suas *bases canônicas*. Por exemplo, para o espaço $\mathbb{M}_{m\times n}(\mathbb{R})$, consideramos o conjunto das $m \cdot n$ matrizes E_{ij}, com $i=1,\cdots,m$ e $j=1,\cdots,n$ onde aparece 1 na posição (i,j) e 0 nas outras posições. O conjunto $\mathcal{B} = \{E_{ij} : i=1,\cdots,m \text{ e } j=1,\cdots,n\}$ é chamado de **base canônica** de $\mathbb{M}_{m\times n}(\mathbb{R})$. Com isto, podemos escrever uma matriz $A = (a_{ij}) \in \mathbb{M}_{m\times n}(\mathbb{R})$, da seguinte forma:

$$A = \sum_{i=1}^{m} \sum_{j=1}^{n} a_{ij} \cdot E_{ij}.$$

Por fim, o conjunto $\{1, t, t^2, \cdots, t^n, \cdots\}$ será chamado de **base canônica** de $\mathbb{R}[t]$, enquanto que $\{1, t, t^2, \cdots, t^m\}$ será chamado de **base canônica** de $\mathbb{R}[t]_m$.

Deixamos ao leitor verificar que esses conjuntos são realmente bases dos espaços considerados.

EXERCÍCIOS

Exercício 7.21 Sob que condições impostas ao escalar $\alpha \in \mathbb{R}$ os vetores $(0,1,\alpha)$, $(\alpha,0,1)$ e $(1+\alpha,1,\alpha)$ formam uma base de $\mathbb{R}^3$?

Exercício 7.22 Determine uma base para cada um dos espaços vetoriais abaixo:

(a) $V = \{p(t) \in \mathbb{R}[t]_3 : p(-1) = 0 \text{ e } p(1) = 0\}$.

(b) $V = \{A \in \mathbb{M}_3(\mathbb{R}) : a_{11} = 2a_{22} \text{ e } a_{ij} = 0 \text{ se } i > j\}$.

(c) $V = \{(x_1, x_2, x_3, x_4, x_5) \in \mathbb{R}^5 : x_1 = -x_2 = 3x_3\}$.

(d) $V = \{(x,y,z,w) \in \mathbb{R}^4 : x = w \text{ e } x - 2y + z - w = 0\}$.

(e) $V = \{p(t) \in \mathbb{R}[t] : p(1) = 0\}$.

Exercício 7.23 Em cada um dos itens abaixo os conjuntos podem ser considerados como espaços vetoriais sobre $\mathbb{R}$ ou sobre $\mathbb{C}$. Determine bases para eles em cada um desses casos.

(a) $V = \mathbb{C}^n$ para $n \geq 1$.

7.3. BASES.

(b) $V = \mathbb{M}_2(\mathbb{C})$ (matrizes 2×2 com entradas em $\mathbb{C}$).

(c) $V = \{(z_1, z_2) \in \mathbb{C}^2 : iz_1 = z_2\}$.

(d) $V = \mathbb{C}[t]_3$ (polinômios com graus no máximo 3 em uma indeterminada t e coeficientes complexos).

Exercício 7.24 Sejam $V = \mathbb{M}_{2\times 3}(\mathbb{R})$ e U_1 e U_2 subespaços de V com bases

$$S_1 = \left\{ \begin{pmatrix} 1 & 0 & -1 \\ 2 & 1 & 0 \end{pmatrix}, \begin{pmatrix} 0 & -1 & -2 \\ 0 & 2 & 0 \end{pmatrix}, \begin{pmatrix} 0 & 0 & 0 \\ 1 & 1 & 1 \end{pmatrix} \right\}$$

$$S_2 = \left\{ \begin{pmatrix} 1 & 1 & 1 \\ 2 & -1 & 0 \end{pmatrix}, \begin{pmatrix} 2 & 1 & -0 \\ 4 & 0 & 0 \end{pmatrix}, \begin{pmatrix} 2 & 0 & 0 \\ 1 & 0 & 1 \end{pmatrix} \right\}$$

respectivamente.

(a) Encontre uma base para $U_1 \cap U_2$.

(b) Encontre uma base para $U_1 + U_2$.

(c) Encontre subespaços W_1 e W_2 de V tais que $U_1 + U_2 = W_1 \oplus W_2$.

Exercício 7.25 Sejam V um espaço vetorial e W_1, W_2 subespaços de V com bases $\mathcal{B}_1 = \{u_1, \cdots, u_n\}$ e $\mathcal{B}_2 = \{v_1, \cdots, v_m\}$, respectivamente. Mostre que se $W_1 \cap W_2 = \{0\}$, então $\mathcal{B}_1 \cup \mathcal{B}_2$ é uma base de $W_1 \oplus W_2$.

Capítulo 8

Espaços Finitamente Gerados

8.1 Espaços vetoriais finitamente gerados

No capítulo anterior, nós consideramos subconjuntos de um espaço vetorial que são geradores (Seção 7.1) ou l.i. (Seção 7.2) e, ao final, introduzimos o conceito de base. Como vimos também, existem conjuntos que são geradores mas que não são l.i. e existem conjuntos l.i. que não são geradores. No entanto, existe uma forte relação entre esses dois conceitos. Nosso objetivo agora é explorar um pouco tal relação, o que irá nos levar a em particular a dois fatos importantes: (i) existência de bases em espaços vetoriais; (ii) definição de dimensão de um espaço vetorial. Por fugir do escopo deste texto, não discutiremos em detalhes o caso geral aqui, mas sim apenas o caso particular de espaços vetoriais que possuem conjuntos geradores finitos. Começamos com uma definição. Como sempre, estaremos considerando, em princípio, apenas espaços vetoriais sobre $\mathbb{R}$.

Definição 8.1 Dizemos que um espaço vetorial V é **finitamente gerado** se existir um conjunto gerador finito para V.

Exemplo 8.1 Sejam m e n dois inteiros positivos. São exemplos de espaços vetoriais finitamente gerados: $\mathbb{R}^n$, $\mathbb{M}_{m \times n}(\mathbb{R})$, $\mathbb{R}[t]_m$ (introduzidos nos capítulos anteriores). Essa afirmação é uma consequência direta da existência de bases finitas conforme discutimos ao final da Seção 7.3. Irá decorrer de nossas considerações abaixo que um subespaço de um espaço finitamente gerado é também finitamente gerado. Logo, qualquer subespaço de um dos espaços acima será também finitamente gerado.

Exemplo 8.2 Por outro lado, $\mathbb{R}[t]$ não é um espaço finitamente gerado. Para vermos isto, considere um conjunto finito $S = \{p_1(t), \cdots, p_r(t)\}$ em $\mathbb{R}[t]$ e indique por m o maior dos graus de $p_1(t), \cdots, p_r(t)$. Se considerarmos uma combinação linear

$$p(t) = \alpha_1 p_1(t) + \cdots + \alpha_r p_r(t) \quad (\alpha_i \in \mathbb{R})$$

dos elementos de S, é fácil ver que o seu grau será no máximo m (nem soma de polinômios nem produtos por escalar aumentam o grau do resultado dessas operações). Com isso, todos os polinômios de $[S]$ terão o grau limitados por m. Em particular, o polinômio $t^{m+1} \in \mathbb{R}[t]$ não pertence ao subespaço $[S]$ e, portanto, S não gera todo o espaço $\mathbb{R}[t]$. Concluimos, com isso, que $\mathbb{R}[t]$ não é finitamente gerado.

Nosso próximo passo é mostrar que, em um espaço vetorial finitamente gerado, não existem conjuntos l.i. com mais elementos que algum conjunto gerador. Comecemos nossa discussão com um exemplo.

Exemplo 8.3 Considere os seguintes conjuntos $S_1 = \{(1,2), (-1,0)\}$ e $S_2 = \{(1,4), (-4,-2), (0,4)\}$ em $\mathbb{R}^2$. Não é difícil ver que S_1 é um conjunto gerador de $\mathbb{R}^2$ (na realidade, uma base para $\mathbb{R}^2$) e que os vetores de S_2 são escritos como combinações lineares dos vetores de S_1 da seguinte forma

$$\begin{cases} 2(1,2) & + & 1(-1,0) & = & (1,4) \\ -1(1,2) & + & 3(-1,0) & = & (-4,-2) \\ 2(1,2) & + & 2(-1,0) & = & (0,4) \end{cases} \quad (*)$$

Considere a matriz $A = \begin{pmatrix} 2 & 1 \\ -1 & 3 \\ 2 & 2 \end{pmatrix}$ formada pelos coeficientes das combinações lineares acima. Ao efetuarmos as operações elementares em A visando o seu escalonamento e as mesmas operações nos correspondentes vetores de S_2, iremos produzir novas combinações lineares dos elementos de S_1 de um lado das igualdades e do outro, combinações lineares de elementos de S_2. Em

8.1. ESPAÇOS VETORIAIS FINITAMENTE GERADOS

particular, ao escalonamento de A

$$\begin{pmatrix} 2 & 1 \\ -1 & 3 \\ 2 & 2 \end{pmatrix} \sim \begin{pmatrix} 2 & 1 \\ 0 & 7 \\ 0 & -1 \end{pmatrix} \sim \begin{pmatrix} 2 & 1 \\ 0 & 7 \\ 0 & 0 \end{pmatrix}$$

irá corresponder ao seguinte nas relações (∗):

$$\begin{cases} 2(1,2) & + & 1(-1,0) & = & (1,4) \\ -1(1,2) & + & 3(-1,0) & = & (-4,-2) \\ 2(1,2) & + & 2(-1,0) & = & (0,4) \end{cases} \sim$$

$$\sim \begin{cases} 2(1,2) & + & 1(-1,0) & = & (1,4) \\ & & 7(-1,0) & = & (1,4)+2(-4,-2) \\ & & -1(-1,0) & = & (1,4)-(0,4) \end{cases} \sim$$

$$\sim \begin{cases} 2(1,2) & + & 1(-1,0) & = & (1,4) \\ & & 7(-1,0) & = & (1,4)+2(-4,-2) \\ & & (0,0) & = & 8(1,4)+2(-4,-2)-7(0,4) \end{cases}$$

Observe que a última linha exibe o vetor nulo como uma combinação linear dos elementos de S_2 de forma não trivial. Logo, S_2 é l.d..

O que está por trás das contas do exemplo acima é o fato do conjunto S_2 ter mais elementos que o conjunto S_1 pois, neste caso, a matriz dos coeficientes calculada como acima terá mais linhas que colunas e portanto em um escalonamento sempre aparecerá ao menos uma linha nula. Para mostrarmos um resultado que generaliza essas observações, iremos *refazer* as contas acima de uma forma genérica.

Proposição 8.1 Sejam V um espaço vetorial e $S_1 = \{v_1, \cdots, v_n\}$ e $S_2 = \{u_1, \cdots, u_m\}$ dois subconjuntos de V. Se S_1 for um conjunto gerador para V e $m > n$, então S_2 será l.d..

DEMONSTRAÇÃO. Como S_1 é um conjunto gerador, então cada vetor u_i (para $i = 1, \cdots, m$) pode ser escrito como combinação linear de seus vetores:

$$\begin{cases} \alpha_{11}v_1 & + & \alpha_{12}v_2 & \cdots & + & \alpha_{1n}v_n & = & u_1 \\ & & \vdots & & & \vdots & & \\ \alpha_{m1}v_1 & + & \alpha_{m2}v_2 & \cdots & + & \alpha_{mn}v_n & = & u_m \end{cases}$$

Considere a matriz dos coeficientes destas combinações lineares

$$A = \begin{pmatrix} \alpha_{11} & \cdots & \alpha_{1n} \\ \vdots & & \vdots \\ \alpha_{m1} & \cdots & \alpha_{mn} \end{pmatrix}$$

Ao escaloná-la por meio de operações elementares, e repetindo as mesmas operações, respectivamente, sobre os vetores $u_1, \cdots, u_m$ (da forma como foi feita no exemplo acima), iremos chegar a uma matriz com, ao menos, uma linha formada por zeros (pois o número de linhas é maior que o de colunas). Isso irá corresponder ao vetor nulo sendo escrito como uma combinação linear dos vetores de S_2 com alguns coeficientes não nulos. Concluímos então que S_2 é l.d. e o resultado está, então, provado. □

Essa proposição pode ser reescrita da seguinte forma.

Corolário 8.1 Sejam V um espaço vetorial e $S_1 = \{v_1, \cdots, v_n\}$ e $S_2 = \{u_1, \cdots, u_m\}$ dois subconjuntos de V. Se S_1 for um conjunto gerador para V e S_2 for l.i., então $n \geq m$.

O resultado que acabamos de provar tem a seguinte consequência bastante importante em nossas considerações.

Corolário 8.2 Seja V um espaço vetorial finitamente gerado e sejam $\mathcal{B}$ e $\mathcal{B}'$ duas bases de V. Então $\mathcal{B}$ e $\mathcal{B}'$ têm o mesmo número (finito) de elementos.

DEMONSTRAÇÃO. Observemos em primeiro lugar que, se $\mathcal{B}$ for uma base de V, então $\mathcal{B}$ tem um número finito de elementos. De fato, como V é finitamente gerado, então existe um conjunto gerador com, digamos, r elementos. O resultado acima nos garante então que todo conjunto l.i. de V terá no máximo r elementos e, em particular, $\mathcal{B}$ terá no máximo r elementos. Sejam agora duas bases $\mathcal{B}_1$ e $\mathcal{B}_2$ com m e n elementos, respectivamente. Usando o fato de que $\mathcal{B}_1$ é um conjunto gerador e que $\mathcal{B}_2$ é l.i., segue do Corolário 8.1 que $m \geq n$. Por outro lado, como $\mathcal{B}_1$ é l.i. e $\mathcal{B}_2$ é gerador, concluímos, usando o mesmo resultado, que $n \geq m$. Destas duas desigualdades, segue que $n = m$ como queríamos. □

Observe que ainda não mostramos a existência de bases em um espaço vetorial finitamente gerado, o que será nosso objetivo na próxima seção. Até

8.2. EXISTÊNCIA DE BASES

agora, mostramos apenas que duas bases, se existirem, terão o mesmo número de elementos.

EXERCÍCIOS

Exercício 8.1 Determine o número de elementos de uma base qualquer de cada um dos espaços abaixo:

(a) $V = \{p \in \mathbb{R}[t]_3 : p(-1) = 0 \text{ e } p(1) = 0\}$.

(b) $V = \{A = (a_{ij}) \in \mathbb{M}_3(\mathbb{R}) : a_{11} = 2a_{22} \text{ e } a_{ij} = 0 \text{ se } i > j\}$.

(c) $V = \{(x_1, x_2, x_3, x_4, x_5) \in \mathbb{R}^5 : x_1 = -x_2 = 3x_3\}$.

(d) $V = \{(x, y, z, w) \in \mathbb{R}^4 : x = w \text{ e } x - 2y + z - w = 0\}$.

(e) $V = \{p \in \mathbb{R}[t] : p(1) = 0\}$.

(f) $V = \{(z_1, z_2) \in \mathbb{C}^2 : iz_1 = z_2\}$.

Exercício 8.2 Seja V um espaço vetorial. Mostre que as seguintes afirmações são equivalentes:

(a) V não é finitamente gerado.

(b) Para cada $n \geq 1$, existe um conjunto l.i. em V contendo n elementos.

Exercício 8.3 Mostre que um subespaço de um espaço vetorial finitamente gerado é também finitamente gerado.

Exercício 8.4 Use o Exercício 8.2 para mostrar que $\mathbb{R}[t]$ não é finitamente gerado.

8.2 Existência de bases para espaços finitamente gerados.

Com o que fizemos acima, já temos elementos suficientes para mostrarmos de forma simples a existência de bases para espaços vetoriais finitamente gerados. Vamos provar primeiro o seguinte lema.

Lema 8.1 Sejam V um espaço vetorial finitamente gerado e S um conjunto gerador finito de V. Então S contém um subconjunto S' que é l.i. e que ainda gera V.

DEMONSTRAÇÃO. Podemos escrever $S = \{v_1, \cdots, v_m\}$, onde $v_i \in V$ para $i = 1, \cdots, m$. Se S for l.i., então basta considerarmos $S' = S$ para a validade do resultado. Suponha, ao contrário, que S seja l.d.. Então, pelo Lema 7.1, existe $v \in S$ que é uma combinação linear dos outros elementos de S. Sem perda de generalidade, digamos que $v = v_m$. Pelo mesmo resultado, temos que $S_1 = S \setminus \{v_m\} = \{v_1, \cdots, v_{m-1}\}$ gera o mesmo espaço que S, isto é, V. Repetimos agora o argumento acima para o conjunto S_1. Se S_1 for l.i., então ele satisfaz o que queremos no enunciado. Caso contrário, de novo pelo Lema 7.1, existirá $v' \in S_1$, digamos $v' = v_{m-1}$, tal que $S_2 = S_1 \setminus \{v'\} = \{v_1, \cdots, v_{m-2}\}$ é um conjunto gerador de V. Repetindo este procedimento, e observando que o conjunto inicial é finito, devemos chegar em algum momento a um conjunto l.i. que ainda é um gerador de V, como queríamos. □

Utilizando-se esse lema, é fácil ver que vale o seguinte resultado.

Teorema 8.1 Todo espaço vetorial finitamente gerado tem uma base.

DEMONSTRAÇÃO. Seja V um espaço vetorial finitamente gerado. Logo existe um conjunto finito S que gera V. O lema acima nos garante que S contém um subconjunto que é, ao mesmo tempo, l.i. e gerador de V, portanto uma base de V, como queríamos. □

Exemplo 8.4 Vamos ilustrar o argumento utilizado na demonstração do Lema 7.1. Considere $V = \mathbb{R}^3$ e S o conjunto

$$S = \{(-2, 1, 0), (2, -3, -1), (-4, 6, 2), (0, -2, -1), (0, 0, 1)\}$$

Vamos verificar, em primeiro lugar, que S é um conjunto gerador para $\mathbb{R}^3$. Dado $(a, b, c) \in \mathbb{R}^3$, precisamos encontrar valores $\alpha, \beta, \gamma, \delta$ e λ em $\mathbb{R}$ tais que

$$(a, b, c) = \alpha(-2, 1, 0) + \beta(2, -3, -1) + \gamma(-4, 6, 2) + \delta(0, -2, -1) + \lambda(0, 0, 1).$$

Isto nos leva ao sistema

$$\begin{cases} -2\alpha + 2\beta - 4\gamma & = a \\ \alpha - 3\beta + 6\gamma - 2\delta & = b \\ -\beta + 2\gamma - \delta + \lambda & = c \end{cases}$$

8.2. EXISTÊNCIA DE BASES

que, escalonado em sua forma principal, é equivalente a:

$$\begin{cases} \alpha + \delta = \frac{-3a-2b}{4} \\ \beta - 2\gamma + \delta = \frac{-a-2b}{4} \\ \lambda = \frac{-a-2b+4c}{4} \end{cases} \quad (*)$$

Esse sistema tem infinitas soluções (a partir das incógnitas independentes γ e δ). Em particular, S é um conjunto gerador de $\mathbb{R}^3$. Ele é, no entanto, l.d. e existem várias maneiras de nos convencermos disto. Como S tem cinco elementos e existe uma base de $\mathbb{R}^3$ com três elementos, então, pela Proposição 8.1, é claro que S é l.d.. Outra maneira de vermos isto é utilizando-se do sistema acima, o que do ponto de vista computacional pode ser mais útil. Deduzimos do sistema escalonado $(*)$ que, para quaisquer valores γ e δ, vai existir uma solução para α, β e λ (dada em função dos valores a, b e c). Mais ainda, ao escolhermos valores distintos de zero para γ ou para δ, conseguiremos escrever o vetor nulo $(0,0,0)$ como combinação linear dos elementos de S de forma não trivial, o que implica que S é l.d.. Por exemplo, para $\gamma = 1$ e $\delta = 0$, teremos:

$$(0,0,0) = 0(-2,1,0) + 2(2,-3,-1) + 1(-4,6,2) + 0(0,-2,-1) + 0(0,0,1).$$

Com isso, segue por exemplo que $(-4,6,2) = -2(2,-3,-1)$ e $(-4,6,2)$ é combinação linear dos outros elementos de S. Conforme fizemos na demonstração do Lema 7.1, podemos considerar o conjunto

$$S' = S \setminus \{(-4,6,2)\} = \{(-2,1,0), (2,-3,-1), (0,-2,-1), (0,0,1)\}.$$

Além disso, esse mesmo lema nos garante que S' é ainda um conjunto gerador para $\mathbb{R}^3$. É claro que poderíamos ter tirado o vetor $(2,-3,-1)$ ao invés do vetor $(-4,6,2)$ e seguir a partir desse outro conjunto. Mas retornemos a S'. Com as contas feitas acima, é fácil ver como se escreve um elemento $(a,b,c) \in \mathbb{R}^3$ como combinação linear dos elementos de S': basta considerar o sistema $(*)$ sem a incógnita independente γ (que é a que corresponde ao vetor retirado do conjunto inicial) e chegamos a

$$\begin{cases} \alpha + \delta = \frac{-3a-2b}{4} \\ \beta + \delta = \frac{-a-2b}{4} \\ \lambda = \frac{-a-2b+4c}{4} \end{cases} \quad (**)$$

Aqui, ainda o vetor nulo de $\mathbb{R}^3$ pode ser escrito de forma não trivial, basta escolhermos um valor distinto de zero para δ e acharmos uma solução para α, β e γ. Por exemplo, para $\delta = 1$, segue que

$$(0,0,0) = -1(-2,1,0) - 1(2,-3,-1) + 1(0,-2,-1) + 0(0,0,1).$$

A relação acima implica que cada um dos vetores $(-2,1,0), (2,-3,-1)$ e $(0,-2,-1)$ pode ser escrito como combinação linear dos outros dois. Podemos então retirar qualquer um deles de S' e o conjunto resultante S'' será ainda um conjunto gerador para $\mathbb{R}^3$ de acordo, de novo, com o Lema 7.1. Se retirarmos, por exemplo, o vetor $(-2,1,0)$, teremos

$$S'' = S' \setminus \{(-2,1,0)\} = \{(2,-3,-1), (0,-2,-1), (0,0,1)\}.$$

De forma análoga à feita acima, não é difícil conseguir um sistema que nos dê a solução para se escrever um vetor (a,b,c) em termos dos elementos de S''. Como retiramos o vetor $(-2,1,0)$ de S', isto equivale a não considerarmos a incógnita α em $(**)$ e assim conseguimos

$$\begin{cases} \delta &= \frac{-3a-2b}{4} \\ \beta + \delta &= \frac{-a-2b}{4} \\ \lambda &= \frac{-a-2b+4c}{4} \end{cases} \sim \begin{cases} \beta &= \frac{a}{2} \\ \delta &= \frac{-3a-2b}{4} \\ \lambda &= \frac{-a-2b+4c}{4} \end{cases}$$

Observe que, agora, a única solução para $(a,b,c) = (0,0,0)$ é a trivial e portanto S'' é l.i.. Segue que S'' é uma base de $\mathbb{R}^3$ contida, como queríamos, no conjunto inicial dado S.

Antes de prosseguirmos, gostaríamos de comentar uma forma alternativa para se mostrar a existência de bases em um espaço vetorial finitamente gerado V. A estratégia que seguimos acima foi a de considerarmos um conjunto gerador de V e *retirar* elementos até que se consiga um conjunto l.i. mas que ainda mantenha a propriedade de ser um conjunto gerador do espaço todo. A filosofia por trás disso é que conjuntos geradores que não são l.i. possuem elementos, digamos assim, *supérfluos*. Uma outra possibilidade para se mostrar o mesmo resultado seria começarmos com um conjunto l.i. e, adicionando-se vetores convenientemente, chegarmos a um que seja simultaneamente l.i. e gerador de V. Vamos registrar este fato na próxima proposição que é, por si só, bastante interessante pois nos garante que é sempre possível se completar

8.2. EXISTÊNCIA DE BASES

um conjunto l.i. em um espaço finitamente gerado a uma base. Veremos na Seção 8.4 um método prático para fazermos isto.

Proposição 8.2 Sejam V um espaço vetorial finitamente gerado e $S \subset V$ um subconjunto l.i. de V. Então existe uma base de V contendo S. Em particular, dado qualquer subespaço W de V, então existe uma base de V contendo uma base de W.

DEMONSTRAÇÃO. Faremos a demonstração utilizando o Exercício 7.20 e incentivamos o leitor a resolvê-lo se ainda não o fez. Observe que, como V é finitamente gerado, então ele possui um conjunto gerador com, digamos assim, r elementos. Segue da Proposição 8.1 que todo conjunto l.i. de V terá no máximo r elementos. Agora, se o conjunto (l.i.) S do enunciado for gerador de V, então ele próprio será uma base conforme requerida. Suponha então que S não gera todo o espaço V. Logo, existe um elemento $v \in V$ que não pertence $[S]$. Pelo Exercício 7.20, segue que $S' = S \cup \{v\}$ será l.i.. Caso esse novo conjunto S' gere V, ele será a base que queremos. Caso contrário, existe $v' \in V$ que não é combinação linear dos elementos de S' e, usando novamente o Exercício 7.20, $S'' = S' \cup \{v'\}$ será l.i. Esse processo de anexar novos elementos mantendo a independência linear tem que parar eventualmente pois nenhum conjunto l.i. pode ter mais do que r elementos. E o processo para quando se chega a uma base de V. Isso mostra o resultado. □

Exemplo 8.5 Vamos exemplificar o procedimento utilizado na demonstração da proposição acima para se conseguir uma base a partir de um conjunto l.i.. Considere $V = \mathbb{R}^4$ e o subconjunto $S = \{(1, -1, 0, 1), (1, -1, 0, 2)\}$. Não é difícil ver que S é l.i. (observe, por exemplo, que S contém apenas dois elementos e um não é o múltiplo do outro). Por outro lado, S não é gerador de $\mathbb{R}^4$, pois, se fosse, seria uma base e sabemos que bases de $\mathbb{R}^4$ possuem 4 elementos (ver Seção 7.3). Com isso, podemos incluir qualquer elemento de $\mathbb{R}^4$ que não é gerado por S que o conjunto resultante será ainda l.i.. Veremos mais adiante um algoritmo para encontrar facilmente tais elementos em espaços vetoriais finitamente gerados, mas, para esse exemplo específico, vamos analisar as combinações lineares de elementos de S. Elas serão do tipo

$$\alpha(1, -1, 0, 1) + \beta(1, -1, 0, 2) = (\alpha + \beta, -(\alpha + \beta), 0, \alpha + 2\beta)$$

com $\alpha, \beta \in \mathbb{R}$. Não é difícil ver que $(0,0,1,0)$ não é dessa forma (independente dos valores α, β escolhidos). Logo, $(0,0,1,0) \notin [S]$ e, usando o Exercício 7.20, $S' = \{(1,-1,0,1), (1,-1,0,2), (0,0,1,0)\}$ será um conjunto l.i.. Esse novo conjunto não é gerador de $\mathbb{R}^4$ (pois contém apenas 3 elementos). Logo, existirá um elemento de $\mathbb{R}^4$ que não se escreve como uma combinação linear dos elementos de S'. Por sua vez, as combinações lineares dos elementos de S' serão do tipo

$$\alpha(1,-1,0,1) + \beta(1,-1,0,2) + \gamma(0,0,1,0) = (\alpha + \beta, -(\alpha + \beta), \gamma, \alpha + 2\beta)$$

com $\alpha, \beta, \gamma \in \mathbb{R}$. Observe que a primeira coordenada tem que ser igual ao oposto da segunda coordenada (independente dos valores escolhidos para α, β, γ). Escolhendo-se agora um vetor onde isso não acontece conseguimos um elemento que não pertence a $[S']$. Por exemplo, escolha $(0,1,0,0)$. Com isso, utilizando-se de novo o Exercício 7.20, chegamos ao conjunto l.i. $S'' = \{(1,-1,0,1), (1,-1,0,2), (0,0,1,0), (0,1,0,0)\}$. Observe que S'' é uma base para $\mathbb{R}^4$ (mostre que é um conjunto gerador).

Observações sobre o caso geral. Comentamos acima duas demonstrações (uma com mais detalhes, outra com menos) para a existência de bases em um espaço vetorial finitamente gerado, mas nenhuma delas serve, do jeito que está, para se demonstrar o mesmo resultado no caso não finitamente gerado. Observe que, em ambas as demonstrações, temos um limite superior para um conjunto gerador e isso é essencial para o sucesso da argumentação. Para se demonstrar o resultado no caso geral (*todo espaço vetorial possui uma base*), precisamos lançar mão de técnicas um pouco mais sofisticadas que, por escaparem do escopo deste livro, não serão feitas aqui. Existem vários textos mais avançados onde tal demonstração pode ser encontrada, por exemplo, o livro [2] listado ao final de nosso texto.

Agora que estabelecemos a existência de bases para espaços finitamente gerados e sabemos que duas bases de um tal espaço têm o mesmo número de elementos, vale a pena destacar esse invariante nomeando-o.

Definição 8.2 Seja V um espaço vetorial. Se V for finitamente gerado, definimos a **dimensão de** V como sendo o número de elementos de uma base

8.2. EXISTÊNCIA DE BASES

(qualquer) de V. Caso contrário, isto é, se V não for finitamente gerado, definimos a **dimensão de** V como sendo infinito (∞). A dimensão de V, em ambos os casos, será denotada por $\dim_\mathbb{R} V$.

Observação 8.1 A partir do discutido acima, um espaço vetorial é finitamente gerado se e só se ele tem dimensão finita. Por isso, usaremos essas duas terminologias (finitamente gerado e de dimensão finita) indistintamente.

Decorre de nossa discussão que, para se determinar a dimensão de um espaço vetorial V, basta considerarmos o número de elementos de uma base qualquer de V. É o que ilustraremos a seguir.

Exemplo 8.6 Sejam m e n dois números inteiros positivos. Como as bases canônicas de $\mathbb{R}^n$ e de $\mathbb{M}_{m \times n}(\mathbb{R})$ possuem n e $m \cdot n$ elementos, respectivamente (ver Seção 7.3), concluímos que $\dim_\mathbb{R} \mathbb{R}^n = n$ e $\dim_\mathbb{R} \mathbb{M}_{m \times n}(\mathbb{R}) = m \cdot n$.

Exemplo 8.7 Como vimos acima, o espaço vetorial $\mathbb{R}[t]$ não é finitamente gerado e, portanto, $\dim_\mathbb{R} \mathbb{R}[t] = \infty$. Por outro lado, para $m \geq 1$, $\dim_\mathbb{R} \mathbb{R}[t]_m = m + 1$.

Exemplo 8.8 O seguinte subespaço vetorial de $\mathbb{M}_{2 \times 3}(\mathbb{R})$

$$V = \left\{ \begin{pmatrix} a & b & c \\ d & e & f \end{pmatrix} : 2a + b - d = 0, b + 2c - 2e = 0 \text{ e } 2a + b - 4f = 0 \right\}$$

considerado no Exemplo 7.12 tem dimensão 3 pois, como mostramos lá, existe uma base com 3 elementos.

Exemplo 8.9 Por sua vez, o espaço $U = \{p(t) \in \mathbb{R}[t]_4 : p(-1) = 0 \text{ e } p(2) = 0\}$ considerado no Exemplo 7.13 tem também dimensão 3. Como vimos naquele exemplo, o conjunto $S = \{-2 - t + t^2, -2 - 3t + t^3, -6 - 5t + t^4\}$ é uma base de U.

O resultado seguinte é também consequência imediata do que discutimos acima e será bastante útil em nossas considerações futuras.

Corolário 8.3 Seja V um espaço vetorial de dimensão m.

(a) Qualquer conjunto com mais do que m elementos é l.d..

(b) Não existem conjuntos geradores de V com menos do que m elementos.

(c) Um conjunto gerador de V contendo m elementos é uma base de V.

(d) Um conjunto l.i. contendo m elementos é uma base de V.

DEMONSTRAÇÃO. Os itens (a) e (b) decorrem facilmente do Proposição 8.1. Para mostrarmos o item (c), considere um conjunto gerador S de V contendo m elementos. Dizer então que S não é uma base de V equivale a dizer que S é l.d.. Logo, pelo Lema 7.1, existe um vetor $v \in S$ tal que $S' = S \setminus \{v\}$ é um conjunto gerador de V. Mas aí teríamos um conjunto gerador com menos elementos que a dimensão de V, uma contradição (lembre-se da Proposição 8.1), o que conclui a demonstração deste item.

Finalmente, para o item (d), considere um conjunto l.i. S contendo m elementos. Pela Proposição 8.2, existe uma base S' de V contendo S. Como a dimensão de V é m, concluímos que S e S' têm o mesmo número de elementos e, como $S \subseteq S'$, chegamos a $S = S'$. Logo S é uma base de V. Isto termina a demonstração. □

Observe que esse resultado pode ser bastante útil quando quisermos verificar se um dado conjunto é uma base de um espaço vetorial cuja dimensão conhecemos a priori. Especificamente, dados um espaço vetorial de dimensão m e um subconjunto S de V com m elementos, para verificarmos se S é uma base, bastaria verificar apenas uma das propriedades: que S é l.i. ou que S é gerador. Por exemplo, consideremos o conjunto $\{(1, -2, 0), (3, 5, 7), (0, 1, 1)\}$ em $\mathbb{R}^3$. Para mostrarmos que S é uma base de $\mathbb{R}^3$, bastaria verificar que S é, por exemplo, l.i. (normalmente, mais fácil de se verificar que a propriedade de ser gerador) pois o número de elementos de S é 3 que é a dimensão de $\mathbb{R}^3$. Deixamos ao leitor verificar que S é, no caso acima, de fato l.i. e portanto base de $\mathbb{R}^3$.

Corolário 8.4 Seja V um espaço vetorial de dimensão n e seja $U \subset V$ um subespaço de V também com dimensão n. Então $U = V$.

8.2. EXISTÊNCIA DE BASES

EXERCÍCIOS

Exercício 8.5 Determine as dimensões $\dim_\mathbb{R} V$ e $\dim_\mathbb{C} V$ dos seguintes espaços vetoriais V considerados como espaços sobre $\mathbb{R}$ e sobre $\mathbb{C}$: (a) $V = \mathbb{C}^n$ ($n \geq 1$); (b) $V = \mathbb{M}_n(\mathbb{C})$ ($n \geq 2$); (c) $V = \mathbb{C}[t]_m$ ($m \geq 1$).

Exercício 8.6 Em cada um dos casos abaixo, encontre uma base do espaço vetorial V contida no conjunto S.

(a) $V = \mathbb{R}^3$, $S = \{(-1, 0, 1), (0, 1, 1), (2, 3, 1), (2, 2, 0), (1, 1, 1)\}$.

(b) $V = \left\{ \begin{pmatrix} a & b \\ c & d \end{pmatrix} \in \mathbb{M}_2(\mathbb{R}) : a - d = 0, b + 2c = 0 \right\}$

$S = \left\{ \begin{pmatrix} 2 & -2 \\ 1 & 2 \end{pmatrix}, \begin{pmatrix} 0 & 4 \\ -2 & 0 \end{pmatrix}, \begin{pmatrix} 1 & 0 \\ 0 & 1 \end{pmatrix}, \begin{pmatrix} -4 & 4 \\ -2 & -4 \end{pmatrix} \right\}$.

Exercício 8.7 Considere o conjunto $V = \mathbb{C}$ como espaço vetorial sobre $\mathbb{R}$ e sobre $\mathbb{C}$. Em cada um desses casos, encontre uma base contida no conjunto $S = \{1 - i, 2 + i, i, -3i\}$.

Exercício 8.8 Em cada um dos casos abaixo, encontre uma base do espaço V contendo S.

(a) $V = \mathbb{R}[t]_3$, $S = \{1, 1 - t + t^2, 2t - t^2\}$.

(b) $V = \left\{ \begin{pmatrix} a & b \\ c & d \end{pmatrix} \in \mathbb{M}_2(\mathbb{R}) : a - d = 0, b + 2c = 0 \right\}$, $S = \left\{ \begin{pmatrix} 1 & 0 \\ 0 & 1 \end{pmatrix} \right\}$.

(c) $V = \mathbb{R}^4$ e $S = \{(1, -1, 0, 1), (1, -1, 0, 2)\}$.

Exercício 8.9 Considere o conjunto $V = \mathbb{C}$ como espaço vetorial sobre $\mathbb{R}$ e sobre $\mathbb{C}$. Em cada um desses casos, encontre uma base contendo $S = \{1 - i\}$.

Exercício 8.10 Considere o seguinte subespaço de $\mathbb{M}_{2\times 3}(\mathbb{R})$:

$W = \left\{ \begin{pmatrix} a & b & c \\ d & e & f \end{pmatrix} \in \mathbb{M}_{2\times 3}(\mathbb{R}) : a - b + f = 0, 2b + c = 0, d - e + f = 0 \right\}$

(a) Determine a dimensão de W.

(b) Verifique quais dos seguintes conjuntos são base de W.

$$S_1 = \left\{ \begin{pmatrix} -1 & 2 & -4 \\ -1 & 2 & 3 \end{pmatrix}, \begin{pmatrix} 1 & 0 & 0 \\ 2 & 1 & -1 \end{pmatrix}, \begin{pmatrix} 0 & 1 & -2 \\ 1 & 2 & 1 \end{pmatrix} \right\}$$

$$S_2 = \left\{ \begin{pmatrix} -1 & 1 & -2 \\ 0 & 0 & 0 \end{pmatrix}, \begin{pmatrix} 1 & 1 & 1 \\ 1 & 1 & 0 \end{pmatrix}, \begin{pmatrix} -1 & 0 & 0 \\ 0 & 0 & 1 \end{pmatrix} \right\}$$

Exercício 8.11 Seja V um espaço vetorial finitamente gerado e sejam W_1 e W_2 dois subespaços de V. Mostre que

$$\dim_\mathbb{R}(W_1 + W_2) = \dim_\mathbb{R} W_1 + \dim_\mathbb{R} W_2 - \dim_\mathbb{R}(W_1 \cap W_2).$$

Conclua que $\dim_\mathbb{R}(W_1 \oplus W_2) = \dim_\mathbb{R} W_1 + \dim_\mathbb{R} W_2$.

Exercício 8.12 (COROLÁRIO 8.4) Seja V um espaço vetorial de dimensão n e seja $U \subset V$ um subespaço de V também com dimensão n. Mostre que $U = V$.

8.3 Coordenadas

Vimos na seção anterior que todo espaço vetorial finitamente gerado V possui uma base finita. Em outras palavras, existe um conjunto finito $\mathcal{B} = \{v_1, \cdots, v_n\}$ tal que todo elemento $v \in V$ se escreve de forma única como combinação linear dos elementos $v_1, \cdots, v_n$, digamos

$$v = \alpha_1 v_1 + \cdots + \alpha_n v_n = \sum_{i=1}^{n} \alpha_i v_i \quad \text{com} \quad \alpha_i \in \mathbb{R} \qquad (*)$$

Além disso, o número de elementos de uma base de V, no caso n, está bem determinado, número esse que chamamos de dimensão de V. Nosso objetivo agora é explorar um pouco mais essas relações do ponto de vista computacional e, para tanto, vamos lançar mão da noção de coordenadas. Com as notações acima, os valores $\alpha_1, \cdots, \alpha_n$ estão univocamente determinados a partir do vetor v, mas um pequeno cuidado ainda é necessário para o que temos em mente. Vamos discutir isto por meio de um exemplo.

Exemplo 8.10 Não é difícil ver que o conjunto

$$\mathcal{B} = \left\{ \begin{pmatrix} 1 & 0 \\ 0 & 0 \end{pmatrix}, \begin{pmatrix} 0 & 1 \\ 1 & 0 \end{pmatrix}, \begin{pmatrix} 0 & 0 \\ 0 & 1 \end{pmatrix} \right\}$$

8.3. COORDENADAS

é uma base do espaço das matrizes simétricas 2×2 sobre $\mathbb{R}$. Considere a matriz (simétrica) $M = \begin{pmatrix} -2 & 1 \\ 1 & 0 \end{pmatrix}$ e vamos escrevê-la em função dos elementos de $\mathcal{B}$:

$$\begin{pmatrix} -2 & 1 \\ 1 & 0 \end{pmatrix} = -2 \begin{pmatrix} 1 & 0 \\ 0 & 0 \end{pmatrix} + 1 \begin{pmatrix} 0 & 1 \\ 1 & 0 \end{pmatrix} + 0 \begin{pmatrix} 0 & 0 \\ 0 & 1 \end{pmatrix} \qquad (I)$$

Podemos também escrever da seguinte forma

$$\begin{pmatrix} -2 & 1 \\ 1 & 0 \end{pmatrix} = 1 \begin{pmatrix} 0 & 1 \\ 1 & 0 \end{pmatrix} - 2 \begin{pmatrix} 1 & 0 \\ 0 & 0 \end{pmatrix} + 0 \begin{pmatrix} 0 & 0 \\ 0 & 1 \end{pmatrix} \qquad (II)$$

Observando-se as relações (I) e (II), apesar de termos bem determinados os coeficientes da matriz M escrita como combinação linear dos elementos de $\mathcal{B}$, eles estão obviamente em ordem trocada, o que poderia trazer confusão se o nosso objetivo for o de olhar M por meio desses coeficientes de forma ordenada. Por isso, é importante, ao exibirmos uma base, estabelecer a ordem dos seus elementos. Por exemplo, para a ordem de elementos exibida em $\mathcal{B}$, os coeficientes de M serão, nesta ordem, $-2, 1, 0$ (mais adiante, denominaremos isto de coordenadas de M com relação é base $\mathcal{B}$). Consideremos agora a base

$$\mathcal{B}_1 = \left\{ \begin{pmatrix} 0 & 1 \\ 1 & 0 \end{pmatrix}, \begin{pmatrix} 1 & 0 \\ 0 & 0 \end{pmatrix}, \begin{pmatrix} 0 & 0 \\ 0 & 1 \end{pmatrix} \right\}$$

e, neste caso, os coeficientes de M com relação a $\mathcal{B}_1$, serão $1, -2, 0$. Como conjuntos, $\mathcal{B}$ e $\mathcal{B}_1$ são iguais, mas, ao estabelecermos as ordens nos elementos como acima, eles deveriam representar bases distintas pois, enfatizamos, queremos pensar nos coeficientes como caracterizadores de um elemento do espaço vetorial.

Definição 8.3 Uma **base ordenada** de um espaço vetorial finitamente gerado V é uma base de V com a ordem de seus elementos fixada.

Vamos assumir de agora em diante neste capítulo que os espaços vetoriais são finitamente gerados e que todas as bases são ordenadas, mesmo quando não mencionarmos isto explicitamente. Desta forma, não só os coeficientes que aparecem em uma relação como $(*)$ acima estão univocamente determinados como também a ordem em que aparecem. A discussão acima pode ser formalizada da seguinte maneira.

Proposição 8.3 Sejam V um espaço vetorial de dimensão n e $\mathcal{B} = \{v_1, \cdots, v_n\}$ uma base ordenada de V. Então existe uma função $\varphi \colon V \longrightarrow \mathbb{R}^n$ que associa a cada elemento $v = \sum_{i=1}^{n} \alpha_i v_i \in V$ a n-upla $(\alpha_1, \cdots, \alpha_n) \in \mathbb{R}^n$ com as seguintes propriedades:

(a) φ é injetora.

(b) φ é sobrejetora.

(c) φ preserva as operações de V e $\mathbb{R}^n$, isto é, $\varphi(u+v) = \varphi(u) + \varphi(v)$ e $\varphi(\lambda u) = \lambda \varphi(u)$, para todos $u, v \in V$ e todo $\lambda \in \mathbb{R}$.

Antes de demonstrarmos esse resultado, vamos analisar mais detalhadamente o seu enunciado. O que as propriedades da função φ listadas nos itens (a) e (b) dizem é que podemos identificar os vetores de V com os de $\mathbb{R}^n$: (i) a cada vetor $v \in V$ associa-se uma única n-upla (pois φ é função); (ii) dada uma n-upla $(\alpha_1, \cdots, \alpha_n)$ em $\mathbb{R}^n$, existe um vetor v tal que $\varphi(v) = (\alpha_1, \cdots, \alpha_n)$ (pois φ é sobrejetora); e (iii) dado $\varphi(v) = (\alpha_1, \cdots, \alpha_n)$, o vetor v tal que $\varphi(v) = (\alpha_1, \cdots, \alpha_n)$ é único (pois φ é injetora). Outra maneira de dizer isto é que existe uma *correspondência biunívoca* entre um espaço vetorial de dimensão n e $\mathbb{R}^n$ (ou que φ é bijetora). A propriedade (c) da proposição nos garante que essa correspondência preserva as operações dos espaços V e $\mathbb{R}^n$. Por exemplo, podemos somar dois vetores em V e aplicar a função φ para se conseguir uma n-upla em $\mathbb{R}^n$ ou aplicar, inicialmente, φ a esses dois vetores e depois fazer a soma em $\mathbb{R}^n$ que o resultado será o mesmo. A mesma observação serve para a multiplicação por escalar.

Iremos, no próximo capítulo, formalizar essas ideias de uma maneira mais geral e, usando a terminologia a ser introduzida, podemos dizer que um espaço vetorial de dimensão n é *isomorfo* a $\mathbb{R}^n$. Por ora, o que nos interessa é a possibilidade de transportarmos informações de um espaço vetorial de dimensão n para $\mathbb{R}^n$ (e vice-versa), o que irá facilitar nossos cálculos. Vamos demonstrar agora a proposição acima.

DEMONSTRAÇÃO DA PROPOSIÇÃO 8.3. A partir de nossos comentários até aqui, é fácil ver que a função

$$\begin{array}{rccc} \varphi \colon & V & \longrightarrow & \mathbb{R}^n \\ & v = \sum_{i=1}^{n} \alpha_i v_i & \longmapsto & \varphi(v) = (\alpha_1, \cdots, \alpha_n) \end{array}$$

8.3. COORDENADAS

está bem definida (decorre da unicidade dos coeficientes que tanto enfatizamos).

(a) Sejam $v_1 = \sum_{i=1}^{n} \alpha_i v_i$ e $v_2 = \sum_{i=1}^{n} \beta_i v_i$ dois vetores distintos de V. Com isto, existe (ao menos um) índice l tal que $\alpha_l \neq \beta_l$. Daí, $\varphi(v_1) = (\alpha_1, \cdots, \alpha_n)$ e $\varphi(v_2) = (\beta_1, \cdots, \beta_n)$ são distintos e, portanto, φ é injetora.

(b) Para mostrarmos que φ é sobrejetora, dada uma n-upla $(\alpha_1, \cdots, \alpha_n) \in \mathbb{R}^n$, basta considerar o vetor $v = \sum_{i=1}^{n} \alpha_i v_i$ que teremos $\varphi(v) = \varphi\left(\sum_{i=1}^{n} \alpha_i v_i\right) = (\alpha_1, \cdots, \alpha_n)$. Com isto, todo elemento de $\mathbb{R}^n$ é a imagem de um elemento de V pela função φ. Logo φ é sobrejetora.

(c) Sejam $u = \sum_{i=1}^{n} \alpha_i v_i$ e $v = \sum_{i=1}^{n} \beta_i v_i$ vetores em V e $\lambda \in \mathbb{R}$. Logo

$$\varphi(u+v) = \varphi\left(\sum_{i=1}^{n} \alpha_i v_i + \sum_{i=1}^{n} \beta_i v_i\right) = \varphi\left(\sum_{i=1}^{n} (\alpha_i + \beta_i) v_i\right) =$$

$$= (\alpha_1 + \beta_1, \cdots, \alpha_n + \beta_n) = (\alpha_1, \cdots, \alpha_n) + (\beta_1, \cdots, \beta_n) =$$

$$= \varphi\left(\sum_{i=1}^{n} \alpha_i v_i\right) + \varphi\left(\sum_{i=1}^{n} \beta_i v_i\right) = \varphi(u) + \varphi(v).$$

Também,

$$\varphi(\lambda u) = \varphi\left(\lambda \sum_{i=1}^{n} \alpha_i v_i\right) = \varphi\left(\sum_{i=1}^{n} (\lambda \alpha_i) v_i\right) = (\lambda \alpha_1, \cdots, \lambda \alpha_n) =$$

$$= \lambda(\alpha_1, \cdots, \alpha_n) = \lambda \varphi\left(\sum_{i=1}^{n} \alpha_i v_i\right) = \lambda \varphi(u)$$

como queríamos. □

Definição 8.4 Sejam V um espaço vetorial com uma base (ordenada) $\mathcal{B} = \{v_1, \cdots, v_n\}$ e $v = \sum_{i=1}^{n} \alpha_i v_i$ um vetor de V, onde $\alpha_i \in \mathbb{R}$ para $i = 1, \cdots, n$. As coordenadas da n-upla $(\alpha_1, \cdots, \alpha_n)$ são chamadas de **coordenadas de v na base $\mathcal{B}$**. Para enfatizarmos o fato de estarmos usando a base $\mathcal{B}$, iremos denotá-las por $(\alpha_1, \cdots, \alpha_n)_\mathcal{B}$ ou por $[v]_\mathcal{B}$.

192   CAPÍTULO 8. ESPAÇOS FINITAMENTE GERADOS

Observação 8.2 Consideremos o espaço $\mathbb{R}^n$ e a sua base canônica $\mathcal{C} = \{(1, 0, \cdots, 0), \cdots, (0, 0, \cdots, 1)\}$. Logo, uma n-upla $(a_1, \cdots, a_n)$ será escrita como

$$(a_1, \cdots, a_n) = a_1(1, 0, \cdots, 0) + \cdots + a_n(0, 0, \cdots, 1)$$

e portanto as coordenadas de $(a_1, \cdots, a_n)$ na base canônica são justamente as mesmas $(a_1, \cdots, a_n)_\mathcal{C}$, o que não deve ser nenhuma surpresa. Neste caso, escrevemos simplesmente $(a_1, \cdots, a_n)$ pois deve ficar claro tratar-se da base canônica do espaço $\mathbb{R}^n$.

Consideremos agora o espaço $\mathbb{M}_{m \times n}(\mathbb{R})$ (com $m, n \geq 1$). Utilizando-se de sua base canônica $\mathcal{C} = \{E_{ij} : i = 1, \cdots, m \text{ e } j = 1, \cdots, n\}$ descrita na Seção 7.3, as coordenadas de uma matriz $A = (a_{ij}) \in \mathbb{M}_{m \times n}(\mathbb{R})$ nesta base serão

$$A = (a_{11}, \cdots, a_{1n}, a_{21}, \cdots, a_{2n}, \cdots, a_{m1}, \cdots, a_{mn})_\mathcal{C}.$$

Por exemplo, a matriz $A = \begin{pmatrix} 2 & -1 & 0 \\ 1 & 1 & -2 \end{pmatrix} \in \mathbb{M}_{2 \times 3}(\mathbb{R})$ terá coordenadas $(2, -1, 0, 1, 1, -2)_\mathcal{C}$ na base canônica $\mathcal{C}$ de $\mathbb{M}_{2 \times 3}(\mathbb{R})$.

Exemplo 8.11 Considere em $\mathbb{R}^3$ a base $\mathcal{B} = \{(-1, 0, 2), (0, 3, -1), (1, -3, 0)\}$ (deixamos ao leitor verificar que isto é efetivamente uma base de $\mathbb{R}^3$). Vamos achar as coordenadas do vetor $(-1, 3, 1)$ nesta base. Para tanto, vamos escrever inicialmente a decomposição de um elemento $(a, b, c) \in \mathbb{R}^3$ como combinação linear dos elementos de $\mathcal{B}$. Escrevendo

$$(a, b, c) = \alpha(-1, 0, 2) + \beta(0, 3, -1) + \gamma(1, -3, 0)$$

chegamos ao sistema

$$\begin{cases} -\alpha & + \gamma & = a \\ 3\beta & - 3\gamma & = b \\ 2\alpha & - \beta & = c \end{cases}$$

que, escalonado em sua forma principal, é equivalente a

$$\begin{cases} \alpha & = \frac{3a+b+3c}{3} \\ \beta & = \frac{6a+2b+3c}{3} \\ \gamma & = \frac{6a+b+3c}{3} \end{cases}$$

8.3. COORDENADAS

Com isto, o elemento (a, b, c) pode ser escrito como combinação linear de elementos de $\mathcal{B}$ da seguinte forma:
$$\left(\frac{3a+b+3c}{3}\right)(-1,0,2)+\left(\frac{6a+2b+3c}{3}\right)(0,3,-1)+\left(\frac{6a+b+3c}{3}\right)(1,-3,0).$$
Com isso, teremos
$$(a,b,c) = \left(\frac{3a+b+3c}{3}, \frac{6a+2b+3c}{3}, \frac{6a+b+3c}{3}\right)_\mathcal{B}.$$
Para o vetor $(-1,3,1)$ (isto é, $a=-1$, $b=3$ e $c=1$), por exemplo, teremos
$$(-1,3,1) = 1(-1,0,2) + 1(0,3,-1) + 0(1,-3,0) = (1,1,0)_\mathcal{B}.$$
Observe que estamos nos referindo ao mesmo vetor de $\mathbb{R}^3$ que está escrito de duas formas distintas: com as coordenadas usuais (isto é, coordenadas na base canônica de $\mathbb{R}^3$) e com as coordenadas na base $\mathcal{B}$ dada acima.

Vamos aproveitar essas contas e fazer mais um comentário. Quais são as coordenadas dos elementos de $\mathcal{B}$ na própria base $\mathcal{B}$? Vamos calculá-las:
$$(-1,0,2) = 1(-1,0,2) + 0(0,3,-1) + 0(1,-3,0) = (1,0,0)_\mathcal{B}$$
$$(0,3,-1) = 0(-1,0,2) + 1(0,3,-1) + 0(1,-3,0) = (0,1,0)_\mathcal{B}$$
$$(1,-3,0) = 0(-1,0,2) + 0(0,3,-1) + 1(1,-3,0) = (0,0,1)_\mathcal{B},$$
isto é, as coordenadas na base $\mathcal{B}$ dos próprios elementos do conjunto $\mathcal{B}$ serão $(1,0,0)_\mathcal{B}$, $(0,1,0)_\mathcal{B}$ e $(0,0,1)_\mathcal{B}$, respectivamente.

Antes de passarmos ao nosso próximo exemplo, vamos fazer a conta ao contrário, isto é, vamos achar as coordenadas usuais de um vetor cujas coordenadas na base $\mathcal{B}$ são $(2,-1,3)_\mathcal{B}$. Por definição, isto será
$$(2,-1,3)_\mathcal{B} = 2(-1,0,2) - 1(0,3,-1) + 3(1,-3,0) = (1,-12,5)$$

Exemplo 8.12 Seja agora o subespaço V de $\mathbb{R}^3$ gerado pelos vetores $(-1,1,0)$ e $(2,0,-1)$. Como $\mathcal{B} = \{(-1,1,0),(2,0,-1)\}$ é l.i., então ele será de fato uma base para V. Um elemento genérico de V se escreve como
$$a(-1,1,0) + b(2,0,-1) = (-a+2b, a, -b) \quad \text{com } a,b \in \mathbb{R},$$
e as coordenadas desse elemento na base $\mathcal{B}$ serão $(a,b)_\mathcal{B}$.

Por exemplo, $(-1,2)_\mathcal{B} = (5,-1,-2)$, $(1,0)_\mathcal{B} = (-1,1,0)$, $(0,1)_\mathcal{B} = (2,0,-1)$ e $(2,1)_\mathcal{B} = (0,2,-1)$. Como a dimensão do espaço V é 2, é claro que as suas coordenadas serão expressas como elementos do $\mathbb{R}^2$.

Exemplo 8.13 Considere o espaço

$$V = \left\{ \begin{pmatrix} a & b \\ c & d \end{pmatrix} \in \mathbb{M}_2(\mathbb{R}) : \ a - b + c - d = 0 \right\}.$$

De forma análoga à já feita anteriormente, vamos encontrar inicialmente uma base para V. Como temos a relação $a - b + c - d = 0$ (ou $a = b - c + d$), podemos escrever uma matriz de V como sendo

$$\begin{pmatrix} b-c+d & b \\ c & d \end{pmatrix} = b\begin{pmatrix} 1 & 1 \\ 0 & 0 \end{pmatrix} + c\begin{pmatrix} -1 & 0 \\ 1 & 0 \end{pmatrix} + d\begin{pmatrix} 1 & 0 \\ 0 & 1 \end{pmatrix} \quad \text{com } b,c,d \in \mathbb{R}$$

(*)

Logo,

$$\mathcal{B} = \left\{ \begin{pmatrix} 1 & 1 \\ 0 & 0 \end{pmatrix}, \begin{pmatrix} -1 & 0 \\ 1 & 0 \end{pmatrix}, \begin{pmatrix} 1 & 0 \\ 0 & 1 \end{pmatrix} \right\}$$

é um conjunto gerador para V. Não é difícil ver que $\mathcal{B}$ é também l.i. e portanto uma base para V. Vamos usá-la para escrever as coordenadas de uma matriz desse espaço vetorial. Observe que se $M = \begin{pmatrix} a & b \\ c & d \end{pmatrix} \in V$, então a relação (*) acima já nos dá as suas coordenadas na base $\mathcal{B}$, isto é,

$$\begin{pmatrix} a & b \\ c & d \end{pmatrix} = b\begin{pmatrix} 1 & 1 \\ 0 & 0 \end{pmatrix} + c\begin{pmatrix} -1 & 0 \\ 1 & 0 \end{pmatrix} + d\begin{pmatrix} 1 & 0 \\ 0 & 1 \end{pmatrix} = (b,c,d)_\mathcal{B}$$

(lembre-se que o valor a não é qualquer por conta da relação $a-b+c-d=0$). Por exemplo,

$$\begin{pmatrix} 6 & 2 \\ -1 & 3 \end{pmatrix} = 2\begin{pmatrix} 1 & 1 \\ 0 & 0 \end{pmatrix} - 1\begin{pmatrix} -1 & 0 \\ 1 & 0 \end{pmatrix} + 3\begin{pmatrix} 1 & 0 \\ 0 & 1 \end{pmatrix} = (2,-1,3)_\mathcal{B}.$$

Vamos aproveitar esse exemplo para enfatizar um fato já comentado anteriormente. Como a dimensão de V é 3, então as coordenadas de uma matriz de V na base considerada formam um elemento do $\mathbb{R}^3$. Da mesma forma como feita acima, dadas as coordenadas de um elemento de V na base $\mathcal{B}$, podemos encontrar facilmente a matriz correspondente. Por exemplo, dado $(1,-1,1)_\mathcal{B}$, a matriz correspondente será

$$(1,-1,1)_\mathcal{B} = 1\begin{pmatrix} 1 & 1 \\ 0 & 0 \end{pmatrix} - 1\begin{pmatrix} -1 & 0 \\ 1 & 0 \end{pmatrix} + 1\begin{pmatrix} 1 & 0 \\ 0 & 1 \end{pmatrix} = \begin{pmatrix} 3 & 1 \\ -1 & 1 \end{pmatrix}.$$

8.3. COORDENADAS

Exemplo 8.14 Seja $U = \{p(t) \in \mathbb{R}[t]_4 : p(0) = 0 \text{ e } p(1) = p(-1)\}$ um subespaço de $\mathbb{R}[t]_4$ e considere $p(t) = a_0 + a_1 t + a_2 t^2 + a_3 t^3 + a_4 t^4 \in \mathbb{R}[t]_4$. Então, $p(t) \in U$ se e só se

$$0 = p(0) = a_0 \text{ e}$$
$$a_0 + a_1 + a_2 + a_3 + a_4 = p(1) = p(-1) = a_0 - a_1 + a_2 - a_3 + a_4$$

Simplificando essas relações, teremos que $a_0 = 0$ e $a_1 + a_3 = 0$. Logo, um polinômio de U tem a forma

$$a_1 t + a_2 t^2 - a_1 t^3 + a_4 t^4 = a_1(t - t^3) + a_2 t^2 + a_4 t^4 \quad \text{com} \quad a_1, a_2, a_4 \in \mathbb{R}.$$

É fácil ver então que $\mathcal{B} = \{t - t^3, t^2, t^4\}$ é uma base para U. Para essa base teremos, por exemplo,

$$t + 2t^2 - t^3 + 3t^4 = (1, 2, 3)_{\mathcal{B}}, \quad t^2 + t^4 = (0, 1, 1)_{\mathcal{B}} \text{ e } t - t^3 = (1, 0, 0)_{\mathcal{B}}.$$

EXERCÍCIOS

Exercício 8.13 (a) Verifique que $\mathcal{B} = \{(0, 2, 1), (-1, 3, 0), (1, 1, 1)\}$ é uma base do $\mathbb{R}^3$.

(b) Determine as coordenadas de um elemento (a, b, c) genérico de $\mathbb{R}^3$ e dos elementos $(1, -13, -4), (0, 2, 1)$ e $(1, 1, 1)$ na base $\mathcal{B}$.

(c) Determine as coordenadas de $(2, 3, -2)_{\mathcal{B}}, (0, 1, 0)_{\mathcal{B}}$ e $(1, 1, 1)_{\mathcal{B}}$ na base canônica de $\mathbb{R}^3$.

Exercício 8.14 (a) Mostre que $\mathcal{B}$ abaixo é uma base de $\mathbb{M}_2(\mathbb{R})$.

$$\mathcal{B} = \left\{ \begin{pmatrix} 0 & -1 \\ 1 & 0 \end{pmatrix}, \begin{pmatrix} 2 & 0 \\ 3 & 1 \end{pmatrix}, \begin{pmatrix} -1 & 1 \\ 0 & 0 \end{pmatrix}, \begin{pmatrix} 0 & 0 \\ 1 & 0 \end{pmatrix} \right\}$$

(b) Determine as coordenadas das matrizes abaixo na base $\mathcal{B}$:

$$\begin{pmatrix} a & b \\ c & d \end{pmatrix}, \begin{pmatrix} -3 & 2 \\ 0 & 5 \end{pmatrix}, \begin{pmatrix} -1 & 0 \\ 1 & 2 \end{pmatrix}$$

(c) Determine as matrizes de $\mathbb{M}_2(\mathbb{R})$ correspondentes às coordenadas $(a, b, c, d)_{\mathcal{B}}, (1, 1, 1, 1)_{\mathcal{B}}$ e $(0, 0, 0, 1)_{\mathcal{B}}$.

Exercício 8.15 (a) Verifique que $\mathcal{B} = \{1-t, t-t^2, t^2, 1-t^3\}$ forma uma base de $\mathbb{R}[t]_3$

(b) Determine as coordenadas dos polinômios $p_1(t) = a + bt + ct^2 + dt^3$, $p_2(t) = 1 - 3t + 2t^3$ e $p_3(t) = t + t^2$ na base $\mathcal{B}$.

(c) Determine os polinômios que tem coordenadas $(a, b, c, d)_\mathcal{B}$, $(1, 0, 1, 0)_\mathcal{B}$ e $(1, 2, 2, -1)_\mathcal{B}$.

Exercício 8.16 (a) Mostre que $\mathcal{B} = \{1, 2+t, 3t-t^2\}$ é base de $\mathbb{R}[t]_2$.

(b) Escreva as coordenadas de $p_1(t) = 1 + t + t^2$, $p_2(t) = t + t^2$ e $p_3(t) = t^2$ na base $\mathcal{B}$.

(c) Mostre que o conjunto das coordenadas encontradas no item (b) para os polinômios $p_1(t), p_2(t), p_3(t)$ forma uma base de $\mathbb{R}^3$ (se consideradas como triplas de elementos reais).

Exercício 8.17 Encontre um subespaço U de $\mathbb{R}[t]_5$ cujas coordenadas em uma de suas bases estejam em $\mathbb{R}^3$ e que contenha o polinômio $p(t) = t^3 - t^5$.

8.4 Métodos práticos usando coordenadas

Vamos analisar nessa seção alguns métodos práticos usando coordenadas e escalonamento de matrizes para se resolver as seguintes questões para espaços vetoriais finitamente gerados V.

A. Dado um subconjunto finito $S \subset V$, determinar um subconjunto de S que seja l.i. e que ainda gere o mesmo subespaço $[S]$, o que irá nos fornecer, também, uma base para esse subespaço. Em particular, decorre disso um método para se decidir se o conjunto S é ele mesmo l.i. ou não.

B. Dado um conjunto l.i. $S \subset V$, determinar uma base de V contendo S.

A estratégia a ser adotada é a de associarmos aos vetores do subconjunto em questão uma matriz e escaloná-la. Uma interpretação do resultado conseguido irá nos dar as respostas que queremos. Nesse processo, deve ficar clara a utilidade de se trabalhar com coordenadas.

8.4. MÉTODOS PRÁTICOS

A. Decidir se um conjunto finito é l.i. ou não.

Comecemos com um par de exemplos.

Exemplo 8.15 Considere $V = \mathbb{R}^4$ e os vetores $v_1 = (2, -1, 3, 0)$, $v_2 = (-1, 2, 0, -2)$ e $v_3 = (1, 1, 3, -2)$. Queremos decidir se $S = \{v_1, v_2, v_3\}$ é l.i. ou não. Considere a matriz $A \in \mathbb{M}_{3 \times 4}(\mathbb{R})$ onde, em cada linha, aparece um dos vetores de S:

$$A = \begin{pmatrix} 2 & -1 & 3 & 0 \\ -1 & 2 & 0 & -2 \\ 1 & 1 & 3 & -2 \end{pmatrix} \begin{matrix} v_1 \\ v_2 \\ v_3 \end{matrix}$$

Ao efetuarmos em A operações elementares de matrizes estamos, na realidade, considerando novos vetores que são combinações lineares dos antigos. Por exemplo, se substituirmos uma linha l_i por, digamos, $l_i + \lambda l_j$ (com $\lambda \in \mathbb{R}$ e $1 \leq i, j \leq 3$), o que estamos na realidade fazendo é trocar as coordenadas do vetor v_i pelas do vetor $v_i + \lambda v_j$. Isto irá propiciar, ao fazermos o escalonamento de A, verificar se existe uma combinação linear dos vetores iniciais com coeficientes não todos nulos que se iguala ao vetor nulo. Além do mais, as operações elementares realizadas produzem vetores que estarão gerando o mesmo subespaço vetorial do início (mostre isso). Voltemos ao exemplo numérico, e vamos escalonar a matriz A:

$$A = \begin{pmatrix} 2 & -1 & 3 & 0 \\ -1 & 2 & 0 & -2 \\ 1 & 1 & 3 & -2 \end{pmatrix} \begin{matrix} v_1 \\ v_2 \\ v_3 \end{matrix} \sim \begin{pmatrix} 2 & -1 & 3 & 0 \\ 0 & 3 & 3 & -4 \\ 0 & -3 & -3 & 4 \end{pmatrix} \begin{matrix} v_1 \\ v_2' = v_1 + 2v_2 \\ v_3' = v_1 - 2v_3 \end{matrix} \sim$$

$$\sim \begin{pmatrix} 2 & -1 & 3 & 0 \\ 0 & 3 & 3 & -4 \\ 0 & 0 & 0 & 0 \end{pmatrix} \begin{matrix} v_1 \\ v_2' \\ v_3'' = v_2' + v_3' = 2v_1 + 2v_2 - 2v_3 \end{matrix}$$

A última linha da matriz é nula. Por outro lado, as contas que fizemos equivale a considerarmos as coordenadas do vetor $2v_1 + 2v_2 - 2v_3$. Segue então que $2v_1 + 2v_2 - 2v_3 = 0$, ou dividindo-se por 2, teremos $v_1 + v_2 - v_3 = 0$ $(*)$. Concluímos, em primeiro lugar, que o conjunto S é l.d. pois existe uma combinação linear de seus vetores com coeficientes não nulos que se iguala ao vetor nulo.

Além disso, a relação $(*)$ indica-nos que podemos escrever qualquer um dos vetores v_1, v_2 ou v_3 como combinação linear dos outros dois. Por exemplo, podemos escrever $v_3 = v_1 + v_2$. O Lema 7.1 garante-nos então que o subespaço de $\mathbb{R}^4$ gerado por v_1, v_2 e v_3 é o mesmo que o gerado por v_1 e v_2. Observe também que o escalonamento feito acima (olhando-se apenas as duas primeiras linhas da matriz) garante que o conjunto $\{v_1, v_2\}$ é l.i..

Uma última palavra antes de passarmos a um outro exemplo. Poderíamos ter retirado o vetor v_1 ou o vetor v_2 ao invés de v_3 pois os três vetores estão envolvidos na relação $(*)$. A vantagem de se retirar v_3 é apenas computacional, pois as contas que fizemos acima já nos fornece a forma escalonada dos vetores v_1 e v_2. Ao retirarmos o vetor v_1, por exemplo, ao invés do vetor v_3, teríamos que refazer as contas agora com as coordenadas de v_2 e v_3 para encontrarmos o escalonamento destes vetores.

Exemplo 8.16 Consideremos agora o seguinte conjunto de polinômios

$$S = \{2 + t^2 + t^4, 4 + t^3 + t^4, 2 - t^2 + t^3, 8 + 2t^2 + t^3 + 3t^4, t + t^2 + 2t^3\}$$

em $\mathbb{R}[t]_4$. Queremos decidir inicialmente se S é l.i. ou não. O processo será essencialmente o mesmo utilizado acima e para determinarmos a matriz correspondente aos polinômios poderemos utilizar suas coordenadas. A ideia é considerar uma base (qualquer) de $\mathbb{R}[t]_4$, calcular as coordenadas dos elementos de S nesta base e trabalharmos como se estivéssemos em $\mathbb{R}^5$ (pois $\dim_{\mathbb{R}} \mathbb{R}[t]_4 = 5!$). São exatamente nestes momentos que a noção de coordenadas estudada na Seção 8.3 mostra-se útil em nossos cálculos. Uma última observação antes de prosseguirmos. Na realidade, a base escolhida para o cálculo das coordenadas não irá afetar nossas conclusões pois a propriedade que buscamos é intrínseca aos elementos do conjunto S e não depende de como os representemos. Por isso, podemos escolher aqui a base que nos dê menos trabalho para o cálculo das coordenadas em questão. É claro que a base canônica $\mathcal{C} = \{1, t, t^2, t^3, t^4\}$ de $\mathbb{R}[t]_4$ torna a nossa vida mais fácil (refaça as contas abaixo usando, por exemplo, a base $\mathcal{B} = \{1+t, 1-t, 1+t+t^2, 1+t+t^3, 1+t+t^2+t^3+t^4\}$ para se convencer disto). Na base $\mathcal{C}$ teremos as seguintes coordenadas:

$$p_1(t) = 2 + t^2 + t^4 = (2, 0, 1, 0, 1)_\mathcal{C} \qquad p_2(t) = 4 + t^3 + t^4 = (4, 0, 0, 1, 1)_\mathcal{C}$$

8.4. MÉTODOS PRÁTICOS

$$p_3(t) = 2 - t^2 + t^3 = (2, 0, -1, 1, 0)_\mathcal{C} \quad p_4(t) = 8 + 2t^2 + t^3 + 3t^4 = (8, 0, 2, 1, 3)_\mathcal{C}$$

$$p_5(t) = t + t^2 + 2t^3 = (0, 1, 1, 2, 0)_\mathcal{C}$$

e a matriz em $\mathbb{M}_5(\mathbb{R})$ formada com as linhas dadas por essas coordenadas será

$$A = \begin{pmatrix} 2 & 0 & 1 & 0 & 1 \\ 4 & 0 & 0 & 1 & 1 \\ 2 & 0 & -1 & 1 & 0 \\ 8 & 0 & 2 & 1 & 3 \\ 0 & 1 & 1 & 2 & 0 \end{pmatrix} \begin{matrix} p_1(t) \\ p_2(t) \\ p_3(t) \\ p_4(t) \\ p_5(t) \end{matrix}$$

Visando o escalonamento, podemos efetuar as seguintes operações elementares

$$A \sim \begin{pmatrix} 2 & 0 & 1 & 0 & 1 \\ 0 & 0 & 2 & -1 & 1 \\ 0 & 0 & 2 & -1 & 1 \\ 0 & 0 & 2 & -1 & 1 \\ 0 & 1 & 1 & 2 & 0 \end{pmatrix} \begin{matrix} p_1(t) \\ p'_2(t) = 2p_1(t) - p_2(t) \\ p'_3(t) = p_1(t) - p_3(t) \\ p'_4(t) = 4p_1(t) - p_4(t) \\ p_5(t) \end{matrix} \sim$$

$$\sim \begin{pmatrix} 2 & 0 & 1 & 0 & 1 \\ 0 & 0 & 2 & -1 & 1 \\ 0 & 0 & 0 & 0 & 0 \\ 0 & 0 & 0 & 0 & 0 \\ 0 & 1 & 1 & 2 & 0 \end{pmatrix} \begin{matrix} p_1(t) \\ p'_2(t) \\ p''_3(t) = p'_2(t) - p'_3(t) = p_1(t) - p_2(t) + p_3(t) \\ p''_4(t) = p'_2(t) - p'_4(t) = -2p_1(t) - p_2(t) + p_4(t) \\ p_5(t) \end{matrix} \sim$$

$$\sim \begin{pmatrix} 2 & 0 & 1 & 0 & 1 \\ 0 & 1 & 1 & 2 & 0 \\ 0 & 0 & 2 & -1 & 1 \\ 0 & 0 & 0 & 0 & 0 \\ 0 & 0 & 0 & 0 & 0 \end{pmatrix} \begin{matrix} p_1(t) \\ p_5(t) \\ p'_2(t) \\ p_1(t) - p_2(t) + p_3(t) \\ -2p_1(t) - p_2(t) + p_4(t) \end{matrix}$$

Logo, teremos $p_3(t) = -p_1(t) + p_2(t)$ e $p_4(t) = 2p_1(t) + p_2(t)$ e S é l.d..
Concluímos também que o conjunto formado retirando-se os polinômios $p_3(t)$ e $p_4(t)$ é l.i. (pois o processo feito acima também indica que o escalonamento das coordenadas correspondentes aos polinômios $p_1(t), p_2(t)$ e $p_5(t)$ não resultara em linhas nulas). É claro que, a partir das relações acima, podemos escrever $p_1(t)$ ou $p_2(t)$ como combinação linear dos outros polinômios de S e, portanto, a escolha de um subconjunto de S que seja l.i. não é obviamente única. Antes

de passarmos para a descrição geral do método acima, deixamos a seguinte pergunta. Se retirarmos o polinômio $p_5(t)$ de S, o conjunto resultante irá gerar o mesmo subespaço que o gerado por S? Por que?

Descrição do método. Sejam V um espaço vetorial de dimensão n e $S = \{u_1, \cdots, u_m\}$ um subconjunto de V que gere um subespaço W de V. O primeiro passo é, a partir de uma base $\mathcal{B}$ qualquer de V, escrever, para cada $i = 1, \cdots, m$, as coordenadas do elemento u_i: $u_i = (a_{i1}, \cdots, a_{in})_\mathcal{B}$. A partir daí, vamos construir a matriz $A = (a_{ij}) \in \mathbb{M}_{m \times n}(\mathbb{R})$ e escaloná-la. Nesse processo de escalonamento, devemos fazer as mesmas contas nos vetores u_i's correspondentes às operações elementares efetuadas em A. Possíveis linhas nulas que aparecerem na forma escalonada A' de A irão corresponder a combinações lineares dos elementos de S. Em particular, para uma linha de A' que correspondesse à linha l da matriz inicial (lembre-se que pode ter havido trocas de linhas) será possível se escrever o vetor u_l como combinação linear dos outros vetores de S. Concluindo, ao se retirar de S os vetores correspondentes às linhas nulas, conseguimos um subconjunto de S que é l.i. mas que ainda irá gerar o mesmo subespaço W, como queríamos.

Vamos analisar um caso particular interessante. Suponha que tenhamos um espaço vetorial V de dimensão n e consideremos um subconjunto S de V com n elementos. A matriz construída como acima nesse caso será uma matriz quadrada $n \times n$. Pelo que vimos no Capítulo 3, a forma escalonada de uma matriz quadrada terá uma linha nula se e somente se o seu determinante for zero. Com isso, se estivermos interessados apenas em saber se um determinado conjunto de n elementos em um espaço de dimensão n é l.i. ou l.d., basta então calcular o determinante da matriz $n \times n$ formada pelas coordenadas desses vetores em uma base qualquer. Se esse determinante for nulo, o conjunto em questão será l.d., caso contrário, será l.i.. Uma última observação aqui: como já vimos, um conjunto l.i. com n vetores em um espaço de dimensão n será de fato uma base (veja o Corolário 8.3). Vamos exemplificar estas últimas observações.

Exemplo 8.17 Sejam $V = \mathbb{R}^3$ e $S = \{(-1, 0, 2), (1, 1, -3), (-5, -2, 7)\}$ um subconjunto de V. Queremos verificar se S é l.i. ou l.d.. Como observado

8.4. MÉTODOS PRÁTICOS

acima, basta calcular o determinante abaixo.

$$\det A = \det \begin{pmatrix} -1 & 0 & 2 \\ 1 & 1 & -3 \\ -5 & -2 & 7 \end{pmatrix} = 5$$

Como $\det A \neq 0$, então o conjunto S é l.i.. Usando o Corolário 8.3, concluímos que, na realidade, S é uma base para $\mathbb{R}^3$.

B. Determinar uma base contendo um conjunto l.i.

A Proposição 8.2 indica que, tratando-se de espaços finitamente gerados, é possível se completar um conjunto l.i. a uma base do espaço em questão. Vamos agora esquematizar esse processo de completamento utilizando, como acima, coordenadas de vetores e o processo de escalonamento de matrizes.

Sejam V um espaço vetorial de dimensão n e $S \subset V$ um subconjunto l.i. de V contendo m vetores. Queremos encontrar uma base $\mathcal{B}$ de V contendo (como subconjunto) o conjunto S. Segue do Corolário 8.1 que $m \leq n$ e, caso valha a igualdade $m = n$, então S será de fato uma base para V e não há nada a se fazer. Por isso, o caso que irá nos interessar mais é quando $m < n$. Vamos, como de costume, comentar o método primeiramente em um exemplo específico e, para tanto, vamos aproveitar algumas contas feitas acima.

Vimos, no Exemplo 8.16, que o conjunto formado pelos polinômios $p_1(t) = 2 + t^2 + t^4, p_2(t) = 4 + t^3 + t^4$ e $p_5(t) = t + t^2 + 2t^3$ é l.i. em $V = \mathbb{R}[t]_4$. Consideremos a matriz das coordenadas destes polinômios na base canônica de V e, aproveitando-se os cálculos feitos lá, vemos que esta matriz e uma de suas formas escalonadas serão como segue:

$$\begin{pmatrix} 2 & 0 & 1 & 0 & 1 \\ 4 & 0 & 0 & 1 & 1 \\ 0 & 1 & 1 & 2 & 0 \end{pmatrix} \sim \begin{pmatrix} 2 & 0 & 1 & 0 & 1 \\ 0 & 1 & 1 & 2 & 0 \\ 0 & 0 & 2 & -1 & 1 \end{pmatrix}$$

Como a dimensão de V é 5, para conseguirmos uma base contendo $S' = \{p_1(t), p_2(t), p_5(t)\}$, precisamos achar dois polinômios $q_1(t)$ e $q_2(t)$ de tal forma que $\mathcal{B} = \{p_1(t), p_2(t), p_5(t), q_1(t), q_2(t)\}$ seja l.i.. Como esta é a única restrição que queremos, teremos um certo grau de liberdade na escolha de $q_1(t)$ e de $q_2(t)$. Ao observarmos a forma escalonada associada aos polinômios $p_1(t), p_2(t)$ e $p_5(t)$, verificamos que existem pivôs na primeira, na segunda e na terceira colunas. Com isso, poderíamos pensar na matriz abaixo como sendo a forma escalonada de um conjunto l.i. contendo $p_1(t), p_2(t)$ e $p_5(t)$:

$$\begin{pmatrix} 2 & 0 & 1 & 0 & 1 \\ 4 & 0 & 0 & 1 & 1 \\ 0 & 1 & 1 & 2 & 0 \\ 0 & 0 & 0 & 1 & 0 \\ 0 & 0 & 0 & 0 & 1 \end{pmatrix} \sim \begin{pmatrix} 2 & 0 & 1 & 0 & 1 \\ 0 & 1 & 1 & 2 & 0 \\ 0 & 0 & 2 & -1 & 1 \\ 0 & 0 & 0 & 1 & 0 \\ 0 & 0 & 0 & 0 & 1 \end{pmatrix}$$

As linhas incluídas correspondem às coordenadas $(0,0,0,1,0)_{\mathcal{C}}$ e $(0,0,0,0,1)_{\mathcal{C}}$ dos polinômios $q_1(t)$ e $q_2(t)$ na base $\mathcal{C}$, respectivamente. Isto é, irão corresponder aos polinômios $q_1(t) = t^3$ e $q_2(t) = t^4$. Logo,

$$\mathcal{B} = \{2 + t^2 + t^4, 4 + t^3 + t^4, t + t^2 + 2t^3, t^3, t^4\}$$

é l.i. e, portanto, uma base de $\mathbb{R}[t]_4$. É claro que a escolha acima não é única. Poderíamos ter escolhido como forma escalonada, por exemplo, ou

$$\begin{pmatrix} 2 & 0 & 1 & 0 & 1 \\ 4 & 0 & 0 & 1 & 1 \\ 0 & 1 & 1 & 2 & 0 \\ 0 & 0 & 0 & 1 & 1 \\ 0 & 0 & 0 & 0 & 1 \end{pmatrix} \quad \text{ou} \quad \begin{pmatrix} 2 & 0 & 1 & 0 & 1 \\ 4 & 0 & 0 & 1 & 1 \\ 0 & 1 & 1 & 2 & 0 \\ 0 & 0 & 0 & 5 & -2 \\ 0 & 0 & 0 & 0 & -3 \end{pmatrix}$$

que corresponderiam às bases

$$\mathcal{B}_1 = \{2 + t^2 + t^4, 4 + t^3 + t^4, t + t^2 + 2t^3, t^3 + t^4, t^4\} \quad \text{e}$$

$$\mathcal{B}_2 = \{2 + t^2 + t^4, 4 + t^3 + t^4, t + t^2 + 2t^3, 5t^3 - 2t^4, -3t^4\},$$

respectivamente.

Descrição do método. Sejam V um espaço vetorial de dimensão n e $S = \{u_1, \cdots, u_m\}$ um subconjunto l.i. de V. Para se achar uma base $\mathcal{B}$ contendo o conjunto S, vamos em primeiro lugar escrever as coordenadas de cada vetor u_i, $i = 1, \cdots, m$, em uma base (qualquer) $\mathcal{C}$ de V. A seguir, consideremos a matriz cujas linhas são dadas por essas coordenadas e achemos a sua forma escalonada. Observe que esta forma escalonada terá m pivôs (pois S é l.i.) e, ao completarmos a matriz inicial com os $n - m$ pivôs faltantes, teremos um conjunto l.i. (contendo S) com n vetores em um espaço vetorial de dimensão n, portanto uma base desse espaço. Vamos fazer mais um exemplo para ilustrar esse método.

8.4. MÉTODOS PRÁTICOS

Exemplo 8.18 Consideremos em $V = \mathbb{M}_{2\times 3}(\mathbb{R})$ o seguinte conjunto (l.i.)

$$S = \left\{ \begin{pmatrix} 2 & 0 & -1 \\ 1 & 2 & 0 \end{pmatrix}, \begin{pmatrix} -2 & 0 & 1 \\ 2 & 0 & -3 \end{pmatrix}, \begin{pmatrix} 0 & 0 & 0 \\ 0 & 1 & 5 \end{pmatrix} \right\}.$$

Queremos encontrar mais três matrizes tais que ao adicioná-las ao conjunto S, produziremos uma base de V. Para tal, fixemos inicialmente a base canônica

$$\mathcal{C} = \left\{ \begin{pmatrix} 1 & 0 & 0 \\ 0 & 0 & 0 \end{pmatrix}, \begin{pmatrix} 0 & 1 & 0 \\ 0 & 0 & 0 \end{pmatrix}, \cdots, \begin{pmatrix} 0 & 0 & 0 \\ 0 & 0 & 1 \end{pmatrix} \right\}$$

de V e vamos escrever as coordenadas das matrizes de S em $\mathcal{C}$:

$$M_1 = \begin{pmatrix} 2 & 0 & -1 \\ 1 & 2 & 0 \end{pmatrix} = (2, 0, -1, 1, 2, 0)_{\mathcal{C}}$$

$$M_2 = \begin{pmatrix} -2 & 0 & 1 \\ 2 & 0 & -3 \end{pmatrix} = (-2, 0, 1, 2, 0, -3)_{\mathcal{C}}$$

$$M_3 = \begin{pmatrix} 0 & 0 & 0 \\ 0 & 1 & 5 \end{pmatrix} = (0, 0, 0, 0, 1, 5)_{\mathcal{C}}$$

O próximo passo é escalonar a matriz (em $\mathbb{M}_{3\times 6}(\mathbb{R})$) cujas linhas são as coordenadas acima:

$$\begin{pmatrix} 2 & 0 & -1 & 1 & 2 & 0 \\ -2 & 0 & 1 & 2 & 0 & -3 \\ 0 & 0 & 0 & 0 & 1 & 5 \end{pmatrix} \sim \begin{pmatrix} 2 & 0 & -1 & 1 & 2 & 0 \\ 0 & 0 & 0 & 3 & 2 & -3 \\ 0 & 0 & 0 & 0 & 1 & 5 \end{pmatrix}$$

Aqui, os pivôs aparecem na primeira, na quarta e na quinta colunas. Para completar visando uma matriz escalonada em $\mathbb{M}_6(\mathbb{R})$ correspondente a um conjunto l.i., devemos incluir pivôs na segunda, na terceira e na sexta colunas. Por exemplo, podemos fazer:

$$\begin{pmatrix} 2 & 0 & -1 & 1 & 2 & 0 \\ 0 & 0 & 0 & 3 & 2 & -3 \\ 0 & 0 & 0 & 0 & 1 & 5 \\ 0 & 1 & 0 & 0 & 0 & 0 \\ 0 & 0 & 1 & 0 & 0 & 0 \\ 0 & 0 & 0 & 0 & 0 & 1 \end{pmatrix} \sim \begin{pmatrix} 2 & 0 & -1 & 1 & 2 & 0 \\ 0 & 1 & 0 & 0 & 0 & 0 \\ 0 & 0 & 1 & 0 & 0 & 0 \\ 0 & 0 & 0 & 3 & 2 & -3 \\ 0 & 0 & 0 & 0 & 1 & 5 \\ 0 & 0 & 0 & 0 & 0 & 1 \end{pmatrix}$$

Com isto, o conjunto correspondente

$$\mathcal{B} = \left\{ \begin{pmatrix} 2 & 0 & -1 \\ 1 & 2 & 0 \end{pmatrix}, \begin{pmatrix} -2 & 0 & 1 \\ 2 & 0 & -3 \end{pmatrix}, \begin{pmatrix} 0 & 0 & 0 \\ 0 & 1 & 5 \end{pmatrix}, \begin{pmatrix} 0 & 1 & 0 \\ 0 & 0 & 0 \end{pmatrix}, \right.$$
$$\left. \begin{pmatrix} 0 & 0 & 1 \\ 0 & 0 & 0 \end{pmatrix}, \begin{pmatrix} 0 & 0 & 0 \\ 0 & 0 & 1 \end{pmatrix} \right\}$$

será uma base de V como procurada. Outra possibilidade poderia ser, por exemplo,

$$\mathcal{B}_1 = \left\{ \begin{pmatrix} 2 & 0 & -1 \\ 1 & 2 & 0 \end{pmatrix}, \begin{pmatrix} -2 & 0 & 1 \\ 2 & 0 & -3 \end{pmatrix}, \begin{pmatrix} 0 & 0 & 0 \\ 0 & 1 & 5 \end{pmatrix}, \begin{pmatrix} 0 & 1 & -2 \\ 1 & 1 & 1 \end{pmatrix}, \right.$$
$$\left. \begin{pmatrix} 0 & 0 & 1 \\ 6 & 5 & 7 \end{pmatrix}, \begin{pmatrix} 0 & 0 & 0 \\ 0 & 0 & 4 \end{pmatrix} \right\}$$

que corresponde a um completamento com outras coordenadas, mas respeitando a necessidade de se conseguir pivôs nas segunda, terceira e sexta colunas.

Esse método serve, obviamente, para acharmos uma base de um espaço vetorial contendo a base de um subespaço fixado inicialmente (ver Proposição 8.2). Vamos ilustrar isso no próximo exemplo.

Exemplo 8.19 Sejam $V = \mathbb{R}^4$ e U o subespaço de V gerado pelos vetores $u_1 = (0, -1, 2, 1), u_2 = (0, 2, -1, 0)$ e $u_3 = (0, 0, 3, 2)$. Nosso objetivo será o de exibir uma base de $\mathbb{R}^4$ contendo uma base de U e, para tal, nosso primeiro passo será o de encontrar uma base para U a partir de seu conjunto gerador $S = \{u_1, u_2, u_3\}$. Como fizemos acima, vamos escalonar a matriz cujas linhas são as coordenadas de u_1, u_2 e u_3:

$$\begin{pmatrix} 0 & -1 & 2 & 1 \\ 0 & 2 & -1 & 0 \\ 0 & 0 & 3 & 2 \end{pmatrix} \sim \begin{pmatrix} 0 & -1 & 2 & 1 \\ 0 & 0 & 3 & 2 \\ 0 & 0 & 3 & 2 \end{pmatrix} \sim \begin{pmatrix} 0 & -1 & 2 & 1 \\ 0 & 0 & 3 & 2 \\ 0 & 0 & 0 & 0 \end{pmatrix}$$

Com isto, concluímos que u_3 é combinação linear de u_1 e u_2, que $\mathcal{B}' = \{u_1, u_2\}$ é l.i. e que os subespaços gerados por $\mathcal{B}'$ e por S são os mesmos. Com isto, $\mathcal{B}'$ é uma base de U. Para acharmos uma base de V contendo $\mathcal{B}'$ basta então utilizar o processo de completamento discutido acima a partir do conjunto (l.i.) $\mathcal{B}'$. Uma possibilidade poderia ser, por exemplo,

$$\mathcal{B} = \{(0, -1, 2, 1), (0, 2, -1, 0), (1, 0, 0, 0), (0, 0, 0, 1)\}$$

8.4. MÉTODOS PRÁTICOS

(observe que completamos a base de forma que aparecesse no escalonamento os pivôs correspondentes às primeira e quarta colunas). Deixamos ao leitor exibir outras possibilidades de bases do $\mathbb{R}^4$ contendo o conjunto $\mathcal{B}'$.

EXERCÍCIOS

Exercício 8.18 Seja $S = \left\{ \begin{pmatrix} 1 & 0 \\ -2 & 0 \end{pmatrix}, \begin{pmatrix} 2 & 1 \\ 0 & 0 \end{pmatrix}, \begin{pmatrix} 2 & 1 \\ 1 & 0 \end{pmatrix} \right\} \subset \mathrm{M}_2(\mathbb{R})$.

(a) Verifique que S é l. i.

(b) Encontre uma base de $\mathrm{M}_2(\mathbb{R})$ contendo as matrizes de S; e

(c) Encontre as coordenadas de $\begin{pmatrix} 2 & 1 \\ 1 & 2 \end{pmatrix}$ na base encontrada em (b).

Exercício 8.19 (a) Verifique que $\{t^2 - 2t + 5, 2t^2 + 1\}$ é l. i. em $V = \mathbb{R}[t]_3$.

(b) Encontre uma base $\mathcal{B}$ de V contendo $t^2 - 2t + 5$ e $2t^2 + 1$.

(c) Encontre as coordenadas de $t^3 + t^2 + t + 1$ na base $\mathcal{B}$.

Exercício 8.20 Verifique que $\mathcal{B} = \{(1,0,1),(1,1,-1),(0,2,0)\}$ é uma base de $\mathbb{R}^3$. Determine as coordenadas dos vetores (1,0,0), (0,1,0) e (0,0,1) na base acima. Determine as coordenadas dos vetores $(1,1,1)_\mathcal{B}$ e $(1,0,0)_\mathcal{B}$ na base canônica de $\mathbb{R}^3$.

Exercício 8.21 Seja U o subsepaço de $\mathbb{R}[t]_3$ gerado pelos polinômios $1 + t$, $t + t^2$, $2 + t + t^2$ e $3 + 4t + t^2$.

(a) Encontre uma base $\mathcal{B}'$ para U.

(b) Encontre uma base $\mathcal{B}$ para $\mathbb{R}[t]_3$ contendo os elementos do conjunto $\mathcal{B}'$.

(c) Ache as coordenadas de $2 + t + 2t^2 + t^3$ na base $\mathcal{B}$.

Exercício 8.22 Decida se os seguintes conjuntos S são l.i. em V e encontre uma base para o subespaço W de V gerado pelos elementos de S.

(a) $S = \{(1,1,0),(2,-1,0),(2,-1,1),(2,2,0),(-1,-1,-1)\}$, $V = \mathbb{R}^3$.

(b) $S = \{t^2+t+1, t^2+t+2, t^2+t+3\}$, $V = \mathbb{R}[t]_7$.

(c) $S = \{(1,0,0,-1), (7,8,0,1), (0,0,0,1), (3,0,1,0)\}$, $V = \mathbb{R}^4$.

(d) $S = \left\{ \begin{pmatrix} 1 & 1 \\ -2 & 1 \end{pmatrix}, \begin{pmatrix} 2 & 2 \\ 1 & 0 \end{pmatrix}, \begin{pmatrix} 1 & 1 \\ -7 & 3 \end{pmatrix}, \begin{pmatrix} 0 & -3 \\ 1 & 1 \end{pmatrix} \right\}$, $V = \mathbb{M}_2(\mathbb{R})$.

(e) $S = \{(1,-1,0,2), (2,-2,-1,6), (3,-3,-2,9)\}$, $V = \mathbb{R}^4$.

Para cada item acima, exiba uma base para V que contenha a base de W encontrada.

Exercício 8.23 Sejam $V = \mathbb{R}[t]_5$ e $W = \{p(t) \in V : p(-1) = p(1)$ e $p(0) = 0\}$ um subespaço de V.

(a) Encontre uma base $\mathcal{B}$ de W.

(b) Encontre duas bases distintas de V contendo o conjunto $\mathcal{B}$.

Exercício 8.24 Sejam $V = \mathbb{M}_2(\mathbb{R})$ e W o subespaço

$$\left\{ \begin{pmatrix} a & b \\ c & d \end{pmatrix} \in \mathbb{M}_2(\mathbb{R}) : 2a - c = 0 \text{ e } a + b + d = 0 \right\}.$$

(a) Encontre uma base $\mathcal{B}$ de W.

(b) Encontre duas bases distintas de V contendo o conjunto $\mathcal{B}$.

8.5 Matrizes de mudança de bases

Como vimos na seção anterior, a utilização de coordenadas de um vetor pode ser bastante útil em questões computacionais. Consideremos agora duas bases (ordenadas) $\mathcal{B}$ e $\mathcal{B}'$ de um espaço vetorial V de dimensão n. Para um vetor $v \in V$, podemos considerar suas coordenadas em cada uma dessas bases, digamos $[v]_\mathcal{B} = (a_1, \cdots, a_n)_\mathcal{B}$ e $[v]_{\mathcal{B}'} = (b_1, \cdots, b_n)_{\mathcal{B}'}$. É claro que essas duas n-uplas representam o mesmo vetor v e, portanto, deve haver uma maneira fácil de se passar de uma a outra. Veremos a seguir que existe de fato uma matriz em $\mathbb{M}_n(\mathbb{R})$ (que irá depender apenas de $\mathcal{B}$ e $\mathcal{B}'$) tal que ao multiplicarmos por $[v]_\mathcal{B}^t$ irá produzir $[v]_{\mathcal{B}'}^t$. Vamos iniciar a nossa discussão com um exemplo.

8.5. MATRIZES DE MUDANÇA DE BASES

Consideremos $V = \mathbb{R}^2$ e bases $\mathcal{B} = \{(1,1), (0,-1)\}$ e $\mathcal{B}' = \{(-1,1), (1,0)\}$. As coordenadas de $v = (1,2) \in \mathbb{R}^2$ nas bases $\mathcal{B}$ e $\mathcal{B}'$ serão

$$(1,2) = 1(1,1) + (-1)(0,-1) = (1,-1)_\mathcal{B}$$
$$(1,2) = 2(-1,1) + 3(1,0) = (2,3)_{\mathcal{B}'}$$

Queremos encontrar uma matriz $M \in \mathbb{M}_2(\mathbb{R})$ tal que

$$M \cdot \begin{pmatrix} 1 \\ -1 \end{pmatrix}_\mathcal{B} = \begin{pmatrix} 2 \\ 3 \end{pmatrix}_{\mathcal{B}'}.$$

Para facilitarmos a nossa discussão, vamos deixar de lado por um momento este vetor específico v e consideremos um genérico $u \in \mathbb{R}^2$ tal que suas coordenadas na base $\mathcal{B}$ sejam $[u]_\mathcal{B} = (a,b)_\mathcal{B}$ e as na base $\mathcal{B}'$ sejam $[u]_{\mathcal{B}'} = (c,d)_{\mathcal{B}'}$. Neste caso, queremos achar uma matriz $M \in \mathbb{M}_2(\mathbb{R})$ tal que

$$M \cdot \begin{pmatrix} a \\ b \end{pmatrix}_\mathcal{B} = \begin{pmatrix} c \\ d \end{pmatrix}_{\mathcal{B}'}.$$

Para tanto, vamos interpretar as relações $[u]_\mathcal{B} = (a,b)_\mathcal{B}$ e $[u]_{\mathcal{B}'} = (c,d)_{\mathcal{B}'}$:

$$u = (a,b)_\mathcal{B} = a(1,1) + b(0,-1) \qquad (*)$$
$$u = (c,d)_{\mathcal{B}'} = c(-1,1) + d(1,0) \qquad (**)$$

Se escrevermos os vetores $(1,1)$ e $(0,-1)$ (da base $\mathcal{B}$) em função dos vetores $(-1,1)$ e $(1,0)$ (da base $\mathcal{B}'$) e substituirmos em $(*)$, teremos uma maneira de compará-la com $(**)$. De fato,

$$(1,1) = 1(-1,1) + 2(1,0) \qquad (I_1)$$
$$(0,-1) = (-1)(-1,1) + (-1)(1,0) \qquad (I_2)$$

e substituindo essa igualdade em $(*)$, teremos

$$a(1,1) + b(0,-1) = a(1(-1,1) + 2(1,0)) + b(-1(-1,1) - 1(1,0)) =$$
$$= (a-b)(-1,1) + (2a-b)(1,0)$$

Igualando esta última relação com $(**)$ (ambas representam o mesmo vetor u!), segue que

$$(a-b)(-1,1) + (2a-b)(1,0) = c(-1,1) + d(1,0).$$

Pela unicidade da decomposiçãoo de um elemento como combinação linear dos elementos de uma base, no caso $\mathcal{B}'$, concluímos que

$$a - b = c \quad \text{e} \quad 2a - b = d.$$

Escrevendo estas relações como um produto de matrizes, segue que

$$\begin{pmatrix} 1 & -1 \\ 2 & -1 \end{pmatrix} \begin{pmatrix} a \\ b \end{pmatrix}_{\mathcal{B}} = \begin{pmatrix} c \\ d \end{pmatrix}_{\mathcal{B}'}$$

e a matriz $M = \begin{pmatrix} 1 & -1 \\ 2 & -1 \end{pmatrix}$ é a matriz que procuramos. Voltando ao vetor específico do início da discussão, isto é, $v = (1, 2) = (1, -1)_{\mathcal{B}} = (2, 3)_{\mathcal{B}'}$, é fácil verificar que

$$\begin{pmatrix} 1 & -1 \\ 2 & -1 \end{pmatrix} \begin{pmatrix} 1 \\ -1 \end{pmatrix}_{\mathcal{B}} = \begin{pmatrix} 2 \\ 3 \end{pmatrix}_{\mathcal{B}'}.$$

Retornemos às contas feitas acima. De onde surgiram os coeficientes da matriz M? Voltando às equações (I_1) e (I_2), vemos que a primeira coluna de M corresponde às coordenadas de $(1, 1)$ (o primeiro elemento da base $\mathcal{B}$) na base $\mathcal{B}'$ e a segunda coluna de M às coordenadas de $(0, -1)$ (segundo elemento da base $\mathcal{B}$) na base $\mathcal{B}'$. Em resumo, os coeficientes da matriz que procurávamos são justamente as coordenadas dos vetores pertencentes à base $\mathcal{B}$ na base $\mathcal{B}'$. Vamos agora descrever de forma geral o método para se calcular essa matriz e formalizar os conceitos correspondentes.

Método para o cálculo da matriz de mudança de bases. Seja V um espaço vetorial de dimensão n e consideremos duas bases $\mathcal{B} = \{u_1, \cdots, u_n\}$ e $\mathcal{B}' = \{v_1, \cdots, v_n\}$ de V. Dado um vetor $v \in V$, considere as suas coordenadas nessas bases:

$$[v]_{\mathcal{B}} = (a_1, \cdots, a_n)_{\mathcal{B}} = a_1 u_1 + \cdots + a_n u_n = \sum_{j=1}^{n} a_j u_j$$

$$[v]_{\mathcal{B}'} = (b_1, \cdots, b_n)_{\mathcal{B}'} = b_1 v_1 + \cdots + b_n v_n = \sum_{j=1}^{n} b_j v_j$$

8.5. MATRIZES DE MUDANÇA DE BASES

Seguindo o discutido acima, vamos achar as coordenadas dos vetores pertencentes à base $\mathcal{B}$ na base $\mathcal{B}'$ (elas corresponderão às colunas da matriz procurada):

$$\begin{cases} u_1 = \alpha_{11}v_1 + \cdots + \alpha_{n1}v_n = \sum_{i=1}^{n}\alpha_{i1}v_i \\ \vdots \quad \vdots \quad \vdots \\ u_n = \alpha_{1n}v_1 + \cdots + \alpha_{nn}v_n = \sum_{i=1}^{n}\alpha_{in}v_i \end{cases}$$

ou, de forma geral, $(*): u_j = \sum_{i=1}^{n}\alpha_{ij}v_i$, para $j = 1, \cdots n$. Agora,

$$v = \sum_{j=1}^{n}a_ju_j = \sum_{j=1}^{n}a_j\left(\sum_{i=1}^{n}\alpha_{ij}v_i\right) =$$
$$= \sum_{j=1}^{n}\left(\sum_{i=1}^{n}a_j\alpha_{ij}v_i\right) = \sum_{i=1}^{n}\left(\sum_{j=1}^{n}\alpha_{ij}a_j\right)v_i$$

Observe que essa expressão indica a decomposição do vetor v como combinação linear com relação aos vetores da base $\mathcal{B}'$. Pela unicidade dessas decomposições, segue que

$$b_i = \sum_{j=1}^{n}\alpha_{ij}a_j \quad \text{para } i = 1, \cdots, n.$$

Reescrevendo essa relação em forma matricial, teremos

$$\begin{pmatrix} \alpha_{11} & \cdots & \alpha_{1n} \\ \vdots & & \vdots \\ \alpha_{n1} & \cdots & \alpha_{nn} \end{pmatrix} \begin{pmatrix} a_1 \\ \vdots \\ a_n \end{pmatrix}_{\mathcal{B}} = \begin{pmatrix} \sum_{j=1}^{n}\alpha_{1j}a_j \\ \vdots \\ \sum_{j=1}^{n}\alpha_{nj}a_j \end{pmatrix}_{\mathcal{B}'} = \begin{pmatrix} b_1 \\ \vdots \\ b_n \end{pmatrix}_{\mathcal{B}'}$$

e a matriz $M = (\alpha_{ij}) \in \mathbb{M}_n(\mathbb{R})$ transforma as coordenadas de um vetor na base $\mathcal{B}$ para as coordenadas do mesmo vetor na base $\mathcal{B}'$.

Definição 8.5 A matriz construída acima é chamada de **matriz de mudança de base $\mathcal{B}$ para $\mathcal{B}'$**. Tal matriz será denotada por $M_{\mathcal{B},\mathcal{B}'}$.

Exemplo 8.20 Seja $V = \mathbb{R}[t]_2$ e considere as bases $\mathcal{B} = \{1, 1-t, 1+t^2\}$ e $\mathcal{C} = \{1+t, 1-t, t^2\}$. Vamos calcular $M_{\mathcal{B},\mathcal{C}}$ e $M_{\mathcal{C},\mathcal{B}}$. Para $M_{\mathcal{B},\mathcal{C}}$, precisamos escrever os elementos da base $\mathcal{B}$ em função da base $\mathcal{C}$. Como

$$\begin{array}{rcl} 1 & = & \frac{1}{2}\ (1+t) \ + \frac{1}{2}\ (1-t) \ + 0 \ \ t^2 \\ 1-t & = & 0\ \ (1+t) \ + 1 \ \ (1-t) \ + 0 \ \ t^2 \\ 1+t^2 & = & \frac{1}{2}\ (1+t) \ + \frac{1}{2}\ (1-t) \ + 1 \ \ t^2 \end{array}$$

segue que
$$M_{\mathcal{B},\mathcal{C}} = \begin{pmatrix} \frac{1}{2} & 0 & \frac{1}{2} \\ \frac{1}{2} & 1 & \frac{1}{2} \\ 0 & 0 & 1 \end{pmatrix}$$

Dado um polinômio em $\mathbb{R}\left[t\right]_2$ com coordenadas, por exemplo, $(1, 2, -1)_\mathcal{B}$ na base $\mathcal{B}$ (que corresponde ao polinômio $1 \cdot 1 + 2(1-t) - 1(1+t^2) = 2 - 2t - t^2$), as suas coordenadas na base $\mathcal{C}$ serão:

$$\begin{pmatrix} \frac{1}{2} & 0 & \frac{1}{2} \\ \frac{1}{2} & 1 & \frac{1}{2} \\ 0 & 0 & 1 \end{pmatrix} \begin{pmatrix} 1 \\ 2 \\ -1 \end{pmatrix}_\mathcal{B} = \begin{pmatrix} 0 \\ 2 \\ -1 \end{pmatrix}_\mathcal{C}$$

(observe que $(0, 2, -1)_\mathcal{C} = 0(1 + t) + 2(1 - t) - 1t^2 = 2 - 2t - t^2$ que é o polinômio considerado). Para o cálculo de $M_{\mathcal{C},\mathcal{B}}$, escrevemos cada elemento da base $\mathcal{C}$ em função dos elementos da base $\mathcal{B}$. Desta forma,

$$\begin{array}{rcrcrcr}
1 + t &=& 2 & (1) & - & 1 & (1-t) & + & 0 & (1+t^2) \\
1 - t &=& 0 & (1) & + & 1 & (1-t) & + & 0 & (1+t^2) \\
t^2 &=& -1 & (1) & + & 0 & (1-t) & + & 1 & (1+t^2)
\end{array}$$

e $M_{\mathcal{C},\mathcal{B}}$ será então
$$M_{\mathcal{C},\mathcal{B}} = \begin{pmatrix} 2 & 0 & -1 \\ -1 & 1 & 0 \\ 0 & 0 & 1 \end{pmatrix}$$

Antes de prosseguirmos, vamos analisar um pouco melhor a relação entre as matrizes $M_{\mathcal{B},\mathcal{C}}$ e $M_{\mathcal{C},\mathcal{B}}$ do exemplo acima. Um cálculo simples, nos fornece

$$M_{\mathcal{B},\mathcal{C}} \cdot M_{\mathcal{C},\mathcal{B}} = \begin{pmatrix} \frac{1}{2} & 0 & \frac{1}{2} \\ \frac{1}{2} & 1 & \frac{1}{2} \\ 0 & 0 & 1 \end{pmatrix} \begin{pmatrix} 2 & 0 & -1 \\ -1 & 1 & 0 \\ 0 & 0 & 1 \end{pmatrix} = \begin{pmatrix} 1 & 0 & 0 \\ 0 & 1 & 0 \\ 0 & 0 & 1 \end{pmatrix} \text{ e}$$

$$M_{\mathcal{C},\mathcal{B}} \cdot M_{\mathcal{B},\mathcal{C}} = \begin{pmatrix} 2 & 0 & -1 \\ -1 & 1 & 0 \\ 0 & 0 & 1 \end{pmatrix} \begin{pmatrix} \frac{1}{2} & 0 & \frac{1}{2} \\ \frac{1}{2} & 1 & \frac{1}{2} \\ 0 & 0 & 1 \end{pmatrix} = \begin{pmatrix} 1 & 0 & 0 \\ 0 & 1 & 0 \\ 0 & 0 & 1 \end{pmatrix}$$

ou, em outras palavras, a matriz $M_{\mathcal{C},\mathcal{B}}$ é a inversa de $M_{\mathcal{B},\mathcal{C}}$. Intuitivamente, isto parece bem natural pois o que a matriz $M_{\mathcal{B},\mathcal{C}}$ faz é transformar as coordenadas de um vetor na base $\mathcal{B}$ para as coordenadas na base $\mathcal{C}$ e $M_{\mathcal{C},\mathcal{B}}$ faz o inverso,

8.5. MATRIZES DE MUDANÇA DE BASES

isto é, transforma as coordenadas de um vetor na base $\mathcal{C}$ para as da base $\mathcal{B}$. É natural então que o produto destas duas matrizes mantenha as coordenadas na mesma base, isto é, que seja a matriz identidade.

Uma outra maneira de se convencer de que as matrizes $M_{\mathcal{C},\mathcal{B}}$ e $M_{\mathcal{B},\mathcal{C}}$ são inversas uma da outra é por meio do processo que descrevemos no Capítulo 3 para o cálculo da inversa de uma matriz (deixamos como exercício ao leitor esquematizar uma demonstração utilizando aquela ideia). Uma outra justificativa deste fato será fornecida como um caso particular do que discutiremos no Capítulo 10 (Observação 10.1), quando tratarmos de matrizes de transformações lineares. Para registro futuro, enunciamos este fato na proposição a seguir.

Proposição 8.4 Sejam V um espaço vetorial de dimensão n e $\mathcal{B}$ e $\mathcal{C}$ duas bases de V. Então

$$M_{\mathcal{B},\mathcal{C}} M_{\mathcal{C},\mathcal{B}} = M_{\mathcal{C},\mathcal{B}} M_{\mathcal{B},\mathcal{C}} = Id_n$$

Um caso particular interessante acontece quando $V = \mathbb{R}^n$ e uma das bases envolvidas nesse processo de mudança de coordenadas for a base canônica. Vamos ilustrar isto no próximo exemplo.

Exemplo 8.21 Seja $V = \mathbb{R}^3$ e considere as bases $\mathcal{B} = \{(-1, 0, 1), (0, 1, 1), (1, 1, 1)\}$ e $\mathcal{C} = \{(1, 0, 0), (0, 1, 0), (0, 0, 1)\}$ (a base canônica de $\mathbb{R}^3$). Para o cálculo de $M_{\mathcal{B},\mathcal{C}}$, precisamos escrever cada elemento de $\mathcal{B}$ como combinação linear dos elementos de $\mathcal{C}$, isto é, precisamos achar as coordenadas desses elementos na base $\mathcal{C}$. Mas como $\mathcal{C}$ é a base canônica, é claro que as coordenadas de um elemento (a, b, c) com relação a essa base são os mesmos $(a, b, c)_{\mathcal{C}}$. Com isto, concluímos que a matriz $M_{\mathcal{B},\mathcal{C}}$ tem como colunas justamente os elementos de $\mathcal{B}$, isto é,

$$M_{\mathcal{B},\mathcal{C}} = \begin{pmatrix} -1 & 0 & 1 \\ 0 & 1 & 1 \\ 1 & 1 & 1 \end{pmatrix}$$

Agora, para o cálculo de $M_{\mathcal{C},\mathcal{B}}$, podemos utilizar o resultado acima e calculá-la invertendo a matriz $M_{\mathcal{B},\mathcal{C}}$. Seguindo o método explicitado no Capítulo 3, a inversa de $M_{\mathcal{B},\mathcal{C}}$ será:

$$\begin{pmatrix} -1 & 0 & 1 & | & 1 & 0 & 0 \\ 0 & 1 & 1 & | & 0 & 1 & 0 \\ 1 & 1 & 1 & | & 0 & 0 & 1 \end{pmatrix} \sim \begin{pmatrix} 1 & 0 & -1 & | & -1 & 0 & 0 \\ 0 & 1 & 1 & | & 0 & 1 & 0 \\ 0 & 1 & 2 & | & 1 & 0 & 1 \end{pmatrix} \sim$$

$$\sim \begin{pmatrix} 1 & 0 & -1 & | & -1 & 0 & 0 \\ 0 & 1 & 1 & | & 0 & 1 & 0 \\ 0 & 0 & 1 & | & 1 & -1 & 1 \end{pmatrix} \sim \begin{pmatrix} 1 & 0 & 0 & | & 0 & -1 & 1 \\ 0 & 1 & 0 & | & -1 & 2 & -1 \\ 0 & 0 & 1 & | & 1 & -1 & 1 \end{pmatrix}$$

Portanto
$$M_{\mathcal{C},\mathcal{B}} = M_{\mathcal{B},\mathcal{C}}^{-1} = \begin{pmatrix} 0 & -1 & 1 \\ -1 & 2 & -1 \\ 1 & -1 & 1 \end{pmatrix}.$$

EXERCÍCIOS

Exercício 8.25 Encontrar as matrizes de mudança de bases de $\mathcal{B}$ para $\mathcal{C}$ e de $\mathcal{C}$ para $\mathcal{B}$ para os seguintes espaços V:

(a) $V = \mathbb{R}^3$, $\mathcal{B} = \{(-1,-1,1),(-2,-1,1),(-2,-2,1)\}$ e $\mathcal{C}$ a base canônica de V.

(b) $V = \mathbb{R}^3$, $\mathcal{B} = \{(1,0,-1),(-1,1,0),(1,2,-1)\}$ e $\mathcal{C} = \{(1,1,0),(0,1,1),(1,0,1)\}$.

(c) $V = \mathbb{R}[t]_2$, $\mathcal{B} = \{1+t^2, 1+2t+t^2, -1+3t\}$ e $\mathcal{C} = \{1-t, 1+t, t+t^2\}$.

(d) $V = \mathbb{M}_2(\mathbb{R})$, $\mathcal{B} = \left\{ \begin{pmatrix} 1 & -1 \\ 0 & 1 \end{pmatrix}, \begin{pmatrix} 0 & 2 \\ 0 & 0 \end{pmatrix}, \begin{pmatrix} 0 & 1 \\ -1 & 2 \end{pmatrix}, \begin{pmatrix} 0 & 0 \\ 3 & 0 \end{pmatrix} \right\}$ e $\mathcal{C} = \left\{ \begin{pmatrix} 0 & 1 \\ -1 & 2 \end{pmatrix}, \begin{pmatrix} 1 & -1 \\ 0 & 1 \end{pmatrix}, \begin{pmatrix} 0 & 0 \\ 1 & 0 \end{pmatrix}, \begin{pmatrix} 0 & -1 \\ 0 & 0 \end{pmatrix} \right\}$.

(e) $V = \mathbb{R}[t]_2$, $\mathcal{B} = \{1-t, 1+t, t+t^2\}$ e $\mathcal{C} = \{1, t, t^2\}$.

Exercício 8.26 Sejam $V = \mathbb{R}[t]_2$ e $\mathcal{B}$ a base $\{1-t, 1+t, 1+t-t^2\}$. Se a matriz de mudança de base $\mathcal{C}$ para $\mathcal{B}$ é $M_{\mathcal{C},\mathcal{B}} = \begin{pmatrix} -1 & -1 & 0 \\ 0 & 2 & 1 \\ 1 & 0 & -1 \end{pmatrix}$ qual é a base $\mathcal{C}$? Aproveite e calcule $M_{\mathcal{B},\mathcal{C}}$.

8.5. MATRIZES DE MUDANÇA DE BASES

Exercício 8.27 Seja V um espaço vetorial de dimensão 3 e considere $\mathcal{B}, \mathcal{C}$ e $\mathcal{D}$ bases de V. Suponha que $M_{\mathcal{B},\mathcal{C}} = \begin{pmatrix} 3 & -1 & 0 \\ 1 & 1 & -1 \\ 0 & -1 & 1 \end{pmatrix}$ e $M_{\mathcal{C},\mathcal{D}} = \begin{pmatrix} 0 & 2 & 3 \\ 1 & 0 & 1 \\ 2 & -1 & 1 \end{pmatrix}$.

Calcule $M_{\mathcal{B},\mathcal{D}}$. Compare $M_{\mathcal{B},\mathcal{D}}$ com o produto de matrizes $M_{\mathcal{C},\mathcal{D}} \cdot M_{\mathcal{B},\mathcal{C}}$

Capítulo 9

Transformações lineares

9.1 Definições e exemplos

Na discussão sobre coordenadas, estabelecemos, na Proposição 8.3, a existência da seguinte função:

$$\begin{aligned} \varphi : \quad V \quad &\longrightarrow \quad \mathbb{R}^n \\ v = \sum_{i=1}^{n} \alpha_i v_i \quad &\mapsto \quad (\alpha_1, \cdots, \alpha_n) \end{aligned}$$

(onde assumimos que V era um espaço vetorial de dimensão finita e $\{v_1, \cdots, v_n\}$ era uma base para V). Esta função, além de ser bijetora, satisfaz uma propriedade que irá nos interessar particularmente: *a preservação das operações dos espaços vetoriais envolvidos.* Isto é, φ era tal que

$$\varphi(u+v) = \varphi(u) + \varphi(v) \quad \text{e} \quad \varphi(\lambda u) = \lambda \varphi(u),$$

para todos $u, v \in V$ e todo $\lambda \in \mathbb{R}$. Vamos iniciar nossa discussão nomeando as funções que satisfazem tal propriedade.

Definição 9.1 Sejam U, V dois espaços vetoriais (sobre $\mathbb{R}$). Uma função $T: U \longrightarrow V$ é chamada de **transformação linear** se $T(u_1 + \lambda u_2) = T(u_1) + \lambda T(u_2)$ para todos $u_1, u_2 \in U$ e todo $\lambda \in \mathbb{R}$.

Observação 9.1 (a) Sempre que dissermos que uma função $T: U \longrightarrow V$ é uma transformação linear, estaremos assumindo implicitamente que U e V são espaços vetoriais.

(b) Se $T\colon U \longrightarrow V$ for uma transformação linear, então $T(0) = 0$. De fato, como $T(0) = T(0+0) = T(0) + T(0)$, segue que $T(0) = 0$ (utilize a *Lei do cancelamento*, ver Exercício 6.2).

(c) Uma maneira equivalente de se definir transformação linear é a seguinte: uma função $T\colon U \longrightarrow V$, onde U, V são espaços vetoriais, é uma *transformação linear* se

(a) $T(u_1 + u_2) = T(u_1) + T(u_2)$ para todos $u_1, u_2 \in U$.

(b) $T(\lambda u) = \lambda T(u)$ para todo $u \in U$ e todo $\lambda \in \mathbb{R}$.

Deixamos ao leitor a fácil verificação da equivalência das duas definições apresentadas (a original e esta última). A diferença entre elas é que, nesta última, ao escrevermos uma condição para cada operação do espaço vetorial, é possível se enfatizar mais a ideia que a motiva. Por outro lado, a que usaremos mais frequentemente é a que estabelecemos em primeiro lugar por conta de sua verificação mais direta.

Exemplo 9.1 Sejam U, V dois espaços vetoriais. A função nula $T\colon U \longrightarrow V$ que associa a cada vetor $u \in U$ o vetor nulo de V e a função identidade $Id\colon U \longrightarrow U$ que associa a cada vetor $u \in U$ o próprio vetor u são obviamente lineares. Deixamos a fácil verificação desses fatos a cargo do leitor.

Exemplo 9.2 A função

$$T\colon \quad \mathbb{R}^3 \quad \longrightarrow \quad \mathbb{R}^3$$
$$(x, y, z) \longmapsto T(x, y, z) = (x + 2y, x - z, 3y)$$

é linear pois, dados $(x_1, y_1, z_1), (x_2, y_2, z_2) \in \mathbb{R}^3$ e $\lambda \in \mathbb{R}$, teremos

$$T((x_1, y_1, z_1) + \lambda(x_2, y_2, z_2)) = T(x_1 + \lambda x_2, y_1 + \lambda y_2, z_1 + \lambda z_2) =$$
$$= ((x_1 + \lambda x_2) + 2(y_1 + \lambda y_2), (x_1 + \lambda x_2) - (z_1 + \lambda z_2), 3(y_1 + \lambda y_2)) =$$
$$= ((x_1 + 2y_1) + \lambda(x_2 + 2y_2), (x_1 - z_1) + \lambda(x_2 - z_2), 3y_1 + \lambda(3y_2)) =$$
$$= ((x_1 + 2y_1), (x_1 - z_1), 3y_1) + (\lambda(x_2 + 2y_2), \lambda(x_2 - z_2), \lambda(3y_2)) =$$
$$= ((x_1 + 2y_1), (x_1 - z_1), 3y_1) + \lambda(x_2 + 2y_2, x_2 - z_2, 3y_2) =$$
$$= T(x_1, y_1, z_1) + \lambda T(x_2, y_2, z_2)$$

9.1. DEFINIÇÕES E EXEMPLOS

Exemplo 9.3 A função

$$T: \quad \mathbb{M}_2(\mathbb{R}) \longrightarrow \mathbb{R}[t]_2$$
$$\begin{pmatrix} a & b \\ c & d \end{pmatrix} \longmapsto T\begin{pmatrix} a & b \\ c & d \end{pmatrix} = (a+b) + (b+c)t + dt^2$$

é linear: dadas $\begin{pmatrix} a & b \\ c & d \end{pmatrix}$ e $\begin{pmatrix} a' & b' \\ c' & d' \end{pmatrix}$ em $\mathbb{M}_2(\mathbb{R})$ e $\lambda \in \mathbb{R}$, segue que

$$T\left(\begin{pmatrix} a & b \\ c & d \end{pmatrix} + \lambda \begin{pmatrix} a' & b' \\ c' & d' \end{pmatrix}\right) = T\begin{pmatrix} a+\lambda a' & b+\lambda b' \\ c+\lambda c' & d+\lambda d' \end{pmatrix} =$$

$$= (a+\lambda a' + b + \lambda b') + (b + \lambda b' + c + \lambda c')t + (d + \lambda d')t^2 =$$

$$= (a+b+\lambda a' + \lambda b') + (b+c+\lambda b' + \lambda c')t + (d+\lambda d')t^2 =$$

$$= (a+b) + (b+c)t + dt^2 + \lambda((a'+b') + (b'+c')t + d't^2) =$$

$$= T\begin{pmatrix} a & b \\ c & d \end{pmatrix} + \lambda T\begin{pmatrix} a' & b' \\ c' & d' \end{pmatrix}$$

Exemplo 9.4 Seja $V = \mathbb{R}[t]$. então, a função derivada $\frac{d}{dt}$ que associa a cada polinômio $p(t)$ a sua derivada $\frac{dp}{dt}(t)$ é linear. Em outras palavras,

$$\frac{d}{dt}: \quad \mathbb{R}[t] \longrightarrow \mathbb{R}[t]$$
$$a_0 + a_1 t + \cdots + a_n t^n \longmapsto \begin{cases} a_1 + 2a_2 t + \cdots + na_n t^{n-1} & \text{se } n \geq 1 \\ 0 & \text{se } n = 0 \end{cases}$$

Deixamos ao leitor a verificação desse fato.

Exemplo 9.5 Seja $[a,b]$ um intervalo da reta $\mathbb{R}$ e considere $V = \mathcal{C}([a,b], \mathbb{R})$ o espaço vetorial das funções contínuas de $[a,b]$ em $\mathbb{R}$. A função

$$F: \quad \mathcal{C}([a,b], \mathbb{R}) \longrightarrow \mathbb{R}$$
$$f \longmapsto \int_a^b f(x)\, dx$$

é linear. Basta observar, como estabelecido nos cursos de Cálculo, que

$$\int_a^b (f+g)(x)\, dx = \int_a^b f(x)\, dx + \int_a^b g(x)\, dx \quad \text{e} \quad \int_a^b (\lambda f)(x)\, dx = \lambda \int_a^b f(x)\, dx.$$

Exemplo 9.6 Seja $A = \begin{pmatrix} 2 & -1 & 3 \\ 0 & 1 & 7 \end{pmatrix}$ uma matriz em $\mathbb{M}_{2\times 3}(\mathbb{R})$. Podemos definir uma transformação linear T_A como segue:

$$T_A : \mathbb{R}^3 \longrightarrow \mathbb{R}^2$$
$$(x,y,z) \longmapsto \begin{pmatrix} 2 & -1 & 3 \\ 0 & 1 & 7 \end{pmatrix} \begin{pmatrix} x \\ y \\ z \end{pmatrix} = \begin{pmatrix} 2x - y + 3z \\ y + 7z \end{pmatrix}$$

ou, de outra forma, utilizando a identificação entre $\mathbb{R}^2$ e $\mathbb{M}_{2\times 1}(\mathbb{R})$,

$$T_A(x,y,z) = (2x - y + 3z, y + 7z) \quad \text{para todo} \quad (x,y,z) \in \mathbb{R}^3.$$

Deixamos ao leitor mostrar que T_A como definida é linear.

Exemplo 9.7 Generalizando o que foi feito no exemplo acima, podemos, a partir de uma matriz $A = (a_{ij}) \in \mathbb{M}_{m\times n}(\mathbb{R})$, definir uma transformação linear $T_A: \mathbb{R}^n \longrightarrow \mathbb{R}^m$ como segue:

$$T_A: \mathbb{R}^n \longrightarrow \mathbb{R}^m$$
$$(x_1, \cdots, x_n) \longmapsto T_A(x_1, \cdots, x_n) = \left(\sum_{j=1}^n a_{1j}x_j, \cdots, \sum_{j=1}^n a_{mj}x_j \right)$$

Observe que, identificando $\mathbb{R}^n$ e $\mathbb{R}^m$ com $\mathbb{M}_{n\times 1}(\mathbb{R})$ e $\mathbb{M}_{m\times 1}(\mathbb{R})$, respectivamente, a relação acima para $T_A(x_1, \cdots, x_n)$ pode ser escrita como $T_A(x_1, \cdots, x_n) = A(x_1, \cdots, x_n)^t$. Para verificarmos que T_A é linear, basta observar que

$$\begin{pmatrix} a_{11} & \cdots & a_{1n} \\ \vdots & & \vdots \\ a_{m1} & \cdots & a_{mn} \end{pmatrix} \left(\begin{pmatrix} x_1 \\ \vdots \\ x_n \end{pmatrix} + \lambda \begin{pmatrix} x'_1 \\ \vdots \\ x'_n \end{pmatrix} \right) =$$

$$= \begin{pmatrix} a_{11} & \cdots & a_{1n} \\ \vdots & & \vdots \\ a_{m1} & \cdots & a_{mn} \end{pmatrix} \begin{pmatrix} x_1 \\ \vdots \\ x_n \end{pmatrix} + \lambda \begin{pmatrix} a_{11} & \cdots & a_{1n} \\ \vdots & & \vdots \\ a_{m1} & \cdots & a_{mn} \end{pmatrix} \begin{pmatrix} x'_1 \\ \vdots \\ x'_n \end{pmatrix}$$

para todos $(x_1, \cdots, x_n), (x'_1, \cdots, x'_n) \in \mathbb{R}^n$ e todo $\lambda \in \mathbb{R}$ (deixamos os detalhes a cargo do leitor).

Esse exemplo é bastante significativo. Veremos mais adiante que uma transformação linear tendo como domínio um espaço de dimensão n e como contradomínio um espaço de dimensão m pode ser representada da forma acima por meio de uma matriz $m \times n$.

9.1. DEFINIÇÕES E EXEMPLOS

Para menção futura, vamos registrar as seguintes definições.

Definição 9.2 Seja $T\colon U \longrightarrow V$ uma transformação linear.

(a) Se $U = V$, dizemos que T é um **operador linear**.

(b) Se $V = \mathbb{R}$, dizemos que T é um **funcional linear**.

A transformação linear descrita no Exemplo 9.4 acima é um operador linear enquanto que o Exemplo 9.5 é um funcional linear.

Vamos ver agora como as operações nos espaços envolvidos nos ajudam a caracterizar uma transformação. Seja $T\colon U \longrightarrow V$ uma transformação linear e considere a combinação linear (em U)

$$u = \alpha_1 u_1 + \cdots + \alpha_n u_n = \sum_{i=1}^{n} \alpha_i u_i$$

com $\alpha_i \in \mathbb{R}$ e $u_i \in U$, para $i = 1, \cdots, n$. Ao calcularmos T no vetor u e iterando a propriedade definidora de transformação linear, teremos

$$\begin{aligned} T(u) &= T(\alpha_1 u_1 + \cdots + \alpha_n u_n) = \\ &= T(\alpha_1 u_1) + \cdots + T(\alpha_n u_n) = \\ &= \alpha_1 T(u_1) + \cdots + \alpha_n T(u_n) \end{aligned}$$

Em outras palavras, $T\left(\sum_{i=1}^{n} \alpha_i u_i\right) = \sum_{i=1}^{n} \alpha_i T(u_i)$. Esta conta, apesar de bem simples, será bastante útil em nossas futuras considerações. Por ora, gostaríamos de fazer uma observação. Suponha que $\mathcal{B}$ seja uma base de U. Então, dado um vetor $u \in U$, podemos escrevê-lo como $u = \alpha_1 u_1 + \cdots + \alpha_n u_n$, com $\alpha_i \in \mathbb{R}$ e $u_i \in \mathcal{B}$, para cada $i = 1, \cdots, n$. Como o cálculo acima nos diz que

$$T(u) = \sum_{i=1}^{n} \alpha_i T(u_i).$$

concluímos que, para se conhecer o valor $T(u)$, bastaria conhecermos os coeficientes que aparecem na expansão de u como combinação linear dos elementos de $\mathcal{B}$ além de conhecermos o valor que T assume nos elementos de $\mathcal{B}$. Dito de outra maneira, uma transformação linear $T\colon U \longrightarrow V$ estará bem definida se conhecermos o valor que T assume nos elementos de uma dada base $\mathcal{B}$ de U. Para menção futura, vamos formalizar esta observação na próxima proposição, deixando os detalhes da demonstração a cargo do leitor.

Proposição 9.1 Sejam U e V dois espaços vetoriais e $\mathcal{B}$ uma base de U. Para cada $u \in \mathcal{B}$, escolha um elemento $v_u \in V$. Então, existe uma única transformação linear $T\colon U \longrightarrow V$ tal que $T(u) = v_u$ para todo $u \in \mathcal{B}$.

Vamos ilustrar o resultado acima com o seguinte exemplo.

Exemplo 9.8 Considere a seguinte base

$$\mathcal{B} = \{(1,-1,2),(0,1,2),(0,0,-1)\} \quad \text{de} \quad \mathbb{R}^3$$

(verifique que é base!). Escolha agora três elementos em $\mathbb{R}^2$, digamos $(-1,-2)$, $(1,-2)$ e $(0,1)$. O resultado acima nos garante que existe uma única transformação linear $T\colon \mathbb{R}^3 \longrightarrow \mathbb{R}^2$ tal que

$$T(1,-1,2) = (-1,-2), \quad T(0,1,2) = (1,-2) \quad \text{e} \quad T(0,0,-1) = (0,1) \quad (*)$$

Para descrevermos o valor de T em um elemento (x,y,z) qualquer de $\mathbb{R}^3$, basta escrevê-lo como combinação linear de elementos da base $\mathcal{B}$. Uma conta simples nos leva a

$$(x,y,z) = x(1,-1,2) + (x+y)(0,1,2) + (4x+2y-z)(0,0,-1)$$

(escreva $(x,y,z) = \alpha(1,-1,2) + \beta(0,1,2) + \gamma(0,0,-1)$ e resolva o sistema nas incógnitas α, β, γ em função de x,y,z). Logo

$$\begin{aligned}
T(x,y,z) &= T(x(1,-1,2) + (x+y)(0,1,2) + (4x+2y-z)(0,0,-1)) = \\
&= xT(1,-1,2) + (x+y)T(0,1,2) + (4x+2y-z)T(0,0,-1) = \\
&= x(-1,-2) + (x+y)(1,-2) + (4x+2y-z)(0,1) = \\
&= (y,-z)
\end{aligned}$$

e portanto $T\colon \mathbb{R}^3 \longrightarrow \mathbb{R}^2$ dada por $T(x,y,z) = (y,-z)$ é a única transformação linear que satisfaz as condições descritas em $(*)$.

Compostas de transformações lineares.

Sejam $F\colon U \longrightarrow U'$ e $G\colon V \longrightarrow V'$ duas transformações lineares tais que a imagem $\operatorname{Im} F$ de F esteja contida em V. Por conta desta última condição, podemos definir a composta

$$\begin{aligned}
G \circ F \;\colon\; U &\longrightarrow V' \\
u &\longmapsto (G \circ F)(u) = G(F(u))
\end{aligned}$$

9.1. DEFINIÇÕES E EXEMPLOS

(ver Capítulo 1). É fácil ver que a composta $G \circ F$ é também linear. De fato, dados $u_1, u_2 \in U$ e $\lambda \in \mathbb{R}$, temos, usando o fato de F e G serem lineares, que

$$(G \circ F)(u_1 + \lambda u_2) = G(F(u_1 + \lambda u_2)) = G(F(u_1) + \lambda F(u_2)) =$$
$$= G(F(u_1)) + \lambda G(F(u_2)) = (G \circ F)(u_1) + \lambda (G \circ F)(u_2)$$

e $(G \circ F)$ é linear.

Exemplo 9.9 Consideremos as seguintes transformações lineares

$$F: \quad \mathbb{R}^3 \longrightarrow \mathbb{M}_2(\mathbb{R})$$
$$(x, y, z) \longmapsto \begin{pmatrix} x+y & -y \\ 2z & x+3z \end{pmatrix}$$

$$G: \quad \mathbb{M}_2(\mathbb{R}) \longrightarrow \mathbb{R}^3$$
$$\begin{pmatrix} a & b \\ c & d \end{pmatrix} \longmapsto (a+b, b+c, c+d)$$

(verifique que elas são de fato lineares!). A composta $G \circ F \colon \mathbb{R}^3 \longrightarrow \mathbb{R}^3$ será, então,

$$(G \circ F)(x, y, z) = G(F(x, y, z)) = G\begin{pmatrix} x+y & -y \\ 2z & x+3z \end{pmatrix} =$$
$$= ((x+y) + (-y), -y + 2z, 2z + (x+3z)) = (x, -y + 2z, x + 5z)$$

Por outro lado, $F \circ G \colon \mathbb{M}_2(\mathbb{R}) \longrightarrow \mathbb{M}_2(\mathbb{R})$ será dada por

$$(F \circ G)\begin{pmatrix} a & b \\ c & d \end{pmatrix} = F\left(G\begin{pmatrix} a & b \\ c & d \end{pmatrix}\right) =$$
$$= F(a+b, b+c, c+d) = \begin{pmatrix} a+2b+c & -b-c \\ 2(c+d) & a+b+3c+3d \end{pmatrix}$$

EXERCÍCIOS

Exercício 9.1 Prove que cada uma das funções abaixo é uma transformação linear.

(a) $F \colon \mathbb{R}[t]_4 \to \mathbb{R}[t]_2$ dada por $F(p(t)) = p''(t)$ (isto é, a segunda derivada de $p(t)$).

(b) $F: \mathbb{R}[t]_2 \to \mathbb{R}[t]_4$ dada por $F(p(t)) = t^2 p(t)$.

(c) $F: \mathbb{M}_{3\times 2}(\mathbb{R}) \to \mathbb{M}_2(\mathbb{R})$ dada por $F(A) = MA$ para cada $A \in \mathbb{M}_{3\times 2}(\mathbb{R})$ onde $M = \begin{pmatrix} -1 & 0 & 1 \\ 1 & 2 & 0 \end{pmatrix}$.

(d) $T: \mathbb{R}[t]_3 \to \mathbb{R}^3$ dada por $T(p) = (p(0), p'(0), p''(0))$.

(e) $T: \mathbb{R}^3 \to \mathbb{R}$ dada por $T(x, y, z) = x - y + z$.

(f) $T: \mathbb{R}[t]_3 \to \mathbb{R}[t]_3$ dada por $(Tp)(t) = p(t-1)$.

(g) $T: \mathbb{R}^4 \to \mathbb{R}[t]_3$ dada por $T(a, b, c, d) = a(1-t) + b(1+t^2) + d(t^2 - t^3)$.

Exercício 9.2 Verifique que as seguintes funções **não** são lineares:

(a) $T: \mathbb{R}^2 \to \mathbb{R}^2$ dada por $T(x, y) = (x - 2y, y + 1)$

(b) $T: \mathbb{R}^3 \to \mathbb{R}^3$ dada por $T(x, y, z) = (x^2, 2y, z^3)$

(c) $T: \mathbb{M}_2(\mathbb{R}) \to \mathbb{M}_2(\mathbb{R})$ dada por $T\begin{pmatrix} a & b \\ c & d \end{pmatrix} = \begin{pmatrix} 2a - b & b + 3 \\ c + d & d \end{pmatrix}$

Exercício 9.3 Seja $T: U \to V$ uma transformação linear. Mostre que $T(-u) = -T(u)$ para todo vetor $u \in U$.

Exercício 9.4 Seja $T: \mathbb{R}^3 \to \mathbb{R}^3$ uma transformação linear tal que $T(1, 0, -1) = (2, 0, 3)$, $T(0, -2, 1) = (1, 1, 1)$ e $T(0, 0, 3) = (5, -2, 1)$. Determine $T(x, y, z)$ para $(x, y, z) \in \mathbb{R}^3$.

Exercício 9.5 Seja $T: \mathbb{R}[t]_2 \to \mathbb{M}_2(\mathbb{R})$ uma transformação linear tal que

$$T(1+t)) = \begin{pmatrix} -1 & 0 \\ 1 & 1 \end{pmatrix}, \quad T(1-t) = \begin{pmatrix} 1 & 1 \\ 0 & 0 \end{pmatrix}, \quad \text{e } T(t^2) = \begin{pmatrix} 0 & 0 \\ 1 & -1 \end{pmatrix}.$$

Determine $T(a + bt + ct^2)$ para $a + bt + ct^2 \in \mathbb{R}[t]_2$.

Exercício 9.6 Sejam $A = \begin{pmatrix} -1 & 1 & 2 \\ -3 & 8 & 0 \end{pmatrix}$ e $B = \begin{pmatrix} 0 & 2 \\ 1 & 1 \\ -1 & 3 \end{pmatrix}$ e considere as transformações lineares $T_A: \mathbb{R}^3 \to \mathbb{R}^2$ e $T_B: \mathbb{R}^2 \to \mathbb{R}^3$ definidas a partir destas matrizes (como no Exemplo 9.7 acima).

(a) Calcule as expressões para $T_A(x,y,z)$, $T_B(x,y)$, $(T_A \circ T_B)(x,y)$ e $(T_B \circ T_A)(x,y,z)$.

(b) Calcule as matrizes $C = AB \in \mathbb{M}_2(\mathbb{R})$ e $D = BA \in \mathbb{M}_3(\mathbb{R})$.

(c) Calcule as expressões para $T_C(x,y)$ e $T_D(x,y,z)$ para as transformações $T_C\colon \mathbb{R}^2 \longrightarrow \mathbb{R}^2$ e $T_D\colon \mathbb{R}^3 \longrightarrow \mathbb{R}^3$ definidas a partir das matrizes C e D.

(d) Compare as expressões conseguidas para $(T_A \circ T_B)(x,y)$ e $(T_B \circ T_A)(x,y,z)$ com as de $T_C(x,y)$ e $T_D(x,y,z)$.

Exercício 9.7 Seja $T\colon \mathbb{R}^3 \longrightarrow \mathbb{R}$ uma transformação linear. Mostre que existem $a, b, c \in \mathbb{R}$ tais que $T(x,y,z) = ax + by + cz$, para todos $(x,y,z) \in \mathbb{R}^3$. Que generalização você pensaria para este resultado?

9.2 Núcleo e Imagem de uma transformação linear

Quando estudamos uma função $f\colon A \longrightarrow B$, é bastante útil se verificar se ela satisfaz as propriedades de injetividade, de sobrejetividade ou de bijetividade (relembre as definições no Capítulo 1). Iremos analisar agora tais propriedades no caso de transformações lineares e ver o que o fato de estarmos lidando com espaços vetoriais nos traz de novo quanto a elas. Comecemos inicialmente com a propriedade de injetividade.

O núcleo de uma transformação linear e injetividade.

Consideremos $T\colon U \longrightarrow V$ uma transformação linear (e logo U, V são espaços vetoriais) e suponhamos inicialmente que T não é injetora. Então existem vetores $u_1, u_2 \in U$, distintos, tais que $T(u_1) = T(u_2)$. Utilizando-se do fato de que T é linear, segue que

$$T(u_1) = T(u_2) \iff T(u_1) - T(u_2) = 0 \iff T(u_1 - u_2) = 0.$$

Observe que, como u_1, u_2 são distintos, então $u_1 - u_2 \neq 0$. Vimos na Observação 9.1(b) que $T(0) = 0$. Com isto, concluímos que se T não for injetora, então existem ao menos dois vetores distintos de U (no caso 0 e $u_1 - u_2$) que são levados ao vetor nulo pela transformação T. Por outro lado, também por que $T(0) = 0$, podemos afirmar que se T for injetora e se $u \in U$ for tal que

$T(u) = 0$, então necessariamente $u = 0$! O que acabamos de mostrar foi o seguinte:

- Uma transformação linear $T: U \longrightarrow V$ é injetora se e somente se $u \in U$ for tal que $T(u) = 0$, então $u = 0$.

O resultado acima nos sugere olhar para o subconjunto de U formado pelos vetores u tais que $T(u) = 0$. Mas antes de prosseguirmos, gostaríamos de enfatizar que a propriedade acima não vale para funções não lineares. Por exemplo, se $f: \mathbb{R} \longrightarrow \mathbb{R}$ for a função (não linear) dada por $f(x) = x^2$, então é claro que f não é injetora (pois $f(1) = f(-1) = 1$). Por outro lado, se $0 = f(x) = x^2$ para algum $x \in \mathbb{R}$, então $x = 0$.

Definição 9.3 Seja $T: U \longrightarrow V$ uma transformação linear. O conjunto formado pelos vetores $u \in U$ tais que $T(u) = 0$ é chamado de **núcleo de** T e será denotado por $\mathrm{Nuc}T$.

Proposição 9.2 Seja $T: U \longrightarrow V$ uma transformação linear. Então:

(a) $\mathrm{Nuc}T$ é um subespaço de U.

(b) T é injetora se e somente se $\mathrm{Nuc}T = \{0\}$.

DEMONSTRAÇÃO. (a) Por definição, $\mathrm{Nuc}T = \{u \in U : T(u) = 0\}$. Para mostrarmos que esse conjunto é um subespaço de U, iremos utilizar a Proposição 6.1. Em primeiro lugar, é claro que $0 \in \mathrm{Nuc}T$ pois $T(0) = 0$. Sejam agora $u, u' \in \mathrm{Nuc}T$. Então, $T(u) = 0$ e $T(u') = 0$. Mas $T(u + u') = T(u) + T(u') = 0 + 0 = 0$ e portanto $u + u' \in \mathrm{Nuc}T$. Para $u \in \mathrm{Nuc}T$ e $\lambda \in \mathbb{R}$, temos $T(\lambda u) = \lambda T(u) = \lambda 0 = 0$. Logo, $\mathrm{Nuc}T$ é um subespaço de U.

(b) Decorre das observações feitas acima. $\square$

Exemplo 9.10 Considere a seguinte transformação linear

$$T: \quad \mathbb{R}^3 \quad \longrightarrow \quad \mathbb{R}^3$$
$$(x, y, z) \quad \longmapsto \quad (x + y + 2z, x - y + 2z, -2x - 4z)$$

Vamos verificar se T é injetora. Pelo critério acima, basta verificar se vale que $\mathrm{Nuc}T = \{0\}$. Observe que $(x, y, z) \in \mathrm{Nuc}T$ se e somente se

$$(0, 0, 0) = T(x, y, z) = (x + y + 2z, x - y + 2z, -2x - 4z)$$

9.2. NÚCLEO E IMAGEM

o que implica que

$$\begin{cases} x + y + 2z = 0 \\ x - y + 2z = 0 \\ -2x - 4z = 0 \end{cases} \sim \begin{cases} x + y + 2z = 0 \\ 2y = 0 \end{cases}$$

Logo, um elemento (x, y, z) no Nuc$T$ é da forma $(-2z, 0, z) = z(-2, 0, 1)$, para algum $z \in \mathbb{R}$. Com isto, Nuc$T = [(-2, 0, 1)] \neq \{0\}$, e portanto T não é injetora.

Exemplo 9.11 Considere agora

$$T' : \quad \mathbb{R}[t]_2 \longrightarrow \mathbb{M}_2(\mathbb{R})$$
$$a + bt + ct^2 \longmapsto \begin{pmatrix} a+b & b+c \\ c+a & a+b+c \end{pmatrix}$$

Vamos calcular NucT'. Observe que um polinômio $p(t) = a + bt + ct^2$ está no subespaço NucT' se e somente se

$$\begin{pmatrix} 0 & 0 \\ 0 & 0 \end{pmatrix} = T'(a + bt + ct^2) = \begin{pmatrix} a+b & b+c \\ c+a & a+b+c \end{pmatrix}$$

que só tem solução se $a = 0, b = 0$ e $c = 0$ (verifique!), isto é, se $p(t) = 0$. Logo, Nuc$T' = \{0\}$ e T' é injetora.

Vamos aproveitar estes dois exemplos para fazer o seguinte cálculo. Consideremos inicialmente o conjunto $S = \{1+t, 1-t^2, t+2t^2\}$ contido em $\mathbb{R}[t]_2$. Não é difícil ver que S é um conjunto l.i.. Calculando T' nos polinômios de S, teremos

$$T'(1+t) = \begin{pmatrix} 2 & 1 \\ 1 & 2 \end{pmatrix}, \quad T'(1-t^2) = \begin{pmatrix} 1 & -1 \\ 0 & 0 \end{pmatrix}, \quad T'(t+2t^2) = \begin{pmatrix} 1 & 3 \\ 2 & 3 \end{pmatrix}.$$

Se estudarmos a independência linear do conjunto

$$S' = \left\{ \begin{pmatrix} 2 & 1 \\ 1 & 2 \end{pmatrix}, \begin{pmatrix} 1 & -1 \\ 0 & 0 \end{pmatrix}, \begin{pmatrix} 1 & 3 \\ 2 & 3 \end{pmatrix} \right\}$$

veremos que ele é l.i.. De fato, se

$$a \begin{pmatrix} 2 & 1 \\ 1 & 2 \end{pmatrix} + b \begin{pmatrix} 1 & -1 \\ 0 & 0 \end{pmatrix} + c \begin{pmatrix} 1 & 3 \\ 2 & 3 \end{pmatrix} = \begin{pmatrix} 0 & 0 \\ 0 & 0 \end{pmatrix}$$

então, necessariamente $a = 0, b = 0$ e $c = 0$ (verifique!) e S' é l.i..

Na realidade, veremos mais abaixo que, como T' é injetora, dado qualquer conjunto l.i. S de $\mathbb{R}[t]_2$, o conjunto S' de $\mathbb{M}_2(\mathbb{R})$ formado pelos elementos $T'(v)$, com $v \in S$, será também l.i..

Por outro lado, para uma transformação linear não injetora, essa implicação não é verdadeira. Vamos utilizar a transformação do Exemplo 9.10 para ilustrar essa observação. Ao calcularmos, por exemplo, T nos elementos do conjunto l.i. $S = \{(1,0,0), (0,1,0), (0,0,1)\}$ de $\mathbb{R}^3$, teremos

$$T(1,0,0) = (1,1,-2), \quad T(0,1,0) = (1,-1,0) \quad \text{e} \quad T(0,0,1) = (2,2,-4)$$

Observe que $T(0,0,1) = 2T(1,0,0)$ e logo $\{(1,1,-2),(1,-1,0),(2,2,-4)\}$ não é l.i..

A proposição a seguir mostra-nos que o comentário feito acima é mais geral.

Proposição 9.3 Seja $T\colon U \longrightarrow V$ uma transformação linear. As seguintes afirmações são equivalentes:

(a) T é injetora;

(b) Para todo conjunto S de U que seja l.i., o conjunto $S' = \{T(u)\colon u \in S\}$ de V é também l.i..

DEMONSTRAÇÃO. Vamos assumir inicialmente que T é injetora e provar a propriedade (b). Consideremos um conjunto l.i. $S \subset U$. Se o conjunto $S' = \{T(u)\colon u \in S\} \subset V$ fosse l.d., então existiriam $u_1, \cdots, u_n \in S$ e $\alpha_1, \cdots, \alpha_n \in \mathbb{R}$, não todos nulos, tais que

$$0 = \alpha_1 T(u_1) + \cdots + \alpha_n T(u_n).$$

Como T é linear, teremos que

$$T(\alpha_1 u_1 + \cdots + \alpha_n u_n) = 0$$

A injetividade de T implica então que $\alpha_1 u_1 + \cdots + \alpha_n u_n = 0$ (Proposição 9.2). Mas S é l.i. por hipótese e, portanto, $\alpha_1 = 0, \cdots, \alpha_n = 0$, uma contradição com a escolha desse valores. Logo, S' é l.i. e a implicação $(a) \Rightarrow (b)$ está provada.

9.2. NÚCLEO E IMAGEM

Reciprocamente, vamos assumir que vale a propriedade (b). Se T não for injetora, então Nuc$T$ tem um vetor não nulo u (Proposição 9.2). Considere o conjunto $S = \{u\} \subset U$. Como vimos na Observação 7.2(d), tal conjunto S é l.i. mas, por outro lado, como $T(u) = 0$, o conjunto $\{T(u)\}$ é l.d. (ver Observação 7.2(c)). Isto, no entanto, contradiz a propriedade (b) e portanto T tem que ser injetora. □

Corolário 9.1 Seja $T: U \longrightarrow V$ uma transformação linear injetora. Então $\dim_\mathbb{R} U \leq \dim_\mathbb{R} V$.

DEMONSTRAÇÃO. Se $\dim_\mathbb{R} V = \infty$, não há nada a provar. Vamos supor então que $\dim_\mathbb{R} V = m < \infty$. Se $\dim_\mathbb{R} U > m$, então existiria um conjunto l.i. $S = \{u_1, \cdots, u_{m+1}\}$ em U com $m+1$ elementos. Como T é injetora, pelo resultado acima, $\{T(u_1), \cdots, T(u_{m+1})\}$ seria l.i. em V, o que contradiz o fato da dimensão de V ser m (ver Corolário 8.3 (a)). □

A imagem de uma transformação linear e sobrejetividade.

Outra das propriedades importantes para se estudar em uma função é a sobrejetividade. Lembramos que uma função $f: A \longrightarrow B$ é sobrejetora se a sua imagem Imf coincide com o seu contradomínio B.

No caso em que $T: U \longrightarrow V$ for uma transformação linear, o conjunto ImT será na realidade um subespaço vetorial de V e, para mostrarmos isto, podemos utilizar a Proposição 6.1:

- Para mostrar que $0 \in \text{Im}T$, basta observar novamente que $T(0) = 0$.

- Dados $v_1, v_2 \in \text{Im}T$, por definição, existem $u_1, u_2 \in U$ tais que $T(u_1) = v_1$ e $T(u_2) = v_2$. Agora, como

$$T(u_1 + u_2) = T(u_1) + T(u_2) = v_1 + v_2,$$

concluímos que $v_1 + v_2 \in \text{Im}T$.

- Se $v \in \text{Im}T$ então, por definição, existe $u \in U$ tal que $T(u) = v$. Agora, para $\lambda \in \mathbb{R}$, teremos $T(\lambda u) = \lambda T(u) = \lambda v$. Logo, $\lambda v \in \text{Im}T$.

Exemplo 9.12 Considere

$$\begin{aligned} T: \quad & \mathbb{R}^3 \longrightarrow \mathbb{R}^4 \\ & (x,y,z) \longmapsto (x+3y, y-z, x+y-z, 2x+3y) \end{aligned}$$

Vamos calcular ImT. Um elemento de ImT é uma quádrupla em $\mathbb{R}^4$ que tem a forma $(x+3y, y-z, x+y-z, 2x+3y)$, para $x,y,z \in \mathbb{R}$. Reescrevendo esta quádrupla, vemos que

$$(x+3y, y-z, x+y-z, 2x+3y) = x(1,0,1,2) + y(3,1,1,3) + z(0,-1,-1,0),$$

com $x,y,z \in \mathbb{R}$. Daí, $S = \{(1,0,1,2), (3,1,1,3), (0,-1,-1,0)\}$ é um conjunto gerador para o subespaço ImT. Não é difícil ver que S é l.i., e portanto ele será uma base para ImT e em particular a dimensão de ImT será três. Logo, ImT é um subespaço próprio de $\mathbb{R}^4$. Com isso, T não é sobrejetora. Observe também que $(1,0,1,2) = T(1,0,0)$, $(3,1,1,3) = T(0,1,0)$, $(0,-1,-1,0) = T(0,0,1)$ e S é formado pelas imagens (por T) da base canônica de $\mathbb{R}^3$.

Exemplo 9.13 Consideremos agora a transformação linear

$$T : \mathbb{M}_2(\mathbb{R}) \longrightarrow \mathbb{R}^3$$
$$\begin{pmatrix} a & b \\ c & d \end{pmatrix} \longmapsto (a+b+c, b-c, a+2d)$$

Um elemento pertencente a ImT é escrito na forma

$$(a+b+c, b-c, a+2d) = a(1,0,1) + b(1,1,0) + c(1,-1,0) + d(0,0,2),$$

para $a,b,c,d \in \mathbb{R}$. Logo, ImT é gerado por $S = \{(1,0,1), (1,1,0), (1,-1,0), (0,0,2)\}$. Como S possui quatro elementos e está contido em um espaço vetorial de dimensão três, concluímos que ele é l.d.. Utilizando-se o método discutido no final do capítulo anterior, podemos ver que, por exemplo, $S' = \{(1,0,1), (1,1,0), (1,-1,0)\}$ é uma base para ImT. Como S' é obviamente também uma base para o contradomínio $\mathbb{R}^3$ de T, concluímos que T é sobrejetora. Observe também que o conjunto S é formado pela imagem (por T) dos elementos da base canônica de $\mathbb{M}_2(\mathbb{R})$.

O próximo resultado será bastante útil em nossas considerações e generaliza as observações feitas nos exemplos acima.

Proposição 9.4 Sejam $T\colon U \longrightarrow V$ uma transformação linear e $\mathcal{B}$ uma base de U. Denote por $\mathcal{B}'$ o conjunto $\{T(u)\colon u \in \mathcal{B}\} \subset V$. Então

(a) $\mathcal{B}'$ é um conjunto gerador de ImT.

9.2. NÚCLEO E IMAGEM

(b) $\mathcal{B}'$ é uma base de $\text{Im}T$ se e somente se T for injetora.

DEMONSTRAÇÃO. (a) Precisamos mostrar que todo elemento $v \in \text{Im}T$ é uma combinação linear de elementos de $\mathcal{B}'$. Como $v \in \text{Im}T$, por definição, existe $u \in U$ tal que $T(u) = v$. Agora, como $\mathcal{B}$ é uma base de U, então existem $\alpha_1, \cdots, \alpha_n \in \mathbb{R}$ e vetores $u_1, \cdots, u_n \in \mathcal{B}$ tais que $u = \alpha_1 u_1 + \cdots + \alpha_n u_n$. Calculando-se T nesta última igualdade, segue que

$$v = T(u) = T(\alpha_1 u_1 + \cdots + \alpha_n u_n) = \alpha_1 T(u_1) + \cdots + \alpha_n T(u_n)$$

e v é uma combinação linear de elementos de $\mathcal{B}'$, como queríamos.

(b) Decorre da Proposição 9.3 que $\mathcal{B}'$ será l.i. se e somente se T for injetora, o que implica o resultado que queríamos. □

Corolário 9.2 Seja $T: U \longrightarrow V$ uma transformação linear sobrejetora. Então $\dim_{\mathbb{R}} U \geq \dim_{\mathbb{R}} V$.

DEMONSTRAÇÃO. Se $\dim_{\mathbb{R}} U = \infty$, não há nada a provar. Suponha então que $\dim_{\mathbb{R}} U = n < \infty$ e seja $\mathcal{B} = \{u_1, \cdots, u_n\}$ uma base de U. Usando a Proposição 9.4, teremos que $\mathcal{B}' = \{T(u_1), \cdots, T(u_n)\}$ é um conjunto gerador de $\text{Im}T$. Por hipótese, T é sobrejetora, isto é, $\text{Im}T = V$. Concluímos então que $\mathcal{B}'$ é um conjunto gerador de V e portanto $\dim_{\mathbb{R}} V \leq n = \dim_{\mathbb{R}} U$, como queríamos. □

Exemplo 9.14 Considere a seguinte transformação linear

$$\begin{array}{rccc} T : & \mathbb{R}^3 & \longrightarrow & \mathbb{R}^3 \\ & (x,y,z) & \longmapsto & (3x - y - 2z, -3x + 2y + 3z, 3x - y - 2z) \end{array}$$

e seja $\mathcal{B} = \{(1,2,0), (0,1,-1), (1,0,1)\}$ uma base de $\mathbb{R}^3$. Pela Proposição 9.4, $S = \{T(1,2,0), T(0,1,-1), T(1,0,1)\}$ é um conjunto gerador de $\text{Im}T$, isto é, $S = \{(1,1,1), (1,-1,1), (1,0,1)\}$ gera $\text{Im}T$. Não é difícil ver que

$$(1,1,1) + (1,-1,1) - 2(1,0,1) = (0,0,0)$$

e S não é l.i.. Retirando-se, por exemplo, o vetor $(1,0,1)$, chegamos a $\mathcal{C} = \{(1,1,1), (1,-1,1)\}$ que é l.i. e ainda gera $\text{Im}T$, portanto $\mathcal{C}$ é base de $\text{Im}T$. Em particular, $\dim_{\mathbb{R}}(\text{Im}T) = 2$. Por outro lado, o $\text{Nuc}T$ é formado pelos vetores $(x,y,z) \in \mathbb{R}^3$ tais que

$$(3x - y - 2z, -3x + 2y + 3z, 3x - y - 2z) = (0,0,0),$$

o que implica o sistema

$$\begin{cases} 3x - y - 2z = 0 \\ -3x + 2y + 3z = 0 \\ 3x - y - 2z = 0 \end{cases} \sim \begin{cases} 3x - y - 2z = 0 \\ y + z = 0 \end{cases}$$

Resolvendo-o, concluímos que os elementos de Nuc$T$ são da forma $(x, -3x, 3x) = x(1, -3, 3)$ para $x \in \mathbb{R}$. Logo, Nuc$T$ é gerado pelo vetor $(1, -3, 3)$ e terá portanto dimensão igual a 1. Observe que

$$\dim_{\mathbb{R}} \text{Nuc} T + \dim_{\mathbb{R}} \text{Im} T = 1 + 2 = 3 = \dim_{\mathbb{R}} \mathbb{R}^3$$

onde o espaço $\mathbb{R}^3$ é o domínio de T.

Tendo em vista o que foi feito nesse último exemplo, vamos provar agora mais uma consequência da Proposição 9.4 acima e que relaciona as dimensões do núcleo e da imagem de uma transformação linear

Proposição 9.5 Seja $T\colon U \longrightarrow V$ uma transformação linear e assuma que o espaço U tenha dimensão finita. Então

$$\dim_{\mathbb{R}} \text{Nuc} T + \dim_{\mathbb{R}} \text{Im} T = \dim_{\mathbb{R}} U.$$

DEMONSTRAÇÃO. Vamos supor que $\dim_{\mathbb{R}} U = n$ e consideremos uma base $\mathcal{B}' = \{u_1, \cdots, u_m\}$ para Nuc$T$. Como Nuc$T$ é um subespaço de U, segue que $m \leq n$. Além disso, utilizando a Proposição 8.2, podemos completar $\mathcal{B}'$ a uma base $\mathcal{B} = \{u_1, \cdots, u_m, u_{m+1}, \cdots, u_n\}$ de U. Segue da Proposição 9.4 que

$$\{T(u_1), \cdots, T(u_m), T(u_{m+1}), \cdots, T(u_n)\}$$

é um conjunto gerador para ImT. Como, por definição, $T(u_i) = 0$, para $i = 1, \cdots, m$, concluímos que $\mathcal{C} = \{T(u_{m+1}), \cdots, T(u_n)\}$ é também um conjunto gerador para ImT. Vamos mostrar que $\mathcal{C}$ é l.i.. Para tal, considere $\alpha_{m+1}, \cdots, \alpha_n \in \mathbb{R}$ tais que

$$\alpha_{m+1} T(u_{m+1}) + \cdots + \alpha_n T(u_n) = 0.$$

Precisamos mostrar que $\alpha_{m+1} = 0, \cdots, \alpha_n = 0$. Utilizando-se do fato de que T é linear, a igualdade acima implica que

$$T(\alpha_{m+1} u_{m+1} + \cdots + \alpha_n u_n) = 0$$

9.2. NÚCLEO E IMAGEM

e portanto $u = \alpha_{m+1}u_{m+1} + \cdots + \alpha_n u_n$ pertence ao Nuc$T$. Como $\mathcal{B}'$ é uma base do Nuc$T$, existem $\alpha_1, \cdots, \alpha_m \in \mathbb{R}$ tais que $u = \alpha_1 u_1 + \cdots + \alpha_m u_m$. Logo

$$\alpha_1 u_1 + \cdots + \alpha_m u_m = u = \alpha_{m+1}u_{m+1} + \cdots + \alpha_n u_n \quad \text{ou}$$

$$\alpha_1 u_1 + \cdots + \alpha_m u_m - \alpha_{m+1}u_{m+1} - \cdots - \alpha_n u_n = 0.$$

Mas, por definição, $\mathcal{B} = \{u_1, \cdots, u_n\}$ é l.i. e portanto $\alpha_i = 0$, para todo $i = 1, \cdots, n$. Com isto, mostramos que $\mathcal{C}$ é l.i. e portanto uma base para ImT. Em particular, $\dim_\mathbb{R} \text{Im}T = n - m$. Como $\dim_\mathbb{R} \text{Nuc}T = m$, segue a relação que queríamos:

$$\dim_\mathbb{R} \text{Nuc}T + \dim_\mathbb{R} \text{Im}T = m + (n - m) = n = \dim_\mathbb{R} U.$$

$\square$

EXERCÍCIOS

Exercício 9.8 Determine uma base e a dimensão do núcleo e da imagem de cada uma das transformações lineares do Exercício 9.1.

Exercício 9.9 Determinar 3 transformações lineares de $\mathbb{R}^2$ em $\mathbb{R}^2$ cujos núcleos tenham dimensão 0,1 e 2, respectivamente.

Exercício 9.10 Determinar 3 transformações lineares de $\mathbb{R}^2$ em $\mathbb{R}^2$ cujas imagens tenham dimensão 0,1 e 2, respectivamente.

Exercício 9.11 Exiba uma transformação linear $T : \mathbb{R}[t]_3 \to \mathbb{R}^4$ tal que Nuc $T = [1 - t, t + t^2 - 2t^3]$ e Im$T = [(0, 1, -1, 1), (2, 0, 0, 1)]$.

Exercício 9.12 Exiba uma transformação linear $T : \mathbb{R}^4 \to \mathbb{R}^4$ tal que Nuc $T = [(1, -1, 0, 0), (1, 0, 1, 2)]$ e Im$T = [(0, 1, -1, 1), (2, 0, 0, 1)]$.

Exercício 9.13 Definir uma transformação linear $T: \mathbb{M}_2(\mathbb{R}) \longrightarrow \mathbb{R}[t]_3$ tal que Nuc$T$ seja o subespaço

$$\left\{ \begin{pmatrix} a & b \\ b & c \end{pmatrix} : a, b, c \in \mathbb{R} \right\} \quad \text{(matrizes simétricas } 2 \times 2\text{)}$$

de $\mathbb{M}_2(\mathbb{R})$ e ImT contenha um polinômio de grau três.

Exercício 9.14 Exiba uma transformação linear $T\colon \mathbb{R}[t]_4 \to \mathbb{R}[t]$ tal que $\dim_\mathbb{R}(\operatorname{Nuc} T) = 2$ e $\dim_\mathbb{R}(\operatorname{Im} T) = 3$.

Exercício 9.15 Mostre que não existe nenhuma tranformação linear $T\colon \mathbb{R}[t]_2 \longrightarrow \mathbb{R}[t]_2$ tal que $\operatorname{Nuc} T = \operatorname{Im} T$ mas que existe uma transformação linear $T\colon \mathbb{R}[t]_3 \longrightarrow \mathbb{R}[t]_3$ com essa propriedade. Que tipo de generalização dos resultados acima você enunciaria?

Exercício 9.16 Sejam $F\colon U \longrightarrow V$ e $G\colon V \longrightarrow W$ duas transformações lineares.

(a) Mostre que $\operatorname{Nuc} F \subset \operatorname{Nuc}(G \circ F)$. Exiba um exemplo onde esses dois núcleos são distintos. Em que condições $\operatorname{Nuc} F = \operatorname{Nuc}(G \circ F)$?

(b) Mostre que $\operatorname{Im}(G \circ F) \subset \operatorname{Im} G$. Exiba um exemplo onde essas duas imagens são distintas. Em que condições $\operatorname{Im}(G \circ F) = \operatorname{Im} G$?

Exercício 9.17 Seja $T\colon U \longrightarrow U$ uma transformação linear tal que $\operatorname{Im} T \subset \operatorname{Nuc} T$. Mostre que $(T \circ T)(u) = 0$ para todo $u \in U$.

9.3 Isomorfismos

Seja $T\colon U \longrightarrow V$ uma transformação linear. Estudamos acima o caso em que T era injetora ou sobrejetora. Vamos agora estudar o caso em que T possui ambas as propriedades (de injetividade e de sobrejetividade), isto é, quando T for bijetora.

Pelo que vimos no Capítulo 1, funções bijetoras possuem inversas. Logo, assumindo que T é bijetora, então existe uma função $T^{-1}\colon V \longrightarrow U$ satisfazendo $(T^{-1} \circ T)(u) = u$, para todo $u \in U$, e $(T \circ T^{-1})(v) = v$, para todo $v \in V$. Nosso primeiro passo é mostrar que a inversa T^{-1} é também linear. Para tanto, dados $v_1, v_2 \in V$ e $\lambda \in \mathbb{R}$, precisamos mostrar que

$$T^{-1}(v_1 + \lambda v_2) = T^{-1}(v_1) + \lambda T^{-1}(v_2).$$

Escrevendo $T^{-1}(v_1) = u_1$ e aplicando T nos dois lados dessa igualdade, segue

$$T(u_1) = T(T^{-1}(v_1)) = (T \circ T^{-1})(v_1) = v_1.$$

9.3. ISOMORFISMOS

De forma análoga, se $T^{-1}(v_2) = u_2$, então $T(u_2) = v_2$. Agora, como T é linear, sabemos que

$$v_1 + \lambda v_2 = T(u_1) + \lambda T(u_2) = T(u_1 + \lambda u_2).$$

Aplicando-se, agora, T^{-1} nos extremos da igualdade acima, segue que

$$\begin{aligned}T^{-1}(v_1 + \lambda v_2) &= T^{-1}(T(u_1 + \lambda u_2)) = (T^{-1} \circ T)(u_1 + \lambda u_2) = \\ &= u_1 + \lambda u_2 = T^{-1}(v_1) + \lambda T^{-1}(v_2)\end{aligned}$$

e o resultado está provado.

Definição 9.4 Uma transformação linear bijetora $T: U \longrightarrow V$ é chamada de **isomorfismo**. Dois espaços vetoriais U e V são ditos **isomorfos** se existir um isomorfismo entre eles e, nesse caso, denotamos como $U \cong V$.

Segue de nossas considerações acima que se T for um isomorfismo, então a sua inversa também será um isomorfismo.

Exemplo 9.15 Vamos mostrar que a transformação linear

$$\begin{aligned} T : \mathbb{M}_2(\mathbb{R}) &\longrightarrow \mathbb{R}^4 \\ \begin{pmatrix} a & b \\ c & d \end{pmatrix} &\longmapsto (a+2b, b-3c, c+2d, c+d)\end{aligned}$$

é um isomorfismo e, para tal, precisamos mostrar que T é bijetora. Vamos inicialmente calcular o seu núcleo: uma matriz $\begin{pmatrix} a & b \\ c & d \end{pmatrix}$ está em Nuc$T$ se

$$(0,0,0,0) = T\begin{pmatrix} a & b \\ c & d \end{pmatrix} = (a+2b, b-3c, c+2d, c+d).$$

Segue daí o sistema

$$\begin{cases} a + 2b & = 0 \\ b - 3c & = 0 \\ c + 2d & = 0 \\ c + d & = 0 \end{cases} \sim \begin{cases} a + 2b & = 0 \\ b - 3c & = 0 \\ c + 2d & = 0 \\ d & = 0 \end{cases}$$

que tem solução única dada por $a = 0, b = 0, c = 0$ e $d = 0$. Logo, Nuc$T = \left\{ \begin{pmatrix} 0 & 0 \\ 0 & 0 \end{pmatrix} \right\}$ e T é injetora. Para vermos que T é sobrejetora, podemos fazê-lo de (ao menos) duas maneiras e, para ilustração, faremos as duas aqui. Em primeiro lugar, podemos utilizar as informações sobre as dimensões dadas, por exemplo, pela Proposição 9.5. Segue daquele resultado que

$$\dim_{\mathbb{R}} \text{Nuc} T + \dim_{\mathbb{R}} \text{Im} T = \dim_{\mathbb{R}} \mathbb{M}_2(\mathbb{R}) = 4.$$

No entanto, como T é injetora, então $\text{Nuc} T = \{0\}$ e $\dim_{\mathbb{R}} \text{Nuc} T = 0$. Com isto, $\dim_{\mathbb{R}} \text{Im} T = 4$. Logo, $\text{Im} T$ é um subespaço de $\mathbb{M}_2(\mathbb{R})$ com a mesma dimensão desse espaço, o que implica que eles têm que ser iguais (Corolário 8.4). Logo, T é também sobrejetora. Iremos generalizar esse argumento mais adiante. Podemos também provar a sobrejetividade de T diretamente pela definição, isto é, dado um elemento $(x, y, z, w) \in \mathbb{R}^4$, queremos achar uma matriz $\begin{pmatrix} a & b \\ c & d \end{pmatrix}$ tal que

$$(x, y, z, w) = T\begin{pmatrix} a & b \\ c & d \end{pmatrix} = (a + 2b, b - 3c, c + 2d, c + d).$$

Mas então, teremos as relações:

$$\begin{cases} a + 2b & = x \\ b - 3c & = y \\ c + 2d & = z \\ c + d & = w \end{cases}$$

e precisamos escrever a, b, c e d em função de x, y, z e w. Se conseguirmos fazer isso sem que apareçam restrições sobre x, y, z e w, então T será sobrejetora. Caso contrário, não será. Uma restrição irá aparecer, depois do escalonamento, como uma equação envolvendo x, y, z e w igualada a zero. Mas o sistema acima é equivalente a

$$\begin{cases} a & = x - 2y + 6z - 12w \\ b & = y - 3z + 6w \\ c & = -z + 2w \\ d & = z - w \end{cases}$$

que tem solução única para os valores a, b, c e d e sem restrições nos valores x, y, z e w. Concluímos, então, que T é sobrejetora e portanto um isomorfismo. Esta segunda maneira de se mostrar que T é sobrejetora é, obviamente, mais trabalhosa, mas tem uma vantagem. Observe que a solução acima também nos

9.3. ISOMORFISMOS

dá informações sobre a transformação inversa de T. De fato, dado $(x, y, z, w) \in \mathbb{R}^4$, exibimos a matriz

$$\begin{pmatrix} a & b \\ c & d \end{pmatrix} = \begin{pmatrix} x - 2y + 6z - 12w & y - 3z + 6w \\ -z + 2w & z - w \end{pmatrix}$$

tal que $T\begin{pmatrix} a & b \\ c & d \end{pmatrix} = (x, y, z, w)$. De outra forma, podemos escrever

$$\begin{aligned} T^{-1} : \quad \mathbb{R}^4 &\longrightarrow \mathbb{M}_2(\mathbb{R}) \\ (x,y,z,w) &\longmapsto \begin{pmatrix} x - 2y + 6z - 12w & y - 3z + 6w \\ -z + 2w & z - w \end{pmatrix} \end{aligned}$$

Com isso, não só conseguimos mostrar que T é sobrejetora como também descrevemos a transformação inversa T^{-1}. No próximo capítulo, veremos como fazer esse tipo de cálculo um pouco mais facilmente.

Relembramos no começo deste capítulo a função

$$\begin{aligned} \varphi : \quad V &\longrightarrow \mathbb{R}^n \\ v = \sum_{i=1}^n \alpha_i v_i &\longmapsto \varphi(v) = (\alpha_1, \cdots, \alpha_n) \end{aligned}$$

estudada na Seção 8.3. Utilizando a terminologia que acabamos de introduzir, φ será um isomorfismo (ver Proposição 8.3). Para menção futura, vamos registrar este fato por meio da seguinte proposição.

Proposição 9.6 Todo espaço vetorial (sobre $\mathbb{R}$) de dimensão n é isomorfo a $\mathbb{R}^n$.

DEMONSTRAÇÃO. Basta considerar o isomorfismo φ recordado acima e usar as informações da Proposição 8.3. □

Observe que temos também a seguinte consequência.

Teorema 9.1 Sejam U e V dois espaços vetoriais finitamente gerados. Então U e V são isomorfos se e somente se $\dim_\mathbb{R} U = \dim_\mathbb{R} V$.

DEMONSTRAÇÃO. Vamos supor inicialmente que existe um isomorfismo $T: U \longrightarrow V$. Como T é injetora, segue do Corolário 9.1, que $\dim_\mathbb{R} U \leq$

$\dim_\mathbb{R} V$. Por outro lado, como T é sobrejetora, segue do Corolário 9.2, que $\dim_\mathbb{R} U \geq \dim_\mathbb{R} V$. Logo, $\dim_\mathbb{R} U = \dim_\mathbb{R} V$, como queríamos.

Reciprocamente, suponha que U e V sejam dois espaços vetoriais de mesma dimensão n. A Proposição 9.6 nos diz que existe um isomorfismo $\varphi \colon U \longrightarrow \mathbb{R}^n$ e um isomorfismo $\psi \colon V \longrightarrow \mathbb{R}^n$. Deixamos ao leitor a verificação de que a composta $\psi^{-1} \circ \varphi \colon U \longrightarrow V$ é também um isomorfismo, o que nos leva ao resultado.

□

No Exemplo 9.15 acima usamos um argumento que gostaríamos agora de formalizar.

Proposição 9.7 Seja $T \colon U \longrightarrow V$ uma transformação linear e assuma que $\dim_\mathbb{R} U = \dim_\mathbb{R} V = n < \infty$. As seguintes afirmações são equivalentes:

(a) T é um isomorfismo.

(b) T é injetora.

(c) T é sobrejetora.

DEMONSTRAÇÃO. É claro que a afirmação (a) implica as afirmações (b) e (c). Vamos mostrar que (b) implica (c) e que (c) implica (a). Com isso, as três afirmações serão equivalentes.

(b) $\Rightarrow$ (c) Como T é injetora, $\mathrm{Nuc}T = \{0\}$ e portanto $\dim_\mathbb{R} \mathrm{Nuc}T = 0$. Segue então da Proposição 9.5 e do enunciado que $\dim_\mathbb{R} \mathrm{Im}T = \dim_\mathbb{R} U = \dim_\mathbb{R} V$. Agora, $\mathrm{Im}T \subset V$ e ambos espaços têm a mesma dimensão, logo eles têm que coincidir (ver Corolário 8.4). Portanto T é sobrejetora.

(c) $\Rightarrow$ (a) Como T é sobrejetora, segue que $\mathrm{Im}T = V$ e portanto $\dim_\mathbb{R} \mathrm{Im}T = \dim_\mathbb{R} V$, valor que, por hipótese, coincide com $\dim_\mathbb{R} U$. Usando novamente a relação dada pela Proposição 9.5, concluímos que $\dim_\mathbb{R} \mathrm{Nuc}T = 0$. Logo T é injetora e portanto um isomorfismo. □

O resultado acima não é verdadeiro se as dimensões dos espaços envolvidos não forem iguais ou se eles tiverem dimensão infinita (ver Exercício 9.23). Finalizamos o capítulo com o seguinte resultado que resume a discussão sobre o efeito de isomorfismos sobre bases dos espaços vetoriais envolvidos.

9.3. ISOMORFISMOS

Proposição 9.8 Seja $T\colon U \longrightarrow V$ uma transformação linear. As seguintes afirmações são equivalentes:

(a) T é um isomorfismo.

(b) Para cada base $\mathcal{B}$ de U, o conjunto $T(\mathcal{B}) = \{T(u)\colon u \in \mathcal{B}\} \subset V$ será uma base de V.

(c) Existe uma base $\mathcal{B}$ de U tal que $T(\mathcal{B}) = \{T(u)\colon u \in \mathcal{B}\} \subset V$ seja uma base de V.

DEMONSTRAÇÃO. Vamos mostrar as implicações (a)⇒(b)⇒(c)⇒(a) o que garantirá a equivalência das três condições.

(a)⇒(b): Assuma que T é um isomorfismo e seja $\mathcal{B}$ uma base de U. Como T é injetora, segue da Proposição 9.4(b) que $T(\mathcal{B})$ é uma base de ImT. Como T também é sobrejetora, teremos Im$T = V$. Logo, $T(\mathcal{B})$ será uma base de V.

(b)⇒(c): se a afirmação vale para todas as bases, então é claro que valerá para uma específica.

(c)⇒(a): Seja $\mathcal{B}$ uma base de U tal que $T(\mathcal{B})$ seja base de V. Pela Proposição 9.4(a), $T(\mathcal{B})$ é um conjunto gerador de ImT. Logo, Im$T = V$ e T é sobrejetora. Por outro lado, usando novamente a Proposição 9.4(b), teremos que T é injetora. Logo T é um isomorfismo. □

EXERCÍCIOS

Exercício 9.18 Mostre que cada uma das transformações lineares abaixo é um isomorfismo e determine as suas inversas.

(a) $T\colon \mathbb{R}^3 \longrightarrow \mathbb{R}^3$ dada por $T(x,y,z) = (-x + 2y, y + 3z, x + z)$

(b) $T\colon \mathbb{R}^4 \longrightarrow \mathbb{R}[t]_3$ dada por $T(x,y,z,w) = x + (x-y)t + (x-z)t^2 + (x+w)t^3$.

(c) $T\colon \mathbb{M}_2(\mathbb{R}) \longrightarrow \mathbb{R}^4$ dada por

$$T\begin{pmatrix} a & b \\ c & d \end{pmatrix} = (a - 2b + 2c, a - b + c, a - 2b + c, -d).$$

Exercício 9.19 Para quais valores de $a, b \in \mathbb{R}$, as transformações abaixo são isomorfismos?

(a) $T\colon \mathbb{R}^2 \longrightarrow \mathbb{R}^2$ dada por $T(x,y) = (ax+by, ax-by)$.

(b) $T\colon \mathbb{R}^3 \longrightarrow \mathbb{R}^3$ dada por $T(x,y,z) = (ax, (a+b)y, x-z)$.

Exercício 9.20 Mostre que a composta de isomorfismos é um isomorfismo.

Exercício 9.21 Exiba isomorfismos entre os espaços

(a) $\mathbb{R}[t]_3$ e $\mathbb{M}_2(\mathbb{R})$.

(b) $\mathbb{R}^3$, {matrizes 2×2 simétricas} e $\mathbb{T}_2(\mathbb{R})$.

Exercício 9.22 Exiba um subespaço de $\mathbb{R}[t]_6$ que contenha um polinómio de grau 5 e que seja isomorfo a $\mathbb{M}_2(\mathbb{R})$ (descreva explicitamente o isomorfismo e a sua inversa).

Exercício 9.23 Exiba transformações lineares $T\colon U \longrightarrow V$ com as seguintes propriedades.

(a) T é injetora mas não sobrejetora, um exemplo assumindo U e V finitamente gerados e outro assumindo que U e V não o são.

(b) T é sobrejetora mas não injetora, um exemplo assumindo U e V finitamente gerados e outro assumindo que U e V não o são.

Capítulo 10

Matrizes de Transformações Lineares

10.1 Definições iniciais

No Exemplo 9.7, nós definimos uma transformação linear a partir de uma matriz. Especificamente, dada uma matriz $A = (a_{ij}) \in \mathbb{M}_{m \times n}(\mathbb{R})$, definimos a transformação linear $T_A \colon \mathbb{R}^n \longrightarrow \mathbb{R}^m$ dada por

$$T_A(x_1, \cdots, x_n) = \left(\sum_{j=1}^n a_{1j} x_j, \cdots, \sum_{j=1}^n a_{mj} x_j \right) \, (\in \mathbb{R}^m)$$

para cada $(x_1, \cdots, x_n) \in \mathbb{R}^n$. O que iremos ver agora é que esse processo pode ser *revertido*, isto é, qualquer transformação linear entre espaços finitamente gerados pode ser *representada* a partir de uma matriz como acima.

Vamos ver inicialmente como isso acontece a partir de um exemplo específico. Considere então a seguinte transformação linear

$$\begin{array}{rccc} T \colon & \mathbb{R}^3 & \longrightarrow & \mathbb{R}^2 \\ & (x, y, z) & \longmapsto & T(x, y, z) = (2x - y, x + 3y - z) \end{array}$$

A expressão para $T(x, y, z)$ pode ser escrita da seguinte forma matricial

$$T(x, y, z) = (2x - y, x + 3y - z) = \begin{pmatrix} 2 & -1 & 0 \\ 1 & 3 & -1 \end{pmatrix} \begin{pmatrix} x \\ y \\ z \end{pmatrix}$$

(lembre que estamos identificando matrizes $\mathbb{M}_{3\times 1}(\mathbb{R})$ com elementos do $\mathbb{R}^3$). Utilizando a notação do Exemplo 9.7 recordado acima, teremos que $T = T_A$, onde

$$A = \begin{pmatrix} 2 & -1 & 0 \\ 1 & 3 & -1 \end{pmatrix}.$$

Fica claro então que T pode ser *representada* pela matriz A, pois a partir dela conseguimos calcular T em qualquer elemento de $\mathbb{R}^3$. Por exemplo, para calcularmos T no elemento $(1, -1, 3)$, basta efetuarmos o produto matricial

$$\begin{pmatrix} 2 & -1 & 0 \\ 1 & 3 & -1 \end{pmatrix} \begin{pmatrix} 1 \\ -1 \\ 3 \end{pmatrix} = \begin{pmatrix} 3 \\ -5 \end{pmatrix}$$

e portanto $T(1, -1, 3) = (3, -5)$ (usamos novamente a identificação de um espaço do tipo $\mathbb{R}^n$ ($n \geq 1$) com o espaço de matrizes $\mathbb{M}_{n\times 1}(\mathbb{R})$).

O que pretendemos fazer agora é descrever um método mais geral para se calcular uma matriz que represente uma dada transformação linear entre espaços de dimensão finita. O exemplo acima, por se tratar de espaços do tipo $\mathbb{R}^n$, *esconde* de certa maneira uma forma mais geral de se definir a matriz que buscamos. Dois pontos podem ser generalizados. Em primeiro lugar, não precisaremos nos restringir aos espaços $\mathbb{R}^n$ e sim trabalharmos mais geralmente com espaços vetoriais finitamente gerados. Em segundo lugar, utilizando-se do conceito de coordenadas visto no Capítulo 8, podemos trabalhar com quaisquer bases dos espaços envolvidos. Vejamos mais um exemplo.

Exemplo 10.1 Considere a seguinte transformação linear

$$\begin{array}{rcl} T : & \mathbb{M}_2(\mathbb{R}) & \longrightarrow & \mathbb{R}[t]_2 \\ & \begin{pmatrix} a & b \\ c & d \end{pmatrix} & \longmapsto & (a-d) + (b+c+d)t + (2a+3b-c)t^2 \end{array}$$

Se considerarmos as bases canônicas

$$\mathcal{B} = \left\{ \begin{pmatrix} 1 & 0 \\ 0 & 0 \end{pmatrix}, \begin{pmatrix} 0 & 1 \\ 0 & 0 \end{pmatrix}, \begin{pmatrix} 0 & 0 \\ 1 & 0 \end{pmatrix}, \begin{pmatrix} 0 & 0 \\ 0 & 1 \end{pmatrix} \right\}$$

de $\mathbb{M}_2(\mathbb{R})$ e $\mathcal{C} = \{1, t, t^2\}$ de $\mathbb{R}[t]_2$, teremos

$$\begin{pmatrix} a & b \\ c & d \end{pmatrix} = (a, b, c, d)_\mathcal{B} \quad \text{e}$$

10.1. DEFINIÇÕES INICIAIS

$$T\begin{pmatrix} a & b \\ c & d \end{pmatrix} = (a-d)+(b+c+d)t+(2a+3b-c)t^2 = (a-d, b+c+d, 2a+3b-c)_\mathcal{C}$$

A partir disto, podemos escrever, no mesmo espírito do feito acima,

$$T\begin{pmatrix} a & b \\ c & d \end{pmatrix} = \begin{pmatrix} 1 & 0 & 0 & -1 \\ 0 & 1 & 1 & 1 \\ 2 & 3 & -1 & 0 \end{pmatrix} \begin{pmatrix} a \\ b \\ c \\ d \end{pmatrix}_\mathcal{B} = \begin{pmatrix} a-d \\ b+c+d \\ 2a+3b-c \end{pmatrix}_\mathcal{C} \quad (*)$$

A matriz

$$A = \begin{pmatrix} 1 & 0 & 0 & -1 \\ 0 & 1 & 1 & 1 \\ 2 & 3 & -1 & 0 \end{pmatrix} \in \mathbb{M}_{3\times 4}(\mathbb{R}) \quad \begin{pmatrix} \dim_\mathbb{R} \mathbb{M}_2(\mathbb{R}) = 4 \\ \dim_\mathbb{R} \mathbb{R}[t]_2 = 3 \end{pmatrix}$$

irá então representar a transformação dada. Mas observe que a conta em $(*)$ faz sentido se os elementos de $\mathbb{M}_2(\mathbb{R})$ estiverem escritos como coordenadas na base $\mathcal{B}$ e o resultado será dado pelas coordenadas de um polinômio na base $\mathcal{C}$. Se quisermos calcular, por exemplo, T no elemento $\begin{pmatrix} -1 & 0 \\ 2 & 1 \end{pmatrix}$ utilizando a matriz acima, basta observar que $\begin{pmatrix} -1 & 0 \\ 2 & 1 \end{pmatrix} = (-1, 0, 2, 1)_\mathcal{B}$ e fazer a conta a seguir

$$T\begin{pmatrix} -1 & 0 \\ 2 & 1 \end{pmatrix} = \begin{pmatrix} 1 & 0 & 0 & -1 \\ 0 & 1 & 1 & 1 \\ 2 & 3 & -1 & 0 \end{pmatrix} \begin{pmatrix} -1 \\ 0 \\ 2 \\ 1 \end{pmatrix}_\mathcal{B} = \begin{pmatrix} -2 \\ 3 \\ -4 \end{pmatrix}_\mathcal{C}$$

Como as coordenadas $(-2, 3, -4)_\mathcal{C}$ representam o polinômio $-2 + 3t - 4t^2$, concluímos que

$$T\begin{pmatrix} -1 & 0 \\ 2 & 1 \end{pmatrix} = -2 + 3t - 4t^2.$$

Antes de prosseguirmos, gostaríamos de observar que as colunas da matriz A acima são as coordenadas dos polinômios correspondentes a T calculadas nos elementos da base $\mathcal{B}$. De fato,

$$T\begin{pmatrix} 1 & 0 \\ 0 & 0 \end{pmatrix} = 1 + 2t^2 = (1, 0, 2)_\mathcal{C}, \quad T\begin{pmatrix} 0 & 1 \\ 0 & 0 \end{pmatrix} = t + 3t^2 = (0, 1, 3)_\mathcal{C}$$

242 CAPÍTULO 10. MATRIZES DE TRANSFORMAÇÕES LINEARES

$$T\begin{pmatrix} 0 & 0 \\ 1 & 0 \end{pmatrix} = t - t^2 = (0, 1, -1)_\mathcal{C}, \qquad T\begin{pmatrix} 0 & 0 \\ 0 & 1 \end{pmatrix} = -1 + t = (-1, 1, 0)_\mathcal{C}$$

Poderíamos nos perguntar o que aconteceria se estivéssemos trabalhando com outras bases dos espaços $\mathbb{M}_2(\mathbb{R})$ e $\mathbb{R}[t]_2$? Os números envolvidos seriam obviamente outros mas o procedimento é o mesmo. Para exemplificarmos, vamos considerar a mesma transformação linear T acima mas as bases

$$\mathcal{B}' = \left\{ \begin{pmatrix} 1 & -1 \\ 0 & 0 \end{pmatrix}, \begin{pmatrix} -1 & 0 \\ 0 & 0 \end{pmatrix}, \begin{pmatrix} 0 & 0 \\ 1 & 0 \end{pmatrix}, \begin{pmatrix} 1 & -1 \\ -1 & 1 \end{pmatrix} \right\}$$

de $\mathbb{M}_2(\mathbb{R})$ e $\mathcal{C}' = \{1, t-t^2, t+t^2\}$ de $\mathbb{R}[t]_2$. O que queremos achar é uma matriz que represente esta transformação e que, ao se multiplicar pelas coordenadas de uma matriz $M \in \mathbb{M}_2(\mathbb{R})$ na base $\mathcal{B}'$ nos dê as coordenadas do polinômio $T(M) \in \mathbb{R}[t]_2$ na base $\mathcal{C}'$. Como observamos acima, as colunas de A são justamente as coordenadas na base $\mathcal{C}$ dos polinômios conseguidos aplicando-se T nos elementos da base $\mathcal{B}$ (esta característica será devidamente justificada mais abaixo).

Vamos repetir então esse procedimento, agora com as bases $\mathcal{B}'$ e $\mathcal{C}'$, para se construir uma outra matriz que também represente T. Mais adiante, vamos provar que esse método funciona de forma geral. O primeiro passo é escrever as coordenadas dos elementos $T(u)$, com $u \in \mathcal{B}'$, na base $\mathcal{C}'$ (e elas serão as colunas da matriz que estamos procurando):

$$T\begin{pmatrix} 1 & -1 \\ 0 & 0 \end{pmatrix} = 1 - t - t^2 = 1 \cdot 1 + 0 \cdot (t - t^2) - 1 \cdot (t + t^2) = (1, 0, -1)_{\mathcal{C}'}$$

$$T\begin{pmatrix} -1 & 0 \\ 0 & 0 \end{pmatrix} = -1 - 2t^2 = -1 \cdot 1 + 1 \cdot (t - t^2) - 1 \cdot (t + t^2) = (-1, 1, -1)_{\mathcal{C}'}$$

$$T\begin{pmatrix} 0 & 0 \\ 1 & 0 \end{pmatrix} = t - t^2 = 0 \cdot 1 + 1 \cdot (t - t^2) + 0 \cdot (t + t^2) = (0, 1, 0)_{\mathcal{C}'}$$

$$T\begin{pmatrix} 1 & -1 \\ -1 & 1 \end{pmatrix} = -t = 0 \cdot 1 - \tfrac{1}{2} \cdot (t - t^2) - \tfrac{1}{2} \cdot (t + t^2) = \left(0, -\tfrac{1}{2}, -\tfrac{1}{2}\right)_{\mathcal{C}'}$$

A matriz que procuramos será então:

$$A' = A'_{\mathcal{B}', \mathcal{C}'} = \begin{pmatrix} 1 & -1 & 0 & 0 \\ 0 & 1 & 1 & -\tfrac{1}{2} \\ -1 & -1 & 0 & -\tfrac{1}{2} \end{pmatrix} \in \mathbb{M}_{3 \times 4}(\mathbb{R})$$

10.1. DEFINIÇÕES INICIAIS

Em analogia ao feito acima, se multiplicarmos essa matriz pelas coordenadas de um elemento $M \in \mathbb{M}_2(\mathbb{R})$ escrito na base $\mathcal{B}'$ o resultado deverá ser as coordenadas do elemento $T(M)$ na base $\mathcal{C}'$. Vamos verificar isso. O primeiro passo será escrever as coordenadas de uma matriz $\begin{pmatrix} a & b \\ c & d \end{pmatrix}$ qualquer na base $\mathcal{B}'$. Para tanto, a expressão

$$\begin{pmatrix} a & b \\ c & d \end{pmatrix} = \alpha \begin{pmatrix} 1 & -1 \\ 0 & 0 \end{pmatrix} + \beta \begin{pmatrix} -1 & 0 \\ 0 & 0 \end{pmatrix} + \gamma \begin{pmatrix} 0 & 0 \\ 1 & 0 \end{pmatrix} + \delta \begin{pmatrix} 1 & -1 \\ -1 & 1 \end{pmatrix}$$

leva-nos ao seguinte sistema:

$$\begin{cases} \alpha - \beta & + \delta = a \\ -\alpha & - \delta = b \\ \gamma - \delta = c \\ \delta = d \end{cases} \sim \begin{cases} \alpha & = -d - b \\ \beta & = -a - b \\ \gamma & = c + d \\ \delta & = d \end{cases}$$

Com isso,

$$\begin{pmatrix} a & b \\ c & d \end{pmatrix} = -(d+b) \begin{pmatrix} 1 & -1 \\ 0 & 0 \end{pmatrix} - (a+b) \begin{pmatrix} -1 & 0 \\ 0 & 0 \end{pmatrix} + (c+d) \begin{pmatrix} 0 & 0 \\ 1 & 0 \end{pmatrix} +$$

$$+ d \begin{pmatrix} 1 & -1 \\ -1 & 1 \end{pmatrix} = (-d-b, -a-b, c+d, d)_{\mathcal{B}'}$$

Agora, multiplicando-se a matriz A' por $(-d-b, -a-b, c+d, d)_{\mathcal{B}'}$, segue que

$$\begin{pmatrix} 1 & -1 & 0 & 0 \\ 0 & 1 & 1 & -\frac{1}{2} \\ -1 & -1 & 0 & -\frac{1}{2} \end{pmatrix} \begin{pmatrix} -d-b \\ -a-b \\ c+d \\ d \end{pmatrix}_{\mathcal{B}'} = \begin{pmatrix} a-d \\ -a-b+c+\frac{d}{2} \\ a+2b+\frac{d}{2} \end{pmatrix}_{\mathcal{C}'}$$

Por sua vez, estas coordenadas na base $\mathcal{C}'$ correspondem ao seguinte polinômio:

$$(a-d) \cdot 1 + (-a-b+c+\frac{d}{2})(t-t^2) + (a+2b+\frac{d}{2})(t+t^2) =$$

$$= (a-d) + (b+c+d)t + (2a+3b-c)t^2,$$

o que coincide com a regra dada inicialmente para T.

244 CAPÍTULO 10. MATRIZES DE TRANSFORMAÇÕES LINEARES

Vamos agora formalizar as ideias discutidas no exemplo acima e mostrar por que elas funcionam. Seja $T: U \longrightarrow V$ uma transformação linear entre espaços vetoriais finitamente gerados e consideremos $\mathcal{B} = \{u_1, \cdots, u_n\}$ uma base de U e $\mathcal{C} = \{v_1, \cdots, v_m\}$ uma base de V (e portanto $\dim_\mathbb{R} U = n$ e $\dim_\mathbb{R} V = m$). Seguindo o procedimento adotado no exemplo acima, vamos calcular as colunas da matriz de T relativa às bases $\mathcal{B}$ e $\mathcal{C}$ como sendo dadas pelas coordenadas dos valores $T(u_i)$, para $i = 1, \cdots, n$, na base $\mathcal{C}$. Isto é, a matriz $A = (\alpha_{ij}) \in \mathbb{M}_{m \times n}(\mathbb{R})$ é dada por:

$$\begin{cases} T(u_1) = \alpha_{11}v_1 + \cdots + \alpha_{m1}v_m = \sum_{i=1}^{m} \alpha_{i1}v_i & \text{(coluna 1 de } A) \\ \vdots & \vdots & \vdots \\ T(u_n) = \alpha_{1n}v_1 + \cdots + \alpha_{mn}v_m = \sum_{i=1}^{m} \alpha_{in}v_i & \text{(coluna } n \text{ de } A) \end{cases}$$

ou, de forma geral,

$$T(u_j) = \sum_{i=1}^{m} \alpha_{ij} v_i, \quad \text{para} \quad j = 1, \cdots n. \tag{$*$}$$

A matriz assim definida será chamada de **matriz de T nas bases $\mathcal{B}$ e $\mathcal{C}$** e será denotada por $[T]_{\mathcal{B},\mathcal{C}}$.

Vamos mostrar agora que esta matriz é a que, ao ser multiplicada pelas coordenadas de um elemento $u \in U$ na base $\mathcal{B}$ nos fornece exatamente as coordenadas do elemento $T(u) \in V$ na base $\mathcal{C}$. Para tanto, considere

$$u = \sum_{j=1}^{n} a_j u_j = (a_1, \cdots, a_n)_\mathcal{B} \qquad (a_i \in \mathbb{R})$$

um elemento de U e escreva $T(u) \in V$ na base $\mathcal{C}$ como

$$T(u) = \sum_{j=1}^{m} b_j v_j = (b_1, \cdots, b_m)_\mathcal{C} \qquad (b_j \in \mathbb{R}). \tag{$**$}$$

Por outro lado, segue da linearidade da transformação T que

$$T(u) = T\left(\sum_{j=1}^{n} a_j u_j\right) = \sum_{j=1}^{n} a_j T(u_j).$$

10.1. DEFINIÇÕES INICIAIS

Utilizando-se agora as relações dadas em (∗), segue que

$$T(u) = \sum_{j=1}^{n} a_j T(u_j) = \sum_{j=1}^{n} a_j \left(\sum_{i=1}^{m} \alpha_{ij} v_i \right) = \sum_{i=1}^{m} \left(\sum_{j=1}^{n} \alpha_{ij} a_j \right) v_i \quad (***)$$

Comparando-se as expressões (∗∗) e (∗ ∗ ∗) concluímos que, para cada $i = 1, \cdots, m$, $b_i = \sum_{j=1}^{n} \alpha_{ij} a_j$ pois ambas expressões nos dão as coordenadas do elemento $T(u)$ na mesma base $\mathcal{C}$. Mas esta última relação é dada justamente pelo produto matricial

$$\begin{pmatrix} \alpha_{11} & \cdots & \alpha_{1n} \\ \vdots & & \vdots \\ \alpha_{m1} & \cdots & \alpha_{mn} \end{pmatrix} \begin{pmatrix} a_1 \\ \vdots \\ a_n \end{pmatrix}_{\mathcal{B}} = \begin{pmatrix} \sum_{j=1}^{n} \alpha_{1j} a_j \\ \vdots \\ \sum_{j=1}^{n} \alpha_{mj} a_j \end{pmatrix} = \begin{pmatrix} b_1 \\ \vdots \\ b_m \end{pmatrix}_{\mathcal{C}}$$

que é o que queríamos mostrar.

Podemos resumir esta relação da seguinte forma. Seja $T: U \longrightarrow V$ uma transformação linear onde U e V são espaços vetoriais de dimensões finita n e m e com bases $\mathcal{B}$ e $\mathcal{C}$, respectivamente. Então a matriz $[T]_{\mathcal{B},\mathcal{C}} \in \mathbb{M}_{m \times n}(\mathbb{R})$, como calculada acima em (∗), satisfaz a relação

$$[T]_{\mathcal{B},\mathcal{C}} [u]_{\mathcal{B}} = [T(u)]_{\mathcal{C}}$$

onde $[u]_{\mathcal{B}} \in \mathbb{R}^n$ e $[T(u)]_{\mathcal{C}} \in \mathbb{R}^m$ representam as coordenadas dos vetores $u \in U$ e $T(u) \in V$ nas bases $\mathcal{B}$ e $\mathcal{C}$, respectivamente.

Vamos fazer mais um exemplo para ilustrar a construção discutida acima.

Exemplo 10.2 Seja

$$\begin{aligned} T : \quad & \mathbb{R}^3 \longrightarrow \mathbb{R}^3 \\ & (x, y, z) \longmapsto (2x - y, 2y - z, 3z) \end{aligned}$$

e considere bases $\mathcal{B} = \{(1,1,0), (1,0,1), (0,1,1)\}$ e $\mathcal{C} = \{(1,0,0), (0,1,0), (0,0,1)\}$ (a base canônica). Vamos calcular $[T]_{\mathcal{B},\mathcal{C}}$ e $[T]_{\mathcal{C},\mathcal{B}}$. Para $[T]_{\mathcal{B},\mathcal{C}}$:

$$\begin{aligned} T(1,1,0) &= (1,2,0) = 1(1,0,0) + 2(0,1,0) + 0(0,0,1) = (1,2,0)_{\mathcal{C}} \\ T(1,0,1) &= (2,-1,3) = 2(1,0,0) - 1(0,1,0) + 3(0,0,1) = (2,-1,3)_{\mathcal{C}} \\ T(0,1,1) &= (-1,1,3) = -1(1,0,0) + 1(0,1,0) + 3(0,0,1) = (-1,1,3)_{\mathcal{C}} \end{aligned}$$

Dessa forma,
$$[T]_{\mathcal{B},\mathcal{C}} = \begin{pmatrix} 1 & 2 & -1 \\ 2 & -1 & 1 \\ 0 & 3 & 3 \end{pmatrix}$$

Para enfatizarmos o conceito, vamos verificar que esta matriz cumpre o que queríamos. Deixamos ao leitor verificar a seguinte relação (∗) que indica como se escrever um elemento $(x, y, z) \in \mathbb{R}^3$ em função da base $\mathcal{B}$:

$$(x,y,z) = \left(\frac{x+y-z}{2}\right)(1,1,0) + \left(\frac{x-y+z}{2}\right)(1,0,1) + \left(\frac{-x+y+z}{2}\right)(0,1,1)$$

Daí segue que

$$T(x,y,z) = \begin{pmatrix} 1 & 2 & -1 \\ 2 & -1 & 1 \\ 0 & 3 & 3 \end{pmatrix} \begin{pmatrix} \frac{x+y-z}{2} \\ \frac{x-y+z}{2} \\ \frac{-x+y+z}{2} \end{pmatrix}_{\mathcal{B}} = \begin{pmatrix} 2x-y \\ 2y-z \\ 3z \end{pmatrix}_{\mathcal{C}}$$

que é a regra dada inicialmente para a transformação T (observe que, como $\mathcal{C}$ é a base canônica, as suas coordenadas coincidem com as usuais do $\mathbb{R}^3$, por isso é que apareceu exatamente a relação inicial).

Vamos agora calcular $[T]_{\mathcal{C},\mathcal{B}}$. Como

$$T(1,0,0) = (2,0,0), \quad T(0,1,0) = (-1,2,0) \text{ e } T(0,0,1) = (0,-1,3)$$

e utilizando-se da relação (∗), chegamos a

$$\begin{aligned} T(1,0,0) &= (2,0,0)_{\mathcal{C}} = (1,1,-1)_{\mathcal{B}} \\ T(0,1,0) &= (-1,2,0)_{\mathcal{C}} = \left(\tfrac{1}{2}, -\tfrac{3}{2}, \tfrac{3}{2}\right)_{\mathcal{B}} \\ T(0,0,1) &= (0,-1,3)_{\mathcal{C}} = (-2,2,1)_{\mathcal{B}} \end{aligned}$$

Com isso,
$$[T]_{\mathcal{C},\mathcal{B}} = \begin{pmatrix} 1 & \frac{1}{2} & -2 \\ 1 & -\frac{3}{2} & 2 \\ -1 & \frac{3}{2} & 1 \end{pmatrix}$$

Da mesma forma como fizemos acima, teremos

$$T(x,y,z) = \begin{pmatrix} 1 & \frac{1}{2} & -2 \\ 1 & -\frac{3}{2} & 2 \\ -1 & \frac{3}{2} & 1 \end{pmatrix} \begin{pmatrix} x \\ y \\ z \end{pmatrix}_{\mathcal{C}} = \begin{pmatrix} x + \frac{y}{2} - 2z \\ x - \frac{3y}{2} + 2z \\ -x + \frac{3y}{2} + z \end{pmatrix}_{\mathcal{B}}$$

10.1. DEFINIÇÕES INICIAIS

Aqui, conseguimos as coordenadas do elemento $T(x,y,z)$ na base $\mathcal{B}$. Observe que

$$\left(x+\frac{y}{2}-2z, x-\frac{3y}{2}+2z, -x+\frac{3y}{2}+z\right)_{\mathcal{B}} = (2x-y, 2y-z, 3z)_{\mathcal{C}}$$

(verifique esta conta!).

Notação. Quando $T\colon U \longrightarrow U$ for um operador linear e se $\mathcal{B}$ for uma base de U, denotaremos a matriz $[T]_{\mathcal{B},\mathcal{B}}$ simplesmente por $[T]_{\mathcal{B}}$.

EXERCÍCIOS

Exercício 10.1 Seja $T: \mathbb{R}[t]_2 \to \mathbb{M}_2(\mathbb{R})$ a transformação linear dada por

$$T(at^2+bt+c) = \begin{pmatrix} 2a+b & -3c \\ a+b+c & c-3b \end{pmatrix}$$

Determine uma base para Nuc$T$, uma para ImT e a matriz de T nas bases canônicas $\mathcal{B}$ e $\mathcal{C}$ de $\mathbb{R}[t]_2$ e $\mathbb{M}_2(\mathbb{R})$, respectivamente.

Exercício 10.2 Seja $T: \mathbb{R}^3 \to \mathbb{R}[t]_2$ dada por $T(a,b,c) = (a+b)+bt+at^2$. Determine bases para Nuc(T) e Im(T). Determine a matriz de T nas bases canônicas $\mathcal{B}$ e $\mathcal{C}$ de $\mathbb{R}^3$ e $\mathbb{R}[t]_2$, respectivamente.

Exercício 10.3 Seja $T: \mathbb{M}_2(\mathbb{R}) \to \mathbb{M}_2(\mathbb{R})$ a transformação linear dada por

$$T\begin{pmatrix} x & y \\ z & w \end{pmatrix} = \begin{pmatrix} 0 & x \\ z-w & 0 \end{pmatrix}$$

(a) Determine a matriz de T na base canônica $\mathcal{C}$ de $\mathbb{M}_2(\mathbb{R})$.

(b) Determine a matriz de T na base

$$\mathcal{B} = \left\{ \begin{pmatrix} 1 & 0 \\ 0 & 1 \end{pmatrix}, \begin{pmatrix} 0 & 1 \\ 1 & 0 \end{pmatrix}, \begin{pmatrix} 1 & 0 \\ 1 & 1 \end{pmatrix}, \begin{pmatrix} 0 & 1 \\ 0 & 1 \end{pmatrix} \right\} \text{ de } \mathbb{M}_2(\mathbb{R}).$$

Exercício 10.4 Seja $T: \mathbb{R}^3 \to \mathbb{R}^3$ um operador linear cuja matriz na base canônica é

$$\begin{pmatrix} 1 & 1 & 0 \\ -1 & 0 & 1 \\ 0 & -1 & -1 \end{pmatrix}$$

(a) Determine $T(x,y,z)$.

(b) Escreva a matriz $[T]_\mathcal{B}$ onde $\mathcal{B}$ é a base $\{(-1,1,0),(1,-1,1),(0,1,-1)\}$.

Exercício 10.5 Seja $T\colon U \longrightarrow V$ uma transformação linear entre espaços de dimensão finita e suponha que $\dim_\mathbb{R}(\text{Nuc}T) = r$. Mostre que existe uma base $\mathcal{B}$ de U tal que $[T]_{\mathcal{B},\mathcal{C}}$ tem r colunas nulas para toda base $\mathcal{C}$ de V.

Exercício 10.6 Sejam $\mathcal{B} = \{(1,0,0),(1,1,0),(1,0,1)\}$ e $\mathcal{C} = \{(-1,1,1),(0,-1,1),(1,0,1)\}$ duas bases de $\mathbb{R}^3$. Calcule $[Id_{\mathbb{R}^3}]_\mathcal{B}$, $[Id_{\mathbb{R}^3}]_\mathcal{C}$, $[Id_{\mathbb{R}^3}]_{\mathcal{B},\mathcal{C}}$ e $[Id_{\mathbb{R}^3}]_{\mathcal{C},\mathcal{B}}$. Como você interpretaria estas duas últimas matrizes?

10.2 Matrizes de compostas de transformações

Dadas duas transformações lineares $F\colon U \longrightarrow V$ e $G\colon V \longrightarrow W$ vimos que a sua composta $G \circ F\colon U \longrightarrow W$ é também linear. Vamos supor que $\mathcal{B} = \{u_1, \cdots, u_n\}$ é uma base de U, que $\mathcal{C} = \{v_1, \cdots, v_m\}$ é uma base de V e que $\mathcal{D} = \{w_1, \cdots, w_r\}$ é uma base de W. Com isto, podemos calcular as matrizes $[F]_{\mathcal{B},\mathcal{C}} \in \mathbb{M}_{m \times n}(\mathbb{R})$, $[G]_{\mathcal{C},\mathcal{D}} \in \mathbb{M}_{r \times m}(\mathbb{R})$ e $[G \circ F]_{\mathcal{B},\mathcal{D}} \in \mathbb{M}_{r \times n}(\mathbb{R})$. A relação entre essas três matrizes é dada na seguinte proposição.

Proposição 10.1 Sejam $F\colon U \longrightarrow V$ e $G\colon V \longrightarrow W$ transformações lineares onde U, V, W são espaços vetoriais finitamente gerados. Para bases $\mathcal{B}, \mathcal{C}, \mathcal{D}$ de U, V e W, respectivamente, vale a seguinte relação

$$[G \circ F]_{\mathcal{B},\mathcal{D}} = [G]_{\mathcal{C},\mathcal{D}} \cdot [F]_{\mathcal{B},\mathcal{C}}.$$

Deixaremos a demonstração desse resultado como exercício. Gostaríamos apenas de enfatizar que é preciso tomar cuidado com as bases envolvidas, elas precisam ser as mesmas no contradomínio da transformação *inicial* F e no domínio da *segunda* transformação G.

Exemplo 10.3 Considere as transformações

$$F\colon \mathbb{R}^3 \longrightarrow \mathbb{M}_2(\mathbb{R})$$
$$(x,y,z) \longmapsto \begin{pmatrix} 0 & x-y \\ 2z & y+z \end{pmatrix}$$
$$G\colon \mathbb{M}_2(\mathbb{R}) \longrightarrow \mathbb{R}[t]_3$$
$$\begin{pmatrix} a & b \\ c & d \end{pmatrix} \longmapsto at + bt^2 + (c-d)t^3$$

10.2. MATRIZES DE COMPOSTAS

A composta $G \circ F \colon \mathbb{R}^3 \longrightarrow \mathbb{R}[t]_3$ é dada, então, por

$$(G \circ F)(x,y,z) = G\begin{pmatrix} 0 & x-y \\ 2z & y+z \end{pmatrix} = (x-y)t^2 + (z-y)t^3.$$

Consideremos as seguintes bases dos espaços envolvidos:

$$\mathcal{B} = \{(1,1,0), (0,-1,1), (0,1,0)\} \quad \text{de} \quad \mathbb{R}^3$$

$$\mathcal{C} = \left\{ \begin{pmatrix} 1 & 0 \\ 0 & 0 \end{pmatrix}, \begin{pmatrix} 0 & -1 \\ 1 & 0 \end{pmatrix}, \begin{pmatrix} 0 & 0 \\ 1 & 1 \end{pmatrix}, \begin{pmatrix} -1 & 0 \\ 0 & 1 \end{pmatrix} \right\} \quad \text{de} \quad M_2(\mathbb{R}) \quad \text{e}$$

$$\mathcal{D} = \{t, 1-t^2, t-t^2, t^2+t^3\} \quad \text{de} \quad \mathbb{R}[t]_3$$

e vamos calcular as matrizes $[F]_{\mathcal{B},\mathcal{C}}$, $[G]_{\mathcal{C},\mathcal{D}}$ e $[G \circ F]_{\mathcal{B},\mathcal{D}}$. Para $[F]_{\mathcal{B},\mathcal{C}}$, como

$$F(1,1,0) = \begin{pmatrix} 0 & 0 \\ 0 & 1 \end{pmatrix}; \quad F(0,-1,1) = \begin{pmatrix} 0 & 1 \\ 2 & 0 \end{pmatrix}; \quad F(0,1,0) = \begin{pmatrix} 0 & -1 \\ 0 & 1 \end{pmatrix}$$

segue que

$$F(1,1,0) = 1\begin{pmatrix} 1 & 0 \\ 0 & 0 \end{pmatrix} + 0\begin{pmatrix} 0 & -1 \\ 1 & 0 \end{pmatrix} + 0\begin{pmatrix} 0 & 0 \\ 1 & 1 \end{pmatrix} + 1\begin{pmatrix} -1 & 0 \\ 0 & 1 \end{pmatrix}$$

$$F(0,-1,1) = -3\begin{pmatrix} 1 & 0 \\ 0 & 0 \end{pmatrix} - 1\begin{pmatrix} 0 & -1 \\ 1 & 0 \end{pmatrix} + 3\begin{pmatrix} 0 & 0 \\ 1 & 1 \end{pmatrix} - 3\begin{pmatrix} -1 & 0 \\ 0 & 1 \end{pmatrix}$$

$$F(0,1,0) = 2\begin{pmatrix} 1 & 0 \\ 0 & 0 \end{pmatrix} + 1\begin{pmatrix} 0 & -1 \\ 1 & 0 \end{pmatrix} - 1\begin{pmatrix} 0 & 0 \\ 1 & 1 \end{pmatrix} + 2\begin{pmatrix} -1 & 0 \\ 0 & 1 \end{pmatrix}$$

e a matriz $[F]_{\mathcal{B},\mathcal{C}}$ será então

$$[F]_{\mathcal{B},\mathcal{C}} = \begin{pmatrix} 1 & -3 & 2 \\ 0 & -1 & 1 \\ 0 & 3 & -1 \\ 1 & -3 & 2 \end{pmatrix}.$$

Para $[G]_{\mathcal{C},\mathcal{D}}$, temos

$$G\begin{pmatrix} 1 & 0 \\ 0 & 0 \end{pmatrix} = t = 1 \cdot t + 0 \cdot (1-t^2) + 0 \cdot (t-t^2) + 0 \cdot (t^2+t^3)$$

$$G\begin{pmatrix} 0 & -1 \\ 1 & 0 \end{pmatrix} = -t^2 + t^3 = -2 \cdot t + 0 \cdot (1-t^2) + 2 \cdot (t-t^2) + 1 \cdot (t^2+t^3)$$

$$G\begin{pmatrix} 0 & 0 \\ 1 & 1 \end{pmatrix} = 0 = 0 \cdot t + 0 \cdot (1-t^2) + 0 \cdot (t-t^2) + 0 \cdot (t^2+t^3)$$

$$G\begin{pmatrix} -1 & 0 \\ 0 & 1 \end{pmatrix} = -t - t^3 = 0 \cdot t + 0 \cdot (1-t^2) - 1 \cdot (t-t^2) - 1 \cdot (t^2+t^3)$$

Com isso, $[G]_{\mathcal{C},\mathcal{D}}$ será então

$$[G]_{\mathcal{C},\mathcal{D}} = \begin{pmatrix} 1 & -2 & 0 & 0 \\ 0 & 0 & 0 & 0 \\ 0 & 2 & 0 & -1 \\ 0 & 1 & 0 & -1 \end{pmatrix}$$

Pela Proposição 10.1, $[G \circ F]_{\mathcal{B},\mathcal{D}} = [G]_{\mathcal{C},\mathcal{D}} \cdot [F]_{\mathcal{B},\mathcal{C}}$ e portanto

$$[G \circ F]_{\mathcal{B},\mathcal{D}} = \begin{pmatrix} 1 & -2 & 0 & 0 \\ 0 & 0 & 0 & 0 \\ 0 & 2 & 0 & -1 \\ 0 & 1 & 0 & -1 \end{pmatrix} \cdot \begin{pmatrix} 1 & -3 & 2 \\ 0 & -1 & 1 \\ 0 & 3 & -1 \\ 1 & -3 & 2 \end{pmatrix} = \begin{pmatrix} 1 & -1 & 0 \\ 0 & 0 & 0 \\ -1 & 1 & 0 \\ -1 & 2 & -1 \end{pmatrix}.$$

Vamos verificar essa igualdade nesse caso calculando, pela definição, $[G \circ F]_{\mathcal{B},\mathcal{D}}$:

$$\begin{aligned}(G \circ F)(1,1,0) &= -t^3 = 1 \cdot t + 0 \cdot (1-t^2) - 1 \cdot (t-t^2) - 1 \cdot (t^2+t^3) \\ (G \circ F)((0,-1,1)) &= t^2 + 2t^3 = -1 \cdot t + 0 \cdot (1-t^2) + 1 \cdot (t-t^2) + 2 \cdot (t^2+t^3) \\ (G \circ F)((0,1,0)) &= -t^2 - t^3 = 0 \cdot t + 0 \cdot (1-t^2) + 0 \cdot (t-t^2) - 1 \cdot (t^2+t^3)\end{aligned}$$

A partir destas descrições, $[G \circ F]_{\mathcal{B},\mathcal{D}}$ será igual a

$$[G \circ F]_{\mathcal{B},\mathcal{D}} = \begin{pmatrix} 1 & -1 & 0 \\ 0 & 0 & 0 \\ -1 & 1 & 0 \\ -1 & 2 & -1 \end{pmatrix}$$

como queríamos exemplificar.

Isomorfismos e matrizes invertíveis.

Suponha que $T\colon U \longrightarrow V$ seja um isomorfismo entre espaços vetoriais finitamente gerados (que, pelo Teorema 9.1, terão a mesma dimensão, digamos n) e considere bases $\mathcal{B}$ e $\mathcal{C}$ de U e V, respectivamente. Vimos que, por T ser um isomorfismo, ela admitirá uma inversa $T^{-1}\colon V \longrightarrow U$ que satisfaz $(T^{-1} \circ T)(u) = u$ para todo $u \in U$ e $(T \circ T^{-1})(v) = v$ para todo $v \in V$. Indicando por $Id_W \colon W \longrightarrow W$ a transformação linear identidade de um espaço vetorial W, podemos reescrever a informação acima como sendo:

$$(T^{-1} \circ T) = Id_U \quad \text{e} \quad (T \circ T^{-1}) = Id_V.$$

10.2. MATRIZES DE COMPOSTAS

Pelo que vimos acima, a matriz $[T^{-1} \circ T]_\mathcal{B}$ é o produto das matrizes $[T^{-1}]_{\mathcal{C},\mathcal{B}}$ por $[T]_{\mathcal{B},\mathcal{C}}$. Por outro lado, utilizando-se a igualdade $(T^{-1} \circ T) = Id_U$ segue que $[T^{-1} \circ T]_\mathcal{B} = [Id_U]_\mathcal{B}$ e portanto $[T^{-1}]_{\mathcal{C},\mathcal{B}}[T]_{\mathcal{B},\mathcal{C}} = [Id_U]_\mathcal{B}$. Vamos calcular $[Id_U]_\mathcal{B}$. Escrevendo $\mathcal{B} = \{u_1, \cdots, u_n\}$, concluímos que

$$\begin{aligned} Id_U(u_1) &= u_1 = 1u_1 + 0u_2 + \cdots + 0u_n = (1,0,\cdots,0)_\mathcal{B} \\ Id_U(u_2) &= u_2 = 0u_1 + 1u_2 + \cdots + 0u_n = (0,1,\cdots,0)_\mathcal{B} \\ &\vdots \\ Id_U(u_n) &= u_n = 0u_1 + 0u_2 + \cdots + 1u_n = (0,0,\cdots,1)_\mathcal{B} \end{aligned}$$

e portanto

$$[Id_U]_\mathcal{B} = \begin{pmatrix} 1 & 0 & \cdots & 0 \\ 0 & 1 & \cdots & 0 \\ \vdots & & & \vdots \\ 0 & 0 & \cdots & 1 \end{pmatrix} = Id_n \in \mathbb{M}_n(\mathbb{R})$$

que é a matriz identidade em $\mathbb{M}_n(\mathbb{R})$. Observando-se que $\dim_\mathbb{R} V = n$, e repetindo-se o argumento acima, podemos concluir que a matriz $[Id_V]_\mathcal{C}$ é também a matriz identidade Id_n de $\mathbb{M}_n(\mathbb{R})$. Com isso,

$$[T^{-1}]_{\mathcal{C},\mathcal{B}}[T]_{\mathcal{B},\mathcal{C}} = Id_n \qquad \text{e} \qquad [T]_{\mathcal{B},\mathcal{C}}[T^{-1}]_{\mathcal{C},\mathcal{B}} = Id_n$$

e a matriz $[T^{-1}]_{\mathcal{C},\mathcal{B}}$ é a matriz inversa de $[T]_{\mathcal{B},\mathcal{C}}$. Podemos resumir o discutido acima no seguinte resultado (deixamos os detalhes para serem completados pelo leitor).

Teorema 10.1 Seja $T: U \longrightarrow V$ uma transformação linear entre espaços vetoriais de mesma dimensão finita e considere bases $\mathcal{B}$ e $\mathcal{C}$ de U e V, respectivamente. Então T é um isomorfismo se e somente se a matriz $[T]_{\mathcal{B},\mathcal{C}}$ é invertível. Neste caso, a inversa de $[T]_{\mathcal{B},\mathcal{C}}$ é a matriz $[T^{-1}]_{\mathcal{C},\mathcal{B}}$, isto é,

$$[T^{-1}]_{\mathcal{C},\mathcal{B}} = [T]_{\mathcal{B},\mathcal{C}}^{-1}.$$

O resultado acima é bastante útil para se calcular a inversa de um isomorfismo entre espaços finitamente gerados a partir do cálculo da inversa de uma matriz que *represente* esse isomorfismo. Vamos exemplificar esta afirmação.

Exemplo 10.4 Seja

$$\begin{aligned} T : \quad \mathbb{R}[t]_2 &\longrightarrow \mathbb{R}^3 \\ a + bt + ct^2 &\longmapsto (a+2b, b-c, 3c) \end{aligned}$$

Observe que $\text{Nuc}\,T = \{0\}$ (verifique!) e portanto, pela Proposição 9.7, T é um isomorfismo pois as dimensões de $\mathbb{R}[t]_2$ e $\mathbb{R}^3$ são iguais. Vamos calcular a inversa T^{-1} a partir da matriz de T. Como o Teorema 10.1 vale para bases quaisquer, podemos escolher para os nossos cálculos as que mais nos convêm, isto é, as bases canônicas $\mathcal{B}$ de $\mathbb{R}[t]_2$ e $\mathcal{C}$ de $\mathbb{R}^3$. Então $[T]_{\mathcal{B},\mathcal{C}}$ será igual a

$$[T]_{\mathcal{B},\mathcal{C}} = \begin{pmatrix} 1 & 2 & 0 \\ 0 & 1 & -1 \\ 0 & 0 & 3 \end{pmatrix}$$

(verifique!). Para o cálculo da matriz da inversa de T basta, de acordo com o Teorema 10.1, calcular a inversa da matriz $[T]_{\mathcal{B},\mathcal{C}}$. Já vimos no Capítulo 3 como calcular a matriz inversa. Basta fazermos o escalonamento como abaixo:

$$\begin{pmatrix} 1 & 2 & 0 & | & 1 & 0 & 0 \\ 0 & 1 & -1 & | & 0 & 1 & 0 \\ 0 & 0 & 3 & | & 0 & 0 & 1 \end{pmatrix} \sim \begin{pmatrix} 1 & 0 & 2 & | & 1 & -2 & 0 \\ 0 & 1 & -1 & | & 0 & 1 & 0 \\ 0 & 0 & 1 & | & 0 & 0 & \frac{1}{3} \end{pmatrix} \sim$$

$$\sim \begin{pmatrix} 1 & 0 & 0 & | & 1 & -2 & -\frac{2}{3} \\ 0 & 1 & 0 & | & 0 & 1 & \frac{1}{3} \\ 0 & 0 & 1 & | & 0 & 0 & \frac{1}{3} \end{pmatrix}$$

e a matriz inversa de $[T]_{\mathcal{B},\mathcal{C}}$ será

$$[T]_{\mathcal{B},\mathcal{C}}^{-1} = \begin{pmatrix} 1 & -2 & -\frac{2}{3} \\ 0 & 1 & \frac{1}{3} \\ 0 & 0 & \frac{1}{3} \end{pmatrix}$$

Portanto T^{-1} é dada por

$$T^{-1}(x,y,z) = \begin{pmatrix} 1 & -2 & -\frac{2}{3} \\ 0 & 1 & \frac{1}{3} \\ 0 & 0 & \frac{1}{3} \end{pmatrix} \begin{pmatrix} x \\ y \\ z \end{pmatrix} = \begin{pmatrix} x - 2y - \frac{2}{3}z \\ y + \frac{1}{3}z \\ \frac{1}{3}z \end{pmatrix}_{\mathcal{B}} =$$

$$= \left(x - 2y - \frac{2}{3}z\right) + \left(y + \frac{1}{3}z\right)t + \left(\frac{1}{3}z\right)t^2$$

Decorre também do Teorema 10.1 o seguinte corolário.

Corolário 10.1 Seja $T\colon U \longrightarrow V$ uma transformação linear entre espaços de mesma dimensão finita e sejam $\mathcal{B}$ e $\mathcal{C}$ bases de U e V, respectivamente. Então T é um isomorfismo se e somente se $\det[T]_{\mathcal{B},\mathcal{C}} \neq 0$.

10.3. MUDANÇA DE BASES.

DEMONSTRAÇÃO. Decorre do fato de que uma matriz quadrada é invertível se e somente se o seu determinante é não nulo (ver Teorema 3.2). □

EXERCÍCIOS

Exercício 10.7 Sejam $F: \mathbb{R}^3 \to \mathbb{R}[t]_2$ e $G: \mathbb{R}[t]_2 \to \mathbb{R}^3$ transformações lineares tais que

$$[F]_{\mathcal{B},\mathcal{C}} = \begin{pmatrix} 1 & 2 & -1 \\ 1 & 0 & -1 \\ 0 & 1 & 0 \end{pmatrix} \quad \text{e} \quad [G]_{\mathcal{C},\mathcal{B}} = \begin{pmatrix} 1 & 1 & 2 \\ 1 & -1 & 0 \\ -1 & 1 & 2 \end{pmatrix}$$

onde $\mathcal{B} = \{(1,1,0), (0,1,0), (0,0,1)\}$ e $\mathcal{C} = \{1, 1+t, 1+t^2\}$ são bases de $\mathbb{R}^3$ e $\mathbb{R}[t]_2$, respectivamente.

(a) Determine as matrizes $[G \circ F]_{\mathcal{B}}$ e $[F \circ G]_{\mathcal{C}}$.

(b) Determine bases para $\text{Nuc} F$, $\text{Im} F$, $\text{Nuc}(GoF)$ e $\text{Im}(GoF)$

(c) Determine as matrizes $[F]_{\mathcal{B},\mathcal{C}'}$ e $[G]_{\mathcal{C}',\mathcal{B}}$ onde $\mathcal{C}'$ é a base $\{1, t, t^2\}$ de $\mathbb{R}[t]_2$.

Exercício 10.8 Quais das transformações lineares dos Exercícios 10.1, 10.2, 10.3, 10.4 e 10.7. são isomorfismos? Justifique sua resposta.

10.3 Mudança de bases.

Seja U um espaço vetorial de dimensão n e considere uma base $\mathcal{B}$ de U. Vimos acima que a matriz da transformação indentidade $Id_U: U \longrightarrow U$ na base $\mathcal{B}$ será a matriz identidade $Id_n \in \mathbb{M}_n(\mathbb{R})$. Nesse cálculo usamos uma única base, no caso $\mathcal{B}$, tanto para o domínio quanto para o contradomínio da transformação Id_U. Mas o que aconteceria se tivéssemos utilizado duas bases de U distintas, digamos $\mathcal{B}$ e $\mathcal{C}$, e fôssemos calcular $[Id_U]_{\mathcal{B},\mathcal{C}}$?

Por exemplo, consideremos $U = \mathbb{R}^3$ e bases

$$\mathcal{B} = \{(1,0,0), (1,1,0), (1,0,1)\} \quad \text{e} \quad \mathcal{C} = \{(-1,1,1), (0,-1,1), (1,0,1)\}$$

Para se calcular $[Id_{\mathbb{R}^3}]_{\mathcal{B},\mathcal{C}}$, devemos aplicar a transformação identidade $Id_{\mathbb{R}^3}$ nos elementos de $\mathcal{B}$ e calcularmos as suas coordenadas na base $\mathcal{C}$:

$$\begin{aligned} Id_{\mathbb{R}^3}(1,0,0) &= (1,0,0) = -\tfrac{1}{3}(-1,1,1,) - \tfrac{1}{3}(0,-1,1) + \tfrac{2}{3}(1,0,1) \\ Id_{\mathbb{R}^3}(1,1,0) &= (1,1,0) = 0(-1,1,1,) - 1(0,-1,1) + 1(1,0,1) \\ Id_{\mathbb{R}^3}(1,0,1) &= (1,0,1) = 0(-1,1,1,) + 0(0,-1,1) + 1(1,0,1) \end{aligned}$$

Portanto a matriz procurada será

$$[Id_{\mathbb{R}^3}]_{\mathcal{B},\mathcal{C}} = \begin{pmatrix} -\tfrac{1}{3} & 0 & 0 \\ -\tfrac{1}{3} & -1 & 0 \\ \tfrac{2}{3} & 1 & 1 \end{pmatrix}.$$

Como interpretar esta matriz? Vimos na situação geral que dadas uma transformação linear $T \colon U \longrightarrow V$ e bases $\mathcal{B}$ e $\mathcal{C}$ dos espaços finitamente gerados U e V, respectivamente, então o produto de $[T]_{\mathcal{B},\mathcal{C}}$ pelas coordenadas de um vetor $u \in U$ na base $\mathcal{B}$ produz como resultado as coordenadas de $T(u) \in V$ na base $\mathcal{C}$. No caso particular em que $T = Id_U$ (e $U = V$), então a multiplicação de $[Id_U]_{\mathcal{B},\mathcal{C}}$ pelas coordenadas de um vetor $u \in U$ na base $\mathcal{B}$ irá produzir como resultado as coordenadas do mesmo vetor u mas agora na base $\mathcal{C}$. Isto é, $[Id_U]_{\mathcal{B},\mathcal{C}}$ é justamente a matriz de mudança de bases $M_{\mathcal{B},\mathcal{C}}$ estudada na Seção 8.5.

Vamos exemplificar numericamente o que acabamos de dizer. Considere, por exemplo, o vetor $(4,-1,2) \in \mathbb{R}^3$. As suas coordenadas na base $\mathcal{B}$ serão

$$(4,-1,2) = 3(1,0,0) - 1(1,1,0) + 2(1,0,1) = (3,-1,2)_{\mathcal{B}}$$

Calculando-se o produto da matriz $[Id_{\mathbb{R}^3}]_{\mathcal{B},\mathcal{C}}$ por estas coordenadas

$$\begin{pmatrix} -\tfrac{1}{3} & 0 & 0 \\ -\tfrac{1}{3} & -1 & 0 \\ \tfrac{2}{3} & 1 & 1 \end{pmatrix} \begin{pmatrix} 3 \\ -1 \\ 2 \end{pmatrix}_{\mathcal{B}} = \begin{pmatrix} -1 \\ 0 \\ 3 \end{pmatrix}_{\mathcal{C}}$$

chegamos às coordenadas do mesmo vetor $(4,-1,2)$ na base $\mathcal{C}$. De fato,

$$(-1,0,3)_{\mathcal{C}} = -1(-1,1,1) + 0(0,-1,1) + 3(1,0,1) = (4,-1,2)$$

Observação 10.1 Utilizando-se a discussão acima, podemos dar uma justificativa para a Proposição 8.4 enunciada na Seção 8.5. Sejam $\mathcal{B}$ e $\mathcal{C}$ duas bases

10.3. MUDANÇA DE BASES.

de um espaço vetorial V de dimensão n. Tal proposição estabelece que a matriz $M_{\mathcal{C},\mathcal{B}} = [Id_U]_{\mathcal{C},\mathcal{B}}$ é a inversa da matriz $M_{\mathcal{B},\mathcal{C}} = [Id_U]_{\mathcal{B},\mathcal{C}}$, isto é, $M_{\mathcal{B},\mathcal{C}}^{-1} = M_{\mathcal{C},\mathcal{B}}$. Isto decorre dos seguintes fatos:

$$[Id_U]_{\mathcal{C},\mathcal{B}}[Id_U]_{\mathcal{B},\mathcal{C}} = [Id_U]_{\mathcal{B}} = Id_n \in \mathbb{M}_n(\mathbb{R}) \quad \text{e}$$

$$[Id_U]_{\mathcal{B},\mathcal{C}}[Id_U]_{\mathcal{C},\mathcal{B}} = [Id_U]_{\mathcal{C}} = Id_n \in \mathbb{M}_n(\mathbb{R}).$$

O que fizemos acima permite-nos calcular as coordenadas de um elemento em relação a uma base conhecendo-se as suas coordenadas em relação a uma outra base. Vamos agora retornar nossa atenção às matrizes de transformações lineares e ver como essas matrizes de mudanças de bases podem também serem úteis neste caso.

Seja $T: U \longrightarrow V$ uma transformação linear onde $\dim_{\mathbb{R}} U = n$ e $\dim_{\mathbb{R}} V = m$. Sejam $\mathcal{B}$ e $\mathcal{B}'$ bases de U e $\mathcal{C}$ e $\mathcal{C}'$ bases de V. Utilizando-se o feito acima, podemos calcular, por exemplo, as matrizes

$$[T]_{\mathcal{B},\mathcal{C}} \,,\, [T]_{\mathcal{B}',\mathcal{C}'} \in \mathbb{M}_{m \times n}(\mathbb{R})$$

que representam a transformação T nas bases indicadas (e que são, em geral, distintas). O resultado a seguir relaciona estas duas matrizes.

Proposição 10.2 Seja $T: U \longrightarrow V$ uma transformação linear onde U e V têm dimensão finita e sejam $\mathcal{B}$ e $\mathcal{B}'$ bases de U e $\mathcal{C}$ e $\mathcal{C}'$ bases de V. Indicando-se por $M_{\mathcal{B}',\mathcal{B}}$ e $M_{\mathcal{C},\mathcal{C}'}$ as matrizes de mudança de bases correspondentes, temos que

$$[T]_{\mathcal{B}',\mathcal{C}'} = M_{\mathcal{C},\mathcal{C}'} \cdot [T]_{\mathcal{B},\mathcal{C}} \cdot M_{\mathcal{B}',\mathcal{B}}$$

Mencionamos também o seguinte caso particular.

Corolário 10.2 Seja $T: U \longrightarrow U$ um operador linear onde U tem dimensão finita e sejam $\mathcal{B}$ e $\mathcal{B}'$ bases de U. Indicando-se por $M_{\mathcal{B},\mathcal{B}'}$ a matriz de mudança de base $\mathcal{B}$ para $\mathcal{B}'$, temos que

$$[T]_{\mathcal{B}'} = M_{\mathcal{B},\mathcal{B}'} \cdot [T]_{\mathcal{B}} \cdot M_{\mathcal{B},\mathcal{B}'}^{-1}$$

Em particular, as matrizes $[T]_{\mathcal{B}}$ e $[T]_{\mathcal{B}'}$ são semelhantes (ver Seção 5.4).

Exemplo 10.5 Considere a transformação linear $T\colon \mathbb{R}^3 \longrightarrow \mathbb{R}[t]_2$ dada por $T(a,b,c) = (a+b) + (b-c)t + (2a+c)t^2$ e bases

$$\mathcal{B} = \{(1,0,0),(0,1,0),(0,0,1)\} \text{ e } \mathcal{B}' = \{(1,0,1),(0,-1,0),(1,1,-1)\} \text{ de } \mathbb{R}^3$$

$$\mathcal{C} = \{1, 1+t, 1+t+t^2\} \text{ e } \mathcal{C}' = \{1+t, 1-t, t^2\} \text{ de } \mathbb{R}[t]_2$$

Vamos inicialmente calcular $[T]_{\mathcal{B},\mathcal{C}}$ e $[T]_{\mathcal{B}',\mathcal{C}'}$. Para $[T]_{\mathcal{B},\mathcal{C}}$, escrevemos os elementos $T(u)$, com $u \in \mathcal{B}$, na base $\mathcal{C}$:

$$\begin{aligned}T(1,0,0) &= 1 + 2t^2 &= 1\cdot 1 - 2\cdot(1+t) + 2\cdot(1+t+t^2)\\ T(0,1,0) &= 1 + t &= 0\cdot 1 + 1\cdot(1+t) + 0\cdot(1+t+t^2)\\ T(0,0,1) &= -t + t^2 &= 1\cdot 1 - 2\cdot(1+t) + 1\cdot(1+t+t^2)\end{aligned}$$

e $[T]_{\mathcal{B},\mathcal{C}}$ será

$$[T]_{\mathcal{B},\mathcal{C}} = \begin{pmatrix} 1 & 0 & 1 \\ -2 & 1 & -2 \\ 2 & 0 & 1 \end{pmatrix}$$

Para $[T]_{\mathcal{B}',\mathcal{C}'}$, escrevemos os elementos $T(u)$, com $u \in \mathcal{B}'$, na base $\mathcal{C}'$:

$$\begin{aligned}T(1,0,1) &= 1 - t + 3t^2 &= 0\cdot(1+t) + 1\cdot(1-t) + 3\cdot(t^2)\\ T(0,-1,0) &= -1 - t &= -1\cdot(1+t) + 0\cdot(1-t) + 0\cdot(t^2)\\ T(1,1,-1) &= 2 + 2t + t^2 &= 2\cdot(1+t) + 0\cdot(1-t) + 1\cdot(t^2)\end{aligned}$$

e $[T]_{\mathcal{B}',\mathcal{C}'}$ será

$$[T]_{\mathcal{B}',\mathcal{C}'} = \begin{pmatrix} 0 & -1 & 2 \\ 1 & 0 & 0 \\ 3 & 0 & 1 \end{pmatrix}$$

Pela Proposição 10.2, a relação entre $[T]_{\mathcal{B},\mathcal{C}}$ e $[T]_{\mathcal{B}',\mathcal{C}'}$ é

$$\begin{pmatrix} 0 & -1 & 2 \\ 1 & 0 & 0 \\ 3 & 0 & 1 \end{pmatrix} = M_{\mathcal{C},\mathcal{C}'} \cdot \begin{pmatrix} 1 & 0 & 1 \\ -2 & 1 & -2 \\ 2 & 0 & 1 \end{pmatrix} \cdot M_{\mathcal{B}',\mathcal{B}}$$

onde $M_{\mathcal{C},\mathcal{C}'}$ e $M_{\mathcal{B}',\mathcal{B}}$ são as matrizes de mudança de bases.

Para enfatizarmos os conceitos envolvidos, vamos calcular $M_{\mathcal{C},\mathcal{C}'}$ e $M_{\mathcal{B}',\mathcal{B}}$ e verificarmos a relação acima. Para $M_{\mathcal{C},\mathcal{C}'}$, precisamos escrever os elementos de $\mathcal{C}$ na base $\mathcal{C}'$:

$$\begin{aligned}1 &= \tfrac{1}{2}(1+t) + \tfrac{1}{2}(1-t) + 0(t^2)\\ 1+t &= 1(1+t) + 0(1-t) + 0(t^2)\\ 1+t+t^2 &= 1(1+t) + 0(1-t) + 1(t^2)\end{aligned}$$

10.3. MUDANÇA DE BASES.

e $M_{\mathcal{C},\mathcal{C}'}$ será então

$$M_{\mathcal{C},\mathcal{B}} = \begin{pmatrix} \frac{1}{2} & 1 & 1 \\ \frac{1}{2} & 0 & 0 \\ 0 & 0 & 1 \end{pmatrix}$$

Para $M_{\mathcal{B}',\mathcal{B}}$, vamos escrever os elementos de $\mathcal{B}'$ na base $\mathcal{B}$. Como $\mathcal{B}$ é a base canônica, as colunas de $M_{\mathcal{B}',\mathcal{B}}$ serão as coordenadas dos elementos de $\mathcal{B}'$. Com isto, $M_{\mathcal{B}',\mathcal{B}}$ será

$$M_{\mathcal{B}',\mathcal{B}} = \begin{pmatrix} 1 & 0 & 1 \\ 0 & -1 & 1 \\ 1 & 0 & -1 \end{pmatrix}$$

Fazendo-se a multiplicação $M_{\mathcal{C},\mathcal{C}'} \cdot [T]_{\mathcal{B},\mathcal{C}} \cdot M_{\mathcal{B}',\mathcal{B}}$, chegamos a

$$M_{\mathcal{C},\mathcal{C}'} \cdot [T]_{\mathcal{B},\mathcal{C}} \cdot M_{\mathcal{B}',\mathcal{B}} = \begin{pmatrix} \frac{1}{2} & 1 & 1 \\ \frac{1}{2} & 0 & 0 \\ 0 & 0 & 1 \end{pmatrix} \begin{pmatrix} 1 & 0 & 1 \\ -2 & 1 & -2 \\ 2 & 0 & 1 \end{pmatrix} \begin{pmatrix} 1 & 0 & 1 \\ 0 & -1 & 1 \\ 1 & 0 & -1 \end{pmatrix} =$$

$$= \begin{pmatrix} \frac{1}{2} & 1 & -\frac{1}{2} \\ \frac{1}{2} & 0 & \frac{1}{2} \\ 2 & 0 & 1 \end{pmatrix} \begin{pmatrix} 1 & 0 & 1 \\ 0 & -1 & 1 \\ 1 & 0 & -1 \end{pmatrix} = \begin{pmatrix} 0 & -1 & 2 \\ 1 & 0 & 0 \\ 3 & 0 & 1 \end{pmatrix} = [T]_{\mathcal{B}',\mathcal{C}'}$$

como queríamos.

EXERCÍCIOS

Exercício 10.9 Encontrar as matrizes de mudança de bases de $\mathcal{B}$ para $\mathcal{C}$ e de $\mathcal{C}$ para $\mathcal{B}$ para os seguintes espaços V:

(a) $V = \mathbb{R}^3$, $\mathcal{B} = \{(-1,-1,1),(-2,-1,1),(-2,-2,1)\}$ e $\mathcal{C}$ a base canônica de V.

(b) $V = \mathbb{R}^3$, $\mathcal{B} = \{(1,0,-1),(-1,1,0),(1,2,-1)\}$ e $\mathcal{C} = \{(1,1,0),(0,1,1),(1,0,1)\}$.

(c) $V = \mathbb{R}[t]_2$, $\mathcal{B} = \{1+t^2, 1+2t+t^2, -1+3t\}$ e $\mathcal{C} = \{1-t, 1+t, t+t^2\}$.

(d) $V = \mathbb{M}_2(\mathbb{R})$, $\mathcal{B} = \left\{ \begin{pmatrix} 1 & -1 \\ 0 & 1 \end{pmatrix}, \begin{pmatrix} 0 & 2 \\ 0 & 0 \end{pmatrix}, \begin{pmatrix} 0 & 1 \\ -1 & 2 \end{pmatrix}, \begin{pmatrix} 0 & 0 \\ 3 & 0 \end{pmatrix} \right\}$ e $\mathcal{C} = \left\{ \begin{pmatrix} 0 & 1 \\ -1 & 2 \end{pmatrix}, \begin{pmatrix} 1 & -1 \\ 0 & 1 \end{pmatrix}, \begin{pmatrix} 0 & 0 \\ 1 & 0 \end{pmatrix}, \begin{pmatrix} 0 & -1 \\ 0 & 0 \end{pmatrix} \right\}$.

10.4 Autovalores e autovetores de transformações lineares

Como vimos acima, dadas uma transformação linear $T\colon U \longrightarrow V$, com U e V espaços finitamente gerados, e bases $\mathcal{B}$ e $\mathcal{C}$ de U e V, respectivamente, podemos associar uma matriz $[T]_{\mathcal{B},\mathcal{C}}$ que *represente* T. Essa matriz multiplicada pelas coordenadas de um vetor de U na base $\mathcal{B}$ produz as coordenadas do vetor $T(u)$ na base $\mathcal{C}$. Nosso interesse agora é estudar um pouco mais o caso particular quando assumirmos que $U = V$ e $\mathcal{B} = \mathcal{C}$.

Seja então $T\colon U \longrightarrow U$ um operador linear onde U é um espaço vetorial de dimensão n (lembramos que um operador linear é uma transformação linear onde o seu domínio coincide com o seu contradomínio). Considere uma base $\mathcal{B}$ de U. Com estes dados, podemos calcular a matriz quadrada $[T]_{\mathcal{B}} \in \mathbb{M}_n(\mathbb{R})$. Comecemos com um exemplo.

Exemplo 10.6 Seja

$$T\colon \mathbb{R}^3 \longrightarrow \mathbb{R}^3$$
$$(x,y,z) \longmapsto \left(\frac{8x-2y+2z}{9}, \frac{-4x+y-10z}{9}, -x-2y+z\right)$$

e sejam $\mathcal{C} = \{(1,0,0),(0,1,0),(0,0,1)\}$ e $\mathcal{B} = \{(1,-2,3),(0,1,1),(2,-1,0)\}$ duas bases de $\mathbb{R}^3$. Vamos calcular $[T]_{\mathcal{C}}$ e $[T]_{\mathcal{B}}$ (que, de acordo com o Corolário 10.2, são semelhantes). Para $[T]_{\mathcal{C}}$:

$$T(1,0,0) = \left(\frac{8}{9}, -\frac{4}{9}, -1\right), \quad T(0,1,0) = \left(-\frac{2}{9}, \frac{1}{9}, -2\right)$$

$$\text{e } T(0,0,1) = \left(\frac{2}{9}, -\frac{10}{9}, 1\right)$$

e portanto

$$[T]_{\mathcal{C}} = \begin{pmatrix} \frac{8}{9} & -\frac{2}{9} & \frac{2}{9} \\ -\frac{4}{9} & \frac{1}{9} & -\frac{10}{9} \\ -1 & -2 & 1 \end{pmatrix}$$

Para $[T]_{\mathcal{B}}$,

$$T(1,-2,3) = (2,-4,6) = 2(1,-2,3) + 0(0,1,1) + 0(2,-1,0) = (2,0,0)_{\mathcal{B}}$$

$$T(0,1,1) = (0,-1,-1) = 0(1,-2,3) - 1(0,1,1) + 0(2,-1,0) = (0,-1,0)_{\mathcal{B}}$$

10.4. AUTOVALORES E AUTOVETORES

$T(2,-1,0) = (2,-1,0) = 0(1,-2,3) + 0(0,1,1) + 1(2,-1,0) = (0,0,1)_\mathcal{B}$.

Logo,
$$[T]_\mathcal{B} = \begin{pmatrix} 2 & 0 & 0 \\ 0 & -1 & 0 \\ 0 & 0 & 1 \end{pmatrix}$$

No exemplo acima, calculamos as matrizes da mesma transformação linear com relação a duas bases distintas: a base canônica $\mathcal{C} = \{(1,0,0), (0,1,0), (0,0,1)\}$ e a base $\mathcal{B} = \{(1,-2,3), (0,1,1), (2,-1,0)\}$. É fácil ver que a matriz $[T]_\mathcal{B}$ é muito mais *manuseável* que a matriz $[T]_\mathcal{C}$ para efeitos computacionais apesar do fato de a base canônica ser considerada a mais *simples* das bases. Nosso objetivo será o de buscar bases para as quais as matrizes correspondentes das transformações lineares sejam melhores para se trabalhar. Voltemos um pouco ao exemplo acima e observemos que

$$T(1,-2,3) = 2(1,-2,3)$$

ou, em termos de multiplicação matricial,

$$\begin{pmatrix} \frac{8}{9} & -\frac{2}{9} & \frac{2}{9} \\ -\frac{4}{9} & \frac{1}{9} & -\frac{10}{9} \\ -1 & -2 & 1 \end{pmatrix} \begin{pmatrix} 1 \\ -2 \\ 3 \end{pmatrix} = 2 \begin{pmatrix} 1 \\ -2 \\ 3 \end{pmatrix}$$

isto é, o vetor $(1,-2,3)$ é um autovetor da matriz $[T]_\mathcal{C}$ associado ao autovalor 2 no sentido que estudamos no Capítulo 5. O mesmo ocorre com $(0,1,1)$ que é um autovetor associado ao autovalor -1 e com $(2,-1,0)$ que é um autovetor associado ao autovalor 1. Com isso, a base $\mathcal{B}$ é formada por autovetores da matriz $[T]_\mathcal{C}$. Como a matriz $[T]_\mathcal{C}$ *representa* a transformação T é natural traduzirmos esses conceitos em termos de T. É o que faremos a seguir.

Definição 10.1 Seja $T: U \longrightarrow U$ um operador linear. Um **autovalor de** T é um valor $\lambda \in \mathbb{R}$ tal que existe um vetor não nulo $u \in U$ satisfazendo $T(u) = \lambda u$. Dado um autovalor λ de T, qualquer vetor $u \in U$ com $T(u) = \lambda u$ é chamado de **autovetor de T associado a λ**.

Não iremos discutir os autovalores/autovetores de operadores sobre espaços vetoriais de dimensão infinita. Por isso, a partir de agora nesse capítulo, vamos assumir que os espaços vetoriais considerados são de dimensão finita. O próximo resultado é essencial em nossas considerações, pois queremos relacionar os conceitos de autovalores e autovetores de operadores lineares com os de matrizes estudados no Capítulo 5.

Proposição 10.3 Seja $T: U \longrightarrow U$ um operador linear onde U é um espaço vetorial de dimensão finita n e sejam $\mathcal{B}$ e $\mathcal{C}$ duas bases de U. Se escrevermos $A = [T]_\mathcal{B}$ e $B = [T]_\mathcal{C}$, então $p_A(t) = p_B(t)$, isto é, os polinômios característicos das matrizes A e B coincidem.

Demonstração. No Capítulo 5 vimos que matrizes semelhantes possuem o mesmo polinômio característico (ver Proposição 5.1). O resultado segue então do Corolário 10.2 visto acima. □

O resultado acima nos garante então que independentemente da base $\mathcal{B}$ escolhida para U, o polinômio característico da matriz $[T]_\mathcal{B}$ será sempre o mesmo. Em outras palavras, esse polinômio depende apenas da transformação T (e não da base escolhida para o espaço vetorial considerado). Por isso, a seguinte definição faz sentido.

Definição 10.2 Seja $T: U \longrightarrow U$ um operador linear onde U é finitamente gerado. O **polinômio característico** $p_T(t)$ de T é o polinômio $p_A(t)$ onde A é a matriz de T com relação a uma base qualquer de U.

Deve estar claro ao leitor que o cálculo de autovalores e autovetores de uma transformação linear seguirá então o mesmo esquema que foi feito para uma matriz no Capítulo 5. Vamos exemplificar isto.

Exemplo 10.7 Considere o operador linear

$$T : \mathbb{R}^3 \longrightarrow \mathbb{R}^3$$
$$(x, y, z) \longmapsto (-x + 2y, 2x - 4y, 2x + y - 5z)$$

Vamos calcular os autovalores e os autovetores de T e, para tanto, vamos primeiro calcular a matriz de T com relação a uma base de $\mathbb{R}^3$. Como vimos acima, a base a ser considerada para tal pode ser qualquer. Vamos então escolher a base canônica $\mathcal{C} = \{(1,0,0), (0,1,0), (0,0,1)\}$ para simplificarmos nossas contas. Com isto,

$$T(1,0,0) = (-1, 2, 2) = -1(1,0,0) + 2(0,1,0) + 2(0,0,1)$$

10.4. AUTOVALORES E AUTOVETORES

$$T(0,1,0) = (2,-4,1) = 2(1,0,0) - 4(0,1,0) + 1(0,0,1)$$
$$T(0,0,1) = (0,0,-5) = 0(1,0,0) + 0(0,1,0) - 5(0,0,1)$$

e $[T]_C$ será a matriz

$$A = \begin{pmatrix} -1 & 2 & 0 \\ 2 & -4 & 0 \\ 2 & 1 & -5 \end{pmatrix}$$

O polinômio característico de T será então

$$p_T(t) = \det(tId_3 - A) = \det\begin{pmatrix} t+1 & -2 & 0 \\ -2 & t+4 & 0 \\ -2 & -1 & t+5 \end{pmatrix} = t(t+5)^2$$

e os seus autovalores serão $\lambda = 0$ e $\lambda = -5$. Vamos calcular os autovetores correspondentes.

Para $\lambda = 0$, os autovetores serão as soluções de:

$$\begin{pmatrix} 1 & -2 & 0 \\ -2 & 4 & 0 \\ -2 & -1 & 5 \end{pmatrix} \begin{pmatrix} x \\ y \\ z \end{pmatrix} = \begin{pmatrix} 0 \\ 0 \\ 0 \end{pmatrix}$$

o que induz o sistema:

$$\begin{cases} x - 2y = 0 \\ -2x + 4y = 0 \\ -2x - y + 5z = 0 \end{cases} \sim \begin{cases} x - 2y = 0 \\ y - z = 0 \end{cases}$$

Logo, os autovetores associados a $\lambda = 0$ são os do tipo $(2z, z, z) = z(2,1,1)$, para $z \in \mathbb{R}$, ou $V(0) = [(2,1,1)]$.

Para $\lambda = -5$, $(x, y, z) \in V(-5)$ se e somente se:

$$\begin{pmatrix} -4 & -2 & 0 \\ -2 & -1 & 0 \\ -2 & -1 & 0 \end{pmatrix} \begin{pmatrix} x \\ y \\ z \end{pmatrix} = \begin{pmatrix} 0 \\ 0 \\ 0 \end{pmatrix}$$

o que induz o sistema:

$$\begin{cases} -4x - 2y = 0 \\ -2x - y = 0 \\ -2x - y = 0 \end{cases} \sim \begin{cases} -2x - y = 0 \end{cases}$$

e os elementos de $V(-5)$ são os de tipo $(x, -2x, z) = x(1, -2, 0) + z(0, 0, 1)$, com $x, z \in \mathbb{R}$ e $V(-5) = [(1, -2, 0), (0, 0, 1)]$.

Observe que o conjunto $\mathcal{B} = \{(2, 1, 1), (1, -2, 0), (0, 0, 1)\}$ (onde o primeiro vetor é um autovetor associado ao autovalor 0 e os outros são autovetores associados a -5) é l.i. e portanto uma base de $\mathbb{R}^3$. Como

$$T(2,1,1) = 0(2,1,1), \quad T(1,-2,0) = -5(1,-2,0) \quad \text{e} \quad T(0,0,1) = -5(0,0,1)$$

segue que

$$[T]_\mathcal{B} = \begin{pmatrix} 0 & 0 & 0 \\ 0 & -5 & 0 \\ 0 & 0 & -5 \end{pmatrix}.$$

Compare $[T]_\mathcal{B}$ e $[T]_\mathcal{C}$. Em particular, para esse exemplo, existe uma base de $\mathbb{R}^3$ formada por autovetores de T e a matriz correspondente será diagonal. Isso, no entanto, nem sempre é verdadeiro como veremos no próximo exemplo. Vamos aproveitá-lo também para fazer alguns comentários a mais.

Exemplo 10.8 Seja

$$T : \quad \mathbb{R}[t]_2 \longrightarrow \mathbb{R}[t]_2$$
$$a + bt + ct^2 \longmapsto (-a + 3b) + (-3a + 5b)t + (-a + b + 2c)t^2$$

Repetindo o processo utilizado exemplo acima, vamos calcular os autovalores e autovetores de T. Consideremos para tal a base canônica $\mathcal{C} = \{1, t, t^2\}$ de $\mathbb{R}[t]_2$. Com isto,

$$T(1) = -1 - 3t - t^2, \quad T(t) = 3 + 5t + t^2 \quad \text{e} \quad T(t^2) = 2t^2$$

e portanto

$$[T]_\mathcal{C} = \begin{pmatrix} -1 & 3 & 0 \\ -3 & 5 & 0 \\ -1 & 1 & 2 \end{pmatrix} \quad \text{e} \quad p_T(t) = \det \begin{pmatrix} t+1 & -3 & 0 \\ 3 & t-5 & 0 \\ 1 & -1 & t-2 \end{pmatrix} = (t-2)^3.$$

O único autovalor de T será, então, o valor 2. Ao resolvermos o sistema

$$\begin{pmatrix} 3 & -3 & 0 \\ 3 & -3 & 0 \\ 1 & -1 & 0 \end{pmatrix} \begin{pmatrix} x \\ y \\ z \end{pmatrix} = \begin{pmatrix} 0 \\ 0 \\ 0 \end{pmatrix} \quad (*)$$

10.4. AUTOVALORES E AUTOVETORES

teremos as coordenadas dos autovetores de T com relação à base que estamos trabalhando, no caso $\mathcal{C}$. Uma solução de $(*)$ é do tipo

$$(x,x,z)_\mathcal{C} = x(1,1,0)_\mathcal{C} + z(0,0,1)_\mathcal{C} \qquad \text{com } x, z \in \mathbb{R},$$

o que corresponde aos polinômios do tipo $x(1+t) + z(t^2)$ com $x, z \in \mathbb{R}$. Segue então que $V(2)$ é gerado pelos polinômios $1 + t$ e t^2, isto é, $V(2) = [1+t, t^2]$. Como 2 é o único autovalor de T, os únicos autovetores de T são os do subespaço $V(2)$ que tem dimensão 2. Concluímos então que não pode existir uma base de $\mathbb{R}[t]_2$ formada por autovetores de T.

Definição 10.3 Seja $T: U \longrightarrow U$ um operador linear onde U é um espaço de dimensão finita. Dizemos que T é **diagonalizável** se existir uma base $\mathcal{B}$ formada por autovetores de T. Nesse caso, $[T]_\mathcal{B}$ é obviamente uma matriz diagonal e é chamada de **forma diagonal de** T.

O Exemplo 10.7 exibe um operador diagonalizável enquanto que, no Exemplo 10.8, o operador considerado não é diagonalizável.

No Exercício 10.14 descreveremos a seguinte situação em que podemos garantir que um operador linear $T: U \longrightarrow U$ (onde $\dim_\mathbb{R} U$ é finita) é diagonalizável. É o caso em que o seu polinômio característico $p_T(t)$ é da forma $p_T(t) = (t-\lambda_1)\cdots(t-\lambda_n)$ com $\lambda_i \in \mathbb{R}$ dois a dois distintos (o que é equivalente a dizer que $p_T(t)$ tem todas as suas raízes reais e com multiplicidade algébrica igual a um). Esta será uma condição suficiente para que T seja diagonalizável, mas não necessária, isto é, a inversa desse resultado não é válida. Para nos convencermos deste último fato, basta observar que no Exemplo 10.7 o valor -5 é uma raiz dupla de polinômio característico do operador em questão e ele é diagonalizável.

Seja $T: U \longrightarrow U$ (onde $\dim_\mathbb{R} U < \infty$) um operador linear diagonalizável. Então existe uma base $\mathcal{B}$ de U formada por autovetores de T e, portanto, $[T]_\mathcal{B}$ estará na forma diagonal. Seja agora $\mathcal{B}'$ uma outra base de U. Segue do Corolário 10.2 que $[T]_\mathcal{B}$ e $[T]_{\mathcal{B}'}$ são semelhantes (recordar a Seção 5.4 para semelhança de matrizes). De fato, basta considerar a matriz de mudança de bases de $\mathcal{B}$ para $\mathcal{B}'$. Utilize este argumento para justificar o que comentamos na Seção 5.4 para a construção da matriz M.

Não iremos aprofundar a discussão de operadores diagonalizáveis neste texto, indicando o livro [2] onde o leitor interessado poderá encontrar mais

264 CAPÍTULO 10. MATRIZES DE TRANSFORMAÇÕES LINEARES

detalhes. Também naquele livro, pode-se encontrar uma discussão sobre a chamada Forma de Jordan de um operador linear que é útil para o caso em que ele não é diagonalizável.

Subespaços T-invariantes. Seja $T\colon V \longrightarrow V$ um operador linear. Um subespaço W de V é chamado de T-**invariante** se $T(u) \in W$ para todo $u \in W$. É fácil verificar que os subespaços $\mathrm{Nuc}\,T$ e $\mathrm{Im}\,T$ são T-invariantes. Também, se $\lambda \in \mathbb{R}$ for um autovalor de T, então o subespaço $V(\lambda)$ formado pelos autovetores associados a λ é T-invariante pois se $u \in V(\lambda)$, então $T(u) = \lambda u \in V(\lambda)$.

EXERCÍCIOS

Exercício 10.10 Considere abaixo as matrizes $[T]_\mathcal{B}$ correspondentes a transformações lineares $T: \mathbb{R}^n \to \mathbb{R}^n$ e as respectivas bases canônicas $\mathcal{B}$. Decida se elas são diagonalizáveis e, em caso positivo, encontre uma base de autovetores e a sua correspondente forma diagonal.

$(a) \begin{pmatrix} 0 & 0 \\ 0 & 1 \end{pmatrix} n=2 \qquad (b) \begin{pmatrix} 2 & 2 \\ 2 & 2 \end{pmatrix} n=2 \qquad (c) \begin{pmatrix} 1 & -1 \\ 3 & 2 \end{pmatrix} n=2$

$(d) \begin{pmatrix} -4 & -1 \\ 4 & 0 \end{pmatrix} n=2 \quad (e) \begin{pmatrix} 6 & -3 & -2 \\ 4 & -1 & -2 \\ 10 & -5 & -3 \end{pmatrix} n=3 \quad (f) \begin{pmatrix} -9 & 4 & 4 \\ -8 & 3 & 4 \\ -16 & 8 & 7 \end{pmatrix} n=3$

$(g) \begin{pmatrix} 2 & 6 & 3 \\ -3 & -7 & -3 \\ 6 & 12 & 5 \end{pmatrix} n=3 \quad (h) \begin{pmatrix} -2 & -1 & 2 \\ -3 & 0 & 2 \\ -8 & -4 & 7 \end{pmatrix} n=3$

Exercício 10.11 Mostre que as seguintes afirmações são equivalentes para um operador linear $T: V \to V$:

(a) T não é injetora.

(b) 0 é um autovalor de T.

(c) $\det [T]_\mathcal{B} = 0$ (onde $\mathcal{B}$ é uma base de V).

10.4. AUTOVALORES E AUTOVETORES

Exercício 10.12 Seja $T : V \to V$ uma transformação linear tal que todo todo vetor de V é um autovetor de T. Mostre que existe um $\lambda \in \mathbb{R}$ tal que $T(v) = \lambda v$, para todos $v \in V$.

Exercício 10.13 Seja $T \colon U \longrightarrow U$ um operador linear com autovalores distintos λ_1, λ_2. Mostre que se $u \in V(\lambda_1)$ e $v \in V(\lambda_2)$, então $\{u, v\}$ é l.i.. Generalize o enunciado para o caso em que T tenha $n \geq 2$ autovalores distintos e prove.

Exercício 10.14 Seja V um espaço vetorial de dimensão finita e $T : V \to V$ um operador linear. Mostre que se $p_T(t)$ tiver todas as suas raízes em $\mathbb{R}$ e se elas tiverem multiplicidade algébrica 1, então T é diagonalizável.

Exercício 10.15 Seja $T : \mathbb{R}^2 \to \mathbb{R}^2$ uma transformação linear que tem como autovetores $(3, 1)$ e $(-2, 1)$ associados aos autovalores -2 e 3, respectivamente. Calcule $T(x, y)$.

Exercício 10.16 Seja $T \colon \mathbb{R}^3 \longrightarrow \mathbb{R}^3$ uma transformação linear que tem autovalores -1 e 0 e tais que $V(-1) = [(1, 1, 0), (0, 1, 1)]$ e $V(0) = [(0, 1, 0)]$.

(a) Calcule $T(x, y, z)$.

(b) Calcule $\text{Nuc}\, T$ e $\text{Im}\, T$.

(c) T é um isomorfismo?

Exercício 10.17 Seja $T : \mathbb{R}[t]_2 \to \mathbb{R}[t]_2$ uma transformação linear que tem como autovalores -2 e 2. Se $t, t - 1 \in V(-2)$ e $t^2 + 1 \in V(2)$. Calcule $T(a + bt + ct^2)$.

Exercício 10.18 Decida se os operadores $T \colon \mathbb{R}^2 \longrightarrow \mathbb{R}^2$ com regras dadas abaixo são ou não diagonalizáveis. Em caso afirmativo, encontre uma base de autovetores.

(a) $T(x, y) = (3x + y, -x + 3y)$
(b) $T(x, y) = (2x + 4y, 4x + 2y)$
(c) $T(x, y) = (4x - y, x + 2y)$
(d) $T(x, y) = (-4y, 3x + 7y)$

Exercício 10.19 Seja $T \colon \mathbb{R}^3 \longrightarrow \mathbb{R}^3$ a transformação linear cuja matriz na base canônica $\{(1, 0, 0), (0, 1, 0), (0, 0, 1)\}$ seja

$$\begin{pmatrix} 1 & -1 & 0 \\ -1 & 1 & 0 \\ 4 & 4 & 2 \end{pmatrix}$$

(a) Calcule $T(x, y, z)$.

(b) Calcule a matriz de T na base $\mathcal{B} = \{(1,1,0), (1,-1,0), (0,0,1)\}$.

(c) Calcule os autovalores e os autovetores de T.

(d) Existe uma base de $\mathbb{R}^3$ formada por autovetores? Caso exista, exiba-a e escreva a matriz de T com relação a essa base.

Exercício 10.20 Seja $T\colon \mathbb{R}^3 \longrightarrow \mathbb{R}^3$ dada por

$$T(x,y,z) = (2x, -x + 2y + z, 3x + 2z)$$

(a) Calcule a matriz de T na base canônica de $\mathbb{R}^3$.

(b) Calcule a matriz de T na base $\mathcal{B} = \{(1,-1,0), (2,0,1), (-1,1,1)\}$

(c) Calcule os autovetores e autovalores de T.

(d) Existe uma base de $\mathbb{R}^3$ formada por autovetores? (isto é, T é diagonalizável?). Se existir, exiba-a e calcule a matriz de T nessa base.

Exercício 10.21 Seja $T\colon \mathbb{R}\,[t]_2 \longrightarrow \mathbb{R}\,[t]_2$ dada por $T(a + bt + ct^2) = at + bt^2$. Mostre que o subespaço $W = [1, t]$ não é T-invariante mas $W' = [t, t^2]$ o é.

Capítulo 11

Sistemas incompatíveis e aproximações

Vamos, neste capítulo, estudar certas propriedades geométricas nos espaços $\mathbb{R}^n$ em continuidade ao que foi feito no Capítulo 1 e que possibilitarão, em particular, calcular ângulos entre retas e distâncias entre pontos. Não iremos, porém, nos aprofundar muito nessas questões mas temos, como objetivos, dois pontos: (i) a explicitação do método dos mínimos quadrados para o cálculo de *soluções aproximadas* a sistemas incompatíveis de equações lineares; e (ii) a motivação do conceito de produto interno em um espaço vetorial, o que será feito no próximo capítulo.

11.1 A geometria do $\mathbb{R}^2$

Até agora, e principalmente no Capítulo 1, exploramos essencialmente os aspectos de natureza algébrica do $\mathbb{R}^2$ por meio de suas duas operações (a soma interna de vetores e a multiplicação por escalares). Nosso objetivo agora será o de, a partir de uma motivação geométrica no $\mathbb{R}^2$, introduzir a noção de produto escalar (que será, mais adiante, generalizado, usando-se a noção de produto interno).

Uma das aplicações do que iresmo discutir será feita também mais adiante e diz respeito aos chamados problemas de aproximações. A partir do chamado *método dos mínimos quadrados* poderemos, por exemplo: (i) aproximar uma função contínua por meio de polinômios; (ii) encontrar o polinômio que melhor se aproxima a um certo número de pontos encontrados, digamos, de forma experimental; ou (iii) achar *soluções aproximadas* de sistemas incompatíveis. Os métodos que discutiremos aqui muitas vezes não irão produzir soluções exatas (pois, em geral, elas nem existem) mas sim *valores que melhores se aproximam* delas e, para tanto, explora-se a noção de projeções. Observamos que uma análise mais apurada do erro cometido nessa aproximação foge ao principal escopo de nosso texto.

Para motivarmos a definição de produto escalar vamos, primeiro, discutir problemas envolvendo ângulos entre retas e distâncias em $\mathbb{R}^n$. Para simplificarmos nossa discussão, vamos nos restringir a $\mathbb{R}^2$, sendo que a adaptação ao caso mais geral $\mathbb{R}^n$ não deve trazer maiores problemas que os computacionais.

Iniciamos nossa discussão considerando duas retas, retas r e s, passando pela origem, em $\mathbb{R}^2$ e formando um ângulo agudo no primeiro quadrante, como segue:

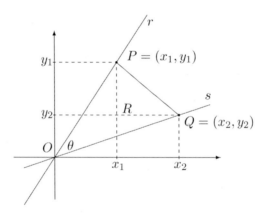

Queremos calcular o ângulo θ formado pelas retas r e s. Para tal, vamos escolher um ponto em cada reta. Sejam $P = (x_1, y_1)$ pertencente à reta r e $Q = (x_2, y_2)$ pertencente à reta s. Indicando pelo ponto O a origem do $\mathbb{R}^2$, teremos um triângulo OPQ. A ideia é, a partir do triângulo construído, descrever o ângulo θ em função dos valores x_1, y_1, x_2 e y_2. Indicando por a, b e c os comprimentos dos segmentos de retas PQ, OP e OQ, respectivamente, e utilizando-se da lei dos cossenos, segue que

$$a^2 = b^2 + c^2 - 2bc \cos(\theta). \qquad (*)$$

Observemos que os valores a, b e c podem ser escritos em termos de x_1, y_1, x_2

11.1. A GEOMETRIA DO $\mathbb{R}^2$

e y_2 da seguinte maneira. Para o valor b, observe que ele é o comprimento da hipotenusa OP do triângulo retângulo $OP'P$, onde $P' = (0, y_1)$. Os catetos desse triângulo medem x_1 (cateto PP') e y_1 (cateto OP'), respectivamente. O Teorema de Pitágoras nos diz então que

$$b^2 = x_1^2 + y_1^2 \quad \text{e} \quad b = \sqrt{x_1^2 + y_1^2}.$$

De forma análoga, utilizando-se o triângulo retângulo $OQ'Q$, onde $Q' = (x_2, 0)$, segue que

$$c^2 = x_2^2 + y_2^2 \quad \text{e} \quad c = \sqrt{x_2^2 + y_2^2}.$$

Para o valor a, consideremos o ponto $R = (x_1, y_2)$ e olhando-se o triângulo retângulo PRQ, segue, de novo pelo Teorema de Pitágoras, que

$$a^2 = (x_1 - x_2)^2 + (y_1 - y_2)^2.$$

Substituindo-se os valores acima de a, b e c na relação $(*)$, teremos:

$$(x_1 - x_2)^2 + (y_1 - y_2)^2 = (x_1^2 + y_1^2) + (x_2^2 + y_2^2) - 2\sqrt{x_1^2 + y_1^2}\sqrt{x_2^2 + y_2^2}\cos(\theta)$$

Desenvolvendo-se o lado esquerdo desta equação, segue que

$$x_1^2 - 2x_1x_2 + x_2^2 + y_1^2 - 2y_1y_2 + y_2^2 = x_1^2 + y_1^2 + x_2^2 + y_2^2 - 2\sqrt{x_1^2 + y_1^2}\sqrt{x_2^2 + y_2^2}\cos(\theta).$$

Após simplificações, chegamos finalmente a

$$\cos(\theta) = \frac{x_1x_2 + y_1y_2}{\sqrt{x_1^2 + y_1^2}\sqrt{x_2^2 + y_2^2}} \quad (**)$$

Lembremos que os pontos P e Q foram escolhidos de forma arbitrária sobre as retas r e s. Particularmente, poderíamos ter escolhido P tal que $x_1^2 + y_1^2 = 1$ e Q tal que $x_2^2 + y_2^2 = 1$, ou, dito de outra forma, P e Q na intersecção do círculo de raio unitário e centro O com as retas r e s, respectivamente. Se escolhidos desta forma, a relação $(**)$ simplifica-se para

$$\cos(\theta) = x_1x_2 + y_1y_2 \quad (***)$$

Esta relação é bastante simples e podemos pensá-la da seguinte maneira. Dados dois pontos $P = (x_1, y_1)$ e $Q = (x_2, y_2)$ em $\mathbb{R}^2$ pertencentes ao círculo de raio unitário e centro O, o valor $x_1x_2 + y_1y_2$ é igual ao valor do $\cos(\theta)$, onde θ é o ângulo das retas passando pela origem e pelos pontos P e Q (com os devidos cuidados, as contas acima podem ser repetidas nesta generalidade; observe que nós só o fizemos para pontos P e Q no primeiro quadrante de $\mathbb{R}^2$).

Antes de prosseguirmos, observe que se fossem dadas duas retas r e s em $\mathbb{R}^3$ passando pela origem, poderíamos repetir o procedimento e conseguir o ângulo θ entre elas dado por

$$\cos(\theta) = x_1 x_2 + y_1 y_2 + z_1 z_2$$

onde (x_1, y_1, z_1) e (x_2, y_2, z_2) são as coordenadas de pontos na intersecção da esfera de raio unitário e centro na origem com as retas r e s, respectivamente.

Exemplo 11.1 Vamos considerar as retas r e s dadas por suas equações paramétricas

$$r: (x,y) = \lambda(2,2) \quad \text{e} \quad s: (x,y) = (2,0) + \lambda(-3,3) \quad (\lambda \in \mathbb{R})$$

Primeiro observamos que a reta r passa pela origem enquanto que s não passa. Observe também que s é paralela à reta s' dada pela equação paramétrica $(x,y) = \lambda(-3,3)$ ($\lambda \in \mathbb{R}$), pois as duas têm o mesmo vetor diretor. Portanto, o ângulo entre r e s é o mesmo que entre r e s'. Para $\lambda = 1$, conseguimos os pontos $(2,2)$ na reta r e $(-3,3)$ na reta s'. Considerando tais pontos e usando o fato acima, teremos

$$\cos(\theta) = \frac{2(-3) + 2 \cdot 3}{\sqrt{2^2 + 2^2}\sqrt{3^2 + 3^2}} = 0.$$

Portanto, o ângulo será de 90° (ou $\frac{\pi}{2}$).

As contas feitas acima sugerem olhar, dados por exemplo dois pontos $(x_1, y_1), (x_2, y_2)$ em $\mathbb{R}^2$, o valor $x_1 x_2 + y_1 y_2 \in \mathbb{R}$ e estudar que outras propriedades ele possa ter. Observe que, no caso em que $(x_1, y_1) = (x_2, y_2)$, então $x_1 x_2 + y_1 y_2 = x_1^2 + y_1^2$ que é um valor cuja raiz quadrada apareceu em nossas contas acima e que representa a distância entre o ponto (x_1, y_1) e a origem do $\mathbb{R}^2$.

Definição 11.1 O **produto escalar** em $\mathbb{R}^2$ é a função $\cdot: \mathbb{R}^2 \times \mathbb{R}^2 \longrightarrow \mathbb{R}$ que associa cada par de elementos (a_1, b_1) e (a_2, b_2) de $\mathbb{R}^2$ o valor real $a_1 a_2 + b_1 b_2$. Denotamos tal produto como $(a_1, b_1) \cdot (a_2, b_2) = a_1 a_2 + b_1 b_2$.

11.1. A GEOMETRIA DO $\mathbb{R}^2$

Listamos a seguir algumas propriedades do produto escalar acima definido, deixando as suas justificativas a cargo do leitor. Observe que usaremos estas propriedades como os axiomas definidores de produto interno no próximo capítulo.

Proposição 11.1 Sejam $(a_1, b_1), (a_2, b_2), (a_3, b_3) \in \mathbb{R}^2$ e $\lambda \in \mathbb{R}$. Então o produto escalar em $\mathbb{R}^2$ satisfaz as seguintes propriedades:

(a) $[(a_1, b_1) + (a_2, b_2)] \cdot (a_3, b_3) = (a_1, b_1) \cdot (a_3, b_3) + (a_2, b_2) \cdot (a_3, b_3)$.

(b) $[\lambda(a_1, b_1)] \cdot (a_2, b_2) = \lambda[(a_1, b_1) \cdot (a_2, b_2)]$.

(c) $(a_1, b_1) \cdot (a_2, b_2) = (a_2, b_2) \cdot (a_1, b_1)$.

(d) $(a_1, b_1) \cdot (a_1, b_1) > 0$ se $(a_1, b_1) \neq (0, 0)$.

Observação 11.1 A noção de produto escalar (e também a de produto interno que estudaremos no próximo capítulo) em espaços do tipo $\mathbb{R}^n$ é motivada basicamente pelas relações geométricas discutidas acima e salientamos que muitos problemas práticos de aproximação dependem essencialmente da *geometria* existente por trás destes conceitos. O nosso objetivo, no entanto, será estudar espaços vetoriais mais gerais que os do tipo $\mathbb{R}^n$. Em matemática, é comum partirmos de uma situação concreta, analisarmos as suas propriedades principais para tentar entender o conceito envolvido de forma axiomática visando defini-lo em contextos mais gerais. Aqui não será diferente: a definição de produto interno que daremos mais adiante é axiomática e só depende das operações que temos trabalhado em espaços vetoriais sobre $\mathbb{R}$. Mas, ao restringirmos a um produto interno específico do $\mathbb{R}^n$, ele irá refletir o que discutimos acima.

EXERCÍCIOS

Exercício 11.1 Encontre o ângulo entre as retas com equações paramétricas

(a) $(x, y) = \lambda(2, 1)$ e $(x, y) = \lambda(-1, 2)$ $(\lambda \in \mathbb{R})$.

(b) $(x, y) = \lambda(\frac{\sqrt{2}}{2}, \frac{\sqrt{2}}{2})$ e $(x, y) = (3, 4) + \lambda(1, 0)$ $(\lambda \in \mathbb{R})$.

(c) $(x, y) = \lambda(\frac{1}{2}, \frac{\sqrt{3}}{2})$ e $(x, y) = \lambda(-\frac{1}{2}, \frac{\sqrt{3}}{2})$ $(\lambda \in \mathbb{R})$.

Exercício 11.2 Demonstre a Proposição 11.1.

11.2 Projeções

Pelo que vimos acima, dados dois elementos (a_1, a_2) e (b_1, b_2) em $\mathbb{R}^2$, o valor $a_1 b_1 + a_2 b_2 \in \mathbb{R}$ está relacionado ao ângulo das duas retas que têm como vetores diretores (a_1, b_1) e (a_2, b_2), respectivamente. Em particular, se ele for zero, o ângulo em questão será 90 graus e as retas serão perpendiculares.

Observe que o valor que chamamos de *produto escalar* de (a_1, b_1) e (a_2, b_2) pode ser generalizado para o espaço $\mathbb{R}^n$ da seguinte forma:

$$(a_1, \cdots, a_n) \cdot (b_1, \cdots, b_n) = a_1 b_1 + \cdots + a_n b_n = \sum_{i=1}^{n} a_i b_i$$

para $(a_1, \cdots, a_n), (b_1, \cdots, b_n) \in \mathbb{R}^n$. Observamos que tal produto em $\mathbb{R}^n$ satisfaz propriedades análogas às descritas na Proposição 11.1.

Seguindo o que foi feito acima, faz sentido dizer, para o produto em $\mathbb{R}^n$ definido acima, que dois vetores $(a_1, \cdots, a_n)$ e $(b_1, \cdots, b_n)$ em $\mathbb{R}^n$ são **ortogonais** se $(a_1, \cdots, a_n) \cdot (b_1, \cdots, b_n) = 0$. Indicamos a ortogonalidade destes dois vetores por $(a_1, \cdots, a_n) \perp (b_1, \cdots, b_n)$. É justamente isso que iremos explorar aqui.

Vamos começar com um problema bem simples. Considere em $\mathbb{R}^2$ uma reta r passando pela origem e pelo ponto $(a, b) \in \mathbb{R}^2$ e seja $P = (c, d) \in \mathbb{R}^2$ um ponto fora da reta r.

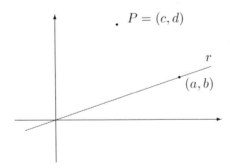

Gostaríamos de achar o ponto Q da reta r que está o mais próximo possível do ponto P ou, em outras palavras, queremos projetar o ponto P na reta r. Geometricamente, sabemos que, ao traçarmos uma reta s perpendicular à reta r e passando por P, então a intersecção de r e s será o ponto procurado. Com

11.2. PROJEÇÕES

isto, o segmento OQ é perpendicular ao segmento PQ.

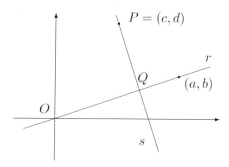

Vamos exemplificar isso numericamente.

Exemplo 11.2 Seja r a reta dada pela equação paramétrica $(x,y) = \lambda(4,1)$, $\lambda \in \mathbb{R}$ e considere o ponto $P = (3,3)$. Queremos achar o ponto $Q = (a,b)$ pertencente a r e que mais se aproxima de P. Como comentado acima, basta achar a intersecção da reta r com a reta s que passa por P e é perpendicular a r. Vamos inicialmente achar a reta s.

Observe que o vetor diretor (α, β) de s é ortogonal ao da reta r ou, em outras palavras,
$$0 = (\alpha, \beta) \cdot (4,1) = 4\alpha + \beta,$$
o que implica que o vetor diretor de s é da forma $(\alpha, -4\alpha)$ para $\alpha \in \mathbb{R}$. Se escolhermos, por exemplo $\alpha = 1$, teremos s com vetor diretor $(1, -4)$ e a reta s terá como equação paramétrica $(x,y) = (3,3) + \lambda(1,-4)$ $(\lambda \in \mathbb{R})$.

Por fim, a intersecção entre r e s será o ponto (x,y) que satisfaz, então,

$$(x,y) = (3,3) + \lambda_1(1,-4) = (3+\lambda_1, 3-4\lambda_1) \quad \text{e} \quad (x,y) = \lambda_2(4,1) = (4\lambda_2, \lambda_2).$$

Daí, chegamos a

$$\begin{cases} 3 + \lambda_1 = 4\lambda_2 \\ 3 - 4\lambda_1 = \lambda_2 \end{cases} \sim \begin{cases} \lambda_1 - 4\lambda_2 = -3 \\ -4\lambda_1 - \lambda_2 = -3 \end{cases} \sim$$

$$\sim \begin{cases} \lambda_1 - 4\lambda_2 = -3 \\ -17\lambda_2 = -15 \end{cases}$$

Com isso, $\lambda_2 = \frac{15}{17}$ e portanto o ponto Q será $(x,y) = \frac{15}{17}(4,1) = (\frac{60}{17}, \frac{15}{17})$.

Observe que o conjunto dos pontos de uma reta passando pela origem pode ser visto como um subespaço de $\mathbb{R}^2$. Vamos nos basear nessa interpretação e equacionar o problema de aproximação usando a terminologia de espaços vetoriais. Com isso em mente, podemos *traduzir* o problema acima da seguinte maneira para $\mathbb{R}^n$:

- Seja $U \subset \mathbb{R}^n$ um subespaço próprio de $\mathbb{R}^n$. Dado um elemento $v \in \mathbb{R}^n$ que não pertença a U, queremos encontrar um elemento $w \in U$ tal que $v - w \perp u$, para todo $u \in U$. É comum indicarmos a última condição da seguinte forma: $v - w \perp U$.

Observamos, em primeiro lugar, que se existir um elemento w como acima, então ele será único (veja exercício abaixo). Além disto, iremos chamá-lo, caso exista, de a **projeção de v sobre** U e o denotamos por $w = \text{proj}_U v$.

Observação 11.2 Seja $U \subset \mathbb{R}^n$ um subespaço vetorial e seja $\{u_1, \cdots, u_m\}$ um conjunto gerador para U. Por conta da linearidade envolvida no produto escalar definido na seção anterior (ver Proposição 11.1), segue que um vetor w é ortogonal a todos os elementos de U se e somente se ele for ortogonal aos elementos $u_1, \cdots, u_m$. Com isso, o problema de se achar um vetor ortogonal a um subespaço todo se restringe a analisar a ortogonalidade a um conjunto gerador (ou a uma base) do subespaço em questão.

Exemplo 11.3 Seja U o subespaço de $\mathbb{R}^3$ gerado pelos vetores $(-1, 0, 2)$ e $(1, 3, 1)$. Vamos encontrar um vetor (a, b, c) que seja ortogonal a todos os vetores de U. Inicialmente, vamos buscar um vetor (a, b, c) tal que $(a, b, c) \perp (-1, 0, 2)$ e $(a, b, c) \perp (1, 3, 1)$. Para tanto,

$$0 = (a, b, c) \cdot (-1, 0, 2) = -a + 2c \quad \text{e} \quad 0 = (a, b, c) \cdot (1, 3, 1) = a + 3b + c$$

o que nos leva ao sistema

$$\begin{cases} -a & & + 2c & = 0 \\ a & + 3b & + c & = 0 \end{cases} \sim \begin{cases} -a & & + 2c & = 0 \\ & 3b & + 3c & = 0 \end{cases}$$

que tem soluções do tipo $(2c, -c, c)$ para $c \in \mathbb{R}$. Como nos basta um vetor, podemos escolher $c = 1$ e teremos $(2, -1, 1)$. Por enquanto, as condições impostas nos garantem que $(2, -1, 1)$ é ortogonal aos vetores $(-1, 0, 2)$ e $(1, 2, 1)$.

Seja agora $u \in U$. Como $\{(-1,0,2),(1,3,1)\}$ é um conjunto gerador de U, segue que $u = \alpha(-1,0,2) + \beta(1,3,1)$ para um par de elementos α e β em $\mathbb{R}$. Daí
$$(2,-1,1) \cdot u = (2,-1,1) \cdot (\alpha(-1,0,2) + \beta(1,3,1)) =$$
$$= (2,-1,1) \cdot (-\alpha+\beta, 3\beta, 2\alpha+\beta) = 2(-\alpha+\beta) + (-1)3\beta + 2\alpha + \beta = 0$$
e portanto, $(2,-1,1)$ é ortogonal a todos os elementos de U.

EXERCÍCIOS

Exercício 11.3 Encontre o ponto da reta em $\mathbb{R}^2$ dada por $y = -3x$ que mais se aproxima de $(-5, 5)$.

Exercício 11.4 Encontre dois vetores em $\mathbb{R}^4$ que sejam l.i. e que sejam ortogonais aos vetores do subsespaço $U = [((1,-1,0,2), (-1,2,1,0)]$.

Exercício 11.5 Seja U um subespaço de $\mathbb{R}^n$ com conjunto gerador S e $v \in \mathbb{R}^n$. Mostre que v é ortogonal a todos os elementos de U se e só se for ortogonal a todos os elementos de S.

Exercício 11.6 Dado U um subespaço vetorial de $\mathbb{R}^n$, considere o subconjunto $U^\perp \subset \mathbb{R}^n$ definido por $U^\perp = \{v \in \mathbb{R}^n : v \perp u, \text{ para todo } u \in U\}$.

(a) Mostre que $U^\perp$ é um subespaço de $\mathbb{R}^n$.

(b) Se $U = [(1, -2, 0)]$, ache uma base para $U^\perp$. Qual a sua dimensão?

11.3 Método dos mínimos quadrados

Iremos discutir agora duas aplicações da noção de projeções de vetores em subespaços. A primeira é o chamado *método dos mínimos quadrados* que irá nos ajudar a achar *soluções aproximadas* em sistemas de equações lineares incompatíveis. Na segunda aplicação veremos como melhor ajustarmos um polinômio a uma certa coleção de pontos do $\mathbb{R}^2$.

Método dos mínimos quadrados.

Seja $A\underline{x} = \underline{b}$ um sistema linear onde $A = (a_{ij}) \in \mathbb{M}_{m \times n}(\mathbb{R})$, $\underline{x} = (x_1, x_2, \cdots, x_n)^t \in \mathbb{M}_{n \times 1}(\mathbb{R})$ e $\underline{b} = (b_1, b_2, \cdots, b_m)^t \in \mathbb{M}_{m \times 1}(\mathbb{R})$ (com

$m > n$). Se esse sistema for compatível, já vimos como resolver. No entanto, muitas vezes, por conta, por exemplo, de coleta de dados experimentais, chegamos a um sistema incompatível. O que gostaríamos de fazer é *resolver* esse sistema, não chegando a uma solução, pois isto não existe, mas sim a um valor em $\mathbb{R}^n$ que fique o mais próximo possível, simultaneamente, de soluções de cada equação do sistema. Nosso objetivo agora é justamente descrever um método para se chegar a uma tal *aproximação de solução*. Faremos isto inicialmente em um exemplo numérico para depois formalizarmos as ideias envolvidas.

Exemplo 11.4 Considere o seguinte sistema

$$\begin{cases} 2x - y = 0 \\ x + y = 1 \\ x - 2y = -2 \end{cases} \quad (*)$$

Tal sistema é incompatível: se considerássemos apenas as duas primeiras equações, o par $\left(\frac{1}{3}, \frac{2}{3}\right)$ seria uma solução delas mas, ao substituirmos esse par na terceira equação, não conseguiríamos uma relação verdadeira. Lembramos que o sistema pode ser escrito como $A\underline{x} = \underline{b}$, onde

$$A = \begin{pmatrix} 2 & -1 \\ 1 & 1 \\ 1 & -2 \end{pmatrix}, \quad \underline{x} = \begin{pmatrix} x \\ y \end{pmatrix} \quad \text{e} \quad \underline{b} = \begin{pmatrix} 0 \\ 1 \\ -2 \end{pmatrix}.$$

Iremos a partir de agora, como já fizemos anteriormente, identificar livremente $\mathbb{M}_{m \times 1}(\mathbb{R})$ com $\mathbb{R}^m$ e $\mathbb{M}_{n \times 1}(\mathbb{R})$ com $\mathbb{R}^n$. Queremos então achar um par $\underline{c} = (c_1, c_2) \in \mathbb{R}^2$ que substituído nas incógnitas do sistema produza um vetor $A\underline{c} \in \mathbb{R}^3$ o mais próximo possível de $\underline{b} = (0, 1, -2)$. É comum escolhermos o erro cometido como sendo dado pelo valor $||A\underline{c}-\underline{b}||^2$ (onde a norma que estamos usando corresponde ao produto escalar de $\mathbb{R}^3$). Com isto, procuramos $\underline{c} \in \mathbb{R}^3$ tal que $||A\underline{c}-\underline{b}||^2$ seja o menor possível (por isso o nome de *método dos mínimos quadrados*).

Observe que podemos olhar $A\underline{c}$ da seguinte maneira:

$$A\underline{c} = \begin{pmatrix} 2 & -1 \\ 1 & 1 \\ 1 & -2 \end{pmatrix} \begin{pmatrix} c_1 \\ c_2 \end{pmatrix} = c_1 \begin{pmatrix} 2 \\ 1 \\ 1 \end{pmatrix} + c_2 \begin{pmatrix} -1 \\ 1 \\ -2 \end{pmatrix}$$

11.3. MÉTODO DOS MÍNIMOS QUADRADOS

(observe que os vetores $(2,1,1)$ e $(-1,1,-2)$ são os vetores-colunas da matriz A). Desta forma, o vetor $A\underline{c}$ dado por uma *solução aproximada* pode ser visto como sendo uma combinação linear dos vetores $(2,1,1)$ e $(-1,1,-2)$ que está o mais próximo possível do vetor $\underline{b} = (0,1,-2)$. Dito de outra maneira, procuramos um elemento do subespaço de $\mathbb{R}^3$ gerado por $(2,1,1)$ e $(-1,1,-2)$ e que está o mais próximo possível de $(0,1,-2)$. Quer dizer, procuramos a projeção de $(0,1,-2)$ no subespaço $[(2,1,1),(-1,1,-2)]$.

Pelas condições de ortogonalidade, precisamos então impor que

$$\underline{b} - A\underline{c} \perp (2,1,1) \quad \text{e} \quad \underline{b} - A\underline{c} \perp (-1,1,-2)$$

isto é,

$$(0,1,-2) - (c_1(2,1,1) + c_2(-1,1,-2)) \perp (2,1,1) \quad \text{e}$$
$$(0,1,-2) - (c_1(2,1,1) + c_2(-1,1,-2)) \perp (-1,1,-2).$$

Com isto, teremos

$$[(0,1,-2) - (c_1(2,1,1) + c_2(-1,1,-2))] \cdot (2,1,1) = 0 \quad \text{e}$$
$$[(0,1,-2) - (c_1(2,1,1) + c_2(-1,1,-2))] \cdot (-1,1,-2) = 0.$$

Desenvolvendo-se estes produtos escalares, chegamos às relações

$$((2,1,1) \cdot (2,1,1))c_1 + ((-1,1,-2) \cdot (2,1,1))c_2 = (0,1,-2) \cdot (2,1,1)$$

$$((2,1,1) \cdot (-1,1,-2))c_1 + ((-1,1,-2) \cdot (-1,1,-2))c_2 = (0,1,-2) \cdot (-1,1,-2)$$

que naturalmente induz o seguinte sistema

$$\begin{cases} 6c_1 - 3c_2 = -1 \\ -3c_1 + 6c_2 = 5 \end{cases} \sim \begin{cases} 6c_1 - 3c_2 = -1 \\ 9c_2 = 9 \end{cases}$$

Não é difícil ver que ele terá como solução o valor $\left(\frac{1}{3}, 1\right)$. Este é o par de $\mathbb{R}^2$ que, substituído no sistema original, produz o vetor em $\mathbb{R}^3$ que mais se aproxima de $(0,1,-2)$ com o erro dado pelo quadrado da norma. Antes de prosseguirmos, vamos calcular esse erro. Ao substituírmos $\left(\frac{1}{3}, 1\right)$ em (∗), chegamos a

$$\begin{cases} 2\frac{1}{3} - 1 = -\frac{1}{3} \\ \frac{1}{3} + 1 = \frac{4}{3} \\ \frac{1}{3} - 2 = -\frac{5}{3} \end{cases}$$

e, portanto, o erro será

$$\left\|\left(-\frac{1}{3},\frac{4}{3},-\frac{5}{3}\right)-(0,1,-2)\right\|^2 = \left\|\left(-\frac{1}{3},\frac{1}{3},\frac{1}{3}\right)\right\|^2 = \frac{1}{3}$$

Esse erro é o menor que podemos conseguir. Observe, também, que a matriz de coeficientes deste último sistema é uma matriz simétrica (você conseguiria justificar o porquê disso?).

Vamos agora formalizar o que fizemos no exemplo acima e ver como as contas podem ser de certa forma simplificadas.

Seja $A\underline{x} = \underline{b}$ um sistema linear incompatível, onde $A = (a_{ij}) \in \mathbb{M}_{m \times n}(\mathbb{R})$, $\underline{x} = (x_1, x_2, \cdots, x_n) \in \mathbb{R}^n$ e $\underline{b} = (b_1, b_2, \cdots, b_m) \in \mathbb{R}^m$, com $m > n$ (estamos de novo fazendo a identificação de $\mathbb{M}_{m \times 1}(\mathbb{R})$ com $\mathbb{R}^m$ e $\mathbb{M}_{n \times 1}(\mathbb{R})$ com $\mathbb{R}^n$). Procuramos um vetor $\underline{c} = (c_1, \cdots, c_n) \in \mathbb{R}^n$ de tal forma que a norma $\|A\underline{c}-\underline{b}\|^2$ seja a menor possível. Se indicarmos os vetores-colunas de A por $A_1, \cdots, A_n$, então

$$A\underline{c} = c_1 A_1 + \cdots + c_n A_n \qquad (I)$$

e, portanto, o valor $A\underline{c}$ é um elemento do subespaço U de $\mathbb{R}^m$ gerado pelos vetores $A_1, \cdots, A_n$. Como feito acima, o problema se resume a achar, então, a projeção $\underline{c}$ de $\underline{b}$ em U. Pelo que vimos, essa projeção satifaz $\underline{c} - \underline{b} \perp U$ ou, como $A_1, \cdots, A_n$ é um conjunto gerador de U, $\underline{c}$ satisfaz

$$\underline{c} - \underline{b} \perp A_1, \quad \cdots \quad , \underline{c} - \underline{b} \perp A_n$$

(ver Observação 11.2). A partir dessas relações de ortogonalidade e utilizando (I), chegamos a

$$[(b_1, \cdots, b_m) - (c_1 A_1 + \cdots + c_n A_n)] \cdot A_1 = 0$$
$$\vdots$$
$$[(b_1, \cdots, b_m) - (c_1 A_1 + \cdots + c_n A_n)] \cdot A_n = 0$$

que induz o seguinte sistema $(**)$:

$$\begin{cases} (A_1 \cdot A_1)c_1 + (A_2 \cdot A_1)c_2 \cdots + (A_n, A_1)c_n = (b_1, \cdots, b_m) \cdot A_1 \\ \qquad\qquad\vdots \qquad\qquad\qquad\qquad\qquad \vdots \\ (A_1 \cdot A_n)c_1 + (A_2 \cdot A_n)c_2 \cdots + (A_n \cdot A_n)c_n = (b_1, \cdots, b_m) \cdot A_n \end{cases}$$

11.3. MÉTODO DOS MÍNIMOS QUADRADOS

Antes de prosseguirmos, observe que o sistema acima é compatível e definido e a sua (única) solução será a projeção de $\underline{b}$ no subespaço U. Indicando o sistema por $B\underline{c} = \underline{d}$, então a matriz de coeficientes $B = (d_{ij}) \in \mathbb{M}_n(\mathbb{R})$ é tal que

$$d_{ij} = A_j \cdot A_i = \sum_{l=1}^{m} a_{lj}a_{li}$$

Em outras palavras:

$$B = \begin{pmatrix} d_{11} & \cdots & d_{1n} \\ \vdots & & \vdots \\ d_{n1} & \cdots & d_{nn} \end{pmatrix} = \begin{pmatrix} \sum_{l=1}^{m} a_{l1}a_{l1} & \cdots & \sum_{l=1}^{m} a_{ln}a_{l1} \\ \vdots & & \vdots \\ \sum_{l=1}^{m} a_{l1}a_{ln} & \cdots & \sum_{l=1}^{m} a_{ln}a_{ln} \end{pmatrix} =$$

$$= \begin{pmatrix} a_{11} & \cdots & a_{m1} \\ \vdots & & \vdots \\ a_{1n} & \cdots & a_{mn} \end{pmatrix} \begin{pmatrix} a_{11} & \cdots & a_{1n} \\ \vdots & & \vdots \\ a_{m1} & \cdots & a_{mn} \end{pmatrix} = A^t A.$$

Por outro lado,

$$\underline{d} = ((b_1, \cdots, b_m) \cdot A_1, \cdots, (b_1, \cdots, b_m) \cdot A_n) =$$

$$= \begin{pmatrix} a_{11} & \cdots & a_{m1} \\ \vdots & & \vdots \\ a_{1n} & \cdots & a_{mn} \end{pmatrix} \begin{pmatrix} b_1 \\ \vdots \\ b_m \end{pmatrix} = A^t \underline{b}.$$

Logo, o sistema $(**)$ será $A^t A \underline{c} = A^t \underline{b}$ e essa relação irá nos indicar os coeficientes do sistema final de forma bastante direta. Como comentado, a solução de $(**)$ será o valor de $\mathbb{R}^n$ que melhor se aproxima simultaneamente de uma solução comum a todas as equações de $(*)$. Vamos fazer mais um exemplo para ilustrarmos esse método.

Exemplo 11.5 Considere o seguinte sistema incompatível de equações

$$\begin{cases} x - 2y & = 0 \\ -x & + z = -1 \\ y + z & = 2 \\ z & = -1 \end{cases} \quad (*)$$

Podemos escrevê-lo como $A\underline{x} = \underline{b}$ onde

$$A = \begin{pmatrix} 1 & -2 & 0 \\ -1 & 0 & 1 \\ 0 & 1 & 1 \\ 0 & 0 & 1 \end{pmatrix}, \quad \underline{x} = \begin{pmatrix} x \\ y \\ z \end{pmatrix} \quad \text{e} \quad \underline{b} = \begin{pmatrix} 0 \\ -1 \\ 2 \\ -1 \end{pmatrix}$$

Multiplicando-se $A\underline{x} = \underline{b}$ por A^t à esquerda, chegaremos a um sistema $B\underline{x} = \underline{d}$ cuja solução é a aproximação procurada. Fazendo-se os cálculos

$$B = A^t A = \begin{pmatrix} 1 & -1 & 0 & 0 \\ -2 & 0 & 1 & 0 \\ 0 & 1 & 1 & 1 \end{pmatrix} \begin{pmatrix} 1 & -2 & 0 \\ -1 & 0 & 1 \\ 0 & 1 & 1 \\ 0 & 0 & 1 \end{pmatrix} = \begin{pmatrix} 2 & -2 & -1 \\ -2 & 5 & 1 \\ -1 & 1 & 3 \end{pmatrix}$$

$$\text{e} \quad \underline{d} = \begin{pmatrix} 1 & -1 & 0 & 0 \\ -2 & 0 & 1 & 0 \\ 0 & 1 & 1 & 1 \end{pmatrix} \begin{pmatrix} 0 \\ -1 \\ 2 \\ -1 \end{pmatrix} = \begin{pmatrix} 1 \\ 2 \\ 0 \end{pmatrix}$$

chega-se ao sistema dado por

$$B\underline{x} = \underline{d} \quad \text{ou} \quad \begin{pmatrix} 2 & -2 & -1 \\ -2 & 5 & 1 \\ -1 & 1 & 3 \end{pmatrix} \begin{pmatrix} x \\ y \\ z \end{pmatrix} = \begin{pmatrix} 1 \\ 2 \\ 0 \end{pmatrix}$$

De outra forma, o sistema será

$$\begin{cases} 2x - 2y - z = 1 \\ -2x + 5y + z = 2 \\ -x + y + 3z = 0 \end{cases} \sim \begin{cases} 2x - 2y - z = 1 \\ 3y = 3 \\ 5z = 1 \end{cases}$$

Esse último sistema tem solução (única) dada por $x = \frac{8}{5}, y = 1$ e $z = \frac{1}{5}$. Enfatizamos que o valor calculado $(8/5, 1, 1/5)$ não é solução de nenhuma das quatro equações do sistema inicial, mas é o valor que mais se aproxima simultaneamente de soluções daquelas equações.

Ajustar um polinômio a uma coleção de pontos.

Vamos aplicar o método estudado acima em um problema bastante comum. Suponha que, por vias experimentais, foram conseguidos m pontos em

11.3. MÉTODO DOS MÍNIMOS QUADRADOS

$\mathbb{R}^2$ e queremos achar um polinômio de grau $n < m$ que se ajuste a estes pontos. Se conseguirmos fazer este ajuste, o gráfico do polinômio encontrado irá *representar* a melhor curva dada por um polinômio de grau n em $\mathbb{R}^2$ que se aproxima dos pontos dados.

Para se resolver essa questão, indique por $(b_1, c_1), \cdots, (b_m, c_m) \in \mathbb{R}^2$ os pontos dados e considere o polinômio $p(t) = a_0 + a_1 t \cdots + a_n t^n \in \mathbb{R}[t]_n$ ($m > n$). Para que o gráfico de p passe por esses pontos, precisamos ter que $p(b_i) = c_i$, para $i = 1, \cdots, m$. Chegamos, com isso, ao sistema

$$\begin{cases} a_0 + a_1 b_1 + \cdots + a_n b_1^n = c_1 \\ \vdots \qquad\qquad\qquad\qquad \vdots \\ a_0 + a_1 b_m + \cdots + a_n b_m^n = c_m \end{cases}$$

que tem m equações em $n+1$ incógnitas dadas pelos valores que queremos encontrar $a_0, \cdots, a_n$. Muito frequentemente, tal sistema será incompatível e, por isso, precisamos lançar mão do método dos mínimos quadrados para resolvê-lo. Vamos exemplificar como resolvê-lo.

Exemplo 11.6 Vamos encontrar um polinômio de segundo grau que se ajuste aos pontos $(-1, 2), (0, 0), (1, -2), (-2, 1)$. Se indicamos o polinômio procurado por $p(t) = a + bt + ct^2$, então gostaríamos que

$$\begin{aligned} 2 &= p(-1) = a - b + c, \\ 0 &= p(0) = a, \\ -2 &= p(1) = a + b + c \\ 1 &= p(-2) = a - 2b + 4c \end{aligned}$$

o que induz o sistema

$$\begin{cases} a - b + c = 2 \\ a = 0 \\ a + b + c = -2 \\ a - 2b + 4c = 1 \end{cases} \text{ou} \begin{pmatrix} 1 & -1 & 1 \\ 1 & 0 & 0 \\ 1 & 1 & 1 \\ 1 & -2 & 4 \end{pmatrix} \begin{pmatrix} a \\ b \\ c \end{pmatrix} = \begin{pmatrix} 2 \\ 0 \\ -2 \\ 1 \end{pmatrix} \quad (*)$$

Pelo método dos mínimos quadrados, multiplicando-se a relação $(*)$ por A^t, onde A é a matriz de coeficientes do sistema, chegamos a

$$\begin{pmatrix} 1 & 1 & 1 & 1 \\ -1 & 0 & 1 & -2 \\ 1 & 0 & 1 & 4 \end{pmatrix} \begin{pmatrix} 1 & -1 & 1 \\ 1 & 0 & 0 \\ 1 & 1 & 1 \\ 1 & -2 & 4 \end{pmatrix} = \begin{pmatrix} 4 & -2 & 6 \\ -2 & 6 & -8 \\ 6 & -8 & 18 \end{pmatrix} \text{ e}$$

$$\begin{pmatrix} 1 & 1 & 1 & 1 \\ -1 & 0 & 1 & -2 \\ 1 & 0 & 1 & 4 \end{pmatrix} \begin{pmatrix} 2 \\ 0 \\ -2 \\ 1 \end{pmatrix} = \begin{pmatrix} 1 \\ -6 \\ 4 \end{pmatrix}$$

O sistema correspondente será

$$\begin{cases} 4a - 2b + 6c = 1 \\ -2a + 6b - 8c = -6 \\ 6a - 8b + 18c = 4 \end{cases} \sim \begin{cases} 4a - 2b + 6c = 1 \\ 10b - 10c = -11 \\ 8c = -6 \end{cases}$$

que tem solução $a = -\frac{9}{20}, b = -\frac{37}{20}$ e $c = -\frac{3}{4}$. O polinômio procurado será, então

$$p(t) = \frac{9}{20} - \frac{37}{20}t - \frac{3}{4}t^2$$

EXERCÍCIOS

Exercício 11.7 Para cada conjunto de pontos abaixo, encontre a reta que melhor se ajuste.

(a) $(-2, 0), (0, -3), (2, 2)$.

(b) $(-1, 0), (0, -1), (1, 1), (2, 4)$.

(c) $(-1, -5), (0, 1), (1, 4), (2, 6)$.

(d) $(-1, 3), (0, -1), (1, 3), (2, -5)$.

Exercício 11.8 Determine o polinômio de segundo grau cujo gráfico melhor se ajuste aos pontos $(-1, 5), (0, -1), (1, 5)$ e $(2, 3)$ de $\mathbb{R}^2$.

Exercício 11.9 Determine as melhores soluções aproximadas dos sistemas

$$(a) \begin{cases} 3x - 2y = 2 \\ x + y = 0 \\ 2x + 2y = 2 \end{cases} \qquad (b) \begin{cases} x - 2y - z = -1 \\ x - y = 0 \\ 2x + 2y + z = 2 \\ x - y + z = -1 \end{cases}$$

Exercício 11.10 Encontre a reta que melhor se aproxime do gráfico da função $f(x) = \operatorname{sen}(x)$ no intervalo $[0, \frac{\pi}{2}]$.

Capítulo 12

Produto Interno

A noção de produto interno em espaços do tipo $\mathbb{R}^n$ (e mesmo em espaços de dimensão finita mais gerais) é motivada basicamente pelo produto escalar discutido no capítulo anterior. Além disso, muitos problemas práticos de aproximação dependem essencialmente da *geometria* por trás desse conceito. O nosso objetivo, no entanto, é estudar espaços vetoriais mais gerais que os do tipo $\mathbb{R}^n$, inclusive alguns de dimensão infinita. Em matemática, é comum partirmos de uma situação concreta, analisarmos as suas propriedades principais para tentar entender o conceito envolvido de forma axiomática visando defini-lo em contextos mais gerais. Como já mencionado, aqui não será diferente: ao restringirmos a um produto interno específico do $\mathbb{R}^n$, ele irá refletir o que discutimos no Capítulo 11.

Neste capítulo, iremos trabalhar só com espaços vetoriais sobre $\mathbb{R}$.

12.1 Produto interno: definições e exemplos

Como vimos no capítulo anterior, conceitos geométricos do $\mathbb{R}^n$ como ângulo entre retas e distâncias podem ser equacionados algebricamente a partir das coordenadas dos vetores envolvidos. O que iremos fazer agora será formalizar estas ideias em um espaço vetorial qualquer. Se, por um lado, a algebrização de conceitos geométricos pode nos permitir, por vezes, uma maior manuseabilidade nos cálculos, por outro, para certos espaços, a visão mais algébrica irá, por vezes, nos afastar um pouco de nossa intuição *geométrica* a respeito destes conceitos.

Definição 12.1 Seja V um espaço vetorial (sobre $\mathbb{R}$). Um **produto interno** em V é uma função $<,>: V \times V \longrightarrow \mathbb{R}$ (que associa a cada par de vetores $u, v \in V$ um escalar $<u,v> \in \mathbb{R}$) satisfazendo:

(P_1) $<u_1+u_2, v> = <u_1,v> + <u_2,v>$, para todos $u_1, u_2, v \in V$.

(P_2) $<\lambda u, v> = \lambda <u,v>$, para todos $u, v \in V$ e $\lambda \in \mathbb{R}$.

(P_3) $<u,v> = <v,u>$, para todos $u, v \in V$.

(P_4) $<u,u> > 0$, para todos $u \in V, u \neq 0$.

Observação 12.1 Seja V um espaço vetorial com produto interno $<,>$. então

(a) $<u, v_1+v_2> = <u, v_1> + <u, v_2>$, para todos $u, v_1, v_2 \in V$.

(b) $<u, \lambda v> = \lambda <u, v>$, para todos $u, v \in V$ e $\lambda \in \mathbb{R}$.

As igualdades acima decorrem facilmente das propriedades (P_1) e (P_2) utilizando-se a propriedade de simetria (P_3). Por exemplo, para demonstrarmos (a), observe que, para todos vetores $u, v_1, v_2 \in V$, teremos

$$<u, v_1+v_2> \stackrel{(P_3)}{=} <v_1+v_2, u> \stackrel{(P_1)}{=} \stackrel{(P_1)}{=} <v_1, u> + <v_2, u> \stackrel{(P_3)}{=} <u, v_1> + <u, v_2>.$$

Deixamos ao leitor escrever os detalhes da demonstração do item (b).

(c) $<0, v> = <v, 0> = 0$, para todos $v \in V$.

De fato, como $<0, v> = <0+0, v> \stackrel{(P_1)}{=} <0, v> + <0, v>$, segue que $<0, v> = 0$. A outra igualdade decorre dessa última e da propriedade de simetria (P_3).

Exemplo 12.1 O produto interno usual em $\mathbb{R}^n$ é dado por:

$$<(x_1, x_2, \cdots, x_n), (y_1, y_2, \cdots, y_n)> = x_1 y_1 + x_2 y_2 + \cdots + x_n y_n = \sum_{i=1}^{n} x_i y_i$$

para todos $(x_1, x_2, \cdots, x_n), (y_1, y_2, \cdots, y_n) \in \mathbb{R}^n$.
É fácil verificar que tal função $<,>: \mathbb{R}^n \times \mathbb{R}^n \longrightarrow \mathbb{R}$ é um produto interno.

12.1. DEFINIÇÕES E EXEMPLOS

De fato, para (P_1), observe que

$$\begin{aligned}
&< (x_1, \cdots, x_n) + (y_1, \cdots, y_n), (z_1, \cdots, z_n) > = \\
&= <(x_1 + y_1, \cdots, x_n + y_n), (z_1, \cdots, z_n) > = \\
&= (x_1 + y_1)z_1 + \cdots + (x_n + y_n)z_n = \\
&= (x_1 z_1 + \cdots + x_n z_n) + (y_1 z_1 + \cdots + y_n z_n) = \\
&= <(x_1, \cdots, x_n), (z_1, \cdots, z_n)> + <(y_1, \cdots, y_n), (z_1, \cdots, z_n)>
\end{aligned}$$

para todos $(x_1, \cdots, x_n), (y_1, \cdots, y_n)$ e $(z_1, \cdots, z_n)$ em $\mathbb{R}^n$. A propriedade (P_2) segue de

$$\begin{aligned}
&< \lambda(x_1, \cdots, x_n), (y_1, \cdots, y_n) > = (\lambda x_1)y_1 + \cdots + (\lambda x_n)y_n = \\
&= \lambda(x_1 y_1 + \cdots + x_n y_n) = \lambda <(x_1, \cdots, x_n), (y_1, \cdots, y_n)>
\end{aligned}$$

para todos $(x_1, \cdots, x_n), (y_1, \cdots, y_n) \in \mathbb{R}^n$ e todos $\lambda \in \mathbb{R}$. Para (P_3), observe que

$$\begin{aligned}
&< (x_1, \cdots, x_n), (y_1, \cdots, y_n) > = x_1 y_1 + \cdots + x_n y_n = \\
&= y_1 x_1 + \cdots + y_n x_n = <(y_1, \cdots, y_n), (x_1, \cdots, x_n)>
\end{aligned}$$

para todos $(x_1, \cdots, x_n), (y_1, \cdots, y_n) \in \mathbb{R}^n$. Finalmente, para (P_4), basta observar que

$$< (x_1, \cdots, x_n), (x_1, \cdots, x_n) > = (x_1)^2 + \cdots + (x_n)^2 > 0$$

para todos $(x_1, \cdots, x_n) \in \mathbb{R}^n$ tais que $(x_1, \cdots, x_n) \neq 0$.

Vamos exemplificar numericamente calculando o produto interno dos vetores $(1, -2, 1)$ e $(0, 1, 2)$ de $\mathbb{R}^3$:

$$< (1, -2, 1), (0, 1, 2) > = 1 \cdot 0 + (-2) \cdot 1 + 1 \cdot 2 = 0$$

Exemplo 12.2 Podemos definir outros produtos internos em $\mathbb{R}^n$. Por exemplo, em $\mathbb{R}^3$, a relação

$$< (x_1, x_2, x_3), (y_1, y_2, y_3) > = 2x_1 y_1 + x_2 y_2 + 7 x_3 y_3$$

para $(x_1, x_2, x_3), (y_1, y_2, y_3) \in \mathbb{R}^3$, induz um produto interno em $\mathbb{R}^3$. A demonstração deste fato segue, em linhas gerais, o que fizemos no exemplo acima e deixamos ao leitor a formalização dos detalhes necessários para tal. Vamos calcular o produto interno dos vetores $(1, -2, 1)$ e $(0, 1, 2)$:

$$< (1, -2, 1), (0, 1, 2) > = 2 \cdot 1 \cdot 0 + (-2) \cdot 1 + 7 \cdot 1 \cdot 2 = 12$$

(compare este cálculo com o feito no exemplo anterior com outro produto interno).

Aqui cabe uma observação. Apesar de existirem infinitos possíveis produtos internos distintos que podem ser definidos em espaços do tipo $\mathbb{R}^n$, o produto interno mais utilizado é o do Exemplo 12.1 acima por conta de sua relação geométrica discutida no capítulo anterior. Por isso, vamos convencionar que, de agora em diante, se não mencionarmos nada ao contrário, o produto interno que estaremos utilizando em $\mathbb{R}^n$ será o do Exemplo 12.1 e o chamaremos de **produto interno usual**.

Exemplo 12.3 Para o espaço $V = \mathbb{R}[t]_2$, defina

$$<p(t), q(t)> \ = \ p(-1)q(-1) + p(0)q(0) + p(1)q(1)$$

para todos polinômios $p(t), q(t) \in \mathbb{R}[t]_2$. Definido assim, isso é um produto interno. De fato, para (P_1), observe que, dados $p_1(t), p_2(t), q(t) \in V$.

$$<p_1(t) + p_2(t), q(t)> \ = \ <(p_1 + p_2)(t), q(t)> \ =$$
$$= (p_1 + p_2)(-1)q(-1) + (p_1 + p_2)(0)q(0) + (p_1 + p_2)(1)q(1) \ =$$
$$= (p_1(-1) + p_2(-1))q(-1) + (p_1(0) + p_2(0))q(0) + (p_1(1) + p_2(1))q(1) \ =$$
$$= (p_1(-1)q(-1) + p_1(0)q(0) + p_1(1)q(1)) + (p_2(-1)q(-1) + p_2(0)q(0) + p_2(1)q(1))$$
$$= \ <p_1(t), q(t)> + <p_2(t), q(t)>$$

A verificação de (P_2) e de (P_3) são igualmente diretas e deixamos ao leitor escrever os seus detalhes. Para (P_4), observemos que, se $p(t) \in \mathbb{R}[t]_2$ for um polinômio não nulo, então $p(t)$ terá no máximo duas raízes distintas. Portanto, no máximo dois dos valores $p(-1)$, $p(0)$ e $p(1)$ são nulos. Daí, segue que, se $p \in \mathbb{R}[t]_2$ for não nulo, então

$$<p(t), p(t)> \ = \ p(-1)^2 + p(0)^2 + p(1)^2 \ > \ 0$$

e (P_4) está provado. Com isto, a relação dada acima é um produto interno. O produto interno entre os polinômios $p(t) = 1 - t^2$ e $q(t) = 2 + t$ será, neste caso:

$$<1 - t^2, 2 + t> \ = \ 0 \cdot 1 + 1 \cdot 2 + 0 \cdot 3 \ = \ 2.$$

12.1. DEFINIÇÕES E EXEMPLOS

Exemplo 12.4 O produto interno acima pode ser generalizado da seguinte forma. Seja $V = \mathbb{R}[t]_n$ e sejam $a_1, \cdots, a_m \in \mathbb{R}$, com $m > n$. Então a função

$$<p(t),q(t)> \,= p(a_1)q(a_1) + \cdots + p(a_m)q(a_m) \,= \sum_{i=1}^{m} p(a_i)q(a_i),$$

para todos $p(t), q(t) \in \mathbb{R}[t]_n$, define um produto interno em V. Deixamos ao leitor verificar este fato. Enfatizamos, no entanto, que é essencial que tenhamos $m > n$, caso contrário a função definida acima não satisfaria a propriedade (P_4) (reveja o comentário feito no exemplo anterior).

Exemplo 12.5 Em $V = \mathbb{R}[t]_n$, também podemos definir um produto interno como segue

$$<p(t), q(t)> \,= \int_a^b p(t)q(t)\,dt$$

para $p(t), q(t) \in V$ e valores fixos $a, b \in \mathbb{R}$, $a < b$. Os detalhes são deixados ao leitor para verificação. Vamos calcular este produto interno nos mesmos polinômios $p(t) = 1 - t^2$ e $q(t) = 2 + t$ do Exemplo 12.3 e escolhendo $a = 0$ e $b = 1$:

$$<1-t^2, 2+t> \,= \int_0^1 (1-t^2)(2+t)dt = \int_0^1 2 + t - 2t^2 - t^3 dt =$$

$$= \left(2t + \frac{t^2}{2} - \frac{2t^3}{3} - \frac{t^4}{4}\right)_0^1 = 2 + \frac{1}{2} - \frac{2}{3} - \frac{1}{4} = \frac{19}{12}$$

Exemplo 12.6 Vamos definir agora um produto interno para o espaço de matrizes $V = \mathbb{M}_{m \times n}(\mathbb{R})$. Para $A, B \in V$, definimos $<A, B> \,= \text{tr}(B^t \cdot A)$, onde $\text{tr}C$ denota o **traço** da matriz C, isto é, a soma dos elementos de sua diagonal. Deixamos ao leitor mostrar que esta função define um produto interno em V. Para exemplificarmos, vamos calculá-lo para as matrizes:

$$A = \begin{pmatrix} 2 & 3 & 1 \\ 1 & 0 & 2 \end{pmatrix} \quad \text{e} \quad B = \begin{pmatrix} -1 & 2 & 1 \\ 1 & 1 & 2 \end{pmatrix} \quad \text{em} \quad \mathbb{M}_{2\times 3}(\mathbb{R})$$

Precisamos calcular a matriz $B^t A$:

$$B^t \cdot A = \begin{pmatrix} -1 & 1 \\ 2 & 1 \\ 1 & 2 \end{pmatrix} \begin{pmatrix} 2 & 3 & 1 \\ 1 & 0 & 2 \end{pmatrix} = \begin{pmatrix} -1 & -3 & 1 \\ 5 & 6 & 4 \\ 4 & 3 & 5 \end{pmatrix}$$

Portanto
$$< A, B > = \text{tr} \begin{pmatrix} -1 & -3 & 1 \\ 5 & 6 & 4 \\ 4 & 3 & 5 \end{pmatrix} = 10$$

Antes de finalizarmos o exemplo, vamos calcular $< B, A >$. Como $< -, - >$ é um produto interno, então, por (P_2), vale que $< A, B > = < B, A >$, mas vamos calcular ainda assim. Observe que

$$A^t B = \begin{pmatrix} 2 & 1 \\ 3 & 0 \\ 1 & 2 \end{pmatrix} \begin{pmatrix} -1 & 2 & 1 \\ 1 & 1 & 2 \end{pmatrix} = \begin{pmatrix} -1 & 5 & 4 \\ -3 & 6 & 3 \\ 1 & 4 & 5 \end{pmatrix}$$

e portanto
$$< B, A > = \text{tr} \begin{pmatrix} -1 & 5 & 4 \\ -3 & 6 & 3 \\ 1 & 4 & 5 \end{pmatrix} = 10.$$

O que gostaríamos de enfatizar é que $A^t B$ e $B^t A$ são matrizes distintas, mas com o mesmo traço. Na realidade, vale que $(A^t B)^t = B^t A$ (tente mostrar isso em geral) e, como o traço de uma matriz é o mesmo que o de sua transposta (pois as suas diagonais são iguais), segue então que

$$< A, B > = \text{tr}(B^t A) = \text{tr}(A^t B) = < B, A >$$

(esse último argumento é justamente a demonstração da propriedade (P_2)!).

Seja V um espaço vetorial com produto interno $< , >$ e considere vetores $u = \sum_{i=1}^{n} a_i u_i$ e $u' = \sum_{j=1}^{m} b_j u'_j$. então, utilizando-se as propriedades (P_1), (P_2) e (P_3) de forma iterada, teremos

$$< u, u' > = < \sum_{i=1}^{n} a_i u_i, \sum_{j=1}^{m} b_j u'_j > = \sum_{i=1}^{n} \sum_{j=1}^{m} a_i b_j < u_i, u'_j > .$$

Esta relação pode ser melhor explorada se V for de dimensão finita. Por exemplo, se $\mathcal{B} = \{v_1, \cdots, v_n\}$ for uma base de V, e se escrevermos

$$u = \sum_{i=1}^{n} a_i v_i = (a_1, \cdots, a_n)_{\mathcal{B}} \quad \text{e} \quad v = \sum_{j=1}^{n} b_j v_j = (b_1, \cdots, b_n)_{\mathcal{B}}$$

12.1. DEFINIÇÕES E EXEMPLOS

então

$$<u,v> = \sum_{i,j=1}^{n} a_i b_j <v_i, v_j>.$$

Com isso, a informação sobre o produto interno estará contida essencialmente nos valores $<v_i, v_j>$, com $i,j = 1, \cdots, n$. Voltaremos a isso na próxima seção, onde iremos ver que poderemos muitas vezes considerar bases em que a soma acima fique bastante simplificada.

Observação 12.2 Como mencionado no início do capítulo, nós nos concentramos nos espaços vetoriais sobre $\mathbb{R}$. É claro que uma noção similar pode ser feita para espaços vetoriais sobre $\mathbb{C}$, mas a definição dada tem que ser adaptada a este contexto. Por exemplo, se V for um espaço vetorial sobre $\mathbb{C}$, então a condição (P3) teria que ser substituída pela condição:

- (P3') $<u,v> = \overline{<v,u>}$, para todos $u, v \in V$

(onde $\bar{z}$ indica o conjugado de z). Não faremos a discussão desse caso geral aqui e indicamos o livro [2] para tal (veja também o Exercício 12.9 onde se pede para mostrar que as condições impostas para produtos internos sobre espaços vetoriais reais não servem para espaços vetoriais complexos).

Norma e distância.

Se voltarmos a analisar $V = \mathbb{R}^2$ com o produto interno usual, podemos observar que o valor $<(x_1, y_1), (x_1, y_1)> = x_1^2 + y_1^2$ é o quadrado da distância do ponto (x_1, y_1) à origem $(0,0)$. Esta distância é normalmente chamada de norma do vetor (x_1, y_1). Podemos, é claro, estender conceitos de norma e distância para espaços vetoriais mais gerais usando produtos internos. É o que faremos. Observe que, como $<u, u> \geq 0$ independentemente do produto interno definido em um espaço vetorial V e para todo $u \in V$, então podemos extrair a sua raiz quadrada.

Definição 12.2 Seja V um espaço vetorial com produto interno $<,>$.

(a) Dado um vetor $v \in V$, a sua **norma** é o valor $||v|| = \sqrt{<v,v>}$.

(b) Dizemos que um vetor $v \in V$ é **unitário** se $||v|| = 1$.

(c) Dados dois vetores $u, v \in V$, a **distância de** u **a** v é definida como sendo o valor $d(u,v) = ||u - v||$ $(= \sqrt{<u-v, u-v>})$.

Observação 12.3 Seja V um espaço vetorial com produto interno $<\,,\,>$. então

(a) $||v|| \geq 0$ para todo $v \in V$ e $||v|| = 0$ se e somente se $v = 0$.

(b) $||\lambda v|| = |\lambda|\, ||v||$, para todos $v \in V$ e todos $\lambda \in \mathbb{R}$.

Estas afirmações seguem facilmente das definições dadas e deixamos ao leitor escrever com detalhes suas justificativas.

Para registro, mencionamos as seguintes desigualdades e indicamos o livro [2] para demonstrações.

Proposição 12.1 Sejam V um espaço vetorial com produto interno $<\,,\,>$ e $u, v \in V$. Então

(a) (desigualdade de Cauchy-Schwarz) $|<u,v>| \leq ||u|| \cdot ||v||$.

(b) (desigualdade triangular) $||u + v|| \leq ||u|| + ||v||$.

Exemplo 12.7 Considerando em $\mathbb{R}^3$ o produto interno usual, a norma do vetor $u = (3, -1, 2)$ será

$$||u|| = \sqrt{<u,u>} = \sqrt{3^2 + (-1)^2 + 2^2} = \sqrt{14}$$

Por outro lado, a distância de u a $v = (2, 1, 0)$ será

$$d(u,v) = ||u - v|| = \sqrt{<(3,-1,2)-(2,1,0),(3,-1,2)-(2,1,0)>} =$$

$$= \sqrt{<(1,-2,2),(1,-2,2)>} = \sqrt{1^2 + (-2)^2 + 2^2} = 3$$

Exemplo 12.8 Considere em $V = \mathbb{R}\,[t]_2$ o produto interno

$$<p(t), q(t)> = p(-1)q(-1) + p(0)q(0) + p(1)q(1)$$

Vamos caracterizar os polinômios unitários de $\mathbb{R}\,[t]_2$, isto é, os polinômios $p(t) = at^2 + bt + c \in \mathbb{R}\,[t]_2$ tais que $||at^2 + bt + c|| = 1$. Mas

$$||at^2 + bt + c||^2 = (a - b + c)^2 + c^2 + (a + b + c)^2 = 2a^2 + 2b^2 + 3c^2 + 4ac$$

12.1. DEFINIÇÕES E EXEMPLOS

e, portanto, os polinômios unitários são os do tipo $p(t) = at^2 + bt + c$ tais que

$$2a^2 + 2b^2 + 3c^2 + 4ac = 1.$$

(observe que $2a^2 + 2b^2 + 3c^2 + 4ac = (\sqrt{2}a + \sqrt{2}c)^2 + 2b^2 + c^2$ é sempre positivo). Por exemplo, $t^2 - 1$, $\frac{\sqrt{2}}{2}t$ ou (o polinômio constante) $\frac{\sqrt{3}}{3}$ satisfazem tal relação.

EXERCÍCIOS

Exercício 12.1 Seja V um espaço vetorial sobre $\mathbb{R}$ com produto interno.

(a) Mostre que se $<u,v> = 0$ para todo $v \in V$, então $u = 0$.

(b) É verdade que $<u,v> = <w,v>$ implica que $u = w$? Mostre ou dê um contra-exemplo.

Exercício 12.2 Mostre que a função $<\,,\,>: \mathbb{R}^3 \times \mathbb{R}^3 \to \mathbb{R}$ dada por

$$<(x_1, x_2, x_3), (y_1, y_2, y_3)> = 2x_1y_1 + x_2y_2 + 7x_3y_3$$

para $(x_1, x_2, x_3), (y_1, y_2, y_3) \in \mathbb{R}^3$, é um produto interno em $\mathbb{R}^3$.

Exercício 12.3 Sejam $a_1, a_2 \in \mathbb{R}$. Mostre que

$$<(x_1, x_2), (y_1, y_2)> = a_1 x_1 y_1 + a_2 x_2 y_2$$

define um produto interno em $\mathbb{R}^2$ se e somente se $a_1 > 0$ e $a_2 > 0$. Generalize esse resultado para $\mathbb{R}^n$.

Exercício 12.4 Considere em $\mathbb{R}[t]_2$ o produto interno dado por

$$<p(t), q(t)> = p(-1)q(-1) + p(0)q(0) + p(1)q(1).$$

(a) Determine um polinômio $q(t) \in \mathbb{R}[t]_2$ que satisfaça $<q(t), t^2> = 1$, $<q(t), t> = 2$ e $<q(t), 1> = -1$.

(b) Caracterize os polinômios $p(t)$ de $\mathbb{R}[t]^2$ que satisfaçam $<p(t), t> = 1$.

Exercício 12.5 Em $\mathbb{R}[t]_2$, calcule $\| t^2 - 2t + 1 \|$ em relação aos seguintes produtos internos:

(a) $< p(t), q(t) >_1 = p(-2)q(-2) + p(-1)q(-1) + p(0)q(0) + p(1)q(1)$;

(b) $< p(t), q(t) >_2 = \int_{-1}^{1} p(t)q(t)dt$.

Exercício 12.6 Sejam $V = R[t]_n$ e $a_1, \cdots, a_m \in \mathbb{R}$. Mostre que se $m \leq n$, então a função $f: V \times V \longrightarrow \mathbb{R}$ dada por

$$f(p(t), q(t)) = p(a_1)q(a_1) + \cdots + p(a_m)q(a_m) = \sum_{i=1}^{m} p(a_i)q(a_i),$$

para $p(t), q(t) \in \mathbb{R}[t]_n$ **não** define um produto interno em V.

Exercício 12.7 Considere em $\mathbb{M}_2(\mathbb{R})$ o produto interno $< A, B > = \operatorname{tr}(B^t A)$.

(a) Calcule $\left\| \begin{pmatrix} 2 & 0 \\ 1 & -1 \end{pmatrix} \right\|$.

(b) Exiba duas matrizes em $\mathbb{M}_2(\mathbb{R})$ com norma igual a 1 com relação a esse produto interno.

Exercício 12.8 Sejam V um espaço vetorial sobre $\mathbb{R}$ e $u, v \in V$. Mostre que

(a) $||u + v||^2 = ||u||^2 + 2 < u, v > + ||v||^2$.

(b) $||u - v||^2 = ||u||^2 - 2 < u, v > + ||v||^2$.

(c) $\langle u, v \rangle = \frac{1}{4} \| u + v \|^2 - \frac{1}{4} \| u - v \|^2$.

(d) (lei do paralelogramo): $\| u + v \|^2 + \| u - v \|^2 = 2 \| u \|^2 + 2 \| v \|^2$.

Exercício 12.9 Seja V um espaço vetorial sobre $\mathbb{C}$. Mostre que não existe uma função $f: V \times V \longrightarrow \mathbb{C}$ que satisfaça as propriedades (1) $f(\lambda v_1, v_2)$, para $\lambda \in \mathbb{C}$ e $v_1, v_2 \in V$; (2) $f(v_1, v_2) = f(v_2, v_1)$ para $v_1, v_2 \in V$; e (3) $f(v, v) > 0$ para $v \in V, v \neq 0$.

12.2 Ortogonalidade

Como vimos na seção anterior, o produto interno usual em $\mathbb{R}^2$ é dado por

$$< (x_1, y_1), (x_2, y_2) > \ = \ x_1 x_2 + y_1 y_2$$

Também vimos, no Capítulo 11, que este valor representa o cosseno do ângulo formado entre as retas que passam pela origem e pelos vetores (x_1, y_1) e (x_2, y_2), se os assumirmos unitários. Quando esse ângulo for $90°$, isto é, quando as correspondentes retas forem perpendiculares (ou ortogonais), concluímos que $< (x_1, y_1), (x_2, y_2) > \ = \ 0$. Vamos usar essa terminologia de uma forma mais geral.

Definição 12.3 Seja V um espaço vetorial com produto interno $< \ , \ >$. Dois vetores $u, v \in V$ são ditos **ortogonais** se $< u, v > \ = \ 0$. Neste caso, denotamos $u \perp v$. Iremos denotar o fato de dois vetores $u, v \in V$ não serem ortogonais por $u \not\perp v$.

Decorre da Observação 12.1(c) que o vetor nulo é ortogonal a qualquer outro vetor do espaço vetorial V considerado, isto é, $0 \perp v$, para todo $v \in V$.

Exemplo 12.9 Seja $V = \mathbb{R}^3$ com o produto interno usual. Então

$$(1,1,1) \perp (1,-1,0) : \quad <(1,1,1),(1,-1,0)> \ = \ 0$$
$$(1,2,1) \perp (2,-2,2) : \quad <(1,2,1),(2,-2,2)> \ = \ 0$$
$$(1,2,1) \not\perp (1,-1,-1) : \quad <(1,2,1),(1,-1,-1)> \ = \ -2$$

Exemplo 12.10 Seja $V = \mathbb{R}[t]_2$ e produto interno dado por

$$< p(t), q(t) > \ = \ p(-1)q(-1) + p(0)q(0) + p(1)q(1)$$

para $p(t), q(t) \in \mathbb{R}[t]_2$. Com relação a este produto interno, teremos

$$t \perp t^2 - 1 : \quad <t, t^2-1> \ = (-1) \cdot 0 + 0 \cdot (-1) + 1 \cdot 0 \ = \ 0$$
$$t \perp t^2 : \quad <t, t^2> \ = (-1) \cdot 1 + 0 \cdot 0 + 1 \cdot 1 \ = \ 0$$
$$1 \perp t : \quad <1, t> \ = 1 \cdot (-1) + 1 \cdot 0 + 1 \cdot 1 \ = \ 0$$
$$1 \not\perp t^2 : \quad <1, t^2> \ = 1 \cdot 1 + 1 \cdot 0 + 1 \cdot 1 \ = \ 2 \neq 0$$

Podemos munir $\mathbb{R}[t]_2$, por exemplo, de um outro produto interno (vamos indicar por $< \ , \ >_1$ para diferenciar do acima):

$$< p(t), q(t) >_1 \ = \ p(0)q(0) + p(1)q(1) + p(2)q(2)$$

para $p(t), q(t) \in \mathbb{R}[t]_2$. É claro que, com este novo produto interno, a relação de ortogonalidade entre os polinômios dados acima poderá ser diferente. De fato,

$$t \not\perp t^2 - 1 : \quad < t, t^2 - 1 >_1 = 0 \cdot (-1) + 1 \cdot 0 + 2 \cdot 3 = 6 \neq 0$$
$$t \not\perp t^2 : \quad < t, t^2 >_1 = 0 \cdot 0 + 1 \cdot 1 + 2 \cdot 4 = 9 \neq 0$$
$$t \perp t^2 - 3t + 2 : \quad < t, t^2 - 3t + 2 >_1 = 0 \cdot 2 + 1 \cdot 0 + 2 \cdot 0 = 0$$

Sejam V um espaço vetorial com produto interno $<\,,\,>$ e $U \subset V$ um subespaço de V. Considere $v \in V$ tal que $v \perp u$ para todo $u \in U$. Indicamos essa situação por $v \perp U$ e dizemos que v é **ortogonal ao subespaço** U.

Exemplo 12.11 Seja $U = [(1,2,0),(1,-1,1)]$ o subespaço de $\mathbb{R}^3$ gerado pelos vetores $(1,2,0)$ e $(1,-1,1)$ e considere o vetor $(2,-1,3) \in \mathbb{R}^3$. Queremos mostrar que $(2,-1,3) \perp U$ e, para tal, precisamos mostrar que $(2,-1,3) \perp u$ para todo $u \in U$. Observe, no entanto, que, para $u \in U$, existem $\alpha, \beta \in \mathbb{R}$ tais que $u = \alpha(1,2,0) + \beta(1,-1,1)$. Vamos calcular $< (2,-1,3), u >$:

$$< (2,-1,3), u > \,=\, < (2,-1,3), \alpha(1,2,0) + \beta(1,-1,1) > \,=$$
$$=\, \alpha < (2,-1,3),(1,2,0) > +\beta < (2,-1,3),(1,-1,1) > \,=$$
$$=\, \alpha(1 \cdot 2 + 2 \cdot (-1) + 0 \cdot 3) + \beta(1 \cdot 2 + (-1) \cdot (-1) + 1 \cdot 3) \,=\, 0.$$

Logo, $v \perp u$ para todo $u \in U$, de onde segue que $v \perp U$.

Observe que o que está por trás da conta no exemplo acima é o fato de $(2,-1,3)$ ser ortogonal a um conjunto gerador de U (veja Exercício 12.12).

Para finalizar esta seção, vamos olhar agora para o conjunto de todos os vetores $v \in V$ tais que $v \perp U$, isto é, para o conjunto

$$U^\perp \,=\, \{v \in V : v \perp u,\text{ para todo } u \in U\}.$$

Tal conjunto é um subespaço vetorial de V (mostre isso!) tal que a intersecção $U \cap U^\perp$ é igual a $\{0\}$ (mostre isso também).

Exemplo 12.12 Sejam $V = \mathbb{R}[t]_2$ com o seguinte produto interno

$$< p(t), q(t) > \,=\, p(-1)q(-1) + p(0)q(0) + p(1)q(1)$$

12.2. ORTOGONALIDADE

e U o subespaço de V gerado por $\{t, t^2 - 1\}$. Vamos descrever os elementos $p(t) = at^2 + bt + c$ de V que pertençam a $U^\perp$. Como observado acima (veja também o Exercício 12.12), basta analisarmos quando $p(t)$ for ortogonal aos elementos de um conjunto gerador de U. Aqui, bastaria, então, ver quando $<at^2+bt+c, t> = 0$ e $<at^2+bt+c, t^2-1> = 0$. Calculando-se esse produtos, chegamos a $b = 0$ e $c = 0$. Portanto, $p(t) = at^2$ e $U^\perp = [t^2]$.

EXERCÍCIOS

Exercício 12.10 Seja V um espaço vetorial com produto interno $<,>$.

(a) Mostre que se $u \perp v$ para todo $v \in V$, então $u = 0$.

(b) Mostre que se $u \perp v$ e $\alpha, \beta \in \mathbb{R}$, então $\alpha u \perp \beta v$.

(c) Mostre que se $u \perp v$ com $u \neq 0$ e $v \neq 0$, então $\{u, v\}$ é l.i.

Exercício 12.11 Seja V um espaço vetorial sobre $\mathbb{R}$ munido de produto interno e sejam $u, v \in V$. Mostre que as seguintes afirmações são equivalentes:

(a) $u \perp v$.

(b) $\| u + v \|^2 = \| u \|^2 + \| v \|^2$.

(c) $\| u + v \| = \| u - v \|$.

Exercício 12.12 Sejam V um espaço vetorial com produto interno $<,>$, $v \in V$ e $U \subset V$ um subespaço vetorial de V com conjunto gerador $\{u_1, \cdots, u_m\}$. Mostre que $v \perp U$ se e só se $v \perp u_i$ para $i = 1, \cdots, m$.

Exercício 12.13 Considere em $V = \mathbb{R}[t]_2$ o seguinte produto interno $<p(t), q(t)> = p(-1)q(-1) + p(0)q(0) + p(1)q(1)$. Mostre que $t^2 + t$ é perpendicular ao subespaço U de $\mathbb{R}[t]_2$ gerado pelos polinômios $t^2 - t$ e $t^2 - 1$.

Exercício 12.14 Considere em $V = \mathbb{R}^4$ o subespaço U gerado por $(1, -2, 0, 1)$ e $(0, 1, 1, 2)$. Ache uma base para $U^\perp$.

Exercício 12.15 Sejam V um espaço vetorial com produto interno e U um subespaço de V. Mostre que $U^\perp$ é um subespaço de V e que $U \cap U^\perp = \{0\}$.

12.3 Bases ortogonais

Conforme vimos na seção anterior, se $\mathcal{B} = \{v_1, \cdots, v_n\}$ for uma base de um espaço vetorial V com produto interno $<\,,\,>$, então, para vetores $u = \sum_{i=1}^{n} a_i v_i$ e $v = \sum_{j=1}^{n} b_j v_j$, temos

$$< \sum_{i=1}^{n} a_i v_i, \sum_{j=1}^{n} b_j v_j > = \sum_{i,j=1}^{n} a_i b_j < v_i, v_j >.$$

Observe que, se a base $\mathcal{B}$ for tal que $v_i \perp v_j$, para $i \neq j$, podemos simplificar a conta acima para

$$< \sum_{i=1}^{n} a_i v_i, \sum_{j=1}^{n} b_j v_j > = \sum_{i=1}^{n} a_i b_i < v_i, v_i > = \sum_{i=1}^{n} a_i b_i \|v_i\|^2$$

que, ao invés de poder ter até n^2 termos não nulos, terá no máximo n. Além disso, se escolhermos os elementos de $\mathcal{B}$ satisfazendo, em adição, $\|v_i\|^2 = 1$, isto é, se os elementos desta base forem vetores unitários, a relação se reduz ainda mais, e chegamos a

$$< \sum_{i=1}^{n} a_i v_i, \sum_{j=1}^{n} b_j v_j > = \sum_{i=1}^{n} a_i b_i$$

Antes de prosseguirmos, observe que a expressão acima é parecida com a do produto interno usual quando o espaço é $\mathbb{R}^n$ e a base é a sua base canônica (ver Exemplo 12.1). Esta é mais uma característica do uso de coordenadas em um espaço vetorial de dimensão finita.

As contas acima sugerem-nos trabalhar com bases onde os elementos são ortogonais dois a dois e têm a norma igual a 1. É claro que precisamos verificar quando é que tais bases existem, o que nem sempre é verdade. Mas antes, vamos estabelecer uma nomenclatura para descrever tais situações.

Definição 12.4 Sejam V um espaço vetorial com produto interno e $\mathcal{B}$ uma base de V.

(a) Dizemos que $\mathcal{B}$ é **ortogonal** se $u \perp v$ para todos $u, v \in \mathcal{B}$ com $u \neq v$.

(b) Dizemos que $\mathcal{B}$ é **ortonormal** se for ortogonal e todos os seus elementos forem unitários.

12.3. BASES ORTOGONAIS

Observe que, a partir de uma base ortogonal, sempre se pode conseguir uma base ortonormal. De fato, se $\mathcal{B}$ for uma base ortogonal de um espaço V, então o conjunto $\mathcal{C} = \left\{ \frac{v}{\|v\|} : v \in \mathcal{B} \right\}$ será uma base ortonormal de V (verifique!).

Exemplo 12.13 Seja $V = \mathbb{R}^n$ com o produto interno usual. Então a base canônica é ortonormal.

Exemplo 12.14 A base $\mathcal{B} = \{(1-2),(2,1)\}$ em $\mathbb{R}^2$ é ortogonal. De fato, $<(1,-2),(2,1)> = 2-2 = 0$. Mas não é ortonormal, pois $\|(1,-2)\| = \sqrt{1+(-2)^2} = \sqrt{5} \neq 1$. Também, $\|(2,1)\| = \sqrt{5}$. Como observamos acima, se dividirmos os vetores de $\mathcal{B}$ por suas normas, teremos então uma base ortonormal. Como

$$\frac{(1,-2)}{\|(1,-2)\|} = \frac{(1,-2)}{\sqrt{5}} = \left(\frac{\sqrt{5}}{5}, \frac{-2\sqrt{5}}{5}\right) \quad \text{e} \quad \frac{(2,1)}{\|(2,1)\|} = \frac{(2,1)}{\sqrt{5}} = \left(\frac{2\sqrt{5}}{5}, \frac{\sqrt{5}}{5}\right)$$

concluímos que a base

$$\mathcal{B}' = \left\{ \left(\frac{\sqrt{5}}{5}, \frac{-2\sqrt{5}}{5}\right), \left(\frac{2\sqrt{5}}{5}, \frac{\sqrt{5}}{5}\right) \right\}$$

de $\mathbb{R}^2$ é ortonormal.

Exemplo 12.15 Se, em $V = \mathbb{R}^2$, considerarmos o produto interno dado por

$$<(x_1,y_1),(x_2,y_2)> = 2x_1x_2 + x_1y_2 + y_1x_2 + 3y_1y_2$$

então a base canônica $\{(1,0),(0,1)\}$ de $\mathbb{R}^2$ não é ortogonal pois

$$(1,0) \not\perp (0,1) : <(1,0),(0,1)> = 1 \neq 0$$

Além disso, observe que seus vetores não são unitários:

$$<(1,0),(1,0)> = 2 \neq 1 \quad \text{e} \quad <(0,1),(0,1)> 3 \neq 1$$

Exemplo 12.16 Considere o espaço $V = \mathbb{R}[t]_n$ e valores $a_1, \cdots, a_m \in \mathbb{R}$ (distintos) com $m > n \geq 2$. Para o produto interno

$$<p(t),q(t)> = p(a_1)q(a_1) + \cdots + p(a_m)q(a_m) = \sum_{i=1}^{m} p(a_i)q(a_i),$$

onde $p, q \in \mathbb{R}[t]_n$, a base canônica $\{1, t, t^2, \cdots, t^n\}$ não é nunca ortogonal pois, por exemplo,
$$< 1, t^2 > = a_1^2 + \cdots + a_m^2 > 0$$
(observe que ao menos um dos a_i's é distinto de zero).

Processo de Ortogonalização.

Como vimos acima, existem vantagens em se trabalhar com bases ortonormais. Veremos que para um espaço vetorial de dimensão finita é sempre possível conseguir uma base ortonormal e, para tal, utilizamos o chamado *Processo de Ortogonalização de Gram-Schmidt*. Indicaremos apenas o método para se conseguir isso, deixando os detalhes para o leitor preencher (veja Exercício 12.22). Como observamos acima, a partir de uma base ortogonal, conseguimos de maneira bem simples uma base ortonormal (basta dividir os vetores por suas normas). Seja V um espaço vetorial de dimensão n.

(a) Considere uma base $\mathcal{B} = \{u_1, \cdots, u_n\}$ qualquer de V.

(b) Escreva $v_1 = u_1$.

(c) Troque o vetor u_2 por $v_2 = u_2 - \frac{<u_2, v_1>}{||v_1||^2} v_1$. Observe que $v_2 \neq 0$ e que $v_2 \perp v_1$.

(d) Para cada $j > 2$, construídos os vetores $v_1, \cdots, v_{j-1}$, troque o vetor u_j por
$$v_j = u_j - \frac{<u_j, v_1>}{||v_1||^2} v_1 - \frac{<u_j, v_2>}{||v_2||^2} v_2 - \cdots - \frac{<u_j, v_{j-1}>}{||v_{j-1}||^2} v_{j-1} =$$
$$= u_j - \sum_{i=1}^{j-1} \frac{<u_j, v_i>}{||v_i||^2} v_i$$

Observe que $v_j \neq 0$ e que $v_j \perp v_i$ para todo $i < j$.

(e) O conjunto $\mathcal{C} = \{v_1, \cdots, v_n\}$ descrito acima será uma base ortogonal de V.

(f) Por fim, $\mathcal{D} = \left\{ \frac{v_1}{||v_1||}, \cdots, \frac{v_n}{||v_n||} \right\}$ será uma base ortonormal de V.

12.3. BASES ORTOGONAIS

Este processo justifica a seguinte proposição.

Proposição 12.2 *Todo espaço vetorial de dimensão finita possui uma base ortonormal.*

Observe que o processo acima não serve para espaços vetoriais de dimensão infinita. Mais ainda, nem todo espaço vetorial de dimensão infinita possui uma base ortogonal (indicamos o texto [2] para uma discussão mais aprofundada).

Exemplo 12.17 Vamos construir uma base ortogonal do $\mathbb{R}^3$ contendo o vetor $(1, -2, 1)$. O primeiro passo será construir uma base qualquer de $\mathbb{R}^3$ contendo esse vetor. Por exemplo, a base $\mathcal{B} = \{(1, -2, 1), (0, 1, 0), (0, 0, 1)\}$ (utilize o método descrito no Capítulo 8 para definir tal base). Vamos achar agora, utilizando-se o processo acima, uma base ortogonal $\mathcal{C} = \{v_1, v_2, v_3\}$ de $\mathbb{R}^3$. Como queremos que o vetor $(1, -2, 1)$ pertença a $\mathcal{C}$, escolhemos $v_1 = (1, -2, 1)$. O próximo passo é conseguir um elemento ortogonal a v_1 a partir de $(0, 1, 0)$. Para tal, seguindo o processo descrito acima, devemos calcular:

$$v_2 = (0, 1, 0) - \frac{<(0,1,0),(1,-2,1)>}{||(1,-2,1)||^2}(1,-2,1)$$

Como

$$<(0,1,0),(1,-2,1)> = 0 \cdot 1 + 1 \cdot (-2) + 0 \cdot 1 = -2 \quad \text{e}$$
$$||(1,-2,1)||^2 = 1 \cdot 1 + (-2) \cdot (-2) + 1 \cdot 1 = 6$$

teremos que

$$v_2 = (0,1,0) - \left(\frac{-2}{6}\right)(1,-2,1) = \left(\frac{1}{3}, \frac{1}{3}, \frac{1}{3}\right)$$

Não é difícil ver que $\left(\frac{1}{3}, \frac{1}{3}, \frac{1}{3}\right) \perp (1, -2, 1)$ (basta calcular o produto interno entre estes dois vetores e verificar que é igual a zero). Observe também que todo múltiplo do vetor $\left(\frac{1}{3}, \frac{1}{3}, \frac{1}{3}\right)$ também será ortogonal a $(1, -2, 1)$ (ver Exercício 12.10 (b)). Por isso, para facilitar as contas a seguir, vamos escolher então $v_2 = (1, 1, 1)$. Por fim, vamos calcular v_3 a partir de $(0, 0, 1)$ que satisfaça $v_3 \perp v_1$ e $v_3 \perp v_2$. Seguindo o processo acima, segue

$$v_3 = (0,0,1) - \frac{<(0,0,1),(1,-2,1)>}{||(1,-2,1)||^2}(1,-2,1) - \frac{<(0,0,1),(1,1,1)>}{||(1,1,1)||^2}(1,1,1)$$

$$= (0,0,1) - \frac{1}{6}(1,-2,1) - \frac{1}{3}(1,1,1) = \left(-\frac{1}{2}, 0, \frac{1}{2}\right)$$

De novo, podemos escolher quaquer múltiplo de $\left(-\frac{1}{2}, 0, \frac{1}{2}\right)$ que a ortogonalidade com os vetores v_1 e v_2 irá se manter. Escolhemos, por exemplo, $v_3 = (-1, 0, 1)$. Com isto, $\mathcal{C} = \{(1,-2,1), (1,1,1), (-1,0,1)\}$ será uma base ortogonal de $\mathbb{R}^3$ que contém o vetor $(1,-2,1)$. Se dividirmos os elementos de $\mathcal{C}$ por suas normas, conseguimos a seguinte base ortonormal de $\mathbb{R}^3$:

$$\mathcal{C}' = \left\{ \left(\frac{1}{\sqrt{6}}, -\frac{2}{\sqrt{6}}, \frac{1}{\sqrt{6}}\right), \left(\frac{1}{\sqrt{3}}, \frac{1}{\sqrt{3}}, \frac{1}{\sqrt{3}}\right), \left(-\frac{1}{\sqrt{2}}, 0, \frac{1}{\sqrt{2}}\right) \right\}$$

Exemplo 12.18 Consideremos $V = \mathbb{R}[t]_2$ com produto interno

$$<p(t), q(t)> = p(-1)q(-1) + p(0)q(0) + p(1)q(1)$$

para todos polinômios $p(t), q(t) \in \mathbb{R}[t]_2$. Vamos achar uma base ortogonal de $\mathbb{R}[t]_2$. Vimos acima que, para esse produto interno, $1 \not\perp t^2$ e portanto a base canônica $\mathcal{C} = \{1, t, t^2\}$ não é ortogonal. Podemos, no entanto, construir uma base ortogonal $\mathcal{B} = \{p_1(t), p_2(t), p_3(t)\}$ a partir de $\mathcal{C}$ usando o método descrito acima. Escolha $p_1(t) = 1$ e vamos calcular $p_2(t)$ e $p_3(t)$ a partir daí:

$$p_2(t) = t - \frac{<t,1>}{||1||^2} 1 = t - \frac{0}{3} 1 = t$$

e $p_2(t) = t$ (observe que, como $t \perp 1$, então o próprio polinômio t apareceu naturalmente no cálculo acima). Para $p_3(t)$:

$$p_3(t) = t^2 - \frac{<t^2,1>}{||1||^2} 1 - \frac{<t^2,t>}{||t||^2} t = t^2 - \frac{2}{3} 1 - \frac{0}{2} t = t^2 - \frac{2}{3}.$$

Logo, $\mathcal{B} = \{1, t, t^2 - \frac{2}{3}\}$ é uma base ortogonal de $\mathbb{R}[t]_2$. Deixamos ao leitor encontrar uma base ortonormal de $\mathbb{R}[t]_2$.

EXERCÍCIOS

Exercício 12.16 Sejam $u = (-1, 2, 0)$ e $v = (2, 1, 2)$ em $\mathbb{R}^3$.

(a) Mostre que u e v são ortogonais.

(b) Encontre um vetor w que seja ortogonal a u e a v.

(c) Mostre que o conjunto $\{u, v, w\}$ é uma base para $\mathbb{R}^3$.

12.3. BASES ORTOGONAIS

Exercício 12.17 Encontre uma base ortogonal de $\mathbb{R}^3$ contendo ao menos um dos vetores da seguinte base $\{(1, -2, 0), (0, 1, 1), (2, 1, 1)\}$.

Exercício 12.18 Considere em $\mathbb{R}^3$ o seguinte produto interno

$$< (x_1, x_2, x_3), (y_1, y_2, y_3) > = 2x_1y_1 + 4x_2y_2 + x_3y_3.$$

Encontre uma base ortogonal de $\mathbb{R}^3$ contendo o vetor $(1, 2, 0)$.

Exercício 12.19 Considere em $\mathbb{R}[t]_2$ o seguinte produto interno

$$< p(t), q(t) > = p(-1)q(-1) + p(0)q(0) + p(1)q(1).$$

Encontre uma base ortogonal de $\mathbb{R}[t]_2$ contendo o polinômio t^2.

Exercício 12.20 Considere em $\mathbb{R}[t]_2$ o seguinte produto interno

$$< p(t), q(t) > = \int_0^1 p(t)q(t)dt$$

Encontre uma base ortogonal de $\mathbb{R}[t]_2$ contendo o polinômio t.

Exercício 12.21 Seja

$$V = \left\{ \begin{pmatrix} a & b \\ b & c \end{pmatrix} : a, b, c \in \mathbb{R} \right\}$$

o espaço vetorial das matrizes simétricas 2×2 sobre $\mathbb{R}$ e considere nele o produto interno dado por

$$< A, B > = \text{tr}(B^t A) \quad (\text{o traço da matriz } (B^t A)).$$

(a) Mostre que $\begin{pmatrix} 1 & 2 \\ 2 & 1 \end{pmatrix}$ e $\begin{pmatrix} 1 & 0 \\ 0 & -1 \end{pmatrix}$ são perpendiculares.

(b) Encontre uma base ortogonal para V contendo as matrizes do item (a).

Exercício 12.22 Utilizando-se as notações do *Processo de Ortogonalização de Gram-Schmidt*, mostre que

(a) se $j \geq 2$, $v_j \perp v_i$ para todo $i < j$ e $v_j \neq 0$.

(b) o conjunto $\mathcal{C} = \{v_1, \cdots, v_n\}$ é l.i..

Conclua então que $\mathcal{C}$ é uma base ortogonal de V.

12.4 Projeções

Tendo em mente o que fizemos no capítulo anterior quando analisamos, por exemplo, a projeção de um ponto em uma reta no $\mathbb{R}^2$, vamos generalizar aquela ideia utilizando o conceito de produto interno e os fatos acima discutidos sobre ortogonalidade.

- Sejam V um espaço vetorial com produto interno e $U \subsetneq V$ um subespaço próprio de V. Dado um elemento $v \in V$ que não pertença a U, queremos encontrar um elemento $w \in U$ tal que $v - w \perp u$, para todo $u \in U$, isto é, $v - w \perp U$.

Observamos, em primeiro lugar, que se existir um elemento w como acima, então ele será único. De fato, suponha que $w_1, w_2 \in U$ sejam dois elementos satisfazendo $v - w_1 \perp u$ e $v - w_2 \perp u$ para todo $u \in U$. De outra forma, teremos, para cada $u \in U$:

$$0 = <v-w_1, u> = <v,u> - <w_1,u> \quad \text{ou} \quad <v,u> = <w_1,u> \quad \text{e}$$
$$0 = <v-w_2, u> = <v,u> - <w_2,u> \quad \text{ou} \quad <v,u> = <w_2,u>$$

Logo, $<w_1, u> = <w_2, u>$ para todo $u \in U$, ou equivalentemente, $<w_1 - w_2, u> = 0$, para todo $u \in U$. Como $w_1 - w_2 \in U$, teríamos em particular que $<w_1 - w_2, w_1 - w_2> = 0$, mas isto só será possível se $w_1 - w_2$ for nulo (pela propriedade (P4) da definição de produto interno).

Um tal elemento w, caso exista, será chamado de **projeção de v sobre U** e o denotaremos por $w = \text{proj}_U v$. O resultado a seguir mostra uma situação onde a projeção existe.

Proposição 12.3 Sejam V um espaço vetorial com produto interno, $U \subset V$ um subespaço vetorial de dimensão finita e $v \in V$. Se $\mathcal{B} = \{u_1, \cdots, u_m\}$ for uma base ortogonal de U, então

(a) $\text{proj}_U v = \frac{<v,u_1>}{||u_1||^2} u_1 + \cdots + \frac{<v,u_m>}{||u_m||^2} u_m$

(b) O vetor $w = \text{proj}_U v$ é tal que $||v-w|| < ||v-u||$, para todo $u \in U, u \neq w$.

Deixamos ao leitor mostrar esse resultado com as técnicas desenvolvidas até aqui. Mas gostaríamos de destacar a semelhança da expressão da projeção dada na proposição com o que foi feito no *Processo de Ortogonalização de*

12.4. PROJEÇÕES

Gram-Schmidt. Incentivamos o leitor a interpretar o que foi feito geometricamente em $\mathbb{R}^3$.

Exemplo 12.19 Seja $\mathbb{R}^3$ com o produto interno usual e considere o seu subespaço $U = [(1,2,0), (-2,1,1)]$. Vamos encontrar as projeções dos vetores $v_1 = (-1, 3, -17)$ e $v_2 = (-1, 3, 1)$ em U. Observe inicialmente que os vetores $(1, 2, 0), (-2, 1, 1)$ são ortogonais pois

$$< (1,2,0), (-2,1,1) > \; = \; -2 + 2 + 0 = 0.$$

Logo $\{(1,2,0), (-2,1,1)\}$ será uma base ortogonal de U (veja o Exercício 12.10(c)). Podemos então utilizar a Proposição 12.3. Dela, segue que

$$\text{proj}_U(-1, 3, -17) =$$

$$= \frac{< (-1,3,-17), (1,2,0) >}{||(1,2,0)||^2}(1,2,0) + \frac{< (-1,3,-17), (-2,1,1) >}{||(-2,1,1)||^2}(-2,1,1)$$

Como

$$||(1,2,0)||^2 = 1 + 2^2 + 0 = 5, \quad ||(-2,1,1)||^2 = 4 + 1 + 1 = 6,$$

$$< (-1,3,-17), (1,2,0) > = -1 + 6 + 0 = 5 \quad \text{e}$$

$$< (-1,3,-17), (-2,1,1) > = 2 + 3 - 17 = -12$$

teremos então que

$$\text{proj}_U(-1, 3, -17) = \frac{5}{5}(1,2,0) + \frac{-12}{6}(-2,1,1) = (5, 0, -2)$$

Fazendo os mesmos cálculos para o vetor $v_2 = (-1, 3, 1)$, segue que

$$\text{proj}_U(-1, 3, 1) =$$

$$= \frac{< (-1,3,1), (1,2,0) >}{||(1,2,0)||^2}(1,2,0) + \frac{< (-1,3,1), (-2,1,1) >}{||(-2,1,1)||^2}(-2,1,1) =$$

$$= \frac{5}{5}(1,2,0) + \frac{6}{6}(-2,1,1) = (-1, 3, 1) = v_2$$

Observe que, pelo fato de v_2 pertencer a U, a sua projeção em U será igual ao próprio vetor.

Exemplo 12.20 Vamos achar a projeção do vetor $(1, 0, -2, 1) \in \mathbb{R}^4$ sobre o subespaço $U = [(1,0,0,1), (0,1,0,-1)]$. Para utilizarmos a fórmula dada na Proposição 12.3, precisamos de uma base ortogonal de U. No entanto, a base indicada $\mathcal{B} = \{(1,0,0,1), (0,1,0,-1)\}$ de U não é ortogonal (pois $<(1,0,0,1), (0,1,0,-1)> = -1 \neq 0$). O primeiro passo será, então, construir uma base ortogonal $\mathcal{C} = \{v_1, v_2\}$ a partir de $\mathcal{B}$. Pelo processo de Gram-Schmidt, teremos

$$v_1 = (1, 0, 0, 1)$$

$$v_2 = (0, 1, 0, -1) - \frac{<(0,1,0,-1),(1,0,0,1)>}{\|(1,0,0,1)\|^2}(1,0,0,1) =$$

$$= (0, 1, 0, -1) - \frac{-1}{2}(1,0,0,1) = \left(\frac{1}{2}, 1, 0, -\frac{1}{2}\right)$$

Logo, $\mathcal{C} = \{(1,0,0,1), (1/2, 1, 0, -1/2)\}$ é base ortogonal de U. Agora, utilizando essa base, teremos

$$\text{proj}_U(1, 0, -2, 1) = \frac{<(1,0,-2,1),(1,0,0,1)>}{\|(1,0,0,1)\|^2}(1,0,0,1) +$$

$$+ \frac{<(1,0,-2,1),(\frac{1}{2},1,0,-\frac{1}{2})>}{\|(\frac{1}{2},1,0,-\frac{1}{2})\|^2}(\frac{1}{2},1,0,-\frac{1}{2}) =$$

$$= \frac{2}{2}(1,0,0,1) + 0(\frac{1}{2},1,0,-\frac{1}{2}) = (1,0,0,1)$$

Observe que, nesse caso, a projeção foi justamente o vetor $(1, 0, 0, 1)$ que é um dos geradores iniciais dados (isso tem a ver com o fato de que $(1, 0, -2, 1)$ ser ortogonal ao outro vetor da base de $\mathcal{C}$?).

Exemplo 12.21 Vamos projetar o polinômio $t^2 - t + 1$ sobre o subespaço de $\mathbb{R}[t]_2$ gerado pelos polinômios $\{1, t+1\}$ com relação ao produto interno

$$<p(t), q(t)> = p(-1)q(-1) + p(0)q(0) + p(1)q(1)$$

É fácil ver que $1 \not\perp t+1$ (pois $<1, t+1> = 1 \cdot 0 + 1 \cdot 1 + 1 \cdot 2 = 3$). Então, também aqui, o primeiro passo será acharmos uma base ortogonal para o subespaço $U = [1, t + 1]$ a fim de usarmos a Proposição 12.3. Utilizando-se o método de Gram-Schmidt, podemos calcular a base ortogonal $\mathcal{C} = \{p_1(t), p_2(t)\}$ de U, onde

$$p_1(t) = 1$$

12.4. PROJEÇÕES

$$p_2(t) = (t+1) - \frac{<t+1,1>}{||1||^2} = (t+1) - \frac{3}{3}1 = t$$

Agora, a projeção procurada será então

$$\text{proj}_U(t^2 - t + 1) = \frac{<t^2-t+1,1>}{||1||^2}1 + \frac{<t^2-t+1,t>}{||t||^2}t = -t + \frac{5}{3}$$

Vamos finalizar o capítulo com os seguintes resultados.

Proposição 12.4 Sejam V um espaço vetorial e U um subespaço de V de dimensão finita. Então $V = U \oplus U^\perp$

DEMONSTRAÇÃO. Vimos na seção anterior que $U^\perp$ é um subespaço de V e que $U \cap U^\perp = \{0\}$ (ver Exercício 12.15). Para provarmos o resultado, faltaria mostrar que todo $v \in V$ se escreve da forma $v = v_1 + v_2$ com $v_1 \in U$ e $v_2 \in U^\perp$. Pela Proposição 12.3, sabemos que existe a projeção $w = \text{proj}_U v$ de v sobre U. Por definição, $w \in U$. Por outro lado, vale que $v - w \perp u$ para todo $u \in U$, isto é, $v - w \in U^\perp$. Desta forma, $v = w + (v - w)$ é a decomposição que buscávamos. □

Corolário 12.1 Sejam V um espaço vetorial de dimensão finita e U um subespaço de V. Então

$$\dim_\mathbb{R} V = \dim_\mathbb{R} U + \dim_\mathbb{R} U^\perp.$$

DEMONSTRAÇÃO. Utilize o resultado acima e o Exercício 8.11. □

EXERCÍCIOS

Exercício 12.23 Considere em $V = \mathbb{R}^3$ o subespaço U com base ortogonal $\{(1, -2, 1), (1, 1, 1)\}$. Calcule $\text{proj}_U(-1, 0, 1)$ e $\text{proj}_U(2, -1, 2)$ em U.

Exercício 12.24 Calcule a projeção do vetor $(4, 6, 2) \in \mathbb{R}^3$ no plano do $\mathbb{R}^3$ gerado pelos vetores $(-1, 1, 0)$ e $(1, 0, 2)$.

Exercício 12.25 Calcule a projeção do vetor $(-2, 1, 0, 4) \in \mathbb{R}^4$ sobre o subespaço U de $\mathbb{R}^4$ gerado pelos vetores $u_1 = (1, 0, 0, 1)$ e $u_2 = (-1, 0, 1, 0)$ e $u_3 = (-1, 1, 2, 1)$.

Exercício 12.26 Considere em $\mathbb{R}[t]_3$ o produto interno

$$\langle p(t), q(t) \rangle = \sum_{k=-2}^{2} p(k)q(k).$$

Calcule a projeção $\text{proj}_{\mathbb{R}[t]_1}(t^2 - 1)$ (utilize a base ortogonal $\{1, t\}$ de $\mathbb{R}[t]_1$).

Exercício 12.27 Considere o espaço $V = \mathbb{R}[t]_3$ com produto interno

$$< f(t), g(t) > = \int_0^1 f(t)g(t)\, dt, \quad \text{para} \quad f(t), g(t) \in V$$

e considere $W = [2, 2t - 1]$.

(a) Mostre que $\{2, 2t - 1\}$ é base ortogonal de W.

(b) Calcule a projeção $\text{proj}_W(t^3 - 1)$.

Exercício 12.28 Considere em $\mathbb{M}_2(\mathbb{R})$ o produto interno

$$< A, B > = \text{tr}(B^t A) \quad \text{para} \quad A, B \in \mathbb{M}_2(\mathbb{R}).$$

Calcule a projeção da matriz

$$\begin{pmatrix} 1 & -2 \\ 4 & 0 \end{pmatrix} \in \mathbb{M}_2(\mathbb{R})$$

sobre o subespaço W de $M_2(\mathbb{R})$ gerado pelas matrizes

$$\begin{pmatrix} 0 & 1 \\ 1 & 0 \end{pmatrix}, \quad \begin{pmatrix} 0 & -1 \\ 0 & 1 \end{pmatrix} \quad \text{e} \quad \begin{pmatrix} 1 & -1 \\ 1 & 2 \end{pmatrix}.$$

Capítulo 13

Apêndices

13.1 Exercícios propostos - resultados e dicas

p.e. significa *por exemplo*.

Capítulo 1

1.1 Como $\frac{a}{b} = \frac{a'}{b'}$ e $\frac{c}{d} = \frac{c'}{d'}$, então $ab' = ba'$ e $cd' = dc'$. Com isso,

$$(ac)(b'd') = (ab')(cd') = (ba')(dc') = (bd)(a'c')$$

e portanto $\frac{ac}{bd} = \frac{a'c'}{b'd'}$, o que nos garante que a multiplicação está bem definida. Similar para a adição. Observe que usamos a associatividade e a comutatividade da multiplicação em $\mathbb{Z}$.

1.2 Por exemplo, para mostrar que $\frac{a}{b} + \frac{c}{d} = \frac{c}{d} + \frac{a}{b}$ (comutatividade da adição em $\mathbb{Q}$), observe que

$$\frac{a}{b} + \frac{c}{d} = \frac{ad + bc}{bd} = \frac{cb + da}{db} = \frac{c}{d} + \frac{a}{b}$$

(utilizamos a comutatividade das operações de adição e multiplicação de $\mathbb{Z}$).

1.6 O inverso de um elemento $a + bi \in \mathbb{C}$ não nulo é um elemento $x + yi \in \mathbb{C}$ tal que $(a + bi)(x + yi) = 1$. Como $(a + bi)(x + yi) = (ax - by) + (bx + ay)i$, chegamos a um sistema

$$\begin{cases} ax - by = 1 \\ bx + ay = 0 \end{cases} \quad \text{que tem solução} \quad x = \frac{a}{a^2 + b^2} \quad \text{e} \quad y = \frac{-b}{a^2 + b^2}$$

Dessa forma, o inverso de $a + bi$ será $\frac{a-bi}{a^2+b^2}$.

O inverso de $2 - 3i$ é $\frac{2+3i}{13i}$, o inverso de $\frac{4i}{5}$ é $\frac{-5}{4}i$ e o inverso de $\pi + \frac{i}{\pi}$ é $\frac{\pi^3-\pi i}{\pi^4+1}$.

1.7(a) só em $\mathbb{C}$: $\frac{-3-6i}{9}$; **(b)** em $\mathbb{R}, \mathbb{C}$: -2; **(c)** só em $\mathbb{Q}, \mathbb{R}$: $\frac{1}{2}$.

1.8(a) $(4, 9)$; **(b)** $(0, -23, -2)$.

1.11(a) $\sqrt{5}$; **(b)** $\sqrt{13}$; **(c)** 3.

1.12(a) $y = -4x+3$, $(x, y) = (1, -1)+\lambda(-1, 4)$; **(b)** $y = \frac{x}{2}+2$, $(x, y) = (0, 2)+\lambda(2, 1)$; **(c)** $y = -2x$, $(x, y) = \lambda(1, -2)$; **(d)** $y = -1$, $(x, y) = (-1, -1)+\lambda(3, 0)$

1.15(a) $g \circ f : \mathbb{R} \longrightarrow \mathbb{R}$ é dada por $(g \circ f)(x) = |x|$ ($=$ módulo do valor x) e $f \circ g : \mathbb{R}_+ \longrightarrow \mathbb{R}$ é dada por $(f \circ g)(y) = y$.

(b) $g \circ f : \mathbb{R}^2 \longrightarrow \mathbb{R}^3$ é $(g \circ f)(x, y) = (2x, 3y, 0)$ e $f \circ g$ não está definida.

1.17 *injetoras*: f_3, f_4, f_5, f_8; *sobrejetoras*: f_2, f_4, f_5, f_7. Inversas das bijetoras: $f_4^{-1}: [-1, 1] \longrightarrow [\frac{-\pi}{2}, \frac{\pi}{2}]$ dada por $f_4^{-1}(y) = \arcsen(y)$; e $f_5^{-1}: \mathbb{R}^2 \longrightarrow \mathbb{R}^2$ dada por $f_5^{-1}(z, w) = \left(\frac{z}{2}, \frac{w-1}{3}\right)$.

1.18(a) Sejam $x_1, x_2 \in A$ tais que $f(x_1) = f(x_2)$. Então $g(f(x_1)) = g(f(x_2))$. Como $g \circ f$ é injetora, segue que $x_1 = x_2$, o que nos mostra que f é injetora.

(b) Para $z \in C$, achar $y \in B$ tal que $g(y) = z$. Como $g \circ f$ é sobrejetora, existe $x \in A$ tal que $(g \circ f)(x) = z$. Então $y = f(x) \in B$ satisfaz o que necessitamos.

Capítulo 2

2.1(a) $(0, 2)$ **(b)** sem solução **(c)** sem solução

2.3 Sem solução em $\mathbb{Z}$. Solução em $\mathbb{Q}, \mathbb{R}$: $x = \frac{1}{2}, y = \frac{1}{6}$.

2.4 Para o sistema (I), em função de z : $x = \frac{z}{11}, y = \frac{7z}{11}$; em função de x : $y = 7x, z = 11x$; em função de y : $z = \frac{11y}{7}, x = \frac{y}{7}$.

2.9 os sistemas abaixos são equivalentes com conjunto solução $\{(1, 1)\}$:

$$\begin{cases} x + y = 2 & (1) \\ x - y = 0 & (2) \\ 5x - y = 4 & (3) \end{cases} \sim \begin{cases} x + y = 2 & (1) \\ x - y = 0 & (2) \\ 0 = 0 & (3') = 0 \times (3) \end{cases}$$

13.1. EXERCÍCIOS PROPOSTOS - RESULTADOS E DICAS

2.10(a) Sistema compatível e determinado, com solução $(\frac{6}{15}, -\frac{7}{15}, -\frac{17}{30}, -\frac{11}{30})$:

$$\begin{cases} x_1 & = \frac{6}{15} \\ x_2 & = -\frac{7}{15} \\ x_3 & = -\frac{17}{30} \\ x_4 & = -\frac{11}{30} \end{cases}$$

(d) sistema incompatível

(b) $\begin{cases} x + \frac{3}{13}z = \frac{1}{13} \\ y - \frac{5}{13}z = \frac{19}{13} \end{cases}$ sistema compatível indeterminado
solução $(1 - 3z, 19 + 5z, 13z)$ $z \in \mathbb{R}$

(c) $\begin{cases} x = 3 - \sqrt{6} \\ y = 2 - \sqrt{6} \end{cases}$ sistema compatível determinado
solução $(3 - \sqrt{6}, 2 - \sqrt{6})$

2.12 Equação 3 = $\left(\frac{a+b}{2}\right)$(Equação 1) + $\left(\frac{a-b}{2}\right)$(Equação 2)

Capítulo 3

3.5 Produtos possíveis: $BC = (-3)$; $BA = \begin{pmatrix} 1 & -3 \end{pmatrix}$;

$$AD = \begin{pmatrix} -4 & 5 \\ 6 & -3 \\ 4 & 0 \end{pmatrix}; \quad CB = \begin{pmatrix} 2 & 0 & -2 \\ -2 & 0 & 2 \\ 5 & 0 & -5 \end{pmatrix}$$

3.7 $A = 1 \cdot C + 2 \cdot D$; B não se escreve como combinação linear de C e D.

3.10(a), (c), (e) Multiplicar à esquerda, respectivamente, por

$$\begin{pmatrix} 1 & 0 & 0 \\ 0 & 0 & 1 \\ 0 & 1 & 0 \end{pmatrix} \quad \begin{pmatrix} 1 & 0 & 0 \\ 0 & 1 & 0 \\ 0 & 0 & -6 \end{pmatrix} \quad \begin{pmatrix} 1 & 0 & 1 \\ 0 & 1 & 0 \\ 0 & 0 & 1 \end{pmatrix}$$

(b), (d), (f) Multiplicar à direita, respectivamente, por

$$\begin{pmatrix} 0 & 0 & 0 & 1 \\ 0 & 1 & 0 & 0 \\ 0 & 0 & 1 & 0 \\ 1 & 0 & 0 & 0 \end{pmatrix} \quad \begin{pmatrix} 1 & 0 & 0 & 0 \\ 0 & 3 & 0 & 0 \\ 0 & 0 & 1 & 0 \\ 0 & 0 & 0 & 1 \end{pmatrix} \quad \begin{pmatrix} 1 & 0 & 1 & 0 \\ 0 & 1 & 0 & 0 \\ 0 & 0 & 1 & 0 \\ 0 & 0 & 0 & 1 \end{pmatrix}$$

3.15(a) posto = 2; **(b)** posto = 2; **(c)** posto = 4; **(d)** posto = 3.

3.17

(a) $\begin{pmatrix} 1 & 0 & 0 & 0 \\ 0 & 0 & 0 & 1 \\ 0 & 0 & 1 & 0 \\ 0 & 1 & 0 & 0 \end{pmatrix}$; (b) $\begin{pmatrix} 1 & 0 & 0 & 0 \\ 0 & 1 & 0 & 0 \\ 0 & 0 & -6 & 0 \\ 0 & 0 & 0 & 1 \end{pmatrix}$; (c) $\begin{pmatrix} 1 & 0 & 1 & 0 \\ 0 & 1 & 0 & 0 \\ 0 & 0 & 1 & 0 \\ 0 & 0 & 0 & 1 \end{pmatrix}$

3.18 (a) $\{(\frac{1}{2} - \frac{3}{2}\alpha, \frac{1}{2} - \frac{1}{3}\alpha - \beta, \alpha, \beta) : \alpha, \beta \in \mathbb{R}\}$ (b),(d),(f) sem solução;
(c) $(\frac{5}{25}, -\frac{2}{25}, \frac{3}{25})$; (e) $(2, -3, 1)$.

3.20(a) $\begin{pmatrix} -1 & -3 \\ 1 & 2 \end{pmatrix}$ (b) sem solução.

3.22 (I) tem solução única; (II) não tem solução única.

3.23 A, B têm solução única; C não tem solução única.

3.27 Se $\det A = ad - bc \neq 0$, então $A^{-1} = \frac{1}{ad-bc} \begin{pmatrix} d & -b \\ -c & a \end{pmatrix}$

3.28(a) $a \neq \pm 1$, $M_1^{-1} = \frac{1}{1-a^2} \begin{pmatrix} 1 & -a \\ -a & 1 \end{pmatrix}$;

(b) $a \neq \pm 1$, $M_2^{-1} = \frac{1}{a^2-1} \begin{pmatrix} a & -1 \\ -1 & a \end{pmatrix}$; (c) $a \neq 0, -1$, $M_3^{-1} = \frac{1}{a^2+a} \begin{pmatrix} 1 & a \\ -a & a \end{pmatrix}$.

3.29 Observe: $(AB)(B^{-1}A^{-1}) = A(BB^{-1})A^{-1} = AId_nA^{-1} = AA^{-1} = Id_n$. De forma análoga, $(B^{-1}A^{-1})(AB) = Id_n$. Pela unicidade do inverso, segue $(AB)^{-1} = (B^{-1}A^{-1})$.

3.30 $\det A_1 = 1$, $A_1^{-1} = \begin{pmatrix} 2 & 1 & -1 \\ -2 & -1 & 2 \\ -1 & -1 & 1 \end{pmatrix}$ A_2 não invertível ($\det A_2 = 0$)
A_3 não invertível (matriz 2×3)

$\det A_4 = -3$, $A_4^{-1} = \begin{pmatrix} -2 & 5 & -1 & -2 \\ 0 & 1 & 0 & 0 \\ -1 & 4 & -1 & -2 \\ 1 & -3 & 1 & 1 \end{pmatrix}$; $\det A_5 = 1$, $A_5^{-1} = \begin{pmatrix} 1 & -1 & 0 \\ -1 & 2 & 0 \\ -1 & -2 & 1 \end{pmatrix}$

Capítulo 4

4.1(a) $t^4 - t^3 + t + 2$; $^4 - t^3 + t^2 + t$ e $2t^2$; (b) $-t^4 + t^3 + 6t^2 - t - 2$;
(c) $t^6 - t^5 + t^4 - t^3 - 2t^2 + 2t$ e $t^4 - 4$.

4.5 $t^4 - t^3 + t^2 - t = (t^2+2)(t^2-t-1) + (t+2)$ e $t^4 - t^3 + t^2 - t = (t^2-t)(t^2+1)$.

4.6 Por exemplo, para $p(t) = t^3 + 1$ e $g(t) = 2t$, não existem $q(t), r(t) \in \mathbb{Z}[t]$ nas condições da Proposição 4.3.

4.8 **(i)** sem raízes reais; **(ii)** $\sqrt{2}$ (raiz dupla); **(iii)** $-1, 1, 10$; **(iv)** $-2, 3$; **(v)** 2 (raíz tripla); **(vi)** $2, -2, \sqrt{3}, -\sqrt{3}$

4.9 Pela Proposição 4.3, existem $q(t)$ e $r(t)$ tais que $p(t) = (t-\alpha)q(t) + r(t)$ e $r(t) = 0$ ou o grau de $r(t)$ é menor do que o de $(t-\alpha)$. Com isso, podemos dizer que $r(t) = \beta$ é um polinômio constante. Como α é raiz de $p(t)$, segue que $0 = p(\alpha) = (\alpha - \alpha)q(\alpha) + \beta = \beta$. Logo $\beta = 0$ e o resultado segue.

Capítulo 5

(notação: avl = autovalores; $V(\lambda)$= autovetores associados a λ)

5.1 existem soluções não nulas para $\lambda = -1, 1$.

5.3(a) avl: $1, -1$; $V(-1) = \{(x, -x) \colon x \in \mathbb{R}\}$; $V(1) = \{(x, 0) \colon x \in \mathbb{R}\}$
(b): sem autovalores reais; **(c)**: avl: $1, -1 + 2\sqrt{2}, -1 - 2\sqrt{2}$;
$V(1) = \{(0, 0, z) \colon z \in \mathbb{R}\}$, $V(-1 + 2\sqrt{2}) = \{((-1 + \sqrt{2}y, y, 0) \colon y \in \mathbb{R}\}$,
$V(-1 - 2\sqrt{2}) = \{((-1 - \sqrt{2}y, y, 0) \colon y \in \mathbb{R}\}$

5.4 $p_A(t) = t^2 - 4t - 5$; $p_B(t) = t^3 + 5t^2$; $p_C(t) = t^3 - t^2 - 4$

5.7 Ideia: Observe que 0 é autovalor de A se e somente se $p_A(0) = 0$. O resultado decorre do fato de que $p_A(0) = \det(0Id - A) = \det(-A) = -\det A$.

5.10(a) avl: $-2, 3$; $V(-2) = \{(x, 2x) \colon x \in \mathbb{R}\}$; $V(3) = \{(3y, y) \colon y \in \mathbb{R}\}$
(b) avl: -3; $V(-3) = \{(x, x) \colon x \in \mathbb{R}\}$; **(c)** avl: -3; $V(-3) = \mathbb{R}^2$
(d) sem autovalores reais; **(e)** sem autovalores reais;
(f) avl: $0, 2$; $V(0) = \{(x, -x) \colon x \in \mathbb{R}\}$; $V(2) = \{(x, x) \colon x \in \mathbb{R}\}$;
(g) avl: 3 (raiz dupla); $V(3) = \{(y, y) \colon y \in \mathbb{R}\}$; **(h)** sem autovalores reais.

5.11(a) avl: 3 (única raiz real); $V(3) = \{(2z, -z, z) \colon z \in \mathbb{R}\}$;
(b) avl: $-1, 3, -9$; $V(-1) = \{(-7z, 6z, 4z) \colon z \in \mathbb{R}\}$;
$V(3) = \{(x, -2x, 0) \colon x \in \mathbb{R}\}$; $V(-9) = \{(z, 22z, 12z) \colon z \in \mathbb{R}\}$
(c) avl: 2 (raiz tripla); $V(2) = \{x(1, 0, -2) + y(0, 1, -1) \colon x, y \in \mathbb{R}\}$
(d)) avl: $-2, 3$; $V(-2) = \{x(3, 1, 0, 0) + y(0, 0, 3, 1) \colon x, y \in \mathbb{R}\}$;
$V(3) = \{x(1, 2, 0, 0) + y(0, 0, 1, 2) \colon x, y \in \mathbb{R}\}$

(e) avl: 2 (raiz quádrupla), $V(2) = \{x(1,0,0,0) + y(0,-1,1,1) \colon x, y \in \mathbb{R}\}$ (observe que $\widehat{M_{11}}$ é a matriz do item (c), utilize isso nas contas).

5.12 (a) $a \neq 0$; **(b)** para todo $a \in \mathbb{R}$; **(c)** $a > 0$; **(d)** $a \neq 0$.

5.13 Ideia: $p_M(t) = \det(tId_2 - M) = t^2 - (a+c)t + ac - b^2$. Para que M tenha autovalores reais, é necessário que o discriminate Δ de $p_M(t)$ seja maior ou igual a zero. Mas $\Delta = (a+c)^2 - 4(ac - b^2) = (a-c)^2 + b^2$, que será maior ou igual a zero independentemente dos valores a, b, c. Por fim, $p_M(t)$ terá uma única raiz se $\Delta = 0$, ou, $(a-c)^2 + 4b^2 = 0$ e isso acontece se $a = c$ e $b = 0$.

5.17 $\begin{pmatrix} 0 & 0 & 0 \\ 0 & 1 & 0 \\ 0 & 0 & 1 \end{pmatrix}$; $\begin{pmatrix} 0 & 0 & 0 \\ 1 & 1 & 0 \\ 0 & 0 & 1 \end{pmatrix}$; $\begin{pmatrix} 0 & 0 & 0 \\ 1 & 1 & 0 \\ 0 & 1 & 1 \end{pmatrix}$

5.19 matriz B : avl:$-1+i, -1-i$; $V(-1+i) = \{x(1,-i) \colon x \in \mathbb{C}\}$; $V(-1-i) = \{x(1,i) \colon x \in \mathbb{C}\}$.

Capítulo 6

6.1 (a) Suponha que 0 e $0'$ satisfaçam (A3), isto é, $u + 0 = 0 + u = u$ e que $u + 0' = 0' + u = u$ para todos elementos u de V. Calculemos a soma $0 + 0'$ utilizando-se as relações acima: $0 = 0 + 0' = 0'$. Logo $0 = 0'$.

(b) Escreva $0 \cdot v = (0+0) \cdot v = 0 \cdot v + 0 \cdot v$ e, como $0 \cdot v = 0 + 0 \cdot v$, segue que $0 + 0 \cdot v = 0 \cdot v + 0 \cdot v$. Somando-se o inverso de $0 \cdot v$ dos dois lados, teremos $(0 + 0 \cdot v) - 0 \cdot v = (0 \cdot v + 0 \cdot v) - 0 \cdot v$, o que implica que $0 + (0 \cdot v - 0 \cdot v) = 0 \cdot v + (0 \cdot v - 0 \cdot v)$, ou $0 = 0 \cdot v$, como queríamos.

(c) Suponha que $\alpha \neq 0$. Como $\alpha \in \mathbb{R}$, existe $\alpha^{-1} \in \mathbb{R}$ ($\alpha\alpha^{-1} = 1$). Agora, usando-se a hipótese, as propriedades de espaço vetorial e o item (a),

$$0 \stackrel{(a)}{=} \alpha^{-1} \cdot 0 \stackrel{Hipotese}{=} \alpha^{-1} \cdot (\alpha \cdot v) = (\alpha^{-1}\alpha) \cdot v = 1 \cdot v = v$$

e portanto, $v = 0$, como queríamos.

(d) Vamos mostrar que $(-\lambda) \cdot v = -(\lambda \cdot v)$. Observe que $-(\lambda \cdot v)$ é o oposto do elemento $\lambda \cdot v$. Como o oposto de um elemento em um espaço vetorial é único, a igualdade acima vai valer se mostrarmos que $(-\lambda) \cdot v$ também é o seu oposto, isto é, precisamos mostrar que a soma $(-\lambda) \cdot v + \lambda \cdot v$ é 0. Mas, utilizando-se a propriedade distributiva, segue

$$(-\lambda) \cdot v + \lambda \cdot v = (-\lambda + \lambda) \cdot v = 0 \cdot v \stackrel{(a)}{=} 0,$$

13.1. EXERCÍCIOS PROPOSTOS - RESULTADOS E DICAS

e o resultado está demonstrado. Similar para a outra igualdade.

6.6, 6.8, 6.11(a), 6.12(a), 6.13(a): Utilize Proposição 6.1.

6.9 A não é subespaço pois não é fechado para a soma; B não é subespaço pois $(0,0) \notin B$; C é subespaço.

6.12(b) $U_1 \cap U_2 = \{0\}$; $U_1 + U_2 = \mathbb{T}_2(\mathbb{R})$.

6.14 (a) gerador, s/ unicidade; **(b)** não gerador; **(c)** gerador, c/ unicidade;

6.15 por exemplo, $\{(-2,3),(0,1)\}$ ou $\{(-2,3),(1,0)\}$ ou $\{(-2,3),(3,2)\}$.

6.16 os seguintes subconjuntos de S têm a propriedade requerida:
$\{(1,-2),(0,1)\}$, $\{(1,-2),(2,1)\}$ ou $\{(0,1),(2,1)\}$.

6.17(a) é gerador; **(b)** não é gerador; **(c)** é gerador.

Capítulo 7

7.1 Utilize Proposição 6.1

7.2 (a) Não; **(b)** Sim; **(c)** Sim; **(d)** Não; **(e)** Sim;

7.3 (a) Sim, $\{(1,0),(0,1)\}$; **(b)** Não; **(c)** Sim, $\{(1,3),(2,-1)\}$;
(d) sem autovalores reais.

7.4 (a) $(a,b,c) = \left(\frac{2b-c-a}{2}\right)(0,1,0) + \left(\frac{c+a}{2}\right)(1,1,1) + \left(\frac{c-a}{2}\right)(-1,0,1)$ (unic.)
(b) Não; **(c)** Não; **(d)** sem unicidade, pois para cada $\delta \in \mathbb{R}$,
$(a,b,c) = \left(\frac{a+b-c-\delta}{2}\right)(1,1,0) + \left(\frac{b-a+c-\delta}{2}\right)(0,1,1) + \left(\frac{a-b+c-\delta}{2}\right)(1,0,1) + \delta(1,1,1)$.

7.6 Para todo $a \neq 1$, o conjunto é gerador.

7.7(a) Não. **(b)** Sim.

7.8(a) p.e. $\{t^3 - t^2, t^2 - t\}$; **(b)** p.e. $\{t^2 - t\}$;
(c) p.e. $\{(1,0,1,0),(-1,1,0,0),(-1,0,0,1)\}$; **(d)** p.e. $\{(1,0,1,0),(0,-1,0,1)\}$
(e) p.e. $\left\{ \begin{pmatrix} -1 & 1 \\ 0 & 0 \end{pmatrix}, \begin{pmatrix} -1 & 0 \\ 1 & 0 \end{pmatrix}, \begin{pmatrix} -1 & 0 \\ 0 & 1 \end{pmatrix} \right\}$

7.9 Dica: Suponha que exista um conjunto finito $S = \{p_1(t), \cdots, p_2(t)\}$ de polinômios não nulos que seja um conjunto gerador para $\mathbb{R}[t]$. Considere m o maior dos graus dos polinômios $p_i(t)$ ($i = 1, \cdots n$). Observe que qualquer combinação linear

$$\alpha_1 p_1(t) + \cdots + \alpha_n p_n(t) \quad \text{com} \quad \alpha_i \in \mathbb{R}$$

tem grau no máximo m (pois o grau não aumenta ao somarmos polinômios ou multiplicarmos por escalar). Com isso, nenhum polinômio de $\mathbb{R}[t]$ com grau maior do que m pode ser gerado por S, o que contraria a hipótese de que S é um conjunto gerador. Portanto, não existe conjunto gerador finito para $\mathbb{R}[t]$.

7.10 Dica: observe que o próprio conjunto V é um conjunto gerador para o espaço vetorial V.

7.11 (a) p.e. $\{(-1,3),(0,1)\}$ **(b)** p. e. $\{t^3+t^2-1, t^3-t^2+2, t, 1\}$

(c) p.e. $\left\{\begin{pmatrix} 1 & 1 \\ -1 & 0 \end{pmatrix}, \begin{pmatrix} -1 & 0 \\ 2 & 0 \end{pmatrix}, \begin{pmatrix} 0 & 0 \\ 1 & 0 \end{pmatrix}, \begin{pmatrix} 0 & 0 \\ 0 & 1 \end{pmatrix}\right\}$.

7.13 (a) $(2,1) = 1 \cdot (1,2) + 1 \cdot (1,-1)$;
(b) Se $v = \gamma_1(1,2) + \gamma_2(1,-1) + \gamma_3(2,1) \in U$, então $v = \gamma_1(1,2) + \gamma_2(1,-1) + \gamma_3(1 \cdot (1,2) + 1 \cdot (1,-1)) = (\gamma_1 + \gamma_3)(1,2) + (\gamma_2 + \gamma_3)(1,-1)$.

7.15 (a) l.d.; **(b)** l.i.; **(c)** l.i.; **(d)** l.i.

7.17(a) S_1 l.i.: escreva $\alpha(u+v) + \beta(u-v) = 0$. Então, $(\alpha+\beta)u + (\alpha-\beta)v = 0$. Como $\{u,v\}$ é l.i., teremos $\alpha+\beta = 0$ e $\alpha-\beta = 0$. Segue que $\alpha = \beta = 0$.

7.20 Dica: Suponha que $v \in V$ não seja combinação linear de elementos de S e considere $S' = S \cup \{v\}$. Se S' não for l.i., vão existir $\alpha_0, \cdots, \alpha_n \in \mathbb{R}$ ($n \geq 2$) não nulos e vetores $v_0, \cdots, v_n \in S'$ tais que $\alpha_0 v_0 + \cdots + \alpha_n v_n = 0 (*)$. Observe que, se $v \neq v_i$ para todo i, então $(*)$ estabeleceria uma combinação linear de elementos de S com coeficientes não nulos igualando a 0, o que contradiz a hipótese de que S é l.i. Podemos então supor que v é um dos vetores $v_0, \cdots, v_n$, digamos $v = v_0$. Daí, teremos $\alpha_0 v + \cdots + \alpha_n v_n = 0$ ou

$$v = -\frac{\alpha_1}{\alpha_0} v_1 - \cdots - \frac{\alpha_n}{\alpha_0} v_n$$

isto é, v é uma combinação linear de elementos de S (observe que os escalares $\alpha_i \neq 0$), o que contradiz a hipótese. Logo, S' é l.i., como queríamos mostrar.

7.21 $\alpha \neq -1$

7.22(a) p.e. $\{t^3-t, t^2-1\}$, $\dim_\mathbb{R} V = 2$ **(b)** $\dim_\mathbb{R} V = 5$

p.e. $\left\{\begin{pmatrix} 2 & 0 & 0 \\ 0 & 1 & 0 \\ 0 & 0 & 0 \end{pmatrix}, \begin{pmatrix} 0 & 1 & 0 \\ 0 & 0 & 0 \\ 0 & 0 & 0 \end{pmatrix}, \begin{pmatrix} 0 & 0 & 1 \\ 0 & 0 & 0 \\ 0 & 0 & 0 \end{pmatrix}, \begin{pmatrix} 0 & 0 & 0 \\ 0 & 0 & 1 \\ 0 & 0 & 0 \end{pmatrix}, \begin{pmatrix} 0 & 0 & 0 \\ 0 & 0 & 0 \\ 0 & 0 & 1 \end{pmatrix}\right\}$.

(c) p.e. $\{(-3,3,-1,0,0),(0,0,0,1,0),(0,0,0,0,1)\}$, $\dim_\mathbb{R} V = 3$
(d) p.e. $\{(1,0,0,1),(0,1,2,0)\}$, $\dim_\mathbb{R} V = 2$

13.1. EXERCÍCIOS PROPOSTOS - RESULTADOS E DICAS

(e) p.e. $\{t-1, t^2-1, t^3-1, \cdots, t^n-1, \cdots\}$, $\dim_\mathbb{R} V = \infty$.

7.23(a) s/ $\mathbb{C}$: $\{(1,0,\cdots,0), \cdots, (0,0,\cdots,1)\}$ (n vetores);
s/ $\mathbb{R}$: $\{(1,0,\cdots,0), (i,0,\cdots,0), \cdots, (0,0,\cdots,1), (0,0,\cdots,i)\}$ ($2n$ vetores);

(b) s/ $\mathbb{C}$: $\left\{\begin{pmatrix} 1 & 0 \\ 0 & 0 \end{pmatrix}, \cdots, \begin{pmatrix} 0 & 0 \\ 0 & 1 \end{pmatrix}\right\}$ (4 vetores);

s/ $\mathbb{R}$: $\left\{\begin{pmatrix} 1 & 0 \\ 0 & 0 \end{pmatrix}, \begin{pmatrix} i & 0 \\ 0 & 0 \end{pmatrix} \cdots, \begin{pmatrix} 0 & 0 \\ 0 & 1 \end{pmatrix}, \begin{pmatrix} 0 & 0 \\ 0 & i \end{pmatrix}\right\}$ (8 vetores).

(c) s/ $\mathbb{C}$: $\{(1,i)\}$; s/ $\mathbb{R}$: $\{(1,i), (i,-1)\}$;

(d) s/ $\mathbb{C}$: $\{1, t, t^2, t^3\}$; s/ $\mathbb{R}$: $\{1, i, t, it, t^2, it^2, t^3, it^3\}$;

Capítulo 8

8.1 (a) 2; **(b)** 5; **(c)** 3; **(d)** 2; **(e)** ∞; **(f)** 2(se for sobre $\mathbb{R}$), 1(se for sobre $\mathbb{C}$)

8.2 $(a) \Rightarrow (b)$: Se (b) não valer, então existe um $m \geq 1$ tal que todo conjunto de V com m elementos é l.d.. Escolha tal m como sendo o menor inteiro com essa propriedade, isto é, tal que todo conjunto com m ou mais elementos é l.d. e existe um conjunto S com $m-1$ elementos que seja l.i. Como V não é finitamente gerado, S não será um conjunto gerador de V. Logo, existe v que não é gerado pelos elementos de S. Segue do Exercício 7.20 que $S \cup \{v\}$ é l.i.., o que é uma contradição pois tal conjunto contém m elementos.

$(b) \Rightarrow (a)$: Suponha que V seja finitamente gerado. Então existe um conjunto gerador de V com m elementos. Usando Corolário 8.1, concluímos que não existe um conjunto l.i. com $m+1$ elementos, o que contradiz a condição (b).

8.3 Dica: utilize o Exercício 8.2.

8.4 Considere, para cada $n \geq 1$, o conjunto $S_n = \{1, t, t^2, \cdots, t^n\}$ em $\mathbb{R}[t]$. Não é difícil ver que S_n é l.i. Com isso, mostramos que, para cada $n \geq 1$, existe um conjunto l.i. com n elementos. Usando-se o Exercício 8.2 acima, concluímos que $\mathbb{R}[t]$ não é finitamente gerado (compare esse argumento com o feito no Exercício 7.8).

8.5(a) $\dim_\mathbb{R} \mathbb{C}^n = 2n$, $\dim_\mathbb{C} \mathbb{C}^n = n$; **(b)** $\dim_\mathbb{R} M_n(\mathbb{C}) = 2n^2$, $\dim_\mathbb{C} M_n(\mathbb{C}) = n^2$; **(c)** $\dim_\mathbb{R} \mathbb{C}[t]_m = 2(m+1)$, $\dim_\mathbb{C} \mathbb{C}[t]_m = m+1$.

8.6 (a) p.e. $\{(-1,0,1), (0,1,1), (1,1,1)\}$; **(b)** p.e. $\left\{\begin{pmatrix} 2 & -2 \\ 1 & 2 \end{pmatrix}, \begin{pmatrix} 0 & 4 \\ -2 & 0 \end{pmatrix}\right\}$

8.7 p. e. $\{1-i\}$ (sobre $\mathbb{C}$); sem solução para $\mathbb{R}$ (observe que não é possível gerar elementos reais a partir do conjunto proposto usando-se escalares reais).

8.8(a) p. e. $\{1, 1-t+t^2, 2t-t^2, t^3\}$; **(b)** p.e. $\left\{\begin{pmatrix} 1 & 0 \\ 0 & 1 \end{pmatrix}, \begin{pmatrix} 0 & -2 \\ 1 & 0 \end{pmatrix}\right\}$.
(c) p. e. $\{(1,-1,0,1),(1,-1,0,2),(0,1,0,0),(0,0,1,0)\}$.

8.9 base sobre $\mathbb{C}$: $\{1-i\}$; base sobre $\mathbb{R}$: $\{1-i, i\}$.

8.10(a) $\dim_\mathbb{R} W = 3$; **(b)** $S_1 \subset W$ e l.i.. Logo, por dimensão, será uma base; S_2 não pode ser base de W pois sua primeira matriz não pertence a W.

8.11 Dica: considere uma base $\mathcal{B}$ de $W_1 \cap W_2$. Usando a Proposição 8.2, complete-a a bases $\mathcal{B}_1$ e $\mathcal{B}_2$ de W_1 e W_2, respectivamente. Mostre que a união $\mathcal{B}_1 \cup \mathcal{B}_2$ é uma base de $W_1 + W_2$. A primeira relação sai da contagem dos elementos destas bases. Para a segunda relação, observe que, neste caso, $W_1 \cap W_2 = \{0\}$.

8.13 (b) $(a,b,c) = \left(\frac{-3a-b+4c}{2}\right)(0,2,1) + \left(\frac{a+b-2c}{2}\right)(-1,3,0) + \left(\frac{3a+b-2c}{2}\right)(1,1,1)$; $(1,-13,-4) = (-3,-2,-1)_\mathcal{B}$; $(0,2,1) = (1,0,0)_\mathcal{B}$; $(1,1,1) = (0,0,1)_\mathcal{B}$.
(c) $(2,3,-2)_\mathcal{B} = (-5,11,0)$; $(0,1,0)_\mathcal{B} = (-1,3,0)$; $(1,1,1)_\mathcal{B} = (0,6,2)$.

8.14(b) $\begin{pmatrix} a & b \\ c & d \end{pmatrix} = (-a-b+2d, d, -a+2d, a+b+c-5d)_\mathcal{B}$;
$\begin{pmatrix} -3 & 2 \\ 0 & 5 \end{pmatrix} = (11,5,13,-26)_\mathcal{B}$; $\begin{pmatrix} -1 & 0 \\ 1 & 2 \end{pmatrix} = (5,2,5,-10)_\mathcal{B}$;
(c) $(a,b,c,d)_\mathcal{B} = \begin{pmatrix} 2b-c & -a+c \\ a+3b+d & b \end{pmatrix}$; $(1,1,1,1)_\mathcal{B} = \begin{pmatrix} 1 & 0 \\ 5 & 1 \end{pmatrix}$;
$(0,0,0,1)_\mathcal{B} = \begin{pmatrix} 0 & 0 \\ 1 & 0 \end{pmatrix}$

8.15(b) $p_1(t) = (a+d, a+b+d, a+b+c+d, -d)_\mathcal{B}$; $p_2(t) = (3,0,0,-2)_\mathcal{B}$; $p_3(t) = (0,1,0,2)_\mathcal{B}$. **(c)** $(a,b,c,d)_\mathcal{B} = (a+d) - (a-b)t - (b-c)t^2 - dt^3$; $(0,1,0,1)_\mathcal{B} = 1 - t + t^2$;; $(1,2,2,-1)_\mathcal{B} = t + t^3$.

8.16(b) $p_1(t) = (-7,4,-1)_\mathcal{B}$; $p_2(t) = (-8,4,-1)_\mathcal{B}$; $p_3(t) = (-6,3,-1)_\mathcal{B}$.

8.17 A condição sobre as coordenadas implica que a dimensão de U é três. Por exemplo, $U = [t^3 - t^5, t, t^2]$.

8.18(b) p.e. $\left\{\begin{pmatrix} 1 & 0 \\ -2 & 0 \end{pmatrix}, \begin{pmatrix} 2 & 1 \\ 0 & 0 \end{pmatrix}, \begin{pmatrix} 2 & 1 \\ 1 & 0 \end{pmatrix}, \begin{pmatrix} 0 & 0 \\ 0 & 1 \end{pmatrix}\right\}$

13.1. EXERCÍCIOS PROPOSTOS - RESULTADOS E DICAS 317

(c) $\begin{pmatrix} 2 & 1 \\ 1 & 2 \end{pmatrix} = (0,0,1,2)_{\mathcal{B}}$

8.19(b) p.e. $\{t^2-2t+5, 2t^2+1, t^2, t^3\}$; **(c)** $t^3+t^2+t+1 = \left(-\frac{1}{2}, \frac{7}{2}, -\frac{11}{2}, 1\right)_{\mathcal{B}}$

8.20 $(1,0,0) = \left(\frac{1}{2}, \frac{1}{2}, -\frac{1}{4}\right)_{\mathcal{B}}$, $(0,1,0) = \left(0, 0, \frac{1}{2}\right)_{\mathcal{B}}$, $(0,0,1) = \left(\frac{1}{2}, -\frac{1}{2}, \frac{1}{4}\right)_{\mathcal{B}}$, $(1,1,1)_{\mathcal{B}} = (2,3,0)_{\mathcal{C}}$, $(1,0,0)_{\mathcal{B}} = (1,0,1)_{\mathcal{C}}$

8.22(a) S é l.d. - p.e. $\{(1,1,0),(2,-1,0),(2,-1,1)\}$ é base;
(b) S é l.d. - p.e. $\{t^2+t+1, t^2+t+2\}$ é base; **(c),(e)** S é l.i. (e base)
(d) S é l.d. - p.e. $\left\{\begin{pmatrix} 1 & 1 \\ -2 & 1 \end{pmatrix}, \begin{pmatrix} 2 & 2 \\ 1 & 0 \end{pmatrix}, \begin{pmatrix} 0 & -3 \\ 1 & 1 \end{pmatrix}\right\}$ é base.

8.23(a) p.e. $\{t-t^3, t-t^5, t^2, t^4\}$; **(b)** p. e. $\{t-t^3, t-t^5, t^2, t^4, 1, t^5\}$ ou $\{t-t^3, t-t^5, t^2, t^4, -5, t^5+t^4+t^3+t^2+t+1\}$

8.24(a) p.e. $\left\{\begin{pmatrix} 1 & -1 \\ 2 & 0 \end{pmatrix}, \begin{pmatrix} 0 & -1 \\ 0 & 1 \end{pmatrix}\right\}$;

(b) p. e. $\left\{\begin{pmatrix} 1 & -1 \\ 2 & 0 \end{pmatrix}, \begin{pmatrix} 0 & -1 \\ 0 & 1 \end{pmatrix}, \begin{pmatrix} 0 & 0 \\ 1 & 0 \end{pmatrix}, \begin{pmatrix} 0 & 0 \\ 0 & 1 \end{pmatrix}\right\}$ ou
$\left\{\begin{pmatrix} 1 & -1 \\ 2 & 0 \end{pmatrix}, \begin{pmatrix} 0 & -1 \\ 0 & 1 \end{pmatrix}, \begin{pmatrix} 0 & 0 \\ 1 & 1 \end{pmatrix}, \begin{pmatrix} 0 & 0 \\ 0 & -5 \end{pmatrix}\right\}$

8.25(a) $M_{\mathcal{B},\mathcal{C}} = \begin{pmatrix} -1 & -2 & -2 \\ -1 & -1 & -2 \\ 1 & 1 & 1 \end{pmatrix}$ $M_{\mathcal{C},\mathcal{B}} = \begin{pmatrix} 1 & 0 & 2 \\ -1 & 1 & 0 \\ 0 & -1 & -1 \end{pmatrix}$

(b) $M_{\mathcal{B},\mathcal{C}} = \begin{pmatrix} 1 & 0 & 2 \\ -1 & 1 & 0 \\ 0 & -1 & -1 \end{pmatrix}$ $M_{\mathcal{C},\mathcal{B}} = \begin{pmatrix} -1 & -2 & -2 \\ -1 & -1 & -2 \\ 1 & 1 & 1 \end{pmatrix}$

(c) $M_{\mathcal{B},\mathcal{C}} = \begin{pmatrix} 1 & 0 & -2 \\ 0 & 1 & 1 \\ 1 & 1 & 0 \end{pmatrix}$ $M_{\mathcal{C},\mathcal{B}} = \begin{pmatrix} -1 & -2 & 2 \\ 1 & 2 & -1 \\ -1 & -1 & 1 \end{pmatrix}$

(d) $M_{\mathcal{B},\mathcal{C}} = \begin{pmatrix} 0 & 0 & 1 & 0 \\ 1 & 0 & 0 & 0 \\ 0 & 0 & 0 & 3 \\ 0 & -2 & 0 & 0 \end{pmatrix}$ $M_{\mathcal{C},\mathcal{B}} = \begin{pmatrix} 0 & 1 & 0 & 0 \\ 0 & 0 & 0 & -\frac{1}{2} \\ 1 & 0 & 0 & 0 \\ 0 & 0 & \frac{1}{3} & 0 \end{pmatrix}$

(e) $M_{\mathcal{B},\mathcal{C}} = \begin{pmatrix} 1 & 1 & 0 \\ -1 & 1 & 1 \\ 0 & 0 & 1 \end{pmatrix}$ $M_{\mathcal{C},\mathcal{B}} = \begin{pmatrix} \frac{1}{2} & -\frac{1}{2} & \frac{1}{2} \\ \frac{1}{2} & \frac{1}{2} & -\frac{1}{2} \\ 0 & 0 & 1 \end{pmatrix}$

8.26 $\mathcal{C} = \{2t - t^2, 1 + 3t, t^2\}$ e $M_{\mathcal{B},\mathcal{C}} = \begin{pmatrix} -1 & -\frac{1}{2} & -\frac{1}{2} \\ 0 & \frac{1}{2} & \frac{1}{2} \\ 0 & 0 & -1 \end{pmatrix}$

8.27 $M_{\mathcal{B},\mathcal{D}} = \begin{pmatrix} 2 & -1 & 1 \\ 3 & -2 & 1 \\ 5 & -4 & 2 \end{pmatrix}$

Capítulo 9

9.2(a) pois $T(0,0) = (0,1) \neq (0,0)$; **(b)** pois $T(2,0,0) \neq T(1,0,0) + T(1,0,0)$.

9.4 $T(x,y,z) = \left(\frac{11x+y+5z}{3}, -\frac{4x+5y+4z}{6}, \frac{10x-y+z}{3} \right)$

9.5 $T(a + bt + ct^2) = \begin{pmatrix} -b & \frac{a-b}{2} \\ \frac{a+b+2c}{2} & \frac{a+b-2c}{2} \end{pmatrix}$

9.6(a) $T_A(x,y,z) = (-x+y+2z, -3x+8y)$; $T_B(x,y) = (2y, x+y, -x+3y)$
$(T_A \circ T_B)(x,y) = (-x + 5y, 8x + 2y)$
$(T_B \circ T_A)(x,y,z) = (-6x + 16y, -4x + 9y + 2z, -8x + 23y - 2z)$

(b) $C = \begin{pmatrix} -1 & 5 \\ 8 & 2 \end{pmatrix}$ $D = \begin{pmatrix} -6 & 16 & 0 \\ -4 & 9 & 2 \\ -8 & 23 & -2 \end{pmatrix}$

(c) $T_C(x,y) = (-x + 5y, 8x + 2y)$
$T_D(x,y,z) = (-6x + 16y, -4x + 9y + 2z, -8x + 23y - 2z)$

9.8(a) $\text{Nuc}F = [1, t]$ (e dimensão 2); $\text{Im}F = [1, t, t^2]$ (e dimensão 3)
(b) $\text{Nuc}F = \{0\}$, $\text{Im}F = [t^2, t^3, t^4]$
(c) $\text{Nuc}F = \left[\begin{pmatrix} 2 & 0 \\ -1 & 0 \\ 2 & 0 \end{pmatrix}, \begin{pmatrix} 0 & 2 \\ 0 & -1 \\ 0 & 2 \end{pmatrix} \right]$, $\text{Im}T = \mathbb{M}_2(\mathbb{R})$
(d) $\text{Nuc}T = \{t^3\}$; $\text{Im}T = \mathbb{R}^3$
(e) $\text{Nuc}T = \{(1,1,0), (-1,0,1)\}$, $\text{Im}T = \mathbb{R}$
(f) $\text{Nuc}T = \{0\}$, $\text{Im}T = \mathbb{R}[t]_3$
(g) $\text{Nuc}T = [(0,0,1,0)]$, $\text{Im}T = [1-t, 1+t^2, t^2-t^3]$

9.9 - 9.10 p.e. $T_1(x,y) = (x,y)$, $T_2(x,y) = (x,0)$ e $T_3(x,y) = (0,0)$

9.11 $T(a + bt + ct^2 + dt^3) = (4a + 4b + 2d, -a - b + c, a + b - c, a + b + c + d)$

9.12 $T(a,b,c,d) = (-4a - 4b + 2d, -a - b + c, a + b - c, -3a - 3b + c + d)$

13.1. EXERCÍCIOS PROPOSTOS - RESULTADOS E DICAS

9.13 Por exemplo, $T\begin{pmatrix} a & b \\ c & d \end{pmatrix} = (b-c)t^3$

9.14 Por exemplo, $T(a + bt + ct^2 + dt^3 + et^4) = a + bt^5 + dt^9$

9.15 Utilize a Proposição 9.5

9.18(a) $T^{-1}(a,b,c) = \left(\frac{a-2b+6c}{5}, \frac{3a-b+3c}{5}, \frac{-a+2b-c}{5}\right)$
(b) $T^{-1}(a + bt + ct^2 + dt^3) = (a, a-b, a-c, d-a)$
(c) $T^{-1}(x,y,z,w) = \begin{pmatrix} -x+2y & y-z \\ x-z & -w \end{pmatrix}$

9.19(a) $a, b \neq 0$; **(b)** $a \neq 0$, $a \neq -b$

9.21(a) p. e., $T(a+bt+ct^2+dt^3) = \begin{pmatrix} a & b \\ c & d \end{pmatrix}$ **(b)** p.e., $T_1(x,y,z) = \begin{pmatrix} x & y \\ y & z \end{pmatrix}$,
$T_2(x,y,z) = \begin{pmatrix} x & 0 \\ y & z \end{pmatrix}$, $T_3\begin{pmatrix} a & b \\ b & c \end{pmatrix} = \begin{pmatrix} a & 0 \\ b & c \end{pmatrix}$

Capítulo 10

10.1 $\text{Nuc}T = \{0\}$, $\text{Im}T = \left[\begin{pmatrix} 2 & 0 \\ 1 & 0 \end{pmatrix}, \begin{pmatrix} 1 & 0 \\ 1 & -3 \end{pmatrix}, \begin{pmatrix} 0 & -3 \\ 1 & 1 \end{pmatrix}\right]$,

$[T]_{\mathcal{B},\mathcal{C}} = \begin{pmatrix} 2 & 1 & 0 \\ 0 & 0 & -3 \\ 1 & 1 & 1 \\ 0 & -3 & 1 \end{pmatrix}$

10.2 $\text{Nuc}T = [(0,0,1)]$, $\text{Im}T = [1+t^2, 1+t]$, $[T]_{\mathcal{B},\mathcal{C}} = \begin{pmatrix} 1 & 1 & 0 \\ 0 & 1 & 0 \\ 1 & 0 & 0 \end{pmatrix}$

10.3(a) $[T]_{\mathcal{C}} = \begin{pmatrix} 0 & 0 & 0 & 0 \\ 1 & 0 & 0 & 0 \\ 0 & 0 & 1 & -1 \\ 0 & 0 & 0 & 0 \end{pmatrix}$ **(b)** $[T]_{\mathcal{B}} = \begin{pmatrix} 2 & -1 & 1 & 1 \\ 1 & 0 & 1 & 0 \\ -2 & 1 & -1 & -1 \\ 0 & 0 & 0 & 0 \end{pmatrix}$

10.4(a) $T(x,y,z) = (x+y, -x+z, -y-z)$ **(b)** $[T]_{\mathcal{B}} = \begin{pmatrix} 0 & 0 & -1 \\ 0 & 0 & 0 \\ 1 & 0 & 0 \end{pmatrix}$

10.5 Dica: Considere o conjunto $\{u_1, \cdots, u_r\}$ que seja uma base do $\text{Nuc}T$ e complete-o a uma base $\mathcal{B}$ de U (isto é, $\mathcal{B}$ é uma base que contém os vetores $u_1, \cdots, u_r$). Esta base satisfaz o que o enunciado pede (complete os detalhes).

10.6 $[Id_{\mathbb{R}^3}]_{\mathcal{B}} = [Id_{\mathbb{R}^3}]_{\mathcal{C}} = Id_3$,

$[Id_{\mathbb{R}^3}]_{\mathcal{B},\mathcal{C}} = \begin{pmatrix} -\frac{1}{3} & 0 & 0 \\ -\frac{1}{3} & -1 & 0 \\ \frac{2}{3} & 1 & 1 \end{pmatrix}$, $[Id_{\mathbb{R}^3}]_{\mathcal{C},\mathcal{B}} = \begin{pmatrix} -3 & 0 & 0 \\ 1 & -1 & 0 \\ 1 & 1 & 1 \end{pmatrix}$ (matrizes de mudança de bases)

10.7(a) $[G \circ F]_{\mathcal{B}} = \begin{pmatrix} 2 & 4 & -2 \\ 0 & 2 & 0 \\ 1 & -1 & 0 \end{pmatrix}$; $[F \circ G]_{\mathcal{C}} = \begin{pmatrix} 4 & -2 & 0 \\ 2 & 0 & 0 \\ 0 & 0 & 0 \end{pmatrix}$.

(b) $\text{Nuc} F = [(1,1,1)]$; $\text{Im} F = [2+t, 3+t^2]$;
$\text{Nuc}(G \circ F) = [(1,1,1)]$; $\text{Im}(G \circ F) = [(1,1,0), (2,3,0)]$.

(c) $[F]_{\mathcal{B},\mathcal{C}'} = \begin{pmatrix} 2 & 3 & -2 \\ 1 & 0 & -1 \\ 0 & 1 & 0 \end{pmatrix}$; $[G]_{\mathcal{C}',\mathcal{B}} = \begin{pmatrix} 1 & 0 & 1 \\ 1 & -2 & -1 \\ -1 & 0 & 3 \end{pmatrix}$;

10.8 (Ex. 10.1): T não é sobrejetora (por dimensão), logo não isomorfismo.

(Ex. 10.2): T não é nem injetora nem sobrejetora, logo não isomorfismo.

(Ex. 10.3): T não é injetora ($\text{Nuc} T \neq \{0\}$), logo não é iso.

(Ex. 10.4): T não é iso (não é injetora; ou ver que o det. da matriz é 0).

(Ex. 10.7): F não é injetora ($\text{Nuc} F \neq \{0\}$), logo não é iso.

G é isomorfismo com inversa dada por $[G^{-1}]_{\mathcal{B},\mathcal{C}} = \begin{pmatrix} \frac{1}{2} & 0 & -\frac{1}{2} \\ \frac{1}{2} & -1 & -\frac{1}{2} \\ 0 & \frac{1}{2} & \frac{1}{2} \end{pmatrix}$

10.9(a) $M_{\mathcal{B},\mathcal{C}} = \begin{pmatrix} -1 & -2 & -2 \\ -1 & -1 & -2 \\ 1 & 1 & 1 \end{pmatrix}$; $M_{\mathcal{C},\mathcal{B}} = \begin{pmatrix} 1 & 0 & 2 \\ -1 & 1 & 0 \\ 0 & -1 & -1 \end{pmatrix}$

(b) $M_{\mathcal{B},\mathcal{C}} = \begin{pmatrix} 1 & 0 & 2 \\ -1 & 1 & 0 \\ 0 & -1 & -1 \end{pmatrix}$; $M_{\mathcal{C},\mathcal{B}} = \begin{pmatrix} -1 & -2 & -2 \\ -1 & -1 & -2 \\ 1 & 1 & 1 \end{pmatrix}$

(c) $M_{\mathcal{B},\mathcal{C}} = \begin{pmatrix} 1 & 0 & -2 \\ 0 & 1 & 1 \\ 1 & 1 & 0 \end{pmatrix}$; $M_{\mathcal{C},\mathcal{B}} = \begin{pmatrix} -1 & -2 & -2 \\ 1 & 2 & -1 \\ 1 & -1 & 1 \end{pmatrix}$

(d) $M_{\mathcal{B},\mathcal{C}} = \begin{pmatrix} 0 & 1 & 0 & 0 \\ 1 & 0 & 0 & 0 \\ 0 & 0 & 0 & 3 \\ 0 & 0 & -2 & 0 \end{pmatrix}$; $M_{\mathcal{C},\mathcal{B}} = \begin{pmatrix} 0 & 1 & 0 & 0 \\ 1 & 0 & 0 & 0 \\ 0 & 0 & 0 & -\frac{1}{2} \\ 0 & 0 & \frac{1}{3} & 0 \end{pmatrix}$

13.1. EXERCÍCIOS PROPOSTOS - RESULTADOS E DICAS

(notação: avl = autovalores; $V(\lambda)$= autovetores associados a λ)

10.10(a) avl: 0 e 1; $V(0) = \{\alpha(1,0)\colon \alpha \in \mathbb{R}\}$; $V(1) = \{\alpha(0,1))\colon \alpha \in \mathbb{R}\}$.
Existe base de $\mathbb{R}^2$ formada por autovetores: p.e. $\{(1,0),(0,1)\}$ e a sua forma diagonal é $\begin{pmatrix} 0 & 0 \\ 0 & 1 \end{pmatrix}$.

(b) avl: 0 e 4; $V(0) = \{\alpha(1,-1)\colon \alpha \in \mathbb{R}\}$; $V(4) = \{\alpha(1,1))\colon \alpha \in \mathbb{R}\}$.
Existe base de $\mathbb{R}^2$ formada por autovetores: p.e. $\{(1,-1),(1,1)\}$ e a sua forma diagonal é $\begin{pmatrix} 0 & 0 \\ 0 & 4 \end{pmatrix}$.

(c) C não tem autovalores reais. Em particular, C não é diagonalizável.

(d) avl: -2; $V(-2) = \{\alpha(1,-2)\colon \alpha \in \mathbb{R}\}$; não existe base de $\mathbb{R}^2$ formada por autovalores e portanto D não é diagonalizável.

(e) avl: 2; $V(2) = \{\alpha(1,0,2)\colon \alpha \in \mathbb{R}\}$; não existe base de $\mathbb{R}^3$ formada por autovalores e portanto E não é diagonalizável.

(f) avl: -1 e 3; $V(-1) = \{\alpha(1,0,2) + \beta(0,1,-1)\colon \alpha,\beta \in \mathbb{R}\}$; $V(3) = \{\alpha(1,1,2))\colon \alpha \in \mathbb{R}\}$. Existe base de $\mathbb{R}^3$ formada por autovetores: p.e. $\{(1,0,2),(0,1,-1),(1,1,2)\}$ com forma diagonal é $\begin{pmatrix} -1 & 0 & 0 \\ 0 & -1 & 0 \\ 0 & 0 & 3 \end{pmatrix}$.

(g) avl: -1 e 2; $V(-1) = \{\alpha(1,0,-1) + \beta(0,1,-2)\colon \alpha,\beta \in \mathbb{R}\}$; $V(2) = \{\alpha(-1,1,-2))\colon \alpha \in \mathbb{R}\}$. Existe base de $\mathbb{R}^3$ formada por autovetores: p.e. $\{(1,0,-1),(0,1,-2),(-1,1,-2)\}$ com forma diagonal $\begin{pmatrix} -1 & 0 & 0 \\ 0 & -1 & 0 \\ 0 & 0 & 2 \end{pmatrix}$.

(h) avl: 1,3; $V(1) = \{\alpha(1,1,2)\colon \alpha \in \mathbb{R}\}$; $V(3) = \{\alpha(1,1,3)\colon \alpha \in \mathbb{R}\}$;não existe base de $\mathbb{R}^3$ formada por autovalores e portanto H não é diagonalizável.

10.11 Dica: Assuma (a). Como T não é injetora, existe $v \neq 0$ em V tal que $T(v) = 0$. Então $v \in V(0)$ pois $T(v) = 0 = 0v$. Assuma (b) e seja $v \neq 0$ um autovetor associado a 0. Logo $T(v) = 0v = 0$ e $v \in \text{Nuc}T$. Com isso, T não é injetora. A equivalência de (b) e (c) decorre facilmente do Exercício 5.7.

10.12 Dica: Escolha, inicialmente, $\{u,v\}$ conjunto l.i. em V. Por hipótese, existem λ_1, λ_2 tais que $T(u) = \lambda_1 u$ e $T(v) = \lambda_2 v$. Com isso, $T(u+v) = T(u)+T(v) = \lambda_1 u + \lambda_2 v$. Por outro lado, existe λ_3 tal que $T(u+v) = \lambda_3(u+v)$. Logo $\lambda_1 u + \lambda_2 v = \lambda_3(u+v)$. Como $\{u,v\}$ é l.i., segue que $\lambda_1 = \lambda_2 = \lambda_3$. Generalize tal argumento para resolver o exercício.

10.13 Dica: Escreva $(*) : \alpha u + \beta v = 0$. Precisamos mostrar que $\alpha = \beta = 0$. De $(*)$, teremos $0 = T(0) = T(\alpha u + \beta v) = \alpha T(u) + \beta T(v) = \alpha \lambda_1 u + \beta \lambda_2 v$. Logo $(**) : \alpha \lambda_1 u + \beta \lambda_2 v = 0$. Multiplicando-se $(*)$ por $-\lambda_1$ e somando-se a $(**)$, temos $\beta(\lambda_2 - \lambda_1)v = 0$. Como $v \neq 0$ e $\lambda_1 \neq \lambda_2$, concluímos que $\beta = 0$. Voltando a $(*)$ e usando o fato que $u \neq 0$, concluímos que $\alpha = 0$.

10.14 Dica: Suponha que a dimensão de V seja n. Pelo enunciado, haverá n autovalores reais distintos, digamos $\lambda_1, \cdots, \lambda_n$. Escolha, para cada i, um autovetor v_i associado a λ_i. Use Exercício 10.12 para concluir que $\{v_1, \cdots, v_n\}$ é l.i., portanto base de V. Como tal base é formada por autovetores, segue que T é diagonalizável.

10.15 $T(x,y) = (-6y, y-x)$

10.16 (a) $T(x,y,z) = (-x, -x-z, -z)$;
(b) $\text{Nuc}T = [(0,1,0)]$, $\text{Im}T = [(-1,-1,0),(0,-1,-1)]$; **(c)** não isomorfismo.

10.17 $T(a + bt + ct^2) = (4c - 2a) - 2bt + 2ct^2$.

10.18 (a) T não diagonalizável (sem autovalores reais).
(b) avl: $-2, 6$, $\{(1,1),(1,-1)\}$ é base de autovetores. T diagonalizável.
(c) avl: 3, $V(3) = [(1,1)]$. T não diagonalizável.
(b) avl: $3, 4$, $\{(1,-1),(4,-3)\}$ é base de autovetores. T diagonalizável.

10.19 (a) $T(x,y,z) = (x-y, -x+y, 4x+4y+2z)$; **(b)** $[T]_\mathcal{B} = \begin{pmatrix} 0 & 0 & 0 \\ 0 & 2 & 0 \\ 8 & 0 & 2 \end{pmatrix}$
(c) avl: $0, 2$; $V(0) = [(1,1,-4)]$ e $V(2) = [(-1,1,0),(0,0,1)]$
(d) Base de autovetores: $\{(1,1,-4),(-1,1,0),(0,0,1)\}$ e $\begin{pmatrix} 0 & 0 & 0 \\ 0 & 2 & 0 \\ 0 & 0 & 2 \end{pmatrix}$

10.20 (a) $\begin{pmatrix} 2 & 0 & 0 \\ -1 & 2 & 1 \\ 3 & 0 & 2 \end{pmatrix}$; **(b)** $[T]_\mathcal{B} = \begin{pmatrix} \frac{13}{2} & \frac{21}{2} & -\frac{9}{2} \\ -\frac{1}{2} & \frac{1}{2} & \frac{1}{2} \\ \frac{7}{2} & \frac{15}{2} & -\frac{3}{2} \end{pmatrix}$
(c) avl: 2 (raiz tripla); $V(2) = [(0,1,0)]$; **(d)** Não existe base de autovetores

10.21 $t \in W$ mas $T(t) = t^2 \notin W$; $dt + et^2 \in W' \Rightarrow T(dt + et^2) = dt^2 \in W'$

Capítulo 11

11.1(a) $\frac{\pi}{2}$; **(b)** $\frac{\pi}{4}$; **(c)** $\frac{\pi}{3}$.

13.1. EXERCÍCIOS PROPOSTOS - RESULTADOS E DICAS

11.3 A projeção do ponto $(-5,5)$ na reta $y = -3x$ é $(-2,6)$.

11.4 p.e. $(4,2,0,-1), (1,1,-1,0)$.

11.5 Suponha $S = \{u_1, \cdots, u_m\}$. Se v é ortogonal a todos os elementos de U, então $v \perp u_i$ para todo i. Por outro lado, assuma $v \perp u_i$ para todo i. Se $u \in U$, então $u = \alpha_1 u_1 + \cdots + \alpha_m u_m$, com $\alpha_i \in \mathbb{R}$. Daí $<v, u> = <v, \alpha_1 u_1 + \cdots + \alpha_m u_m> = \alpha_1 <v, u_1> + \cdots + \alpha_m <v, u_m> = 0$.

11.6(a) Use Proposição 6.1. **(b)** p.e. $\{(2,1,0), (0,0,1)\}$ é base de $U^\perp$.

11.7(a) $y = \frac{1}{2}x - \frac{1}{3}$; **(b)** $y = \frac{14}{10}x + \frac{3}{10}$; **(c)** $y = \frac{18}{5}x - \frac{3}{10}$ **(d)** $y = -2x + 1$.
11.8 $p(t) = t^2 - t + 2$.

11.9(a) $\left(\frac{18}{35}, -\frac{2}{5}\right)$; **(b)** $\left(\frac{102}{107}, \frac{75}{107}, -\frac{143}{107}\right)$

Capítulo 12

12.1(a)Dica: (a) A hipótese implica que $<u, u> = 0$. Se $u \neq 0$, então $<u, u> >> 0$ (por (P4) da definição de produto interno), contradição.
(b) Não vale. Observe que, usando-se o produto interno usual de $\mathbb{R}^3$, segue $<(1,0,0), (0,1,0)> = 0 = <(0,0,1), (0,1,0)>$, mas $(1,0,0) \neq (0,0,1)$.

12.4(a) $q(t) = -2 + t + \frac{5}{2}t^2$ **(b)** $p(t) = a + \frac{1}{2}t + ct^2$ para $a, c \in \mathbb{R}$.

12.5(a) $\| t^2 - 2t + 1 \|_1 = \sqrt{44}$ **(b)** $\| t^2 - 2t + 1 \|_2 = \sqrt{\frac{32}{5}}$.

12.6 Como $m \leq n$, então o polinômio $p(t) = (t - a_1) \cdots (t - a_m) \in \mathbb{R}[t]_n$. Observe que $f(p(t), p(t)) = 0$ e a propriedade (P4) não estaria satisfeita.

12.7(a) p. e. $\left\| \begin{pmatrix} 2 & 0 \\ 1 & -1 \end{pmatrix} \right\| = \sqrt{6}$; **(b)** Observe que $\left\| \begin{pmatrix} a & b \\ c & d \end{pmatrix} \right\| = 1$ implica $a^2 + b^2 + c^2 + d^2 = 1$. Qualquer matriz satisfazendo isso serve.

12.8 (a) $\|u + v\|^2 = <u+v, u+v> = <u,u> + <u,v> + <v,u> + <v,v> = \|u\|^2 + <u,v> + <u,v> + \|v\|^2 = \|u\|^2 + 2<u,v> + \|v\|^2$.
(b) $\|u - v\|^2 = <u-v, u-v> = <u,u> - <u,v> - <v,u> + <v,v> = \|u\|^2 - <u,v> - <u,v> + \|v\|^2 = \|u\|^2 - 2<u,v> + \|v\|^2$.
(c) Usando (a) e (b): $\|u+v\|^2 - \|u-v\|^2 = \cdots = 4<u,v>$. Logo $<u,v> = \frac{1}{4}(\|u+v\|^2 - \|u-v\|^2)$.
(d) Usando (a) e (b): $\|u+v\|^2 + \|u-v\|^2 = \cdots = 2\|u\|^2 + 2\|v\|^2$.

12.9 Suponha que exista tal função. Seja $v \in V, v \neq 0$. Então, por (3),

$f(v,v) > 0$ e $f(iv,iv) > 0$. Mas, utilizando-se (1) e (2), $f(iv,iv) \stackrel{(1)}{=} if(v,iv) \stackrel{(2)}{=} if(iv,v) \stackrel{(1)}{=} i^2 f(v,v) = -f(v,v) < 0$, contradição.

12.10 Dica: (a) Decorre do Exercício 12.1(a).

(b) Se $u \perp v$, então $<u,v>= 0$. Logo $<\alpha u, \beta v> = \alpha\beta <u,v> = 0$.

(c) Escreva $\alpha u + \beta v = 0$. Logo $0 = <\alpha u + \beta v, \alpha u + \beta v> = \alpha^2 ||u||^2 + 2\alpha\beta <u,v> + \beta^2 ||v||^2 = \alpha^2 ||u||^2 + \beta^2 ||v||^2$ (pois $<u,v> = 0$). Logo $\alpha^2 ||u||^2 + \beta^2 ||v||^2 = 0$ e isso só é possível se $\alpha = \beta = 0$.

12.11 Dica: Utilize as relações dadas no Exercício 12.8.

12.13 Mostre que $t^2 + t \perp t^2 - t$, $t^2 + t \perp t^2 - 1$ e use Exercício 12.12

12.14 p. e. $\{(-5, 2, 0, 1), (-2, -1, 1, 0)\}$

12.16(b) p. e. $\{(-4, -2, 5)\}$

12.17 p. e. $\{(1, -2, 0), (2, 1, 5), (4, 2, -2)\}$ (Gram-Schmidt)

12.18 p. e. $\{(1, 2, 0), (-4, 1, 0), (0, 0, 1)\}$ (Gram-Schmidt a partir da base $\{(1, 2, 0), (0, 1, 0), (0, 0, 1)\}$)

12.19 p. e. $\{t^2, t, 1 - t^2\}$ (Gram-Schmidt a partir da base $\{t^2, t, 1\}$)

12.21(b) p. e. $\left\{ \begin{pmatrix} 1 & 2 \\ 2 & 1 \end{pmatrix}, \begin{pmatrix} 1 & 0 \\ 0 & -1 \end{pmatrix}, \begin{pmatrix} 4 & -2 \\ -2 & 4 \end{pmatrix} \right\}$ (Gram-Schmidt)

12.23 $\text{proj}_U(-1, 0, 1) = (0, 0, 0)$; $\text{proj}_U(2, -1, 2) = (2, -1, 2)$.

12.24 $\text{proj}(4, 6, 2) = (0, 2, 4)$ (usando base ortogonal $\{(-1, 1, 0), (1, 1, 4)\}$).

12.26 $\text{proj}_{\mathbb{R}[t]_1}(t^2 - 1) = 1$.

12.27(b) $\text{proj}_W(t^3 - 1) = \frac{9}{10}t - \frac{6}{5}$.

12.28 $\text{proj}_W \begin{pmatrix} 1 & -2 \\ 4 & 0 \end{pmatrix} = \begin{pmatrix} 1 & -1 \\ 3 & 4 \end{pmatrix}$ (usando a base ortogonal $\left\{ \begin{pmatrix} 0 & 1 \\ 1 & 0 \end{pmatrix}, \begin{pmatrix} 0 & -1 \\ 1 & 2 \end{pmatrix}, \begin{pmatrix} 1 & 0 \\ 0 & 0 \end{pmatrix} \right\}$)

13.2 Bibliografia

[1] KURT BRYAN, TANYA LEISE, *The $ 25,000,000,000 eigenvector - The linear algebra behind Google*, SIAM REVIEW **48**, n. 3, (2006) pp. 569-581.

[2] FLÁVIO ULHOA COELHO, MARY LILIAN LOURENÇO, *Um curso de Álgebra Linear*, Editora EDUSP, 2005 ($2^{a\cdot}$ edição), 272 páginas.

[3] IVAN DE CAMARGO, PAULO BOULOUS, *Geometria Analítica, um tratamento vetorial*, PEARSON, 2004 (3ª edição), 560 páginas.

Para o material básico, indicamos a coleção *Fundamentos de Matemática Elementar*:

[4] GELSON IEZZI, CARLOS MURAKAMI, *Fundamentos de Matemática Elementar, volume 1* (Conjuntos, Funções), Editora Atual, (9ª edição, 2019, 416 páginas).

[5] GELSON IEZZI, SAMUEL HAZZAN, *Fundamentos de Matemática Elementar, volume 4* (Sequências, Matrizes, Determinantes, Sistemas), Editora Atual (8ª edição, 2019, 288 páginas).

[6] GELSON IEZZI, *Fundamentos de Matemática Elementar, volume 6* (Complexos, Polinômios, Equações), Editora Atual (8ª edição, 2019, 256 páginas).

13.3 Sobre o autor

FLÁVIO ULHOA COELHO é professor titular no Instituto de Matemática e Estatística da Universidade de São Paulo (IME-USP) e pesquisador do Instituto de Estudos Avançados da USP (IEA-USP) e do CNPq. Sua principal área de pesquisa é *Representações de Álgebras*, tendo publicado mais de 70 artigos científicos. Foi chefe do Departamento de Matemática (2002-2006), Vice-Diretor (2006-2010) e Diretor (2010-2014) do IME-USP. Publicou os seguintes livros de matemática:

- *Um curso de Álgebra Linear*, em conjunto com Mary Lilian Lourenço, pela EDUSP (1ª edição em 2001, 2ª Edição em 2005), 272 pp.

- *Cálculo em uma variável*, pela Editora Saraiva, 2013, 308 pp.

- *Basic Representation Theory of Algebras*, em conjunto com Ibrahim Assem, na coleção *Graduate Texts in Mathematics* **283**, Springer, 2020, 311+x pp.

É também escritor, tendo publicado seis livros de contos, um romance e dois infantos-juvenis.

Índice Remissivo

Autovalor
   matriz, 113
   transformação linear, 259
Autovetor
   matriz, 114
   transformação linear, 259

Bases, 168
   canônicas, 171
   ordenadas, 189
   ortogonais, 296
   ortonormais, 296

Combinação linear
   equações, 54
   vetores, 147
Conjunto
   gerador, 148
   linearmente dependente, 160
   linearmente independente, 160
Coordenadas, 191
Corpo, 13

Determinante, 84
Distância entre vetores, 290

Espaços vetoriais, 131
   dimensão, 184
   finitamente gerados, 175
   isomorfos, 233

Função, 24
   bijetora, 27
   contradomínio da, 24
   domínio da, 24
   imagem da, 25
   injetora, 25
   inversa, 28
   sobrejetora, 26
Funções
   composta de, 26
Funcional linear, 219

Incógnitas, 34
   dependentes, 49
   independentes, 49
Isomorfismos, 233

Método dos mínimos quadrados, 275
Matriz, 59
   adição, 60
   antissimétrica, 69
   de mudança de bases, 209
   de transformação linear, 244
   escalonada, 72
   escalonadaprincipal, 72
   escalonamento, 71
   forma diagonal, 263
   identidade, 69
   inversa, 91

ÍNDICE REMISSIVO

invertível, 91
multiplicação, 63
multiplicação por escalar, 62
nula, 61
oposta, 61
quadrada, 60
simétrica, 69
transposta, 60
Matrizes semelhantes, 124

Números
    complexos $\mathbb{C}$, 14
    racionais $\mathbb{Q}$, 13
    reais $\mathbb{R}$, 11
Norma, 289

Operações elementares
    coluna, 74
    matrizes, 71
    sistema de equações, 46
Operador linear, 219

Pivô
    matriz, 72
    sistema, 49
Polinômio, 97
    característico (matriz), 117
    característico (transformação), 260
    coeficientes, 97
    grau do, 98
    mônico, 98
    nulo, 98
    variável, 97
Posto
    coluna, 75
    linha, 75

Produto escalar, 270
Produto interno, 284
    usual no $\mathbb{R}^n$, 286
Projeções, 302

Raiz, 103
    dupla, 103
    multiplicidade algébrica da, 103
    simples, 103

Sistema de equações, 34
    compatível, 37
    conjunto solução, 36
    determinado, 56
    equivalentes, 41
    escalonado, 49
    escalonado principal, 53
    escalonamento, 44
    homogêneo, 34
    incompatível, 37
    indeterminado, 56
    solução, 36
Sistemas de equações
    matrizes das incógnitas, 77
    matrizes do sistema, 78
    matrizes dos coeficientes, 77
    simultâneos, 80
Soma direta, 139
Subespaço
    T-invariante, 264
    gerado por conjunto, 148
Subespaços vetoriais, 136

Transformação linear, 215
    diagonalizável, 263
    imagem, 227

núcleo, 224

Vetores, 132
  ortogonais, 293
  unitários, 289